FLORES

PARTIELLES DE LA FRANCE

COMPARÉES.

FLORES

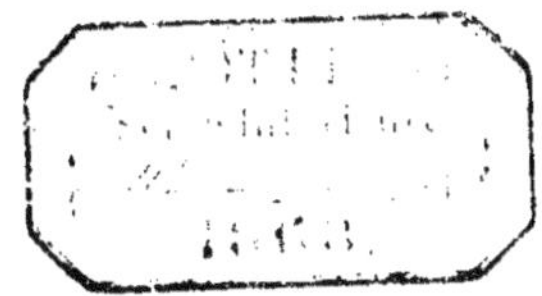

PARTIELLES DE LA FRANCE

COMPARÉES,

PAR AL. BAUTIER, D. M. P.

Auteur du Tableau analytique de la FLORE PARISIENNE

TOME PREMIER.

PARIS :

Chez P. ASSELIN, Libraire de la Faculté de Médecine,

Place de l'École de Médecine.

1868.

PRÉFACE.

—

Le travail que nous publions sous le nom de Flores comparées a été conçu par nous depuis plus de vingt ans; voici comment et à quelle occasion :

Chaque fois que nous projetions une excursion botanique, nous consultions tous les ouvrages que nous pouvions nous procurer sur les espèces végétales qui croissent de préférence dans les contrées que nous avions l'intention d'explorer. Malheureusement, ces recherches longues et pénibles ne nous donnant souvent que de bien pauvres résultats, nous nous mettions en route comptant un peu sur quelques heureux hasards, et beaucoup sur la bienveillance des confrères que nous espérions rencontrer, et qui seuls pouvaient nous renseigner et nous guider utilement dans des localités toujours inconnues et quelquefois inhospitalières. Aussi que de mécomptes! Que de temps perdu! Que de fatigues et *que de frais inutiles!* Et notez bien que cette dernière considération est d'un poids énorme lorsque l'on considère que la plupart des jeunes étudiants, qui se livrent avec tant d'ardeur à ces excursions scientifiques, ont bon pied, bon œil et bon appétit, mais sont en général munis d'une bourse assez légère! Combien n'en avons-nous pas rencontré dont un gros morceau de pain bis, arrosé de l'eau claire des ruisseaux, formait tout le menu de leurs repas champêtres! — A leur vue le proverbe anglais nous revenait en mémoire (1), et nous nous disions que des indications détaillées et précises, réunies en un ou deux volumes portatifs, pourraient rendre de grands services, en guidant les explorateurs et les collecteurs, de manière à leur épargner bien des dépenses et bien des déceptions. Nous espérions chaque année voir paraître quelque ouvrage qui vînt remplir la lacune que nous désirions tant voir combler dans l'intérêt de la science, mais notre attente fut vaine !

---

(1) Time is money.

Les excursions que nous avions faites dans différentes parties de notre belle patrie, nous ayant mis à même d'établir de fécondes relations avec plusieurs botanistes distingués (1), nous eûmes l'inappréciable avantage d'obtenir leurs conseils éclairés, et quelques-uns d'entre eux poussèrent même l'obligeance jusqu'à nous servir de cicérone ! Tous ont acquis des droits à notre profonde reconnaissance et nous sommes heureux de pouvoir leur témoigner publiquement notre gratitude pour leur cordiale réception, leurs bons offices, leurs communications importantes et leurs précieux encouragements.

Après avoir coordonné toutes les notes que nous avions prises dans nos pérégrinations et les documents qui nous avaient été libéralement fournis par les savants avec lesquels nous avions été en rapport, il nous vint la pensée de publier le résultat de nos recherches : nous nous demandâmes alors sous quelle forme il convenait de réunir tous ces matériaux, pour qu'on pût les consulter avec fruit, et sans que cela exigeât un fastidieux et pénible travail. De mûres réflexions et des essais multipliés nous ont conduit à adopter définitivement le mode d'après lequel nous avons rédigé cet ouvrage, dont le plan, soumis à des hommes compétents, a reçu leur bienveillante approbation. Il permettra (du moins nous l'espérons) de faciliter et conséquemment de multiplier les relations et les échanges entre les botanistes des différentes régions ; car on pourra rédiger très-facilement, sans sortir de son cabinet, le *desiderata* de chacun de ses correspondants et réciproquement leur envoyer le sien ; il sera aussi d'un grand secours en fournissant les données nécessaires pour mettre à profit toutes ses herborisations personnelles. En un mot, nous avons fait ici, pour la France entière, ce que nous avions tenté depuis plusieurs années, avec quelque succès, pour la Flore parisienne.

Nous avons suivi l'ordre et la nomenclature adoptés par MM. Grenier et Godron dans leur Flore de France, dont la publication récente offre le double avantage d'être la plus complète et de fournir des descriptions

---

(1) Nous ne pouvons nous dispenser de citer MM. de Candolle, Balbis, Seringe, Le Coq, Moquin-Tandon, Laterrade, Aug. le Prevost, Borreau, Clarion, Marquis, Dunal, Desfontaine, Gaillon, Pouchet, de Jussieu, Blanche, Désalleurs, auxquels nous devons de nombreuses et utiles indications. Pourquoi faut-il, hélas! pour plusieurs d'entre eux, que ce juste hommage ne puisse s'adresser qu'à leurs cendres !

très-détaillées et généralement fort exactes, ainsi que de nombreuses indications de localités qui nous ont permis de grossir sensiblement les documents que nous possédions déjà. Mais nous nous sommes bien gardé, comme de raison, de reproduire aucune description de ces estimables auteurs, parce que cette partie si importante de leur ouvrage est évidemment leur œuvre personnelle et leur propriété incontestable.

Voici, en deux mots, la marche et le plan que nous avons suivis : dans le tome Ier nous donnons le catalogue raisonné de toutes les plantes vasculaires de la Flore française, sous forme de tableaux indiquant le nom des genres et des espèces, la durée des plantes, l'époque de leur fleuraison, la désignation des localités où elles ont été trouvées et enfin leur mode d'habitation ; la seconde partie contient la liste alphabétique de tous les lieux mentionnés dans la première. Là, on trouvera la série des numéros d'ordre représentant les espèces intéressantes que fournit chacune de ces localités, de sorte que l'on pourra se procurer immédiatement, et presque sans peine, la flore spéciale de toutes les contrées de la France. En effet, il suffira, pour obtenir le résultat désiré, de traduire ces chiffres en noms d'espèces, c'est-à-dire d'ouvrir le tome Ier au numéro indiqué. Il nous eût certes été bien facile de dispenser nos lecteurs de ce soin, en citant nominativement chaque plante, mais il en fût résulté deux graves inconvénients : 1o Nous aurions quadruplé ou quintuplé l'espace nécessaire à cette énumération et conséquemment nous aurions augmenté dans la même proportion le volume et le poids du livre ; 2o le prix de l'ouvrage fût devenu exorbitant. Nous avons cru devoir adopter le mode le plus économique et en même temps le plus portatif.

A LA MÉMOIRE

DE NOS CHERS ET VÉNÉRÉS MAITRES

DE CANDOLLE, DE JUSSIEU ET DESFONTAINES,

AUXQUELS NOUS DEVONS TOUT CE QUE NOUS SAVONS EN BOTANIQUE.

PREMIÈRE PARTIE.

SÉRIE DES FAMILLES, GENRES ET ESPÈCES.

N° des Espèces	NOMS de GENRE ET D'ESPÈCE	Durée des Plantes	ÉPOQUE de FLEURAISON	LOCALITÉS OU CES ESPÈCES ONT ÉTÉ TROUVÉES EN FRANCE.	HABITATION de CES PLANTES.
	PLANTES VASCULAIRES. — EXOGÈNES. — THALAMIFLORES.				
	CLEMATIS				
1	— *erecta*	♃	juin, juillet	Veynes près Gap ; Oze, Saint-Donat près de Sisteron ; Aigues-Mort^{es}; Prats-de-Mollo (Pyrénées-Orientales) ; bois de Vincennes (naturalisée).	Plaines et bois.
2	— *flammula*	♄	juillet, août	Bords de la Méditerranée ; Anduze, Avignon, Bessège, Nîmes, Saint-Ambroix.	Haies, lieux stériles
3	— *vitalba*	♄	juin, juillet	Toute la France.	Haies et buissons.
	Var. *maritima*	♄	— —	Arles, Toulon, plage et bois de Grammont.	Bois, etc.
4	— *cirrhosa*	♄	mai, juin	Bonifacio (Corse).	Haies et buissons.
	ATRAGENE				
5	— *alpina*	♄	juin, juillet	Alpes du Dauphiné : Saint-Nizier près de Grenoble, mont Seuze près de Gap, le Creuset, au-dessous de Revel. Villars-d'Arènes, glaciers du Bec ; alpes de Provence ; Pyrénées : Canigou, au roc Blanc.	Hautes montagnes.
	THALICTRUM				
6	— *aquilegifolium*	♄	mai-juillet	Toute la France.	Bois montueux.
7	— *macrocarpon*	♃	juin, juillet	Pyrénées : Argeletz, Eaux-Bonnes, etc.	Montagnes, prés tourbeux.
8	— *alpinum*	♃	août, sept.	Alpes du Dauphiné : l'Arche, col de Goubeyran (Drôme), Barcelonette ; Pyrén.-Orientales : val d'Eynes, Llaurenti, port de Clarabide, glaciers de Taillon et d'Oo, entre le lac de Gaube et le port de la Hourquette ; pied du Vigmale.	Hautes montagnes.

Nᵒˢ des Espèces	NOMS de GENRE ET D'ESPÈCE	Durée des Plantes	ÉPOQUE de FLEURAISON	LOCALITÉS OU CES ESPÈCES ONT ÉTÉ TROUVÉES EN FRANCE.	HABITATION de CES PLANTES.
	(Suite.) THALICTRUM				
9	— *fœtidum*	♃	juin, juillet	Alpes du Dauphiné : Villars-d'Arènes, sous les glaciers du Bec, Lautaret, Briançon, mont Aurouse près de Gap; Castelnau près Montpellier.	Montagnes.
	Var. glabra	♃	— —	La Grave.	—
10	— *odoratum*	♃	— —	Route du Bourg-d'Oisans au Lautaret.	—
11	— *minus*	♃	— —	Presque toute la France.	Bois arides et sablonneux.
12	— *saxatile*	♃	juillet, août	Calvados; le Jura; Lyon; Toulon; Draguignan; Montpellier; Pyrénées centrales; Esquierry.	Montagnes boisées, coteaux secs.
13	— *nutans*	♃	— —	Le Jura; Besançon; monts Dore, mont Suchet; alpes du Dauphiné, mont Ventoux.	Montagnes.
14	— *majus*	♃	— —	Paris (bois de Boulogne) ? Lyon à la Tête-d'Or; Nancy; Mende (Maine-et-Loire); Colmar.	Bois, etc.
15	— *sylvaticum*	♃	juin, juillet	Paris (bois de Boulogne) ? Nancy; Anjou; Puys-Long (Auvergne); Montpellier.	Bois.
16	— *lucidum*	♃	juillet, août	Lyon (la Tête-d'Or); Paris : Palaiseau, Meudon.	—
17	— *simplex*	♃	— —	Lautaret, Villars-d'Arènes, rochers Blancs, mont Louis, col de la Perche.	Prés humides.
18	— *angustifolium*	♃	— —	Dauphiné : Chaillot-sur-Gap, Lautaret; Alsace; le Doubs et le Jura : Arbois; Besançon; Lyon; Strasbourg.	Prés et bois humides.
19	— *spurium*	♃	août	Lyon : Tête-d'Or.	— —
20	— *flavum*	♃	juin, juillet	Presque toute la France.	Fossés et prés humides.
21	— *tuberosum*	♃	juin	Basses-Corbières, à 8 kilomètres de Carcassonne; Pyrénées-Orientales.	Prés et pâturages.
22	ANEMONE — *vernalis*	♃	avril, mai, dans la plaine; juin, juillet, sur les alpes.	Alpes du Dauphiné : au-dessus de Revel, au Noyer dans le Champ-Saur, le Mélézet près de Guillestre? les Baux près de Gap? Lautaret, Charousse, mont Viso; Pyrénées : val d'Eynes, port de Vielle, de Bénasque, de	Région des neiges, pâturages secs et bruyères.

Nos des Espèces	NOMS de GENRE ET D'ESPÈCE	Durée des Plantes	ÉPOQUE de FLEURAISON	LOCALITÉS OU CES ESPÈCES ONT ÉTÉ TROUVÉES EN FRANCE.	HABITATION de CES PLANTES.
	ANEMONE (Suite.)			la Piquade, etc.; Auvergne: monts Dore; le Cantal: le Puy-Marie; Lorraine : Bitche.	
23	— *halleri*	2	juin, juillet	Alpes du Dauphiné : La Salette près Corbs; col de Glaise près de Gap, mont Viso; la Valouise; le Briançonnais.	Sommités couvertes de neige.
24	— *pulsatilla*	2	mars, avril	Presque toute la France.	Bois et collines herbues.
25	— *montana*	2	mai	Briançon; Gap; Lyon; Auvergne ; Mende ; Angers ; Dax ; Toulon.	Coteaux secs.
26	— *alpina*	2	juin, juillet	Alpes; Pyrénées; Auvergne; Cévennes; haut Jura; hautes Vosges; Corse.	Montagnes pierreuses.
27	— *baldensis*	2	juillet	Alpes du Dauphiné : le Galibier, le Champsaur, le Quayras, Briançon, Lautaret, mont de Lans, le Glandaz près de Dié, mont Chaillot, mont Aurouse près de Gap; Pyrénées : le Canigou, le Cambredases, le Llaurenti.	Sommités des montagnes.
28	— *sylvestris*	2	mai, juin	Alsace; Lorraine; Paris; Auvergne; Dauphiné; Pyrén.: près de Saint-Béat; Lyon; forêt de Senlis, Compiègne; Fontainebleau, St-Sauveur.	Bois et haies.
29	— *apennina*	2	avril	Corse: depuis Talano jusqu'à Quenza, mont Coscione.	Châtaigneraies et rochers.
30	— *nemorosa*	2	—	Presque toute la France.	Bois, haies et collines.
31	— *ranunculoides*	2	mars, avril	Paris; Lorraine; Alsace; Vosges; Jura; Dauphiné; Auvergne; Normandie; Pyrénées.	Bois et prés élevés.
32	— *narcissiflora*	2	juin, juillet	Alpes du Dauphiné : Montaret, mont Viso, Lamure, Allevard, Orcières; Jura; mont d'Or et mont Suchet; hautes Vosges: Hohneck et Rotabac; Pyrénées : val d'Eynes, Esquierry, etc.	Sommités des montagnes.
33	— *coronaria*	2	mars, avril	Grasse; Draguignan; Hyères; Toulon; Montpellier: Toulouse.	Prés humides.
34	— *hortensis*	2	— —	Grasse; Fréjus; Navarreine	Haies et buissons.

Nos des Espèces	NOMS de GENRE ET D'ESPÈCE	Durée des Plantes	ÉPOQUE de FLEURAISON	LOCALITÉS OU CES ESPÈCES ONT ÉTÉ TROUVÉES EN FRANCE.	HABITATION de CES PLANTES.
	ANEMONE (Suite.)			(Basses – Pyrénées) ; Dax ; Toulon ; Nîmes ; Montpellier ; Calvi (Corse) ; Saint-Sever.	
35	— palmata	♃	avril	Environs d'Hyères.	Lieux secs et arides
36	HEPATICA — triloba	♃	mars, avril	Grasse; Pyrénées : val d'Eynes; Alpes : Rabou près Gap; Jura ; Vosges ; Lorraine ; forêt d'Argentan , près de Crennes ; bois de Reuilly et de Becdal (Eure), Port-Villers et Saint-Just, près Vernon; Corse.	Haies et buissons, bois.
37	ADONIS — autumnalis	☉	mai-sept.	Aude : Narbonne; Avignon; Montpellier; Lyon; Dijon; Nevers; Paris; Auvergne.	Moissons.
38	— æstivalis	☉	juin	Alsace; Lorraine; Lyon; Limagne; Nièvre; Paris; Aube; Lozère; Provence; Pyrénées-Orientales : Olette, Villefranche; Corse : Bonifacio.	—
39	— flammea	☉	juillet	Alsace; Lorraine; Bourgogne; Auvergne; Paris; Troyes; Lyon; Gap; Draguignan.	—
40	— vernalis	♃	avril , mai	Alsace près Neufbrisac; Cévennes; Mende; Montpellier.	Hautes vallées.
41	— pyrenaica	♃	juin, juillet	Pyrénées orientales et centrales : val d'Eynes, piquette d'Endretlitz , Masive de Castanèze au delà de Bénasque.	—
42	MYOSURUS — minimus	☉	mai	Lorraine: Nancy; Metz; Verdun; Alsace: Haguenau, etc.; Paris; Jura : Arbois; Bourgogne; Nantes; Normandie.	Terres sablonneuses cultivées.
43	RANUNCULUS — rutæfolius	♃	juin, juillet	Alpes du Dauphiné : Piemeyan (mont de Lans), col du Galibier, mont Aurouse; Pyrénées : Canigou, Anas, lac Delgiore.	Sommités des montagnes.
44	— falcatus	☉	mars, avril	Troyes; Châlons-sur-Marne; Lyon; Dauphiné: Guillestre, Gap, Veynes; Avignon; Nîmes; Montpellier; Toulon.	Moissons.
45	— hederaceus	♃	mai-juillet	De Montendre à Montlieu et presque toute la France.	Marais.

Nos des Espèces	NOMS de GENRE ET D'ESPÈCE	Durée des Plantes	ÉPOQUE de FLEURAISON	LOCALITÉS OU CES ESPÈCES ONT ÉTÉ TROUVÉES EN FRANCE.	HABITATION de CES PLANTES.
	(Suite.) RANUNCULUS				
46	— cœnosus	♃	avril-sept.	Vire; Falaise; Châteaubriant, Angers; Ahun (Creuse); Dax; la Teste; Séez.	Marais.
47	— tripartitus	♃	mai-juillet	Rennes; Nantes; Angers: Fontevrault; Poitou; Blois; le Mans; Fontainebleau; Troarn, Valognes.	Mares.
48	— ololeucos	♃	— —	Fontainebleau; Châteaubriant; St-Nazaire; Mont-de-Marsan, Saint-Sever; Mende, Perpignan; Manche: Vauville, Béville; Bricquebec; Livarot (Calvados); Bourg-le-Roi près d'Alençon.	—
49	— baudotii	♃	juin	Littoral de l'Océan et de la Méditerranée; Vic, Moyenvic, Marsal, Dieuse, Sarrebourg (Meurthe); Cherbourg; Cabourg, Honfleur, Trouville (Calvados).	Marais salins.
50	— confusus	♃	—	Bords de l'Allier près Clermont.	Mares.
51	— aquatilis	♃	mai-sept.	Toute la France.	Marais et bords des rivières.
52	— trichophyllus	♃	— —	Toute la France.	Marais et bords des ruisseaux.
53	— pectinatus	♃	mars-juin	Angers; Nantes; Toulon.	—
54	— divaricatus	♃	juin-août	Presque toute la France.	Mares.
55	— fluitans	♃	juin	Presque toute la France.	Eaux courantes.
56	— thora	♃	juin, juillet	Alpes; Jura: la Dôle, le Reculet; Pyrénées.	Hauts pâturages.
57	— alpestris	♃	— —	Alpes du Dauphiné: Saint-Nizier, la Moucherolle, les Fauges-en-Lans, Grande-Chartreuse; Jura: creux du Van, mont Suchet; Pyrénées: val d'Eynes, pic du Midi, houle du Marboré, brèche de Rolland.	Pics et rochers.
58	— glacialis	♃	juillet, août	Alpes du Dauphiné: glaciers du Bec. Galibier, Piemeyan au mont de Lans, mont Aurouse, le Noyer, mont Viso, lac d'Altos (Basses-Alpes), mont Ventoux; Pyrénées: mont Louis à la vallée d'Eynes, la Maladetta, glaciers d'Oo, mont Perdu.	Voisinage des neiges.

Nos des Espèces	NOMS de GENRE ET D'ESPÈCE	Durée des Plantes	ÉPOQUE de FLEURAISON	LOCALITÉS OU CES ESPÈCES ONT ÉTÉ TROUVÉES EN FRANCE.	HABITATION de CES PLANTES.
	(Suite.) RANUNCULUS				
59	— *seguieri*	♃	juin, juillet	Alpes du Dauphiné : Saint-Nizier, Chamchaude, la Moucherolle près de Grenoble, mont Aurouse et le Noyer près de Gap, mont Ventoux ; mont Péla en Provence.	Rochers voisins des neiges.
60	— *aconitifolius*	♃	mai-août	Alpes ; Pyrénées ; Cévennes ; Auvergne ; Vosges ; Jura.	Lieux humides des montagnes.
61	— *platanifolius*	♃	— —	Alpes ; Pyrénées ; Cévennes ; Auvergne ; Vosges ; Jura.	Lieux plus secs.
62	— *lacerus*	♃	juin, juillet	La Grangette près de Gap, Champ-Rousse sur Vizille.	Pâturages élevés des montagnes.
63	— *parnassifolius*	♃	juillet, août	Alpes : au mont de Lans, plateau de Piemeyan, la Grave sous les glaciers ; Pyrénées : col de Nouri.	Hautes sommités des montagnes.
64	— *amplexicaulis*	♃	juillet	Pyrénées : port d'Oo, Esquierry, Tourmalet ; col d'Aube (Basses-Pyrénées) ; Alpes de Provence : mont Mournier.	Hauts pâturages des montagnes.
65	— *angustifolius*	♃	juin, juillet	Mont Louis, Lliaggone, fond Roméo, mont Cona del Tesch. sur Prats de Mollo.	Montagnes rocailleuses.
66	— *pyrenæus*	♃	— —	Alpes et Pyrénées.	Hauts pâturages.
67	— *gramineus*	♃	mai, juin	Paris : Fontainebleau, Malesherbes, Ermenonville ; Bourgogne ; Lyon ; bois Moudet près de Gap ; Nîmes ; Montpellier ; Toulon ; Pyrénées-Orientales : mont Louis ; Chamboy (Orne).	Prairies et marais.
68	— *flammula*	♃	juin-octob.	Toute la France y compris la Corse.	Marais et fossés.
69	— *lingua*	♃	juin, juillet	Paris ; Lyon ; Strasbourg ; Nancy ; Besançon ; Nantes ; les Landes ; Pirou (Manche) ; Saint-Béat, mont Louis ; Normandie : Rouen ; Argentan ; Marais-Vernier ; Séez ; Troarn ; presque tout le centre de la France.	Mares, marais et fossés.
70	— *auricomus*	♃	avril, mai	Presque toute la France.	Collines ombragées
71	— *demissus*	♃	juillet	Corse : Monte Cintho, Coscione, vallée de Mello sur Corte, mont d'Or.	Lieux humides des hautes montagnes
72	— *montanus*	♃	mai	Alpes ; Jura ; Pyrénées.	Région des sapins.
73	— *villarsii*	♃	juin	Digne ; Grenoble ; le Galibier, Brande-en-Oysan, le Glan-	Régions alpines et sub-alpines.

Nos des Espèces	NOMS de GENRE ET D'ESPÈCE	Durée des Plantes	ÉPOQUE de FLEURAISON	LOCALITÉS OU CES ESPÈCES ONT ÉTÉ TROUVÉES EN FRANCE.	HABITATION de CES PLANTES.
	(Suite.) **RANUNCULUS**			daz près de Die, mont Genèvre ; Pyrénées : mont Louis.	
74	— *gouani*	♃	juillet, août	Pyrénées : col de Tortès et environs des Eaux-Bonnes, Esquierry, pic de l'Hiéris.	Hauts pâturages.
75	— *aduncus*	♃	— —	Hautes-Alpes : mont Seuze près de Gap et mont Au-rouse, l'Arche, col de Vars, sur Guillestre.	Pâturages secs et rocailleux.
76	— *acris*	♃	mai, juin	Alpes et toute la France.	Prés de plaine et de montagne.
77	— *lanuginosus*	♃	juillet	Monts Jura et du Dauphiné ; Pyrénes ; Paris ; Normandie ; Corse : Bastia, Bonifacio, Ajaccio et tout l'arrondis-sement de Sartène.	Région des sapins et même au-des-sous.
78	— *palustris*	♃	mai	Corse : Ajaccio, Bonifacio, Calvi.	Marais.
79	— *velutinus*	♃	mai, juin	Corse : Ajaccio ; Draguignan, Toulon.	
80	— *sylvaticus*	♃	— —	Jura ; Vosges ; Lorraine ; Tou-louse ; Normandie ; forêt d'Aizenay, Dompierre, la Grâce-de-Dieu, près Cour-son ; Anjou ; Médoc ; Au-vergne ; Alpes ; Pyrénées et presque toute la France.	Bois montueux.
81	— *repens*	♃	mai-sept.	Presque toute la France.	Prés et fossés hu-mides.
82	— *neapolitanus*	♃	avril	Corse : Ajaccio, Fréjus ; Iles d'Hyères : Porquerolles.	
83	— *bulbosus*	♃	—	Toute la France.	Prés, fossés, etc.
84	— *bullatus*	♃	octobre	Corse : Ajaccio, Bastia, Bo-nifacio.	Champs incultes.
85	— *monspeliacus*	♃	juin	Avignon ; Nîmes ; Montpel-lier ; Marseille ; Toulon ; Grasse (Var) et tout le Midi jusqu'à Lyon.	Pâturages arides et pierreux.
86	— *chærophyllos*	♃	mai	Paris ; Lyon ; Grenoble ; An-gers ; le Périgord ; Toulon ; Marseille ; Montpellier ; Nar-bonne et tout le Midi ; Corse.	Collines boisées.
87	— *philonotis*	⊙	mai-sept.	Toute la France et la Corse.	Prés, buissons.
88	— *cordigerus*	⊙ ♂	juillet	Mont Coscione (Corse).	Mares, ruisseaux desséchés.
89	— *trilobus*	⊙	mai-juillet	Pyrénées-Orientales : Arge-lez, Bagnols, Collioure ;	Champs et lieux humides.

Nos des Espèces	NOMS de GENRE ET D'ESPÈCE	Durée des Plantes	ÉPOQUE de FLEURAISON	LOCALITÉS OU CES ESPÈCES ONT ÉTÉ TROUVÉES EN FRANCE.	HABITATION de CES PLANTES.
	(Suite.) **RANUNCULUS**			Provence; Toulon; région méditerranéenne; Corse.	
90	— *parviflorus*	☉	mai, juin	Tout l'Ouest et le Midi; Morbihan; Angers; Vire; Paris; Lyon; Cévennes; Narbonne; Corse : Bastia et Ajaccio.	Lieux humides et haies.
91	— *ophioglossifolius*	☉	— —	Anjou; Arles; Nîmes; Montpellier; Toulouse; Toulon, Hyères, Fréjus, tout le Midi et l'Ouest; Corse : Bastia, Ajaccio.	Prairies et lieux humides.
92	— *nodiflorus*	☉	— —	Paris; Anjou; Nantes.	Lieux marécageux.
93	— *arvensis*	☉	— —	Partout.	Moissons.
94	— *muricatus*	☉	juin	Tout le Midi : Grasse, Toulon; Hyères; Montpellier; Nîmes; Perpignan; Bagnols; Auvergne; Orange; Corse : Bonifacio.	Lieux humides.
95	— *sceleratus*	☉	mai-sept.	Jura; Strasbourg; Lorraine; Cherbourg; marais Vernier.	Fossés et lieux marécageux.
	FICARIA				
96	— *ranunculoides*	♃	avril, mai	Toute la France.	Lieux humides.
97	— *calthæfolia*	♃	— —	Toulon; Corse : Bonifacio.	Champs et vignes.
	CALTHA				
98	— *palustris*	♃	— —	Presque toute la France.	Bord des eaux et prés humides.
	TROLLIUS				
99	— *europæus*	♃	juin, juillet	Auvergne; Vosges; Jura; Alpes; Pyrénées; Cévennes.	Pâturages élevés.
	ERANTHIS				
100	— *hyemalis*	♃	févr., mars	Jura : près Montbéliard; Vosges : près du château Landsberg et de Bar; Saint-Denis-en-Val près d'Orléans; bois de la Queue-en-Brie, bois du Parc-de-Denainvillers en Beauce; Caen, Lisieux; Rouen; pays de Bray : Neufchâtel; Provence : montagnes subalpines.	Lieux humides et couverts.
	HELLEBORUS				
101	— *niger*	♃	janv.-avril	Briançonnais; Colmars et Allos (Provence); Nice.	Montagnes boisées.
102	— *viridis*	♃	mars, avril	Alpes du Dauphiné : Uriage près de Grenoble, Rabou près de Gap; Pyrénées : de mont Louis aux Eaux-Bonnes; Dax; Auvergne; Normandie : Vire; Cher-	Monts élevés.

Nos des Espèces	NOMS de GENRE ET D'ESPÈCE	Durée des Plantes	ÉPOQUE de FLEURAISON	LOCALITÉS OU CES ESPÈCES ONT ÉTÉ TROUVÉES EN FRANCE.	HABITATION de CES PLANTES.
	HELLEBORUS (Suite.)			bourg; Domfront, Falaise; le Havre; Lisieux; Bourg-d'Iré. Laval, Sillé près le Mans; Compiègne; hameau des Tartres. Ons-en-Bray; Auteuil-en-Valois; Houde-Gkenn, Morbec dans le Nord, Hesdin; Toulouse; Picardie; Alsace: Bande-la-Roche et près Sarrebourg.	
103	— *fœtidus*	♃	févr.-avril	Presque toute la France.	Coteaux pierreux.
104	— *lividus*	♃	mars. avril	Presque toute la France; Corse.	Lieux ombragés.
105	**ISOPYRUM** — *thalictroïdes*	♃	mars-mai	Auvergne; Dauphiné; Pyrénées; Haute-Marne; Creuse; Deux-Sèvres; Nantes, Angers; Lyon; Besançon; Calvados : forêt de Cinglais.	Lieux couverts des montagnes.
106	**GARIDELLA** — *nigellastrum*	⊙	juin	Provence; Bas-Dauphiné; Aix; Montélimar et les baronies; Marseille; Toulon; Gréoux.	Coteaux plantés de vignes ou d'oliviers.
107	**NIGELLA** — *damascena*	⊙	juin, juillet	De Nice à Perpignan; la Rochelle; Saint-Lucas. Saint-Romain.	Région des oliviers et littoral de l'Océan.
108	— *sativa*	⊙	juillet	Montpellier; Bourgogne; le bas Conflent au pied des Pyrénées-Orient.: Grasse.	Champs.
109	— *arvensis*	⊙	juillet, août	Provence : Valence, Aix; Toulon; Languedoc; Roussillon; Lyonnais; Anjou, Lorraine; Alsace; Bourgogne; Jura; Besançon; Normandie, etc., etc.	Moissons.
110	— *hispanica*	⊙	— —	Narbonne; Montpellier; Agen; Prades, Toulouse; Puy-Casquier (Gers); Lautrec. Castres (Tarn).	- -
111	**AQUILEGIA** — *vulgaris*	♃	juin, juillet	Presque toute la France.	Bois, près montueux.
112	— *alpina*	♃	juillet, août	Alpes du Dauphiné: Lautaret, bois du Villars-d'Arène sous les glaciers du Bec, mont Gauvi près Guillestre. mont Viso, Colon près de Grenoble, les Fauges	Lieux ombragés et humides.

Nos des Espèces	NOMS de GENRE ET D'ESPÈCE	Durée des Plantes	ÉPOQUE de FLEURAISON	LOCALITÉS OU CES ESPÈCES ONT ÉTÉ TROUVÉES EN FRANCE.	HABITATION de CES PLANTES.
	AQUILEGIA *(Suite.)*			près Villars-de-Lans, mont Aurouse près de Gap, mont Ventoux, Seine (Basses-Alpes) ; col de Tende.	
113	— *bernardi*	♃	juin	Monte Rotondo, etc. (Corse).	Montagnes.
114	— *pyrenaica*	♃	juillet	Pyrénées : de mont Louis aux Eaux-Bonnes.	Pâturages élevés des montagnes.
	DELPHINIUM				
115	— *consolida*	☉	juin, août	Toute la France.	Moissons.
116	— *pubescens*	☉	juin, juillet	Avignon ; Fréjus ; Gréoux ; Narbonne ; Nîmes ; Montélimar ; Montpellier ; Perpignan et presque tout le Midi.	—
117	— *ajacis*	☉	— —	Dordogne ; Agenais ; Saintonge ; Loire-Inférieure ; Toulouse.	Terrains sablonneux.
118	— *orientale*	☉	— —	Dans les jardins.	
119	— *peregrinum*	☉	juillet, août	Provence : Toulon ; Pyrénées-Orientales, Olette, fond Pédrome, mont Louis ; Languedoc ; Toulouse ; Agen ; Montauban ; Nice.	Champs.
	Var. *cardopetalum*	☉	— —	Pech-David, rive droite de la Garonne.	—
120	— *fissum*	♃	juillet	Lagarde sur Gap ; Bouquet près d'Uzès.	Coteaux.
121	— *elatum*	♃	juillet, août	Alpes ; Pyrénées : mont Viso ; l'Arche (Basses-Alpes), val d'Eynes ; Narbonne.	Montagnes.
122	— *requienii*	☉	juin	Iles d'Hyères et Stéchades ;	
	Var. *muscodorum*	☉	—	Corse : Porto Vecchio et Bonifacio.	
123	— *staphysagraria*	☉	—	Provence ; Languedoc ; Toulon ; Nîmes : bois de Grammont ; Prades près Montpellier. Montpellier.	Lieux arides.
	ACONITUM				
124	— *anthora*	♃	août, sept.	Jura : la Dôle, le Reculet ; Alpes : Lautaret ; Barcelonnette ; Grande-Chartreuse ; Pyrénées : mont Louis au val Carol, val d'Eynes ; Basses-Pyrénées : Eaux-Bonnes.	Montagnes.
125	— *lycoctonum*	♃	juin-août	Alpes ; Jura ; Auvergne ; Cévennes ; Vosges ; Pyrénées : toute la chaîne ; bois de Mezeaux (Vienne).	Bois et prés élevés.
126	— *napellus*	♃	juin, juillet	Alpes ; Anjou ; Auvergne ; Jura ; vallée de Corbon ;	Montagnes boisées, région des sapins.

Nᵒˢ des Espèces	NOMS de GENRE ET D'ESPÈCE	Durée des Plantes	ÉPOQUE de FLEURAISON	LOCALITÉS OU CES ESPÈCES ONT ÉTÉ TROUVÉES EN FRANCE.	HABITATION de CES PLANTES.
	ACONITUM (Suite.)			pays d'Auge : Sᵗ-Pierre-sur-Dives, Vimoutiers ; Brin-sur-Allones, Soucelles, Thoré ; Pyrénées ; Vosges ; Paris.	
127	— paniculatum	♃	juillet, août	Alpes du Dauphiné : Bosco-don près d'Embrun, Grde-Chartreuse, Barcelonnette, Grenoble . Rével, Saint-Nizier et Seyssins, Uriage, Vaulnaveys, Prémol, Livet, Taillefer ; monts Dore (Au-vergne).	Terrains rocailleux
128	ACTÆA — spicata	♃	mai, juin	Paris : Canneville, Chantilly, Saint-Germain, Verrerie à Compiègne, les Poches près Quinçay ; Vosges ; Lorraine : Metz, Nancy ; Bourgogne : Dijon ; Jura : Besançon ; Alpes : Greno-ble, Gap ; Pyrénées : mont Louis ; Auvergne ; Moutiers-Hubert, Livarot, Courson près de Livarot (Calvados) ; Querquesalles et Saint-Germain-de-Montgommery (Orne) ; Gisors, Pont-Au-demer, Rouen, forêt du Hellet près de Neufchâtel.	Bois montueux de presque toute la France, à l'excep-tion d'une partie de l'Ouest.
129	PÆONIA — corallina	♃	— —	Blois ; mont Afrique près de Dijon ; Savigny près de Beaune ; Orléans . Alais (Gard).	Montagnes.
130	— russi	♃	juin	Corse, Sartène, bords du haut Tavigniano, forêt de Perticato.	
131	— officinalis	♃	—	Dauphiné ? Provence ? lac de Seguret sur Embrun ? Ribiers, bois près Die.	Hauts bois.
132	— peregrina	♃	mai, juin	Sérane (pied du pic Saint-Loup), bois de Valène près de Montpellier ; bois de Die ; Cévennes ; Mende ; Grasse ; Abeillas près de Bagnols-sur-Mer ; Perpignan.	Montagnes. Basses montagnes.
133	BERBERIS — vulgaris	♃	— —	Presque toute la France.	Haies et montagnes calcaires.
134	— ætnensis	♄	— —	De Vico à Corté (Corse),	Buissons.

Nos des Espèces	NOMS de GENRE ET D'ESPÈCE	Durée des Plantes	ÉPOQUE de FLEURAISON	LOCALITÉS OU CES ESPÈCES ONT ÉTÉ TROUVÉES EN FRANCE.	HABITATION de CES PLANTES.
				haut Tavigniano, monts Coscione, Rotondo et d'Oro.	
	NYMPHÆA				
135	— alba	♃	juin-août	Presque toute la France.	Eaux stagnantes.
	Var. minor	♃	— —	Nantua et Sarrebourg; Perrey et Blainville (Calvados).	—
136	— lutea	♃	— —	Toute la France.	Rivières et mares.
137	— pumila	♃	— —	Vosges, lacs de Gerardmer, de Longemer, de Retournemer.	Eaux stagnantes.
	PAPAVER				
138	— somniferum	☉	juin, juillet	Cultivée et presque spontanée.	
139	— setigerum	☉	— —	Iles d'Hyères; Corse.	Champs.
140	— hortense	☉	— —	Cultivée et presque spontanée.	
141	— rhœas	☉	— —	Presque toute la France.	Champs, moissons.
142	— dubium	☉	avril-juin	Presque toute la France.	— —
143	— argemone	☉	juillet	Presque toute la France.	— —
144	— hybridum	☉	mai-juillet	Presque toute la France.	— —
145	— alpinum	♃	août	Hautes Alpes de Grenoble, Gap, Briançon, Digne, mont Ventoux, sommités des Pyrénées, col de Nouri, Cambredase, mail du Cristal, pic du Midi, Endretlis, Marboré.	Hautes montagnes.
	Var. albiflorum	♃	—	Hautes-Alpes.	— —
	MECONOPSIS				
146	— cambrica	♃	juin, juillet	Pyrénées: port de Paillères, Barèges, Grip, l'Hiéris, Endretlis, St-Béat, Eaux-Bonnes; Auvergne, Puy-de-Dôme, monts Dore; Cantal, Puy-Mari, mont de Côme, Orcival; Bretagne; Normandie : fort de Ciotot (Manche); Caen; montagne Noire, forêt de Laz.	Lieux ombragés des montagnes.
	CHELIDONIUM				
147	— hybridum	☉	juin	Orange; Digne et Seigne (Basses-Alpes); Avignon; Marseille, Montaud; Nîmes; Montpellier; Narbonne; Pyrénées-Orientales: Pena vis-à-vis las Casassas, Perpignan; Vieille; Auvergne; Nantes.	Champs.
148	— glaucium	♂	juin, juillet	Bords de la mer et des fleuves; Dijon; Lyon; Grenoble; Montélimar; Avignon;	Sables et terrains argileux et sablonneux.

Nos des Espèces	NOMS de GENRE ET D'ESPÈCE	Durée des Plantes	ÉPOQUE de FLEURAISON	LOCALITÉS OU CES ESPÈCES ONT ÉTÉ TROUVÉES EN FRANCE.	HABITATION de CES PLANTES.
	CHELIDONIUM (Suite.)			Aix; Montpellier; Provence; Roussillon ; Montauban ; Bayonne; Nantes; Noirmoutiers; embouchure de la Loire; sables de la Garonne; Normandie; Saint-Valery-sur-Somme; Paris; Mende; Corse : Bastia.	
149	— *corniculatum*	☉	mai , juin	Bords de la Méditerranée; Marseille; Avignon; Montpellier; Toulon; Béziers; Pyrénées-Orientales : Perpignan ; Auvergne : Clermont.	Champs et moissons.
150	— *majus*	♃	avril-sept.	Presque toute la France.	Vieux murs, décombres, haies.
	Var. *laciniatum*	♃	— —	Nancy.	
151	HYPECOUM — *procumbens*	☉	mai , juin	Paris; Orange; Montélimar; Fréjus; Nîmes; Montpellier; Cette; Aix; Narbonne; Perpignan ; Corse : Ajaccio, Bonifacio.	Champs, sables.
152	— *grandiflorum*	☉	juin	Bas-Roussillon, Perpignan.	Moissons.
153	— *pendulum*	☉	mai , juin	Provence, Montpellier; Languedoc, Toulouse, Nîmes, Aix, Narbonne; Anjou; Paris; île Bouchard, Richelieu, Marsilly (Indre-et-Loire).	Champs cultivés.
154	CORYDALIS — *tuberosa*	♃	avril, mai	Alsace : Colmar, Cernay: Jura : Besançon; Dauphiné; Lorraine; Pyrénées centrales: Luchon, Melles, Bouts; Bernay (Eure).	Haies et buissons.
155	— *fabacea*	♃	— —	Hautes Vosges: escarpements du Hohneck: Grande-Chartreuse (Grenoble): Corse.	Sommités des montagnes.
156	— *solida*	♃	avril-juin	Chantilly, Senlis ; Sarthe ; Mayenne; Maine-et-Loire; Nantes; Alençon; Falaise; Lorraine ; Metz; Bourgogne: Jura : Besançon: Dauphiné : Grenoble ; Auvergne ; centre de la France, Pyrénées : Villefranche, Olette, l'Hiéris.	Montagnes.
157	— *lutea*	♃	mai-sept.	Crecy; Montbard, Montélimar: Narbonne; Paris,	Lieux montueux.

Nos des Espèces	NOMS de GENRE ET D'ESPÈCE	Durée des Plantes	ÉPOQUE de FLEURAISON	LOCALITÉS OU CES ESPÈCES ONT ÉTÉ TROUVÉES EN FRANCE.	HABITATION de CES PLANTES.
	CORYDALIS *(Suite.)*			Sèvres, Fontainebleau ; Strasbourg.	
158	— *claviculata*	⊙	juin, juillet	Paris; Laval; le Mans; Fougère; Vire; Rennes; Nantes; Auvergne; Mende; Montpellier; Languedoc; Avignon; Lyon; Aunay, Cherbourg, Falaise, Mortain; Port-de-Villers et Saint-Just près Vernon; Argentan, Dives.	Haies et endroits pierreux.
159	— *enneaphylla*	♃	— —	Roussillon : Villefranche ; Prades, Nourri, Aren; val de Gistain.	Rochers.
160	FUMARIA — *capreolata*	⊙	juin-août	Paris; Meaux; Normandie? Bretagne? Bordeaux? Creuse? Lyon; Avignon; Plaisance; de Nice à Perpignan; mont Louis; Corse : Bastia.	Haies et buissons.
161	— *media*	⊙	avril-juin	Angers; Paris; Creuse; Vire, Alençon, Mortain ; Blois; Nantes; Bordeaux; Grasse; Bastia (Corse).	Champs, jardins.
162	— *agraria*	⊙	juin, juillet	Avignon; Marseille; Toulon; Montpellier; Narbonne.	— —
163	— *officinalis*	⊙	mai-sept.	Toute la France.	Champs, vignes, jardins.
164	— *densiflora*	⊙	juillet	Paris; Troyes; Nantes; Normandie; Albi; Montpellier; Narbonne; Pech-David, Calvinet.	Murs et champs pierreux.
165	— *vaillantii*	⊙	mai, juin	Lorraine : Nancy, Bitche ; Alsace: Colmar; Paris; Lyon; Besançon; Arles; Avignon; Montpellier; Falaise; Orbec; Menilles; Pacy-sur-Eure; Anjou.	Champs sablonneux.
166	— *parviflora*	⊙	juin-août	Amiens; Falaise; Caen; Evreux; Lisieux; Rouen; Trun; Vernon; Paris; Hayange (Lorraine); Bourgogne; Albi; Auvergne; Lyon; Avignon, Toulon; Montpellier; Narbonne; Marseille; Hyères.	Lieux cultivés.
167	— *spicata*	⊙	juin	Montélimar; Toulon; Hyères et toute la Provence; Nimes; Montpellier; Narbonne et tout le Languedoc.	Champs et jardins.

Nos des Espèces	NOMS de GENRE ET D'ESPÈCE	Durée des Plantes	ÉPOQUE de FLEURAISON	LOCALITÉS OU CES ESPÈCES ONT ÉTÉ TROUVÉES EN FRANCE.	HABITATION de CES PLANTES.
	RAPHANUS				
168	— *sativus*	⊙	mai , juin	Jardins de toute la France.	Jardins.
169	— *raphanistrum*	⊙	juin, juillet	Toute la France.	Champs cultivés et incultes.
170	— *landra*	♃	mai , juin	Collioures, Port-Vendres, Toulon; falaise de Jobourg (Manche).	Bords de la Méditerranée.
171	— *maritimus*	♃	juin	Bretagne; Ile d'Houat; Brest; Quimper; falaise d'Herqueville près de Jobourg; îles de Chausey.	Littoral de la mer.
	SINAPIS				
172	— *arvensis*	⊙	juin-octob.	Toute la France.	Lieux cultivés.
173	— *cheiranthus*	♂	juin-août	Presque toute la France.	Lieux sablonneux.
	Var. *montana*	♃	— —	Pyrénées : Esquierry; Dauphiné : Mont-de-Lans; Auvergne.	Montagnes.
174	— *alba*	⊙	juin, juillet	Partout.	Moissons.
175	— *dissecta*	⊙	avril, mai	Bastia (Corse).	—
	ERUCA				
176	— *sativa*	⊙	mai , juin	Partout.	Moissons, décombres.
177	— *incana*	♂	juin-sept.	Midi de la France; Granville: routes de Coutances et de Saint-Pair; rochers de la Gironde (Charente-Inférieure); Saint-Seurin à Meschers; Corse.	Champs arides.
	BRASSICA				
178	— *oleracea*	♂	— —	Dieppe; Granville; Havre; Tréport.	Falaises.
179	— *robertiana*	♃	mai	Mont Condom et fort Pharon, près de Toulon; Ile Sainte-Marguerite.	Fentes des rochers.
180	— *insularis*	♃	—	Corse : entre Caproline et Pont-à-la-Leccia.	Rochers.
181	— *napus*	⊙ ♂	avril, mai	Cultivé.	
182	— *asperifolia*	⊙ ♂	— —	Cultivé.	
183	— *richerii*	♃	juillet, août	Alpes du Dauphiné : mont Viso, Lautaret, fond de Quayras; Alpes de la Provence : Larche.	Montagnes.
184	— *sabularia*	⊙	mars, avril	Corse : Cagna; bords du Travo; mont Nino.	Champs, rives des fleuves.
185	— *nigra*	⊙	juin-août	Presque toute la France.	Champs. décombres.
	DIPLOTAXIS				
186	— *humilis*	♃	avril, mai	Pic Saint-Loup près Montpellier.	Montagnes.

Nos des Espèces	NOMS de GENRE ET D'ESPÈCE	Durée des Plantes	ÉPOQUE de FLEURAISON	LOCALITÉS OU CES ESPÈCES ONT ÉTÉ TROUVÉES EN FRANCE.	HABITATION de CES PLANTES.
	DIPLOTAXIS (Suite.)				
187	— *repanda*	♃	juillet, août	Alpes du Dauphiné : Briançon; Lautaret; Alpes de Gap; route de Briançon au Quayras; Galibier, mont Viso, le Crépon, Chantelouve, la Cluse.	Montagnes.
188	— *saxatilis*	♃	juin, juillet	Alpes de Provence : Digne, mont Ste-Victoire; bords de l'Allier près de Clermont.	Montagnes, collines, rivières.
189	— *tenuifolia*	♃	avril-juin	Presque partout.	Bords des chemins, côtes incultes, vieux murs, etc.
190	— *muralis*	☉	mai-octob.	Partout.	Lieux arides, murs, etc.
191	— *viminea*	☉	juin, juillet	De Paris à la Méditerranée.	Vignes et terres sablonneuses.
192	— *erucoides*	☉	avril-juin	Fréjus; Marseille; Montpellier; Narbonne; Nice; Corse.	Vignes, champs, bords des routes.
193	— *bracteata*	♃	— —	Presque partout.	Terres sablonneuses, décombres.
194	— *erucastrum*	♃	juin, juillet	Région des oliviers; Pyrénées; rare dans le Nord; bois de Vincennes; Andelys; Falaise; Gisors: rochers de la Gironde, de Saint-Seurin au Monnards; îles du Rhin.	Lieux incultes.
	MORICANDIA				
195	— *arvensis*	♂	mai, juin	Marseille (rare).	Champs.
	HESPERIS				
196	— *matronalis*	♂ ♃	juin	Presque partout.	Bois, haies, buissons.
197	— *laciniata*	♃	mai, juin	Castellane; Digne; fond de Comps; Pyrénées-Orientales; Sisteron; Toulon.	Roches escarpées.
	MALCOMIA				
198	— *africana*	☉	mai	Aix; Avignon; Digne; Fréjus; Montpellier; Narbonne; Perpignan; Salon; Tarascon.	Champs.
199	— *parviflora*	☉	mai, juin	Ajaccio, Bastia, Calvi (Corse); Cannes; Collioures; Hyères; Perpignan; Toulon; Saint-Tropez.	Sables du littoral de la Méditerranée.
200	— *littorea*	♃	mai-juillet	Côtes de la Méditerranée, et de l'Océan depuis Bayonne jusqu'à Cherbourg.	Sables.
201	— *maritima*	☉	juin	Aigues-Mortes; Marseille;	Sables du littoral

Nos des Espèces	NOMS de GENRE ET D'ESPÈCE	Durée des Plantes	ÉPOQUE de FLEURAISON	LOCALITÉS OU CES ESPÈCES ONT ÉTÉ TROUVÉES EN FRANCE.	HABITATION de CES PLANTES.
				Montpellier ; Narbonne ; Vieux-Boucau ; Rouen ; Cherbourg.	de la Méditerranée et de l'Océan.
202	MATHIOLA — *incana*	♃	mai , juin	Ajaccio, Bastia, Bonifacio ; Fréjus ; Bayonne ; rochers de la Gironde à Meschers ; îles d'Hyères ; île Sainte-Marguerite ; Montpellier ; Toulon ; Nice.	Bords de la mer.
203	— *sinuata*	♂	— —	Côtes méditerranes d'Antibes à Port-Vendres, et de l'Océan depuis Bayonne jusqu'à Cherbourg ; fossés du Rozel (Manche) ; Corse.	Bords de la mer, fossés.
204	— *tricuspidata*	☉	mai , juin	Toulon ; îles d'Hyères ; Corse.	Bords de la mer, fossés.
205	— *tristis*	♃	— —	Aix ; Avignon ; Montpellier.	Rochers, lieux stériles.
206	CHEIRANTHUS — *cheiri*	♃	avril-juin	Partout.	Vieux murs et couvertures.
207	ERYSIMUM — *cheiranthoides*	☉	juin-octob.	Partout.	Décombres, moissons.
208	— *murale*	☉ ♂	mai	Bresse ; Paris ; Sèvres ; St-Cloud.	Vieux murs, vignes
209	— *virgatum*	♂	juin, juillet	Château-Quayras ; Dauphiné ; Guillestre, la Grave, mont Dauphin.	Murs et lieux incultes.
210	— *cheirifolium*	♂	— —	Lorraine ; Bourgogne ; Langres, Saint-Parres-lès-Vaudes (Aube) ; Mareuille-le-Port (Marne) ; Sceaux et Château-Landan (Seine-et-Marne) ; Sceaux (Loiret).	Bois et lieux incultes.
211	— *australe*	♃	— —	Dauphiné : mont Aurouse, la Garde et Rabou près de Gap, Tain, Valence ; Vaucluse ; Provence : Gréaux, Saint-Geniès près de Sisteron, mont Sainte-Victoire, Sainte-Baume près Toulon ; Pyrénées-Orientales : Ceret, Prats-de-Mollo.	Lieux secs et pierreux.
212	— *ochroleucum*	♃	mai , juin	Dauphiné : mont d'Ain, Chamechaude près de Grenoble, mont Aurouse, mont Viso, Saint-Nizier ; Provence : mont Ventoux ; Py-	Lieux arides et rocailleux des montagnes.

3

Nos des Espèces	NOMS de GENRE ET D'ESPÈCE	Durée des Plantes	ÉPOQUE de FLEURAISON	LOCALITÉS· OU CES ESPÈCES ONT ÉTÉ TROUVÉES EN FRANCE.	HABITATION de CES PLANTES.
	ERYSIMUM *(Suite.)*			rénées : pic de Lhiéris, Annouillas, Eaux-Bonnes, Labatsec, Gavarni.	
213	— *pumilum*	♃	juin, juillet	Pyrénées-Orientales : Prats-de-Mollo.	Montagnes.
214	— *perfoliatum*	☉	mai , juin	Presque partout.	Champs, terres calcaires.
	BARBAREA				
215	— *vulgaris*	♃ ♂	— —	Presque partout.	Champs, fossés, prairies.
216	— *arcuata*	♂	— —	Presque partout.	Bois humides, etc.
217	— *rupicola*	♃	— —	Corse : Bastia, Monte Rotundo, Grosso et Coscione, entre Corté et Vico.	Fentes des rochers.
218	— *intermedia*	♂	avril-juin	Ahun (Creuse) ; Chalonnes ; Angers ; Châteaubriant ; St-Herblon près d'Ancenis ; Gannat ; Nantes ; Royat près Clermont - Ferrant ; Avranches, Falaise, Valognes, Vire.	Lieux humides.
219	— *sicula*	♂	juin-août	Pyrénées : port de Bénasque, mont Louis, pic de Lhiéris.	Bords des ruisseaux.
220	— *patula*	♂	mai , juin	Départements de l'Ouest et du Midi.	Prés humides.
	SISYMBRIUM				
221	— *officinale*	☉	juin-sept.	Partout.	Chemins, murs, lieux incultes.
222	— *polyceratium*	☉	juin-août	Corse ; Bordeaux ; Fréjus ; îles d'Hyères ; Marseille ; Montpellier ; Narbonne ; Toulon et presque tout le Midi.	Lieux incultes, vieux murs.
223	— *supinum*	☉	— —	Paris ; Lyon ; Jura ; Vernon (Eure).	Bords de la Seine, du Rhône, du Lac.
224	— *asperum*	☉	mai-juillet	Alais ; Avignon ; Nîmes ; Montpellier ; Toulon ; Dauphiné : Gap, Villeneuve, le Champsaur, Saint-Bonnet ; Pyrén.-Orientales ; Mende ; Auvergne ; Poitiers ; Arcelot et Nuits en Bourgogne ; Paris.	Sables des rivières, marais desséchés.
225	— *columnæ*	♂	juin, juillet	Dauphiné et toute la région méditéranéenne.	Décombres, bords des chemins.
226	— *pannonicum*	♂	mai , juin	Mutzig.	Roches de grès.
227	— *alliaria*	♃	avril, mai	Presque partout.	Fossés, haies, buissons.
228	— *irio*	☉ ♂	avril-juin	Angers ; Blois ; Coutances ; Nantes ; Paris ; Orléans ;	Moissons, bord des champs.

Nos des Espèces	NOMS de GENRE ET D'ESPÈCE	Durée des Plantes	ÉPOQUE de FLEURAISON	LOCALITÉS OU CES ESPÈCES ONT ÉTÉ TROUVÉES EN FRANCE.	HABITATION de CES PLANTES.
	(Suite.) SISYMBRIUM			Rouen ; St-Germain; Saumur; Clermont-Ferrant et tout le Midi.	
229	— *austriacum*	♂	mai , juin	Alpes du Dauphiné et de la Provence; Pyrénées; Jura; Rennes ?	Montagnes pierreuses.
230	— *strictissimum*	♃	juin, juillet	Le Quayras, mont de Lans en Dauphiné.	Montagnes.
231	— *sophia*	☉	avril-octob.	Partout.	Bords des chemins, décombres.
232	— *pinnatifidum*	♃	juin-août	Dauphiné; monts Dore; Pyrénées.	Rochers, gazons humides.
233	— *tanacetifolium* *Hugueninia—lia* *Rchb.*	♃	juillet	Dauphiné : mont Genèvre, mont Monnier, mont Aurouse, mont Viso, mont de Lans; Pyrénées centrales : Bénasque, Labatsec, la Maladette, Cagire.	Pelouses et rochers des montagnes élevées.
234	— *nasturtium*	♃	juin-sept.	Partout.	Sources, ruisseaux, fontaines.
235	— *sylvestre*	♃	juin-août	Partout.	Lieux humides.
236	— *anceps*	♃	— —	Partout.	—
	ARABIS				
237	— *brassicæformis*	♃	mai , juin	Bourgogne; Cévennes; Lorraine; Pyrénées; Dauphiné : mont Ventoux; Draguignan; Vosges.	Bois montagneux, terrains calcaires.
238	— *saxalilis*	☉	— —	Dauphiné; Pyrénées.	Montagnes calcaires.
239	— *verna*	☉	avril, mai	Région des oliviers; Hyères, Toulon, Marseille; Avignon, Fontne-de-Vaucluse; Montpellier; Montferrand; Collioures; Port - Vendres; Corse : Corté, Sartène.	Coteaux ombragés.
240	— *auriculata*	☉	— —	Alsace; Jura; Dauphiné Provence; Languedoc; Cévennes; Pyrénées.	Murs, coteaux calcaires.
241	— *stricta*	♃	mai	Dauphiné; Pyrénées; Fontaine-de-Vaucluse.	Montagnes : endroits rocailleux.
242	— *serpillifolia*	♂	juin, juillet	Alpes du Dauphiné et de la Provence; Pyrénées; Jura: les Rousses, la Dôle.	Murs et rochers.
243	— *ciliata*	♂	— —	Dauphiné; Jura; Pyrénées.	Rochers et lieux pierreux des montagnes.
244	— *allioni*	♃	— —	Mont Viso en Dauphiné (rare).	Pâturages humides
245	— *sagittata*	♂	mai , juin	Toute la France et la Corse.	Bois, prés, lieux pierreux.

Nos des Espèces	NOMS de GENRE ET D'ESPÈCE	Durée des Plantes	ÉPOQUE de FLEURAISON	LOCALITÉS OÙ CES ESPÈCES ONT ÉTÉ TROUVÉES EN FRANCE.	HABITATION de CES PLANTES.
	ARABIS (Suite.)				
246	— *gerardi*	♂	mai , juin	Midi de la France; Aix, Marseille, Toulon; pont du Gard, Uzès, Montpellier; St-Sever, Mont-de-Marsan.	Bords des chemins, prairies.
247	— *muralis*	♃	mai	Est et Midi de la France: Aix; Fontaine-de-Vaucluse; Grenoble; Villebois près de Lyon; Nantua; Saint-Aynard; Toulon; Mende; pic Saint-Loup près de Montpellier; Corse.	Murs et rochers.
248	— *perfoliata*	♂	juin, juillet	Partout.	Bois arides, champs
249	— *cebennensis*	♃	juillet	Cantal : Liran, Raon-de-la-Croix; Cévennes; Aubrac; Banachu près l'Espérou; mont Mézin (Ardèche).	Montagnes ombragées.
250	— *thaliana*	☉	avril-août	Partout.	Terres sablonneuses.
251	— *arenosa*	☉	mai-sept.	Alpes; Jura; Vosges; Pyrénées et une grande partie de la France.	Lieux humides et ombragés.
252	— *alpina*	♃	juillet, août	Alpes du Dauphiné et de la Provence; Jura; Vosges; Pyrénées; Auvergne; Corse.	Sommités des montagnes et rochers.
253	— *cœrulœa*	♃	— —	Dauphiné : le Bourget près de Briançon, col de Terre-Nière, Petit-Galibier.	Région des neiges, montagnes rocailleuses.
254	— *bellidifolia*	☉	juin, juillet	Montagnes du Dauphiné et des Pyrénées : Labatsec, col d'Estaubé.	Pâturages humides
255	— *pumila*	♃	— —	Montagnes du Dauphiné.	Rochers.
256	— *turrita*	♂	mai , juin	Auvergne; Cévennes; Côte-d'Or; Jura; Vosges, versant oriental.	Forêts des montagnes, rochers, vieux murs.
	CARDAMINE				
257	— *asarifolia*	♃	juillet	Alpes : vallée de l'Arche jusqu'au lac du Lauzaunier.	Montagnes.
258	— *trifolia*	♃	avril-juin	Jura.	Lieux humides et ombragés.
259	— *plumierii* — *thalictroides* DC.	♃	juillet	Alpes du Dauphiné: Grande-Chartreuse, mont Viso, Revel près de Grenoble; Corse: monts d'Oro et Grosso, cap Corse, Calvi, Bastia.	Montagnes.
260	— *latifolia*	♃	juin, juillet	Pyrénées: Eaux-Bonnes, port de Bénasque, Canigou, mont Louis, Bagnères-de-Bigorre, Cambasque, Pas-de-Roland, Saint-Jean-	—

Nos des Espèces	NOMS de GENRE ET D'ESPÈCE	Durée des Plantes	ÉPOQUE de FLEURAISON	LOCALITÉS OU CES ESPÈCES ONT ÉTÉ TROUVÉES EN FRANCE.	HABITATION de CES PLANTES.
	CARDAMINE (Suite.)			Pied-de-Port, Barrèges, Prats-de-Mollo, mont Venteillolle, vallée d'Andore.	
261	— *pratensis*	♃	mai, juin	Partout.	Bois et prés humides.
262	— *amara*	♃	avril, mai	Partout.	Ruisseaux et prés humides.
263	— *impatiens*	♂	mai, juin	Toute la France et la Corse.	Bois ombragés.
264	— *hirsuta*	☉	avril-juin	Partout.	Lieux humides et cultivés.
265	— *sylvatica*	♂ ♃	— —	Presque toute la France.	Bois montagneux.
266	— *parviflora*	☉	mai, juin	Provence; Languedoc; Anjou; Nantes.	Prés humides.
267	— *alpina*	♃	juillet, août	Alpes du Dauphiné et de la Provence : Galibier, etc.; Auvergne; Pyrénées.	Pelouses humides.
268	— *resedifolia*	♃	— —	Alpes du Dauphiné; Cévennes; monts Dore; Pyrénées; Corse : monts Rotundo, Grosso, d'Oro, Nino.	Lieux humides des montagnes.
268*	— *granulosa*	♃	— —	Alpes de Savoie, Aix-les-Bains.	— —
	DENTARIA				
269	— *digitata*	♃	mai, juillet	Vosges; Jura; Dauphiné; Cévennes; Auvergne; Pyrénées (rare).	Bois montagneux, lieux sablonneux.
270	— *pinnata*	♃	avril, mai	Presque toute la France.	Bois montagneux.
271	— *bulbifera*	♃	— —	Dauphiné : Saint-Georges et Vizille près Grenoble; Auvergne; Lusignan, Vienne; forêt de Conches (Seine-et-Marne); Compiègne, Villers-Cauterets, Neuf-Marché-en-Lyons (Seine-Inférieure); la Fère (Aisne); Bernay, forêt de Conches, Rugles (Eure).	— —
	LUNARIA				
272	— *rediviva*	♃	mai, juin	Alpes du Dauphiné; Jura; Vosges; Auvergne; Pyrénées.	Forêts montagneuses.
273	— *biennis*	♂	avril, mai	Montreuil, Belfroi, Saint-Maur (Maine-et-Loire); la *brèche au Diable* près de Falaise; Orival près d'Elbeuf; Bayonne (rare).	Bois escarpés.
	FARSETIA				
274	— *clypeata*	☉	— —	Château de Montrond à Saint-Amand (Cher) (très-rare).	Ruines.

Nos des Espèces	NOMS de GENRE ET D'ESPÈCE	Durée des Plantes	ÉPOQUE de FLEURAISON	LOCALITÉS OU CES ESPÈCES ONT ÉTÉ TROUVÉES EN FRANCE.	HABITATION de CES PLANTES.
275	**VESICARIA** — *utriculata*	♃	mai, juin	Dauphiné : Bourg-d'Oisans, bords de la Romanche près de la Grave, Mont-de-Lans, Premol, Vizile ; Bourgogne · Semur, Bordes près de Montbard (assez rare).	Coteaux calcaires.
276	**ALYSSUM** — *incanum*	♂	juin-sept.	Alsace : Colmar, Kaisersberg, val d'Orbey, Ostheim ; Provence : Toulon (rare).	Lieux pierreux et sablonneux.
277	— *calycinum*	☉	mai, juin	Partout.	Lieux secs et pierreux.
278	— *campestre*	☉	— —	Partout, surtout dans le Midi.	Champs sablonneux stériles.
279	— *montanum*	♃	mai-juillet	Côte-d'Or ; Jura ; Dauphiné ; Provence ; Cévennes ; Auvergne ; Pyrénées ; Poitou ; Bayonne ; Paris : Saint-Maur, Fontainebleau.	Coteaux calcaires.
280	— *cuneifolium*	♃	juillet, août	Pyrénées-Orientales ; Dauphiné : mont Genèvre.	Sommet des montagnes.
281	— *flexicaule*	♃	juin, juillet	Mont Ventoux.	Montagnes.
282	— *corsicum*	♃	— —	Corse : près Bastia.	—
283	— *alpestre*	♃	juin-août	Alpes du Dauphiné : Lautaret, mont Viso, mont Genèvre, Villars-d'Arènes ; Pyrénées.	Hautes montagnes.
284	— *argenteum*	♃	mai-juillet	Corse.	Montagnes.
285	— *robertianum*	♃	— —	Corse : monte Sancti-Petri, monte Rotondo, cap Corse, entre Ville et Nonza.	—
286	— *maritimum*	♃	mai-août	Bords de la Méditerranée ; Nîmes, Avignon.	Rochers, sables et lieux arides.
287	— *perusianum*	♃	juin	Pyrénées-Orient. : la Trancade-d'Ambouilla près de Villefranche.	Rochers.
288	— *halimifolium*	♃	mai, juin	Alpes de la Provence : Gars ; St-Vallier près de Grasse.	—
289	— *spinosum*	♃	— —	Coudon près de Toulon ; pic Saint-Loup, Ganges et Guilhen-le-Désert (Hérault) ; Anduse (Gard) ; la Clappe près de Narbonne ; presque tout le Midi.	Coteaux calcaires.
290	— *macrocarpum*	♃	— —	Cévennes ; Saint-Chinian, Roquelaure, Mende.	Roches calcaires.
291	— *pyrenaicum*	♃	juin	Pyrénées-Orientales : fond de Comps, mont Conat.	Rochers escarpés.

Nos des Espèces	NOMS de GENRE ET D'ESPÈCE	Durée des Plantes	ÉPOQUE de FLEURAISON	LOCALITÉS OU CES ESPÈCES ONT ÉTÉ TROUVÉES EN FRANCE.	HABITATION de CES PLANTES.
292	CLYPEOLA — *jonthlaspi*	☉	avril, mai	Provence ; Languedoc ; Dauphiné ; Roussillon.	Lieux sablonneux.
293	PELTARIA — *alliacea*	♃	juin, juillet	Le Mans : tertre Saint-Laurent et porte Saint-Samson (rare).	Lieux pierreux.
294	DRABA — *pyrenaica*	♃	juin-août	Alpes du Dauphiné ; la Grande-Chartreuse ; Guillestre, mont Aurouse, mont Viso ; Pyrénées : pic du Midi, pic de Gère.	Rochers des hautes montagnes.
295	— *aizoides*	♃	avril, mai	Alpes du Dauphiné ; Jura ; Côte-d'Or ; Cévennes ; Auvergne ; Pyrénées.	Montagnes calcaires.
296	— *cuspidata*	♃	avril-juin	Pyrénées-Orientales : val d'Eynes, Cambredase.	Rochers schisteux.
297	— *olympica*	♃	juin	Mont Rotondo (Corse).	Sommités des montagnes.
298	— *tomentosa* Var. *frigida*	♂ ♂	juillet —	Hautes-Alpes du Dauphiné. Pyrénées.	Rochers.
299	— *wahlenbergh*	♃	août	Mont Viso, col de la Traversette.	Hautes montagnes.
300	— *muralis*	☉	mai, juin	Presque partout.	Murs et champs arides.
301	— *nemorosa*	☉	juin	Pyrénées : val d'Eynes ; mont Louis derrière la Citadelle ; Canigou.	Rochers des montagnes.
302	— *incana*	♃	—	Pyrénées ; Dauphiné : Lautaret.	— . —
303	— *verna*	☉	mars, avril	Partout.	Murs, etc., etc.
304	RORIPA Sisymbrium DC. — *nasturtioides*	♂	juin-sept.	Partout.	Lieux humides.
305	— *pyrenaica* S. *pyrenaicum* DC.	♃	mai, juin	Auvergne ; Cévennes ; Pyrénées ; presque tout l'Ouest de la France ; Côte-d'Or ; Lyon ; Montbéliard ; Vosges.	Prés secs.
306	— *amphibia* S. *amphibium* DC.	♃	juin, juillet	Presque partout.	Bord des cours d'eau.
307	— *rusticana* cochlearia armoracia DC.	♃	mai, juin	Presque partout.	Prés humides.
308	COCHLEARIA — *glastifolia*	☉	— —	Aigues-Mortes ; Corse.	Champs cultivés.
309	— *officinalis*	♂ ♃	mai-juillet	Bords de la Manche ; Hautes-Pyrénées : Tourmalet, port d'Oo, Esquierry, Medassolle.	Ruisseaux.

Nos des Espèces	NOMS de GENRE ET D'ESPÈCE	Durée des Plantes	ÉPOQUE de FLEURAISON	LOCALITÉS OU CES ESPÈCES ONT ÉTÉ TROUVÉES EN FRANCE.	HABITATION de CES PLANTES.
	(Suite). COCHLEARIA				
310	— anglica	♂	mai-juillet	Côtes de l'Océan, de Calais à Bayonne.	Littoral maritime.
311	— danica	♂	— —	Côtes de Bretagne et de Normandie.	— —
	KERNERA				
312	— saxatilis	♃	juin-août	Pyrénées ; Cévennes ; monts Dore ; Alpes du Dauphiné ; Jura.	Rochers.
	MYAGRUM				
313	— perfoliatum	☉	mai, juin	Aigues-Mortes ; Auvergne ; Bordeaux ; Bourges ; Châteauneuf ; Dauphiné ; Issoudun ; Marsay (Vienne) ; Montpellier ; Nevers ; Orléans ; Saumur.	Moissons.
	CAMELINA				
314	— sylvestris	☉	juin, juillet	Presque toute la France.	Moissons, champs de lin.
315	— sativa	☉	— —	Cultivé et naturalisé.	— —
316	— fœtida	☉	— —	Cultivé et naturalisé.	— —
	NESLIA				
317	— paniculata	☉	mai-juillet	Presque toute la France.	Terres calcaires, moissons.
	CALEPINA				
318	— corvini	☉	mai, juin	Presque toute la France, mais surtout dans les provinces méridionales.	— —
	BUNIAS				
219	— erucago	☉	juin, juillet	Midi de la France jusqu'à Lyon ; Nantes.	Moissons.
	ISATIS				
320	— tinctoria	♂	mai, juin	Presque partout.	Moissons, chemins.
320*	— alpina	♃	juillet, août	Mont Viso : vallée de Ruines, sous la Côte-Ronde.	
	BISCUTELLA				
321	— auriculata	☉	— —	Dauphiné ; Toulon.	Champs et lieux incultes.
322	— cichoriifolia	☉	juin, juillet	Pyrénées : Bagnères-de-Luchon, à la Cazerille, pic du Midi de Bigorre, Prades et Villefranche, vallée de Llo ; Bormes et Collobrières (Var) ; Gap ; col de Saint-Pierre près Sisteron ; Fréjus ; Benonces et Serrières (Ain).	Montagnes élevées.
323	— lævigata	♃	juin-août	Pyrénées ; Cévennes ; Auvergne ; Alpes du Dauphiné et de la Provence ; Alsace	Rochers des montagnes, etc.

Nos des Espèces	NOMS de GENRE ET D'ESPÈCE	Durée des Plantes	ÉPOQUE de FLEURAISON	LOCALITÉS OU CES ESPÈCES ONT ÉTÉ TROUVÉES EN FRANCE.	HABITATION de CES PLANTES.
	BISCUTELLA *(Suite.)*			où elle descend jusque dans la plaine ; Andelys : roches Saint-Jacques.	
324	— *apula*	⊙	juin	Corse : Bastia.	Montagnes stériles.
325	**IBERIS** — *spathulata*	⊙	juin, juillet	Hautes-Pyrénées ; Coullade-de-Nourry, Léas, Eaux-Bonnes, pic du Midi de Bigorre, pic de Gère, Saint-Béat, pic de Monné.	Débris schisteux.
326	— *aurosica*	♂	juillet, août	Mont Aurouse, sur le Glandaz près de Die ; mont Ventoux.	Rochers.
327	— *pinnata*	♂	mai, juin	Provinces méridionales jusqu'à Lyon.	Moissons.
328	— *bernardiana*	⊙	juillet	Pyrénées : Eaux-Bonnes, etc.	Montagnes.
329	— *ciliata*	♂	juin	Provence : Brignoles ; Grasse ; Mornas.	Rochers arides.
330	— *linifolia*	♂	juillet, août	Midi : Fréjus ; Grasse ; Aix ; Toulon ; Marseille ; Nyons ; Orange ; Pyrénées-Orientales.	Coteaux calcaires.
331	— *prostii*	⊙	— —	Alais, Uzès ; Cévennes : Mende, Ste-Enimie ; entre Montpezat et Thueyts ; Lyon.	— —
332	— *violetti*	♂	— —	Nantua ; St-Mihiel (Meuse).	— —
333	— *intermedia*	♂	juin, juillet	Duclair près Rouen ; Dijon, Chambolle, Vaulaines ; vallons de Sainte-Foy et de Marsonnay.	Coteaux calcaires et rochers.
334	— *garrexiana*	♄	— —	Pyrénées ; Prats-de-Mollo, val d'Eynes, Canigou, Port-de-Bénasque, Vignemale, Saint-Béat ; l'Arche (Basses-Alpes).	Fentes des rochers.
335	— *saxatilis*	♄	mai, juin	Saint-Antoine-de-Galamus dans les Corbières, monts Ventoux et Sainte-Victoire ; la Sainte-Baume près de Toulon ; les Baronies en Dauphiné ; Sisteron ; crêtes du Lomont et rochers près de Pont-de-Roide.	Coteaux calcaires.
336	— *amara*	⊙	juin-octob.	Très-commun dans les champs.	Moissons.
337	— *bicorymbifera*	♂	— —	Mende.	—
338	**TEESDALIA** — *nudicaulis*	⊙	avril, mai	Partout.	Lieux sablonneux.
339	— *lepidium*	⊙	mars-juin	De Fréjus à Port-Vendres ;	— —

Nos des Espèces	NOMS de GENRE ET D'ESPÈCE	Durée des Plantes	ÉPOQUE de FLEURAISON	LOCALITÉS OU CES ESPÈCES ONT ÉTÉ TROUVÉES EN FRANCE.	HABITATION de CES PLANTES.
	ALTHIONEMA			Corse ; assez rare vers le Nord de la France ; Paris ; Lyon ; Poitiers ; Beaulieu (Maine-et-Loire) ; Ligugé ; Montargin (Loire).	
340	— *saxatile*	♃	mai , juin	Alpes de la Provence et du Dauphiné ; Cévennes ; Bagnols ; environs de Fréjus ; Grasse ; Toulon.	Rochers.
	THLASPI				
341	— *arvense*	☉	mai-sept.	Partout.	Décombres, moissons.
342	— *montanum*	♃	avril, mai	Alsace ; Lorraine ; Côte-d'Or ; Jura ; Cévennes ; Dauphiné ; monts Dore ; Rouen : Dieppedale, roche Saint-Adrien (commun).	Montagnes et coteaux calcaires.
343	— *perfoliatum*	☉	mars, avril	Partout.	Terrains calcaires, bois, etc.
344	— *alliaceum*	♂	mai, juin	Ancenis et Saint-Herblon (Loire-Inférieure) ; Angers ; Draguignan ; Fréjus ; Cette ; Montrichard et forêt d'Amboise (Loir-et-Cher) (rare).	Champs et vignes.
345	— *virgatum*	♂	— —	Dauphiné : la Grangette, mont Rachet, St-Eynard ; Pyrénées-Orientales.	Montagnes.
346	— *alpestre*	♂ ♃	avril-juin	Auvergne ; Cévennes ; Dauphiné ; Jura ; Lyon ; mont d'Or ; Pyrénées ; Vosges.	Pâturages des montagnes.
347	— *virens*	♃	avril	Auvergne ; mont Mezin ; mont Pilat ; col de l'Arc près de Grenoble ; Pierre-sur-Haute ; Lazère.	Montagnes.
348	— *alpinum*	♂	avril, mai	Hautes-Alpes du Dauphiné : Guillestre, mont Viso, Sept-Laux.	—
349	— *rivale*	♃	mai , juin	Corse : monts Grosso, Nino, Coscione, Rotondo.	Montagnes élevées.
350	— *rotundifolium*	♃	juin, juillet	Alpes du Dauphiné près de Gap et de Grenoble.	— —
351	— *bursa-pastoris*	☉	mars-déc.	Partout.	Lieux cultivés.
	HUTCHINSIA				
352	— *alpina*	♃	avril, mai	Auvergne ; Dauphiné ; Jura ; Pyrénées.	Sommités des montagnes.
353	— *petræa*	☉	mars, avril	Le Midi et presque toute la France.	Lieux pierreux et terrains calcaires.
354	— *procumbens*	☉	— —	Région méditerranéenne : Hyères ; Marseille ; Mont-	Lieux humides et sablonneux.

Nos des Espèces	NOMS de GENRE ET D'ESPÈCE	Durée des Plantes	ÉPOQUE de FLEURAISON	LOCALITÉS OU CES ESPÈCES ONT ÉTÉ TROUVÉES EN FRANCE.	HABITATION de CES PLANTES.
				pellier ; Toulon ; Corse : îles Rousses.	
	LEPIDIUM				
355	— *sativum*	☉	juin, juillet	Cultivé et presque spontané.	Jardins et terres cultivées.
356	— *campestre*	♂	— —	Partout.	Champs, décombres.
357	— *heterophyllum*	♃	mai-juillet	Anjou ; Bretagne ; Cherbourg, Bayeux ; Vire, Caen ; Alençon ; Normandie ; Poitou ; Ahun (Creuse) ; Chambraud ; Effiat (Puy-de-Dôme) ; Essuies ; Montluçon (Allier) ; Mont-Louis, Prats-de-Mollo, val d'Eynes (Pyrén.-Orient.) ; Ancenis.	Montagnes.
358	— *pratense*	♃	— —	Mont Aurouse ; Charens et la Garde près de Gap.	Lieux humides et incultes.
359	— *hirtum*	♃	mai, juin	Midi de la France : Fréjus, Grasse, pic Saint-Loup (Montpellier), Aix, Rhodez, Saint-Aynard (Grenoble) ; mont Coscione (Corse).	Lieux incultes et pierreux.
360	— *ruderale*	☉	juin-août	Presque toute la France.	Décombres, lieux stériles.
361	— *virginicum*	☉	mai, juin	Environs de Bayonne.	Champs.
362	— *graminifolium*	♃	juin-octob.	Midi et centre de la France ; très-rare dans le Nord ; forêt d'Evreux.	Décombres, bords des chemins.
363	— *humifusum*	♃	juin	Corse : Coscione, Eolo, Fiumorbo, Nino, Santi-Petri, Tavignano.	Montagnes.
364	— *latifolium*	♃	juin, juillet	Presque partout.	Cours d'eau, prés humides.
365	— *draba*	♃	mai, juin	Presque partout.	Champs, bords des routes.
366	**SENEBIERA** — *coronopus*	☉	juin-août	Partout.	Fossés, décombres, chemins.
367	— *pinnatifida*	☉	— —	Bayonne ; Bordeaux ; Bretagne ; Cherbourg ; Dax ; Montpellier ; Toulon.	— —
368	**CAKILE** — *maritima*	☉	juill.-octob.	Côtes de l'Océan et de la Méditerranée.	Littoral maritime.
369	**MORISIA** — *hypogæa*	♃	nov.-juin	Corse : Bastia, Bonifacio, cap Corse.	Champs.
370	**RAPISTRUM** — *rugosum*	☉	mai, juin	Alsace ; Dauphiné ; Langue-	— sablonneux.

Nos des Espèces	NOMS de GENRE ET D'ESPÈCE	Durée des Plantes	ÉPOQUE de FLEURAISON	LOCALITÉS OU CES ESPÈCES ONT ÉTÉ TROUVÉES EN FRANCE.	HABITATION de CES PLANTES.
	RAPISTRUM (Suite.)			doc; Lyonnais; Provence; Roussillon; Blaye; Tremblade, Oléron, la Rochelle (Charente-Inférieure).	
371	— *orientale*	⊙	avril, mai	Corse.	Champs.
372	— *linnæanum*	⊙	— —	Lyon : Croix-Rousse.	—
373	CRAMBE — *maritima*	♃	mai, juin	Noirmoutiers; îles d'Houat, etc.; Manche; Brest, le Conquet; Tréport (Seine-Inférieure).	Côtes de l'Océan, vers le Nord.
374	CAPPARIS — *spinosa*	♃	juin, juillet	Provence: Nîmes; Marseille; Toulon.	Rochers, murailles, etc.
375	CISTUS — *umbellatus*	♄	mai, juin	Agen; Fontainebleau; Brives; Bordeaux; Loire-et-Cher; le Mans; le Gard; Nantes; Prades; Sologne; Trancade; Pyrénées-Orientales.	Coteaux secs.
376	— *allyssoides*	♄	— —	Angers; Bayonne; Bordeaux; Agen; Collioure; Dax; le Mans; le Gard; Pauillac; Sologne.	— —
377	— *halimifolius*	♄		Corse : Ajaccio; Bastia; Bonifacio.	— —
378	— *laurifolius*	♄	juin	Apt; Avignon; le Confluent; Mont-Louis; Montauban; Montpellier; Narbonne; Olette; Perpignan; Prades.	Collines sèches.
379	— *ladaniferus*	♄	—	Provence : entre le Muy et le Pujet, Fréjus; Saint-Chinan près de Montpellier.	— —
380	— *incanus*	♄	mai, juin	Corse : Ajaccio, Bastia, Bonifacio, Calvi; Narbonne ?	— —
381	— *albidus*	♄	— —	Avignon; Fréjus; Marseille; Montpellier; Narbonne; Olette; Orange; Perpignan; Toulon; Corse.	Collines pierreuses
382	— *albido-crispus*	♃	juin	Narbonne; Montpellier.	— —
383	— *crispus*	♄	mai, juin	Avignon, Grasse, îles d'Hyères; Montpellier; Narbonne; Nîmes; Pyrénées-Orientales.	— —
384	— *pouzolzii*	♃	juin	Alais, à la Grand'combe, le Vigan; Montpellier, Narbonne.	— —
385	— *salviæfolius*	♄	mai, juin	Agen; Aix; Avignon; Bayonne; Bordeaux; Grasse;	Lieux secs du Midi.

Nos des Espèces	NOMS de GENRE ET D'ESPÈCE	Durée des Plantes	ÉPOQUE de FLEURAISON	LOCALITÉS OU CES ESPÈCES ONT ÉTÉ TROUVÉES EN FRANCE.	HABITATION de CES PLANTES.
	CISTUS (Suite.)			Lyon ; Marseille ; Montpellier ; Montélimart ; Narbonne ; Noirmoutier ; Orange ; Perpignan ; Fouras, Oléron, la Rochelle (Charente-Inférieure) ; Toulon ; Toulouse ; Corse.	
386	— corbariensis	♄	juin	Narbonne.	Lieux arides.
387	— populifolius	♄	—	Narbonne ; Fontlaurier ; forêt de Cascastel près de Sigean ; Madres.	—
388	— hirsutus	♄	juillet	Bretagne : à 2 kilom. de Landernau en se dirigeant vers Brest.	Champs.
389	— longifolius	♄	juin	Narbonne : Donos, Fontfroide.	Lieux secs.
390	— ledon	♄	mai, juin	Languedoc ; Provence : Murvielle, Grammont, Lavalette près de Montpellier ; Pyrénées-Orientales ; Marseille ; Fréjus ; Narbonne ; bois de Cascastel à 4 kilom. du village de même nom, entre Villeneuve et Tuchan.	Lieux secs, champs et bois.
391	— monspeliensis	♄	juin	Provence : Orange, Avignon, Marseille, Toulon, Fréjus ; Nîmes ; Montpellier ; Roussillon ; Narbonne ; Perpignan, et presque tout le Midi ; Corse.	Lieux arides.
392	HELIANTHEMUM — niloticum	⊙	mai, juin	Aix ; Nîmes ; Marseille (Lazaret) ; Montpellier ; Narbonne ; Collioure ?	—
393	— salicifolium	⊙	— —	Avignon ; Niort ; Limagne ; Lyon ; Aix ; Marseille ; Fréjus ; Montpellier ; Béziers ; Narbonne ; Ajaccio.	—
394	— intermedium	⊙	mai	Montpellier.	Lieux secs.
395	— lavandulæfolium	♄	juin	Toulon ; Marseille.	—
396	— hirtum	♄	juin, juillet	Aix ; Avignon ; Marseille ; Toulon ; Nîmes ; Montpellier ; Narbonne ; Cévennes ; Pyrénées-Orientales : Prades, Villefranche.	Coteaux arides.
397	— vulgare	♃	mai-juillet	Presque toute la France.	Pâturages secs.
398	— polifolium	♄	mai, juin	Anjou ; Auvergne ; S^{ne}-Inf^{re} : Andelys, Château-Gaillard, St-Adrien près de Rouen,	Lieux arides.

Nos des Espèces	NOMS de GENRE ET D'ESPÈCE	Durée des Plantes	ÉPOQUE de FLEURAISON	LOCALITÉS OU CES ESPÈCES ONT ÉTÉ TROUVÉES EN FRANCE.	HABITATION de CES PLANTES.
	(Suite.) HELIANTHEMUM			Orival près d'Elbeuf ; Paris ? Côte-d'Or ; Jura ; Lyon ; Gap ; Grenoble ; Avignon ; Briançon ; Sisteron ; Marseille ; Toulon ; Fréjus ; Montpellier ; Cette ; Prades ; Prats-de-Mollo ; Barèges.	
399	— pilosum	♄	mai, juin	Avignon ; Pont-du-Gard ; Marseille ; Toulon, et presque toute la Provence.	Lieux secs.
400	— italicum	♄	— —	Alpes ; Pyrénées ; régions méditerranéennes.	—
401	— canum	♄	juin, juillet	Chaîne du Jura ; Besançon ; Bourgogne ; Lyon : Paris ; Vernon ; Saint-Adrien près de Rouen, Château-Gaillard près d'Andelys ; Auvergne ; Pyrénées ; mont Ventoux ; Alpes du Dauphiné.	Lieux arides
402	— marifolium	♄	— —	Mantaud près de Marseille ; Saint-Mitre près d'Arles.	—
403	— guttatum	⊙	— —	Aix ; Avignon ; Lyon ; Marseille ; Toulon ; presque toute la Provence et le Languedoc ; Basses-Pyrénées ; Pyrénées-Orientales ; Bayonne ; Bordeaux ; Angers ; Paris ; Rouen ; Andelys, Elbeuf ; Alençon ; Lisieux ; Cherbourg, falaise du Carteret (Manche) : Auvergne ; Corse.	—
404	— tuberaria	♄		Cannes ; Grasse ; îles d'Hyères ; Montpellier ; Larramet près Toulouse ; Nîmes ; Corse : Ajaccio, Bastia.	—
405	— fumana	♄	mai-juillet	Dauphiné ; Jura ; Alsace ; Lyon ; Nancy ; Paris ; Maine-et-Loire ; la Vienne ; Auvergne ; Montpellier ; Pech-David près Toulon ; Pyrénées centrales.	—
406	— spachii	♄	mai, juin	Région des oliviers.	—
407	— lævipes	♄	— —	Marseille ; Montpellier ; Narbonne ; Nice.	Coteaux secs.
408	— viscida	♄	— —	Languedoc ; Provence ; Dauphiné (bas) ; Avignon ; Marseille ; Nîmes ; Toulon ; Draguignan ; Montpellier ; Narbonne ; Pyrénées-Orien-	Coteaux secs et pierreux.

Nos des Espèces	NOMS de GENRE ET D'ESPÈCE	Durée des Plantes	ÉPOQUE de FLEURAISON	LOCALITÉS OU CES ESPÈCES ONT ÉTÉ TROUVÉES EN FRANCE.	HABITATION de CES PLANTES.
	(Suite.) HELIANTHEMUM			tales : Prades, Perpignan; Corse.	
409	— lunulatum	♄	mai, juin	Alpes.	Montagnes.
410	VIOLA — pinnata	♃	juin, juillet	Hautes-Alpes du Dauphiné : Cucullet et Col-de-Vars près de Guillestre ; mont Genèvre.	—
411	— palustris	♃	mai, juin	Alpes; Pyrénées : pic du Midi (sous le), près le lac Blanc et le lac de Licou ; Auvergne ; Côte-d'Or ; Jura ; Pyrénées ; Vosges ; Lyon ; Paris ; Rouen ; marais Vernier ; Alençon, Argentan, Briouze, Mortain, Vire, mont Noir, environs de Bayeux ; Flandre et presque toute la France.	Lieux marécageux et tourbeux.
412	— epipsila			Rive gauche de la Creuse, au-dessus du pont de la Roque près de Chambraud, Saint-Sulpice-le-Donzeil.	Marais.
413	— hirta	♃	avril	Partout.	Bois et coteaux.
414	— hirto-alba	♃	—	Besançon ; Nancy.	Bois du calcaire jurassique.
415	— alba	♃	mars, avril	Besançon ; Grenoble ; Lyon ; Nancy.	Bois secs.
416	— odorata	♃	— —	Partout; Besançon : variété à capsules glabres.	Coteaux, bois, haies et buissons.
417	— sciaphila	♃	avril, mai	Bois de Bussière près d'Aigueperse.	Anciennes alluvions.
418	— collina	♃	mai	Grenoble ; route de Champeix à Saint-Nectaire.	Broussailles et rochers granitiques.
419	— sylvatica	♃	mars, avril	Toute la France.	Bois et haies.
420	— insularis	♃		Corse : mont Coscione.	Montagnes.
421	— arenaria	♃	avril-juin	Alpes du Dauphiné ; environs de Gap ; Guillestre, la Moissière ; mont Ventoux.	Hautes montagnes.
422	— mirabilis	♃	avril, mai	Environs de Grenoble : Sassenage, mont Rachet ; Metz ; Nancy ; Neufchâteau.	Montagnes.
423	— lancifolia	♃	juin	Côtes de la Manche et de l'Océan.	Haies et landes.
424	— canina	♃	avril, mai	Partout.	Lieux sablonneux et tourbeux.
425	— pumila	♃	mai	Belley (Ain); Bourges ; Gap; Alsace : Benfeld, Colmar, Strasbourg.	Lieux inondés l'hiver.

Nos des Espèces	NOMS de GENRE ET D'ESPÈCE	Durée des Plantes	ÉPOQUE de FLEURAISON	LOCALITÉS OU CES ESPÈCES ONT ÉTÉ TROUVÉES EN FRANCE.	HABITATION de CES PLANTES.
	VIOLA (Suite.)				
426	— *stricta*	♀	mai, juin	Alsace : Benfeld (Bas-Rhin) ; Sables-du-Drac près Grenoble.	Lieux frais.
427	— *schultzii*	♀	— —	Alsace : Hagueneau.	Prés tourbeux.
428	— *stagnina*	♀	— —	Alsace : Colmar, Hagueneau, Strasbourg, etc. ; Bourges ; Lyon.	Lieux ombragés.
429	— *elatior*	♀	— —	Anjou ; Côte-d'Or ; Alsace : Benfeld, Strasbourg ; Dauphiné : le Quayras ; Draguignan ; Castellane ; Lyon ; Paris ? Marne : Ablancourt, Anglure, les Grandes-Loges ; Troyes.	— —
430	— *arborescens*	♀	septembre	Narbonne ; Saint-Cyr (Var) ; Sainte-Lucie ; Toulon.	— —
431	— *biflora*	♀	juin, juillet	Alpes de Gap, Briançon, Grenoble ; Ht-Jura ; chaîne des Pyrénées.	Lieux humides.
432	— *tricolor* Var. *parvula*	⊙ ♂	mai	Partout.	Champs.
433	— *rothomagensis*	♂ ♀	mai-octob.	Rouen : la Mi-Voie, roches Saint-Adrien ; Mantes.	Côtes calcaires.
434	— *lutea*	♀	juin, juillet	Alpes ; Auvergne ; Pyrénées ; Vosges.	Montagnes.
435	— *calcarata*	⊙	juillet, août	Alpes : la Moucherolle, Chamechaude, mont Viso ; Jura : la Dôle, le Reculet, le Cret-de-Chalame, etc.	Sommités des montagnes.
436	— *bertoloni*	♀	mai	Corse : environs d'Olmette, etc.	Bords des chemins.
437	— *cenisia*	♀	août	Alpes de Barcelonette, Briançon, Gap, Grenoble, l'Arche, monts Ventoux et Viso ; Hautes - Pyrénées : Canigou, col de Nouri, Prats - de - Mollo, vallée d'Err ; Pyrén.-Orientales.	Sommités élevées des montagnes.
438	— *nummularia*	♀	—	Gap : montagne de Moissière ; Corse : monts d'Oro et Rotondo.	Hautes sommités.
439	— *cornuta*	♀	juin-août	Pyrénées.	Sommités et pentes des montagnes.
440	**RESEDA** — *phyteuma*	⊙	— —	Tout le Midi, l'Ouest, le centre et un peu le Nord de la France ; Lyon ; Paris ; Calvados ; Laon ; toute la Champagne, etc.	Lieux secs.

Nos des Espèces	NOMS de GENRE ET D'ESPÈCE	Durée des Plantes	ÉPOQUE de FLEURAISON	LOCALITÉS OU CES ESPÈCES ONT ÉTÉ TROUVÉES EN FRANCE.	HABITATION de CES PLANTES.
	(Suite.) RESEDA				
441	— odorata	☉	tout l'été et l'automne	Cultivé partout.	
442	— lutea	♂	juin-août	Partout.	Lieux arides et pierreux.
	Var. gracilis	♂	— —	Gard.	— —
443	— Jacquini	☉	mai-août	Lozère : bords du Tarn; Florac ; Mende.	Bord des rivières.
444	— suffruticulosa alba Duby	☉ ♂	mai-sept.	De Nice à Perpignan; Orange (bords du Rhône); étang de Montmazour près Arles; Montpellier; bains de Moligt (Pyrénées-Orientales).	Littoral de la Méditerranée.
445	— glauca	♃	juillet, août	Pyrénées centrales et occidentales.	Montagnes.
446	— luteola	♂	— —	Partout.	Chemins, lieux arides.
447	ASTEROCARPUS — sesamoides	♃	— —	Auvergne : pic de Sancy; Cévennes ; Corse ; Pyrénées : Esquierry, Tourmalet.	Hautes montagnes.
448	— clusii	♃	juin, juillet	Paris : Fontainebleau; Angers ; Nantes ; Bayonne; Bordeaux; bassin du Maine, et presque tout l'Ouest de la France.	Sables de la mer, des rivières, etc.
449	DROSERA — rotundifolia	♃	juillet, août	Presque toute la France.	Marais tourbeux.
449*	— obovata	♃	— —	Paris; Vosges, etc.	— —
450	— longifolia	♃	— —	Alpes ; Jura ; Pyrénées ; Percy, Plainville (Calvados); Vesly près Perriers (Manche); la Trappe (Orne); Vosges, et presque tout le Nord de la France.	— —
451	— intermedia	♃	— —	Alpes; Alsace; Vosges; Bordeaux ; Paris ; le Havre; Nantes ; Rennes ; Vire ; Caen ; Alençon, Briouze, Domfront; Mortain; marais Vernier (Eure) ; la Trappe (Orne) ; Basses-Pyrénées : Pau; Pyrénées centrales : Lourdes; presque tout le centre de la France.	Lieux humides et marécageux.
452	ALDROVANDA — vesiculosa	☉	août	Orange : bords du Rhône; Arles (étang de Montmazour) ; Montpellier; le Mé-	Lieux humides.

Nos des Espèces	NOMS de GENRE ET D'ESPÈCE	Durée des Plantes	ÉPOQUE de FLEURAISON	LOCALITÉS OU CES ESPÈCES ONT ÉTÉ TROUVÉES EN FRANCE.	HABITATION de CES PLANTES.
				doc ; Pyrénées-Orientales : bains de Moligt.	
	PARNASSIA				
453	— *palustris*	♃	août, sept.	Partout.	Prés et côtes humides.
	POLYGALA				
454	— *rosea*	♃	mai , juin	L'Esterelle (Var) ; Nice ; Corse : Fréjus, etc.	Lieux secs.
455	— *comosa*	♃	— —	Presque partout.	Prés secs et coteaux arides.
456	— *vulgaris*	♃	— —	Presque partout.	— —
457	— *ciliata*	♃	juin	Falaise et Mielles ; de Carteret à Baubigny (Manche) ; Sarrebourg.	Terrains calcaires.
458	— *calcarea*	♃	mai, juin	Alsace ; Jura ; Lorraine ; Marne ; Loire-Infre ; Normandie ; Pyrén. centr. : Bagnères, Esquierry ; Mende ; Florac ; Gard : St-Ambroix, Alais, Anduze ; Paris.	Pâturages élevés et coteaux calcaires.
459	— *depressa*	♃	— —	Alsace ; Auvergne ; Lorraine ; Lyonnais ; Marne ; Normandie ; Nantes ; Pau ; Pyrén. centrales : Bagnères.	Bois et prés montueux.
460	— *amara*	♂ ♃	mai–juillet	Besançon ; Jura ; mont Suchet.	Prés humides et tourbeux des montagnes.
461	— *alpestris*	♃	été	Alpes de Savoie : Bex, Chambéry.	Prés humides et tourbeux des montagnes, lieux pierreux.
462	— *austriaca*	♃	mai , juin	Andelys ; Falaise ; Rouen ; Paris, etc., etc.	Lieux humides.
463	— *rupestris*	♃	juin	Marseille ; clappe de Narbonne.	Landes du Midi.
464	— *monspeliaca*	⊙	mai, juin	Avignon ; Brignolles ; Grasse ; Marseille ; Montpellier ; Toulon.	Lieux stériles.
465	— *exilis*	⊙	juillet	Avignon ; bords de la Durance ; Castellane (Basses-Alpes) ; Château-Gaillard, en Bugey ; Lyon.	Lieux sablonneux.
466	— *chamæbuxus*	♃	mai , juin	Dauphiné : St-Nizier (chemin des Pucelles) ; Seyssius (Grenoble) ; Lamure, Allemont près la Mine-d'Argent.	Montagnes.
	FRANKENIA				
467	— *pulverulenta*	⊙	juin–août	De Nice aux frontières d'Espagne et Corse.	Bords de la Méditerranée.

Nᵒˢ des Espèces	NOMS de GENRE ET D'ESPÈCE	Durée des Plantes	ÉPOQUE de FLEURAISON	LOCALITÉS OU CES ESPÈCES ONT ÉTÉ TROUVÉES EN FRANCE.	HABITATION de CES PLANTES.
	(Suite.) FRANKENIA				
468	— lœvis	♃	juin, juillet	De Nice aux frontières d'Espagne et Corse ; de Bayonne à Mantes ; Manche ; Barfleur, Carteret, Gelfosses, Pirou, Port-Mail, Quineville.	Bords de l'Océan et de la Méditerranée
469	— intermedia	♃	— —	Littoral de la Méditerranée ; Corse.	Bords de la mer.
	CUCUBALUS				
470	— bacciferus	♃	juillet, août	Presque partout.	Lieux humides, haies, buissons.
	SILENE				
471	— commutata	♃	mai	Corse : sur l'Incudine et le Coscione (de Pouzolz).	Lieux montagneux.
472	— inflata	♃	juin-août	Toute la France.	Partout.
473	— Tenoreana	♃	mai	Corse : Bastia.	Lieux secs.
474	— maritima	♃	juin-août	Côtes de l'Ouest de la France et de la Manche ; Pontréan près Rennes.	Sables et rochers maritimes.
475	— alpina	♃	juillet, août	Dauphiné ; Provence ; Barcelonnette ; Col-de-Vars ; Florin près de Saint-André-d'Embrun ; Villars-d'Arène ; mont Ventoux ; Pyrénées : pic du Midi.	Hautes montagnes alpines.
476	— Thorei	♃	mai	De Biarritz à Noirmoutiers.	Sables maritimes.
477	— conica	☉	juin, juillet	Presque toute la France.	Lieux sablonneux, bords des rivières.
478	— conoidea	☉	— —	Midi de la France ; Castellane ; Montpellier ; Montélimar ; Paris ; Calvados (très-rare).	Moissons.
479	— hispida	☉	mai	Corse : Aleria.	Champs sablonn.
480	— gallica	☉	juin, juillet	Presque toute la France.	Moissons.
481	— nocturna	☉	— —	Région des oliviers.	Moissons, chemins.
482	— ciliata	♃	juillet-sept.	Auvergne : Plomb-du-Cantal ; Hautes-Pyrénées : pics du Midi et d'Eretlis.	Sommités des montagnes.
483	— sericea	☉	juillet	Corse : Ajaccio, Bonifacio, cap Corse, de Nonza à Saint-Florent, Cargèse.	Sables maritimes.
484	— bipartita	☉	juin	Corse.	— —
485	— nicæensis	♂	mai	Cannes ; Fréjus ; Grasse ; Hyères ; Toulon ; Corse : Bastia ; Calvi ; plage de Sarri.	— —
486	— Requienii	♃	mai, juin	Corse : Bonifacio (mont Cagno) ; monts Grosso, d'Oro et Patro ; lac de Creno ;	Fentes des rochers.

Nos des Espèces	NOMS de GENRE ET D'ESPÈCE	Durée des Plantes	ÉPOQUE de FLEURAISON	LOCALITÉS OU CES ESPÈCES ONT ÉTÉ TROUVÉES EN FRANCE.	HABITATION de CES PLANTES.
	SILENE (Suite.)			rochers de la rive droite du Tavignano près de Corte.	
487	— corsica	♃	avril–juin	Corse : Ajaccio ; Calvi ; Bonifacio ; golfe de Sagone.	Sables maritimes.
488	— vallesia	♃	juillet, août	Haut-Dauphiné : Briançon, Champsaur, Gap, Grenoble, Lautaret, Oisans, mont Viso, mont Ventoux.	Sommités des Alpes.
489	— pauciflora	♃	juin, juillet	Corse : Bastia, Calenzana, Calvi, cap Corse, mont Saint-Pierre, Quenza, Valdoniello.	Rochers.
490	— portensis bicolor DC.	☉	juin-sept.	Bergerac ; Prigonrieux, Varennes (Dordogne) ; Dax ; Saint-Sever ; de Bayonne à l'embouchure de la Loire ; bassin du Rhône à Mornas près d'Orange et à Saint-Paul-trois-Châteaux ; Bagnols (Gard) ; Corse.	Sables maritimes et plaines sablonneuses.
491	— multicaulis	♃	juillet-sept.	Corse.	Montagnes.
492	— armeria	☉	juillet, août	Corse ; provinces méridionales et centrales de la France.	Bois et lieux pierreux.
493	— inaperta	☉	juin, juillet	Midi du Dauphiné ; Languedoc ; Provence ; Pyrénées-Orientales ; Corse.	Champs et coteaux stériles.
494	— sedoides	☉	avril , mai	Bandols, la Ciotat ; Montredon et île Rotoneau près de Marseille ; rochers des côtes de la Provence ; Alpes ; mont Viso.	Côtes, rochers.
495	— saxifraga	♃	juin-août	Alpes du Dauphiné et de la Provence ; Languedoc ; Roussillon ; Marseille ; Toulon ; Pyrénées.	Coteaux et rochers calcaires.
496	— quadrifida	♃	août	Dauphiné : Grande-Chartreuse, Revel près de Grenoble, Lautaret, Oisans, Charousse ; Jura : le Reculet, Thoiry ; Pyrénées : Eaux-Bonnes, pic de l'Hiéris.	Rochers humides.
497	— rupestris	♃	juin-août	Hautes-Vosges ; Alpes du Dauphiné, Charousse ; Cévennes ; Pyrénées ; monts Dore ; Corse.	Rochers des hautes montagnes.
498	— acaulis	♃	— —	Alpes du Dauphiné : Grande-Chartreuse, Grenoble, col	Rochers humides des montagnes.

Nos des Espèces	NOMS de GENRE ET D'ESPÈCE	Durée des Plantes	ÉPOQUE de FLEURAISON	LOCALITÉS OU CES ESPÈCES ONT ÉTÉ TROUVÉES EN FRANCE.	HABITATION de CES PLANTES.
	SILENE (Suite.)			de l'Arche, Lautaret, Quayras, Rabou près de Gap, mont Viso ; Alpes de la Provence : Digne, mont Lauzanier, Seyne ; Pyrénées : Annouillas, Bénasque (port de), Canigou, val d'Eynes, Labatsec, mont Lisey, pic du Midi, Prades, pic de Vignemale, Tourmalet.	
499	— *cretica*	☉	juin, juillet	Corse : Ajaccio, Bastia, Bogomono, Calenzana, Calvi ; Provence : Fréjus, Grasse, Lanapoul ; Pyrénées : Bagnères-de-Bigorre, pic de l'Hiéris, Prats-de-Mollo ; Agen ; Toulouse ; Dax ; Nantes ; Cherbourg ; Saint-Sauveur-le-Vicomte, Valognes, Céaux, Fontenay, Dompierre.	Champs de lin.
500	— *muscipula*	☉	— —	Dauphiné méridional ; Languedoc ; Provence ; Roussillon ; Toulouse.	Coteaux stériles.
501	— *noctiflora*	☉	juillet-sept.	Alsace : Hazebrouck, Morbec ; Côte-d'Or ; Haute-Marne ; Lorraine ; Salins ; Versailles.	Champs calcaires et argilo-calcaires
502	— *divica (pratensis*, Grenier et Godron)	♃	juin-août	Toute la France.	Lieux incultes, champs, routes.
503	— *sylvestris (diurna*, Grenier et Godron)	♃	mai, juin	Presque toute la France.	Bois humides et ombragés.
504	— *nutans*	♃	juin, juillet	Presque toute la France, excepté les bords de la Méditerranée.	Prés secs et arides.
505	— *italica*	♃	mai-août	Corse ; Dauphiné ; Languedoc ; Provence ; Lyon.	Coteaux stériles, bords des chemins.
506	— *salsmanni*	♃	mai, juin	Corse méridionale.	Lieux arides.
507	— *paradoxa*	♃	juillet	Dauphiné : Roches-des-Arnauds près de Gap, Serres ; fontaine de Vaucluse ; Corse : Bastia, Cervione, cap Corse, Corte, Rustino.	Montagnes.
508	— *velutina*	♃	—	Corse : monts Cagna et Coscione, Bonifacio.	Rochers.
509	— *otites*	♃	mai-juillet	Presque toute la France.	Lieux arides, sablonn. et calcaires

Nos des Espèces	NOMS de GENRE ET D'ESPÈCE	Durée des Plantes	ÉPOQUE de FLEURAISON	LOCALITÉS OU CES ESPÈCES ONT ÉTÉ TROUVÉES EN FRANCE.	HABITATION de CES PLANTES.
	(Suite.) SILENE				
510	— *loiseleurii*	⊙	avril, mai	Corse : Ajaccio, Bastia, Bo-nifacio, Calvi, Corte, val Niolo ; Cannes, cap de la Croisette, Fréjus.	Lieux humides.
511	— *lœta*	⊙	juin	Arès, Bordeaux, la Teste-de-Buch.	Landes.
512	— *cœli-rosa*	⊙	avril, mai	Les Sablettes près de Tou-lon ; Hyères ; Corse : Saint-Florent.	Sables.
	VISCARIA				
513	— *purpurea*	♃	mai, juin	Avranches ; Evreux, côte du Moulin-à-Vent près de Marais-Vernier ; St-Pierre-du-Regard près Condé-sur-Noireau ; Est et centre de la France.	Prés secs, bois montueux.
514	— *alpina*	♃	juillet, août	Dauphiné : Briançon, Lau-taret, l'Oisans ; Pyrénées.	Hautes montagnes.
	PETROCOPTIS				
515	— *pyrenaica*	♃	mai	Pyrénées-Occidentales ; val-lée d'Aspe, col de Tortos, mont Harza ; Notre-Dame-de-Sarrance ; St-Etienne, dans le Baygorri, etc.	Rochers.
	LYCHNIS				
516	— *flos-cuculi*	♃	juin, juillet	Partout.	Prairies.
517	— *flos-jovis*	♃	— —	Dauphiné : mont Viso, Gap, Lautaret ; Castellane.	Prairies des hautes montagnes.
518	— *coronaria*	♃	juin	Montagne de Cazarille près de Bagnères-de-Luchon ; Embrun, Montpont et Bi-ron (Dordogne) ; ruines du prieuré de Crot-Monial en Charolais.	Lieux pierreux.
	AGROSTEMA				
519	— *githago*	♃	juin, juillet	Partout.	Moissons.
	SAPONARIA				
520	— *officinalis*	♃	juillet, août	Partout.	Champs, fossés, haies.
521	— *ocymoides*	♃	mai, juin	Provinces méridionales.	Lieux pierreux.
	Var. *gracilior*	♃	— —	Corse : Bastia, cap Corse, monts Coscione et Grosso, Haut-Tavigniano.	—
522	— *orientalis*	⊙	— —	Pyrénées-Orientales : Col-lioures, Perpignan.	—
523	— *lutea*	♃	juillet, août	Hautes-Alpes du Dauphiné près la frontière de Savoie : Allevard, etc.; Pyrénées ?	Hautes montagnes.
524	— *cœspitosa*	♃	août	Hautes-Pyrénées : pic du	Rochers.

Nos des Espèces	NOMS de GENRE ET D'ESPÈCE	Durée des Plantes	ÉPOQUE de FLEURAISON	LOCALITÉS OU CES ESPÈCES ONT ÉTÉ TROUVÉES EN FRANCE.	HABITATION de CES PLANTES.
				Midi de Bigorre, port de Bénasque, vallée de Spéciéris, montagnes d'Albanière, pied de la Maladetta.	
	GYPSOPHILA				
525	— *vaccaria*	☉	juin, juillet	Presque toute la France.	Moissons, terrains argilo-calcaires.
526	— *muralis*	☉	juillet, août	Toute la France.	Champs sablonneux.
527	— *repens*	♃	juin-août	Hautes-Alpes du Dauphiné : Grande-Chartreuse ; Jura, Reculet de Toiry ; Pyrénées : Médassolle, Aris.	Montagnes élevées, bords des torrents et sentiers.
	DIANTHUS				
528	— *saxifragus* L.	♃	juillet, août	Pyrénées ; Dauphiné ; Jura ; Lyon, etc.	Lieux arides.
529	— *prolifer*	☉	juillet-sept.	Partout.	—
530	— *velutinus*	☉	avril, mai	Corse : Bastia, Bonifacio, mont Cagnano, Porto-Vecchio, Sartène.	Montagnes.
531	— *barbatus*	♃	juillet, août	Hautes-Pyrénées : Esquierry, Aris, Médassolle, Lespounette, vallée de la Pique, Port-de-Plan.	Prés montagneux.
532	— *armeria*	♂	— —	Partout.	Lieux arides, bords des routes et bois.
533	— *collinus*	♃	juin, juillet	Hyères ; Toulon ; Corse.	Collines pierreuses
534	— *carthusianorum*	♃	juin-sept.	Partout, excepté dans l'Ouest	Bois, prairies.
535	— *atrorubens*	♃	juillet-sept.	Alpes du Dauphiné et de la Provence.	Montagnes.
536	— *seguieri*	♃	juin-août	Alpes du Dauphiné : Embrun, mont Genèvre, Rambaud, Gap ; Pyrénées : entre Seyne et le Vernet, Prats-de-Mollo, Saint-Pé en Béarn, Olette, mont Louis.	—
537	— *sylvaticus*	♃	— —	Auvergne ; Cantal ; Forez ; Cévennes.	Montagnes boisées.
538	— *attenuatus*	♃	juin-sept.	Pyrénées-Orientales : Port-Vendres, Argelets, le Boulou, cap Cerbère, Collioures, Fondpedrouse, mont Louis, Olette, Perpignan, Prats-de-Mollo.	Rochers.
539	— *hirtus*	♃	juin, juillet	Provence : Fréjus, Toulon, Marseille, Aix, St-Christol et Rustrel, Montpezat, Manosque, Château-Arnoux,	Collines calcaires de la région des oliv., vallées des hautes montagnes

Nos des Espèces	NOMS de GENRE ET D'ESPÈCE	Durée des Plantes	ÉPOQUE de FLEURAISON	LOCALITÉS OU CES ESPÈCES ONT ÉTÉ TROUVÉES EN FRANCE.	HABITATION de CES PLANTES.
	DIANTHUS (Suite.)			Digne, Gréoux, Colmar, Avignon ; Languedoc : St-André-de-Valbargne, Lasalle, Espérou, Florac, Mende ; vallées des Pyrénées-Orient. : Bagnols, etc.	
540	— requienii	♃	juin	Pyrénées : Prats-de-Mollo ; Castanès.	Collines calcaires de la région des oliviers.
541	— pungens	♃	—	Pyrénées-Orientales : Collioures, Bellegarde, Hermitage-de-Sarrède dans les Albères, Fond-de-Comps, Trancade-de-Villefranche.	Rochers.
542	— brachyanthus	♃	—	La Clappe près de Narbonne (rare) ; Pertus près de Bellegarde, la Clappe, Quillan dans les Corbières.	Montagnes.
543	— subacaulis	♃	juin, juillet	Dauphiné · environs du Buis ; mont Aurouse, sommet du mont Ventoux.	Rochers des montagnes.
544	— neglectus	♃	juillet	Alpes du Dauphiné et de la Provence : Lautaret, le Quayras, mont Genèvre, mont Viso, mont Monnier, Digne, col de l'Arche, vallée de Barcelonnette, mont Ventoux ; Pyrénées : Bagnols.	Sommet des montagnes.
545	— deltoides	♃	juin-sept.	Auvergne ; Cévennes ; Dauphiné ; Jura ; Lyon ; Pyrénées ; Vosges ; Autun, Nevers ; Saulieu ; Saint-Léger, etc., Montmorency, Senart, près de Paris ; Rouen ; Manche.	Prairies des montagnes.
546	— cœsius	♃	mai, juin	Monts Dore : pic de Sancy, vallon de la Cour, val d'Enfer ; Cantal : le Plomb, Puy-Mary ; Dauphiné : Grenoble, col de l'Arc, Grde-Chartreuse, Grandson ; Jura ; Besançon, Salins ; rochers de Chatard près de Baume ; la Petite-Pierre, bruyères d'Altembourg, près de Ludzelstein.	Rochers des hautes montagnes, bruyères.
547	— sylvestris	♃	juillet, août	Côte-d'Or ; Dauphiné ; Jura ; Lyon ; Pyrénées.	Montagnes arides.

Nos des Espèces	NOMS de GENRE ET D'ESPÈCE	Durée des Plantes	ÉPOQUE de FLEURAISON	LOCALITÉS OU CES ESPÈCES ONT ÉTÉ TROUVÉES EN FRANCE.	HABITATION de CES PLANTES.
	DIANTHUS (Suite.)				
548	— *virgineus*	♃	juillet-sept.	Provence : Apt, Hyères, Marseille, Toulon, Vaucluse, mont Ventoux, Villeneuve ; Dauphiné : Rabou et la Grangette près de Gap ; Valence ; Avignon ; Languedoc : Viviers, pont du Gard, Uzès, Montpellier, Mende, Perpignan ; Corse : Bastia, Calvi, Campitello, Cervione, Evisa, Ota.	Région des oliviers, coteaux arides.
549	— *siculus*	♃	juillet, août	Corse : Bastia.	Coteaux stériles.
549 *	— *caryophyllus*	♃	— —	Presque tout l'Ouest, depuis Bayonne jusqu'à Falaise ; la Ferté-Milon ; Caen, Bréquebec, Coutances ; Fécamp ; Gisors ; Honfleur ; Vernon.	Ruines et vieux murs.
550	— *tener*	♃	— —	Pyrénées : Vénasque près de Bagnères-de-Luchon ; Fond-de-Comps.	Montagnes.
551	— *syvatico-monspessulanus*	♃	— —	Auvergne : monts Dore, bois de Royat, plaine de Laschamps, Puy-de-Dôme, Puy-de-Pariou ; Pra-de-Bouc (Cantal).	Montagnes et plaines.
552	— *monspessulano-sylvaticus*	♃	août, sept.	Auvergne : petit Puy-de-Dôme.	Montagnes.
553	— *monspessulanus*	♃	juillet, août	Auvergne ; Jura ; Cantal ; Cévennes ; Dauphiné ; Forez ; Nîmes ; Pyrénées ; Rhodez.	Bois et pâturages.
554	— *superbus*	♃	— —	Alsace ; Dauphiné ; Jura ; Lyon ; Lorraine ; Vosges ; Senlis, forêt de Pontarmé ; assez rare dans les Pyrénées, ainsi que dans l'Ouest et le centre de la France.	Prés humides.
555	— *gallicus*	♃	juin, juillet	De St-Jean-de-Luz à Quimper ; Grandcamp (Calvados).	Sables du littoral de l'Ouest.
	VELEZIA				
556	— *rigida*	☉	mai	Aix, Avignon, Fréjus, Marseille, Montpellier, Narbonne, Tain (Drôme), Toulon.	Lieux arides.
	SAGINA				
557	— *procumbens*	♃	mai-octob.	Partout.	Lieux humides.

Nos des Espèces	NOMS de GENRE ET D'ESPÈCE	Durée des Plantes	ÉPOQUE de FLEURAISON	LOCALITÉS OU CES ESPÈCES ONT ÉTÉ TROUVÉES EN FRANCE.	HABITATION de CES PLANTES.
	SAGINA (Suite.)				
558	— *apetala*	☉	mai-octob.	Partout.	Champs et terres sablonneuses.
559	— *ciliata*	☉	juin	Besançon ; Lyon ; Caen ; Cherbourg, Falaise, Vire.	Champs cultivés.
560	— *densa*	☉	mai	Hyères.	Sables humides.
561	— *stricta*	☉	mai, juin	Bords de l'Océan, de la Manche et de la Méditerranée ; Barfleur ; Deauville ; le Havre ; Nantes ; Valognes.	Lieux humides et herbus.
562	— *maritima*	☉	mai-août	Gatteville, Nantes ; Barfleur, Carteret, etc. ; Noirmoutiers, Quimper ; Marseille, Montpellier , Perpignan , Toulon.	Littoral de l'Océan et de la Méditerranée.
563	— *subulata*	♃	juin, juillet	Allier ; Lot ; Pyréns-Orientales : mont Louis ; Provence : Grasse ; tout l'Ouest de la France et le littoral de la Manche ; Montendre ; la Tremblade.	Sables.
564	— *linnœi*	♃	juillet, août	Alpes ; Auvergne ; Jura ; Pyrénées.	Sommet des montagnes.
565	— *glabra*	♃	— —	Alpes du Dauphiné ; Corse.	Hautes montagnes.
566	— *nodosa*	♃	— —	Toute la France.	Marais.
567	**BUFFONIA** — *macrosperma*	☉	— —	Midi et centre de la France.	Haies, bords des chemins.
568	— *tenuifolia*	☉	juillet	Languedoc : d'Avignon et Montpellier à Perpignan ; Provence : Marseille, Hyères.	— —
569	— *perennis*	♃	juin, juillet	Le Roussillon : Olette, Casas-de-Pena et la Trancade près de Prades ; les Corbières ; Narbonne au Pech-de-la-Nielle, à Sigean et à la Clappe ; la Provence au cap Roux.	Champs arides.
570	**ALSINE** — *tenuifolia*	☉	juin-sept.	Partout.	Champs secs et sablonneux.
571	— *Jacquini*	☉	juillet, août	Alsace ; Dauphiné ; Grenoble ; le Jura ; Bourgogne ; Lozère ; Vigan.	Montagnes.
572	— *mucronata*	♃	— —	Alpes ; Auvergne ; Cévennes ; Languedoc ; Provence ; Pyrénées.	Rochers.
573	— *setacea*	♃	juin, juillet	Dijon ; Paris ; Saumur ; Toulon à Sainte-Baume.	Collines pierreuses

Nos des Espèces	NOMS de GENRE ET D'ESPÈCE	Durée des Plantes	ÉPOQUE de FLEURAISON	LOCALITÉS OU CES ESPÈCES ONT ÉTÉ TROUVÉES EN FRANCE.	HABITATION de CES PLANTES.
	(Suite.) ALSINE				
574	— verna	♃	juillet, août	Alpes ; Auvergne ; Jura ; Pyrénées ; Corse.	Montagnes.
575	— recurva	♃	août, sept.	Alpes et Pyrénées.	Sommités des montagnes.
576	— Villarsii	♃	août	Alpes de Provence : mont Ventoux ; Dauphiné : mont Seuse et mont Aurouse près de Gap ; mont Viso, Barcelonnette.	Montagnes.
577	— striata	♃	—	Alpes du Dauphiné : col de l'Arc et Saint-Nizier près de Grenoble, mont Chaillot près de Gap, l'Oisans, le Valgaudemar, la Grave, le Lautaret, mont Genèvre, Villars-d'Arène ; le Vigan ; Pyrénées-Orientales : val de Llo, val d'Eynes.	—
578	— Bauhinorum	♃	—	Alpes : Castellane, Grenoble, Sisteron, mont Ventoux ; Pyrénées ; Jura, la Dôle, le Reculet.	—
579	— Cherleri	♃	juillet, août	Alpes et Pyrénées.	Sommités des montagnes.
580	— stricta	♃	— —	Jura : Pontarlier.	Tourbières.
581	— cerastiifolia	♃	juillet	Basses-Pyrénées : Eaux-Bonnes ; vallée de Héas.	Sommités des montagnes.
582	— lanceolata	♃	août	Alpes de Provence et du Dauphiné.	— —
583	HONKENEJA — peploides	♃	—	Alpes de Provence et du Dauphiné.	— —
584	MOEHRINGIA — muscosa	♃	mai, juin	Dauphiné : entre Digne et Seyne.	Montagnes et collines humides.
585	— dasyphylla	♃	mai	De Tende à Nice et à Draguignan.	Montagnes.
586	— polygonoides	♃	juillet	Alpes du Dauphiné : mont Ventoux ; Pyrénées : Prats-de-Mollo.	Hautes montagnes.
587	— trinervia	♃	mai, juin	Toute la France.	Lieux humides, haies et buissons.
588	— pentandra	☉	— —	Région des oliviers ; Corse.	— —
589	ARENARIA — saxifraga	♃	juillet, août	Corse : Bastia, cap Corse.	Montagnes.
590	— balearica	♃	juin	Corse : Bonifacio, cap Corse, d'Erisa à Ota, île de Lavezzio.	Champs.
591	— montana	♃	juin, juillet	Paris, le Mans ; tout l'Ouest	Sables, montagnes.

Nos des Espèces	NOMS de GENRE ET D'ESPÈCE	Durée des Plantes	ÉPOQUE de FLEURAISON	LOCALITÉS OU CES ESPÈCES ONT ÉTÉ TROUVÉES EN FRANCE.	HABITATION de CES PLANTES.
	ARENARIA (Suite.)			d'Angers à Bayonne, etc.; Basses-Pyrénées : Barrèges, Saint-Béat; Pyrén.-Orientales : le Canigou; le Vigan; Mende.	
592	— biflora	♃	août	Alpes du Dauphiné.	Sommités des hautes montagnes.
593	— ciliata	♃	—	Alpes du Dauphiné : Hautes-Pyrénées; Jura : le Reculet; bords du lac de Joux.	— —
594	— ligericina	♃	juin, juillet	Environs de Florac.	Champs.
595	— serpillifolia	♂	— —	Toute la France.	Plaines et montagnes.
596	— cinerea	♃	juin	Haute-Provence : environs de Castellane.	Endroits pierreux.
597	— hispida	♃	—	Alzon (Gard); Saint-Guilhen (Cévennes); Mende; le Vigan; Florac; Montpellier.	Sables.
598	— controversa	⊙ ♂	mai-juillet	Cahors (Lot); Bourges, Souillan; Tarn-et-Garonne; Castillonès (Lot-et-Garonne); Libos; Dordogne.	Lieux secs et pierreux.
599	— modesta	⊙	juin	Mont Sainte-Victoire (Aix); Marseille; Perpignan; le Gard; Corse.	— —
600	— grandiflora	♃	juin-août	Chaîne des Pyrénées : de Prats-de-Mollo aux Eaux-Bonnes et à Saint-Jean-Pied-de-Port; Alpes; Jura : le Suchet, le Chasseron; environs de Paris.	Hautes montagnes.
601	— tetraquetra	♃	juin, juillet	Roussillon; Fond-de-Comps, port de Bénasque, mont Noèdes.	—
602	— purpurascens	♃	juillet, août	Régions élevées, depuis les vallées des Pyrénées-Orientales, vals d'Eynes et de Llo jusqu'aux Eaux-Bonnes.	Montagnes.
603	— massiliensis	♂	avril, mai	Marseille, Toulon.	Collines rocailleuses.
604	STELLARIA — nemorum	♃	juin, juillet	Auvergne; Dauphiné; Jura; Vosges; Languedoc; Nîmes; Pyrénées centrales; Landes.	Bois et lieux frais.
605	— media	⊙	mai-octob.	Toute la France.	Chemins, terres cultivées, etc.
606	— holostea	♃	mai, juin	Toute la France.	Bois et haies.
607	— glauca	♃	juin, juillet	Presque toute la France, à l'exception du Midi.	Fossés et prés humides.

Nos des Espèces	NOMS de GENRE ET D'ESPÈCE	Durée des Plantes	ÉPOQUE de FLEURAISON	LOCALITÉS OU CES ESPÈCES ONT ÉTÉ TROUVÉES EN FRANCE.	HABITATION de CES PLANTES.
	STELLARIA *(Suite.)*				
608	— *graminea*	♃	juin, juillet	Toute la France.	Bois, haies, prés humides.
609	— *uliginosa*	☉	— —	Toute la France.	Lieux humides.
	HOLOSTEUM				
610	— *umbellatum*	☉	mars-mai	Très-rare dans le Sud et le Sud-Ouest ; commun dans le reste de la France.	Champs, murs.
	CERASTIUM				
611	— *trigynum*	♃	juillet, août	Hautes-Alpes du Dauphiné ; région alpine des Pyrénées.	Montagnes élevées.
612	— *anomalum*	☉	avril, mai	Angers ; Nancy, Vic et Marsal ; Nantes ; Metz.	Champs.
613	— *glaucum*	☉	— —	Var : Fréjus, Draguignan, Grasse, Toulon ; Hagueneau, Besançon, Nancy ; Paris ; Lyon ; Montauban ; Nantes ; Narbonne ; Anjou.	Prés et fossés humides.
614	— *viscosum*	☉	mai-juillet	Toute la France.	Champs, fossés, chemins.
615	— *brachypetalum*	☉	avril, mai	Toute la France.	Champs cultivés.
616	— *semidecandrum*	☉	— —	Toute la France.	Champs, coteaux, pâturages.
617	— *glutinosum*	☉	— —	Toute la France.	Champs, vignes, herbages.
618	— *pumilum*	☉	mai, juin	Commun sur les bords de l'Océan ; assez rare sur les côtes de la Méditerranée ; Marseille ; Corse.	Champs, prés exposés au Midi ; sables du littoral de l'Ouest.
619	— *aggregatum*	☉	mai	Bords de la Méditerranée : Toulon ; Corse.	Sables.
620	— *rhiœi*	☉	mai, juin	Trèves (Gard).	Champs cultivés.
621	— *illyricum*	☉	avril	Corse : environs de Calvi.	Chemins.
622	— *vulgatum*	♃	avril-octob.	Partout.	Plaines et montagnes.
623	— *alpinum*	♃	août	Pyrénées : de la vallée d'Eynes aux Eaux-Bonnes ; Alpes du Dauphiné.	Hautes montagnes.
624	— *arvense*	♃	avril-juin	Partout.	Plaines et montagnes.
625	— *Boissieri*	♃	juin	Corse : glacière de Bastia ; Bonifacio.	Lieux frais.
626	— *stenopetalum*	♃	—	Corse : mont Grosso.	Montagnes.
627	— *latifolium*	♃	août	Alpes du Dauphiné : Gap, Grenoble, Briançon ; col de l'Arche, mont Viso, mont Aurouse ; Auvergne : pic de Sancy.	Hautes montagnes.
628	— *pyrenaicum*	♃	septembre	Pyrénées-Orientales : col de Nouri, vallée de Llo.	— —

Nos des Espèces	NOMS de GENRE ET D'ESPÈCE	Durée des Plantes	ÉPOQUE de FLEURAISON	LOCALITÉS OU CES ESPÈCES ONT ÉTÉ TROUVÉES EN FRANCE.	HABITATION de CES PLANTES.
629	**MALACHIUM** — *aquaticum* *cerastium aq.* DC.	♃	juin-sept.	Partout.	Rivières, fossés, ruisseaux.
630	**SPERGULA** — *arvensis*	☉	juin, juillet	Partout.	Moissons.
631	— *pentandra*	☉	— —	Partout.	Moissons, champs sablonneux.
632	— *Morisonii*	☉	— —	Partout.	— —
633	**SPERGULARIA** — *segetalis*	☉	mai, juin	Est, Nord et Ouest de la France.	Moissons.
634	— *rubra*	☉	mai-sept.	Partout.	Champs sablonneux.
635	— *salsuginea*	☉	juillet	Marseille, etc.	Littoral de la Méditerranée.
636	— *macrorhiza*	♃	juin	Corse : Ajaccio ; île de Cavallo.	Pâturages maritimes.
637	— *media*	(♃ (♂	juin, juillet	Bords de l'Océan, de la Manche et de la Méditerranée ; sources thermales : Guillestre (Hautes-Alpes) ; St-Nectaire (Auvergne), etc.	Salines et rivages maritimes.
638	**ELATINE** — *hydropiper*	☉	juin-août	Environs de Strasbourg ; Fontainebleau, St-Hubert.	Mares et fossés, terrains inondés.
639	— *campilosperma*	☉	mai-août	Nantes.	— —
640	— *macropoda*	☉	mai, juin	Agde ; Nîmes ; Angers ; Nantes ?	— —
641	— *paludosa*	☉	juillet-sept.	Angers, Lyon ; Nancy ; Nantes ; Alençon ; Cheviers, Saint-Lô ; Sept-Forges (Orne) ; Paris ; Pau ; Strasbourg, etc.	Lieux inondés.
642	Var. *octandra* — *alsinastrum*	☉ ♃	— — juin-sept.	Nantes, bassin de la Loire. Angers ; Cauterets ; Lyon ; Madres ; Mont-Louis ; Nancy ; Nantes ; Paris ; Rouen : forêt du Rouvray ; Pyrénées-Orient. ; Seurre (Côte-d'Or) ; Strasbourg.	— —
643	— *triandra*	☉	juillet, août	Environs de Strasbourg.	—
644	**LINUM** — *nodiflorum* L.	☉	mai, juin	Grasse, Toulon ; Corse.	Champs.
645	— *campanulatum*	♃	juin	Aix ; Ardèche ; Grasse ; Lozère ; Marseille ; Narbonne ; Perpignan ; Prats-de-Mollo ; Toulon.	Région des oliviers, lieux pierreux et montueux.
646	— *gallicum*	☉	juin, juillet	Presque toute la France, mais surtout le Midi ; Corse.	Champs et lieux stériles.

Nos des Espèces	NOMS de GENRE ET D'ESPÈCE	Durée des Plantes	ÉPOQUE de FLEURAISON	LOCALITÉS OU CES ESPÈCES ONT ÉTÉ TROUVÉES EN FRANCE.	HABITATION de CES PLANTES.
	LINUM (Suite.)				
647	— *strictum*	☉	juin, juillet	Montpellier ; Cette, Toulouse et toute la région méditerranéenne ; Montlieu, Chef-de-Baie, Surgères, Chaillé-le-Marais.	Champs, sables.
648	— *maritimum*	♃	— —	Région méditerranéenne, jusqu'à Avignon..	Lieux herbus.
649	— *viscosum*	♃	— —	Pyrénées-Orientales : Sedella-de-la-Manéra, Sin ; vallée de Gislain.	Montagnes.
650	— *tenuifolium*	♃	— —	Alsace ; Auvergne ; Anjou ; Bourgogne ; Dauphiné ; Toulouse, Pech-David ; Fréjus ; Gironde ; Lorraine ; Lozère ; Montpellier ; Paris ; Andelys, Menilles, Rolleboise, Vernon ; Oissel près Rouen ; Pyrénées ; Toulon ; Corse.	Lieux secs et pierreux.
651	— *suffruticosum*	♃	— —	Région méditerranéenne : jusqu'à Gap, au mont Aurouse et à Grenoble au col de l'Arc ; Pyrénées ; Lozère ; Anjou, etc.	Lieux arides.
652	— *narbonense*	♃	— —	Alpes : Gap ; Pyrénées : Olette sous Mont-Louis, etc. ; Corse.	Région des oliviers.
653	— *angustifolium*	♃	juin-août	De la Méditerranée jusqu'à Grenoble et Lyon ; de Bayonne à Perpignan, au pied des Pyrénées ; tout l'Ouest.	— —
654	— *usitatissimum*	☉	juillet, août	Cultivé.	Champs.
655	— *alpinum*	♃	— —	Alpes ; Jura ; Pyrénées ; Aix et Roquefavour.	Montagnes, collines et plaines.
656	— *austriacum*	♃	juin, juillet	Auvergne ; Bourgogne ; Gevrey près de Dijon ; Dauphiné ; Nancy ; St-Michel (Meuse).	— —
657	— *catharticum*	☉	juillet, août	Partout.	Prés et bois.
	RADIOLA				
658	— *linoides*	☉	— —	Aix ; Agen ; Alsace ; Angers ; Bresse ; Hagueneau ; Lorraine : Bitche ; Nantes ; Paris ; Pau ; Toulouse ; centre de la France ; Corse.	Lieux sablonneux et humides.
	TILIA				
659	— *platyphylla*	♄	juillet	Jura ; Lorraine ; Vosges. — Cultivé.	Bois, promenades.
660	— *sylvestris*	♄	—	Cultivé.	— —

Nos des Espèces	NOMS de GENRE ET D'ESPÈCE	Durée des Plantes	ÉPOQUE de FLEURAISON	LOCALITÉS OU CES ESPÈCES ONT ÉTÉ TROUVÉES EN FRANCE.	HABITATION de CES PLANTES.
	TILIA (Suite.)				
661	— *intermedia*	♄	juillet	Cultivé.	Bois, promenades.
662	— *nigra*	♄	—	Cultivé.	— —
663	— *neglecta*	♄	—	Cultivé.	— —
664	— *præcox*	♄	—	Cultivé.	— —
665	— *flavescens*	♄	—	Cultivé.	— —
666	— *floribunda*	♄	—	Cultivé.	— —
667	— *heterophylla*	♄	—	Cultivé.	— —
668	— *argentea*	♄	—	Cultivé.	— —
669	— *laxiflora*	♄	—	Cultivé.	— —
670	— *truncata*	♄	—	Cultivé.	— —
	MALOPE				
671	— *malacoides*	♄	juin, juillet	Cannes, Grasse, Toulon.	Prairies.
	MALVA				
672	— *alcea*	♃	juin-août	Toute la France.	Bois et coteaux calcaires.
673	— *moschata*	♃	— —	Toute la France.	Lieux secs et montueux.
674	— *tournefortiana*	♃	juin, juillet	Collioures ; l'Esterel près de Fréjus ; Pignans près de Toulon.	Côtes de la Méditerranée.
675	— *althæoides*	☉	mai, juin	Corse · Bonifacio, Ajaccio, Porto-Vecchio.	Champs.
676	— *sylvestris*	♂	juin-août	Partout.	Haies, décombres.
677	— *ambigua*	☉	mai-juillet	Région méditerranéenne : Bonifacio ; Cette, Montpellier.	Champs, bords des chemins.
678	— *nicæensis*	☉	— —	Midi de la France jusqu'à Toulouse ; Ouest jusqu'à Quiberon ; Alençon ; le Havre.	Décombres, bords des chemins.
679	— *rotundifolia*	☉	mai-sept.	Toute la France, si ce n'est la région méditerranéenne.	Lieux cultivés ou fréquentés.
680	— *parviflora*	☉	avril-juin	Région méditerranéenne : la Clappe près de Narbonne ; Hyères ; Manduel près de Nîmes ; Nice ; St-Tronc près de Marseille ; Corse : Bonifacio.	Champs.
681	— *microcarpa*	☉	— —	Hyères, Toulon.	—
	LAVATERA				
682	— *arborea*	♄	mai-juillet	Iles d'Houat, de Glénans, Belle-Isle ; cap de la Hague, Nez-de-Jobourg ; Cherbourg ; Ile du Pillier ; Fréjus, Grasse, Marseille, Toulon ; Corse : Bonifacio, Saint-Florent.	Rochers maritimes
683	— *cretica*	♂	avril-juin	Toulon ; Corse : Bastia, Bonifacio.	Littoral de la Méditerranée.

Nos des Espèces	NOMS de GENRE ET D'ESPÈCE	Durée des Plantes	ÉPOQUE de FLEURAISON	LOCALITÉS OU CES ESPÈCES ONT ÉTÉ TROUVÉES EN FRANCE.	HABITATION de CES PLANTES.
	LAVATERA (Suite.)				
684	— olbia	♄	mai, juin	Bagnols, Hyères, île Marguerite ; Corse : Bastia, Calvi, cap Corse, Sartène.	Haies et rochers.
685	— maritima	♄	juin, juillet	St-Arnoux, Grasse ; Trou-de-Miège et Mireval près de Montpellier ; la Clape près de Narbonne, Port-Vendres.	Rochers des bords de la Méditerranée.
686	— punctata	☉	— —	Région méditerranéenne : Antibes, Fréjus, Grasse, Toulon, Saint-Tropez ; Corse : Bastia, Bonifacio, Saint-Florent.	Champs.
687	— trimestris	☉	— —	Marseille, à Notre-Dame-de-la-Garde, Château-Gombert, Mazargue, à Saint-Tronc ; Toulon.	—
	ALTHÆA				
688	— officinalis	♃	juin-août	Presque toute la France. Ne se trouve, dans l'Est, qu'à Vic, Marsal et Dieuze.	Marais, bois humides.
689	— cannabina	♃	juillet	Provinces méridionales ; Ouest : Chaillé, Fontenay, la Rochelle, Surgères.	Champs et coteaux stériles.
690	— narbonensis	♃	juin, juillet	Grasse ; Villeneuve près d'Avignon ; Maguelone près de Montpellier.	Champs, littoral maritime.
691	— hirsuta	☉	mai-juillet	Presque toute la France.	Haies, champs calcaires.
	HIBISCUS				
692	— roseus	♃	mai-août	Bayonne ; Dax.	Marais.
	ABUTILON				
693	— avicennæ	☉	juillet	Jonquières près de Beaucaire ; Montaud près de Salon ; la Crau ; Hyères.	—
	GERANIUM				
694	— tuberosum	♃	avril, mai	Agde ; Marseille : Château-Gombert, Plan de Cuque, au Rouet, Arles ; Poitiers ; Toulon.	Plaines et collines.
695	— pratense	♃	juillet, août	Pyrénées et Cévennes ; Nancy, le Montet, Baraques-de-Toul, Frouard, Pont-à-Mousson, Sandronvillers, Vézelise ; Bayeux : marais de Meuvaines, Carentan ; Eu ; Metz ; fortifications, ruisseau de Saint-Julien, vallon de Montvaux ; Bussang dans les Vosges.	Prés et bois.

5

Nos des Espèces	NOMS de GENRE ET D'ESPÈCE	Durée des Plantes	ÉPOQUE de FLEURAISON	LOCALITÉS OU CES ESPÈCES ONT ÉTÉ TROUVÉES EN FRANCE.	HABITATION de CES PLANTES.
	GERANIUM (Suite.)				
696	— *sylvaticum*	♃	juin, juillet	Cantal ; Creuse ; monts Dore ; Dauphiné ; Jura ; mont Pilat ; Pyrénées ; Vosges.	Prairies des montagnes
697	— *aconitifolium*	♃	juin-août	Alpes du Dauphiné ; les Baux près Gap, Guillestre, Lautaret, le Noyer, Seuse, mont Viso.	Bord des ruisseaux
698	— *bohemicum*	☉	mai	Fréjus, l'Esterel et vallon de la Grande – Rague ; Corse : Calvi, Mandriale et Sainte-Lucie près de Bastia.	Bois et prairies montagneuses.
699	— *nodosum*	♃	juin, juillet	Alpes de la Provence ; Agen ; Auvergne ; Cévennes ; Dauphiné ; Pyrénées ; mont Pilat ; Toulouse ; Corse : Bastia, Oreza.	Bois montagneux.
700	— *phæum*	♃	mai, juin	Auvergne ; Dauphiné ; Pyrénées ; pays de Caux ; Bernay (Eure).	Prairies montagneuses.
701	— *palustre*	♃	juillet, août	Alsace : Belfort, Benfeld, Bergheim ; Vosges : Bussang, Epinal, St-Maurice ; Pontarlier ; Pyrénées.	Prés humides.
702	— *endressi*	♃	juin, juillet	Pyrénées-Orientales : mont Behorleguy près de Saint-Jean-Pied-de-Port.	Lieux fangeux.
703	— *cinereum*	♃	juin-août	Pyrénées centrales : Esquierry, Houle de Marboré, mont Laid, mont Lizey, pic du Midi de Bigorre, Piquette d'Endretlis.	Pelouses.
704	— *argenteum*	♃	juin-sept.	Hautes-Alpes du Dauphiné : Chaillot-le-Vieil, Forêt de Faye-Feu près de Digne.	Collines calcaires et lieux sablonneux.
704'	— G. *sanguineum*	♃	— —	Eu ; Fécamp ; Granville, îles de Chaussey ; Rouen : coteaux d'Orival ; Vernon.	
	Var. *genuinum*	♃	— —	Chambre-d'Amour près de Bayonne.	
	Var. *prostratrum*	♃	— —	Chambre-d'Amour près de Bayonne.	
705	— *columbinum*	☉	mai-juillet	Partout.	Bois, haies, bords des chemins.
706	— *dissectum*	☉	— —	Partout.	Champs, bois, etc.
707	— *pyrenaicum*	♃	mai-août	Presque partout.	Buissons, lieux incultes et pierreux.
708	— *molle*	☉	mai-octob.	Partout.	Chemins, vignes, etc.

Nos des Espèces	NOMS de GENRE ET D'ESPÈCE	Durée des Plantes	ÉPOQUE de FLEURAISON	LOCALITÉS OU CES ESPÈCES ONT ÉTÉ TROUVÉES EN FRANCE.	HABITATION de CES PLANTES.
	GERANIUM (Suite.)				
709	— *pusillum*	⊙	juillet-sept.	Partout.	Chemins, lieux in-cultes, etc.
710	— *rotundifolium*	⊙	mai-sept.	Partout.	Collines incultes, pâturages, etc.
711	— *divaricatum*	⊙	juillet	Pyrénées-Orientales : Prats-de-Mollo.	Mêlé au *G. rotun-difolium*
712	— *lucidum*	⊙	mai-août	Partout, excepté dans le Nord ; Corse.	Lieux ombragés et pierreux.
713	— *robertianum*	⊙	— —	Partout.	Bois, haies, murs, etc.
	ERODIUM				
714	— *maritimum*	⊙	mai, juin	Bretagne et îles adjacentes ; Normandie : îles Chaussey, Cherbourg ; Picardie ; Narbonne ; Corse, hautes montagnes : Coscione, Nino, d'Oro, Rotundo, Saint-Michel, etc.	Côtes maritimes.
715	— *corsicum*	♃	— —	Corse : Ajaccio, Bonifacio, Calvi.	Fentes des rochers au bord de la mer.
716	— *malacoides*	⊙	juin, juillet	Commun sur le littoral de la Méditerranée, et de l'Océan vers Bordeaux ; roc de Granville. Dans l'intérieur : Agen, Avignon, Nîmes, Toulouse, etc.; Corse.	Champs arides, bords des routes, côtes maritimes.
717	— *chium*	⊙	août-sept.	Fréjus ; Provence ; Langue-doc ; Roussillon ; Pyrénées-Orientales : entre Baujols-de-Mer et Las-Abeillas ; Corse : Calvi.	Littoral de la Mé-diterranée.
718	— *littoreum*	♃	juillet-sept.	Montredon près de Marseille, Narbonne ; chemin condui-sant à l'île Sainte-Lucie ; Corse : Ajaccio, etc.	Chemins, etc.
719	— *laciniatum*	⊙	mai, juin	Salines d'Hyères.	Sables maritimes.
720	— *botrys*	⊙	avril, mai	Provence ; Corse ; falaises de Granville.	Côtes de la Médi-terr. et de l'Océan.
721	— *ciconium*	⊙	mai, juin	France méridionale jusqu'en Auvergne et en Dauphiné.	Lieux secs.
722	— *moschatum*	⊙	mai-juillet	Midi et Ouest jusqu'à Ab-beville ; Corse.	—
723	— *cicutarium*	⊙	mai-août	Partout.	—
724	— *tenuisectum*	♃	— —	Corse.	Sables et gravois du littoral.
725	— *romanum*	♃	mars, avril	Provinces méridionales.	Coteaux et champs arides.
726	— *manescavi*	♃	juillet	Basses-Pyrénées : Bielle et Geten près de Lahruns.	Montagnes.

Nos des Espèces	NOMS de GENRE ET D'ESPÈCE	Durée des Plantes	ÉPOQUE de FLEURAISON	LOCALITÉS OU CES ESPÈCES ONT ÉTÉ TROUVÉES EN FRANCE.	HABITATION de CES PLANTES.
	ERODIUM (Suite.)			dans la vallée d'Ossan ; Mont-Binet, dans la vallée d'Aspe.	
727	— *petræum*	♃	juin, juillet	Pyrénées : Medassole, Fonds-de-Comps, Eynès, Notre-Dame-de-Pena, etc. ; Le-brettes et la Clappe près de Narbonne ; pic Saint-Loup près de Montpellier.	Rochers, au Midi.
728	— *macradenum*	♃	— —	Pyrénées : vallée de Llo, Piquette d'Endretlis.	Rochers.
729	**HYPERICUM** — *perforatum*	♃	mai-août	Partout.	Bois, haies, lieux incultes.
730	— *quadrangulum*	♃	juin-août	Alpes du Dauphiné ; Auver-gne ; Jura ; mont Pilat près de Lyon ; Paris ; Pyré-nées ; Vosges.	Bois montueux, bord des ruis-seaux.
731	— *tetraspermum*	♃	— —	Partout.	Prés et bois hu-mides.
732	— *humifusum*	♃	juin-sept.	Presque partout.	Terrains sablon-neux et humides.
733	— *corsicum*	♃	juin	Mont d'Oro.	Montagnes.
734	— *australe*	♃	mai, juin	Cannes ; Fréjus ; Grasse ; îles d'Hyères ; Toulon ; Corse : Porto-Vecchio.	Champs.
735	— *linearifolium*	♃	juin, juillet	De Bayonne à Vire ; Cher-bourg, Falaise, Granville, Harcourt, Vire.	Coteaux arides et schisteux.
736	— *tomentosum*	♃	— —	Avignon ; Cannes ; Grasse ; Hyères ; Lattes ; Marseille ; Montpellier ; Narbonne ; Peyrols ; Roquefavour près d'Aix ; Toulon.	Prés humides.
737	— *coris*	♃	— —	Provence : Grasse, Saint-Arnoux, etc.	Lieux incultes.
738	— *hyssopifolium*	♃	— —	Digne ; Embrun ; Grasse ; La Garde près de Gap ; mont Sainte-Victoire ; mont Aurouse (bois d'Ufarnet) ; Toulon ; Villefort (Lozère).	Coteaux, au Midi.
739	— *pulchrum*	♃	juin-août	Partout.	Bois sablonneux.
740	— *nummularium*	♃	juillet-sept.	Hautes-Alpes du Dauphiné au-dessus de la Grande-Chartreuse : porte du dé-sert ; Pyrénées centrales : Cauterets, Col de Tortos, l'Héris, Eaux-Bonnes, Ga-varnie, port de la Picade.	Rochers.
741	— *hirsutum*	♃	juin-août	Presque partout.	Bois montueux, terres calcaires.

Nos des Espèces	NOMS de GENRE ET D'ESPÈCE	Durée des Plantes	ÉPOQUE de FLEURAISON	LOCALITÉS OU CES ESPÈCES ONT ÉTÉ TROUVÉES EN FRANCE.	HABITATION de CES PLANTES.
	(Suite.) HYPERICUM				
742	— montanum	♃	juin-août	Presque partout.	Bois montueux.
743	— richeri	♃	juin, juillet	Hautes-Alpes du Dauphiné : Briançon, Grande-Chartreuse, Chaudun, Gap, Lautaret, l'Oysans, mont Aurouse, mont Seuse, Revel près de Grenoble, Sept-Lans ; Jura : la Dôle et le Reculet.	Pentes des montagnes.
744	— burseri	♃	— —	Pyrénées centrales : Esquierry, Cauterets, Eaux-Bonnes, l'Héris, Mt Cagire.	Prairies.
745	— ciliatum	♃	mai, juin	Cap de la Croisette ; îles d'Hyères ; Marseille ; Toulon ; Corse : Saint-Amanza près de Bonifacio.	Iles et littoral du continent.
746	— hircinum	♄	— —	Bayonne ; Corse : Bastia, Bogomono, Corte, etc.	Champs.
747	— androsœmum	♄	juin, juillet	Magny, Villers-Cauterets ; Bernay (Eure) ; Camembert (Orne) ; Cherbourg ; Eu ; Falaise, Lisieux ; Laigle ; Saint-Lô ; Rouen ; Fontenay, Luçon, Montendre ; Midi, Ouest et centre de la France ; Corse.	Lieux humides
748	— elodes	♃	juin-août	Paris et presque toute la France.	Prairies tourbeuses
748*	— crispum	♃	— —	Pont-Juvénal ; Montpellier.	Lieux stériles.
	ACER				
749	— pseudoplatanus	♄	mai	Toute la France.	Bois montagneux.
750	— opulifolium	♄	mars, avril	Alpes du Dauphiné et de la Provence ; Cévennes ; Jura ; Pyrénées.	Forêts des montagnes.
751	— monspessulanum	♄	avril	Est et Sud de la France jusqu'à Lyon ; Ouest : rochers de Velluire, Benon, Courson, Surgères.	Lieux escarpés et exposés au Midi.
752	— campestre	♄	mai	Partout.	Bois.
753	— platanoides	♄	avril, mai	Auvergne ; Bourgogne ; Cévennes ; Dauphiné ; Jura ; Lorraine ; Pyrénées ; Vosges.	Bois montueux et coteaux calcaires.
	VITIS				
754	— vinifera	♄	juin	Cultivé et quelquefois spontané.	
	ÆSCULUS				
755	— hippocastanum	♄	mai	Cultivé et quelquefois spontané.	

Nos des Espèces	NOMS de GENRE ET D'ESPÈCE	Durée des Plantes	ÉPOQUE de FLEURAISON	LOCALITÉS OU CES ESPÈCES ONT ÉTÉ TROUVÉES EN FRANCE.	HABITATION de CES PLANTES.
	MELIA				
756	— *azedarach*	♄	mai, juin	Naturalisé dans le Midi.	
	IMPATIENS				
757	— *noli-tanyere*	☉	juillet, août	Presque partout.	Lieux ombragés des montagnes.
	OXALIS				
758	— *acetosella*	♃	avril, mai	Presque partout.	Bois humides.
759	— *libyca*	♃		Ajaccio (chapelle grecque).	Murailles.
760	— *stricta*	♃	juin-sept.	Presque toute la France.	Champs, haies, décombres.
761	— *corniculata*	☉	— —	Presque toute la France.	Lieux cultivés.
	TRIBULUS				
762	— *terrestris*	☉	— —	Tout le Midi jusqu'à Lyon et l'Ouest jusqu'à Noirmoutiers ; rives de la Garonne et de l'Ariège.	Lieux stériles.
	RUTA				
763	— *montana*	♃	juillet, août	Région des oliviers.	Coteaux secs.
764	— *angustifolia*	♃	juin, juillet	Corse ; région des oliviers.	Coteaux stériles.
765	— *bracteosa*	♃	juin	Hyères ; île Sainte-Marguerite ; Corse : Bastia et Corte.	Littoral de la Méditerranée.
766	— *graveolens*	♂	juin, juillet	Provinces méridionales et occidentales : Poitiers, coteaux de Taillebourg ; Charente-Inférieure, Coursay, Saumur ; Andelys, Château-Gaillard (Eure) ; Mont-Saint-Michel, roc de Trombelaine.	Lieux arides, rochers.
767	— *corsica*	♃	juillet	Corse : cap Corse, Ghisoni, Pozzio au Niolo, gorges de la Restonica, mont Rotundo ; torrents d'Abbatesco et d'Asco.	Rochers des montagnes.
	DICTAMNUS				
768	— *albus*	♃	mai, juin	Alsace ; Côte-d'Or ; Dauphiné ; Narbonne ; Nîmes.	Collines calcaires.
	CORIARIA				
769	— *myrtifolia*	♃	juin, juillet	Provinces méridionales ; rives de la Garonne et de l'Ariège.	Haies des coteaux.

CALICIFLORES.

Nos des Espèces	NOMS de GENRE ET D'ESPÈCE	Durée des Plantes	ÉPOQUE de FLEURAISON	LOCALITÉS OU CES ESPÈCES ONT ÉTÉ TROUVÉES EN FRANCE.	HABITATION de CES PLANTES.
	EVONYMUS				
770	— *europæus*	♄	avril-juin	Partout.	Bois, haies, etc.
771	— *latifolius*	♄	mai, juin	Alpes : mont Rachet près de Grenoble ; mont Colombier (Ain) ; Sisteron ; Provence :	Montagnes.

Nos des Espèces	NOMS de GENRE ET D'ESPÈCE	Durée des Plantes	ÉPOQUE de FLEURAISON	LOCALITÉS OU CES ESPÈCES ONT ÉTÉ TROUVÉES EN FRANCE.	HABITATION de CES PLANTES.
	STAPHYLEA			Apt, Sainte-Beaume près de Toulon.	
772	— *pinnata*	♄	mai, juin	Alsace : Stattmat, Hangen-biethen, etc.	Forêts longeant le Rhin.
773	ILEX — *aquifolium*	♄	— —	Partout.	Bois, etc.
774	ZIZYPHUS — *vulgaris*	♄	juin-août	Cultivé et naturalisé dans les régions méditerranéennes.	—
775	PALIURUS — *australis*	♄	juillet, août	Languedoc ; Provence ; Roussillon.	Lieux stériles.
776	RHAMNUS — *cathartica*	♄	mai, juin	Presque partout.	Bois.
777	— *saxatilis*	♄	— —	Gap ; Lyon.	Fentes des rochers.
778	— *infectoria*	♄	mai	Avignon ; Frontignau ; Mon-télimart ; Montpellier ; Narbonne, les Corbières (Aude)	Rochers.
779	— *alpina*	♄	mai, juin	Alpes ; Pyrénées ; Vosges ; montagnes de la Côte-d'Or et de la Lozère ; commun dans toute la chaîne du Jura ; Corse.	Montagnes.
780	— *pumila*	♄	avril-juin	Alpes du Dauphiné ; Grande Serène (Basses - Alpes) ; Château-Quayras ; Mont-d'Or (Doubs) ; monts Dore ; Pyrénées.	Rochers.
781	— *oleoides*	♄	mai	Narbonne.	Bois, haies.
782	— *alaternus*	♄	mars, avril	Midi de la France. Remonte vers le Nord jusqu'à Grenoble et Vienne en Dauphiné, et vers l'Ouest jusqu'à Poitiers et Angers ; Corse.	Coteaux arides du Midi.
783	— *frangula*	♄	avril-juin	Partout.	Bois, haies.
784	PISTACIA — *lentiscus*	♄	avril, mai	Région méditerranéenne.	Lieux stériles.
785	— *terebinthus*	♄	avril	Nice ; Dauphiné méridional ; Languedoc ; Provence ; Roussillon.	Rochers et coteaux.
786	— *vera*	♄	mai	Cultivé et naturalisé en Languedoc, en Provence et en Roussillon.	Bois, haies.
787	RHUS — *coriaria*	♄	juin, juillet	Provinces méridionales.	Lieux arides.
788	— *cotinus*	♄	— —	Dauphiné : Grenoble ; Pro-vence ; Languedoc ; Roussillon ; Anduze ; Nice ; Avignon, etc.	Collines sèches du midi.

Nos des Espèces	NOMS de GENRE ET D'ESPÈCE	Durée des Plantes	ÉPOQUE de FLEURAISON	LOCALITÉS OU CES ESPÈCES ONT ÉTÉ TROUVÉES EN FRANCE.	HABITATION de CES PLANTES.
789	CNEORUM — *tricoccum*	♄	juin	Région méditerranéenne.	Lieux secs.
790	ANAGYRIS — *fœtida*	♄	févr., mars	Arles ; Marseille ; Mont-Major ; Toulon ; Corse : Bastia, Bonifacio.	Coteaux arides.
791	ULEX — *europæus*	♄	mai, juin	Presque toute la France.	Lieux stériles.
792	— *parviflorus*	♄	avril	Arles ; Bagnols ; Marseille ; Sainte-Marguerite ; Montpellier ; Narbonne ; Perpignan; coteaux du Morbihan; Ryes près de Bayeux ; îles Chaussey.	—
793	— *nanus*	♄	juin-octob.	Landes de l'Ouest depuis Bayonne jusqu'à Brest. Le Mans ; Paris ; Versailles ; Blois ; Allier ; Creuse ; Nièvre ; Sologne ; Vienne ; Lyon ; Montbrison.	—
794	ERINACEA — *pungens* *Anthyllis erinacea* Duby	♄	mai	Custoja et Prats-de-Mollo (Pyrénées-Orient.) ; Corse.	Montagnes.
795	CALICOME — *spinosa* *Cytisus spinosus* Duby	♄	mai, juin	Région méditerranéenne : Bagnols ; Beaucaire ; Cannes ; Collioures ; Fréjus, Grasse, Hyères, Marseille ; Narbonne, Perpignan ; Toulon. Corse : Ajaccio, Bastia, Calvi, Saint-Florent.	Collines escarpées.
796	— *villosa* *Cytisus lanigerus* Duby	♄	avril, mai	Corse : Ajaccio, Bastia, Calvi, etc.	—
797	SPARTIUM — *junceum*	♄	mai-juillet	Provinces méridionales : Tarbes ; Montauban ; Montélimart, le Buis, etc. ; à l'Est jusqu'à Lyon ; à l'Ouest : Vernon, monts d'Eraines et de Grisy, arrondissement de Falaise ; Chamboy (Orne).	Coteaux stériles.
798	SAROTHAMNUS — *vulgaris* *Cytisus scoparius* Duby	♄	mai, juin	Presque partout.	Terrains squartzeux.
799	— *arboreus* *Spartium arboreum* Desf.	♄	juin	Pyrénées-Orientales.	Coteaux.

Nos des Espèces	NOMS de GENRE ET D'ESPÈCE	Durée des Plantes	ÉPOQUE de FLEURAISON	LOCALITÉS OU CES ESPÈCES ONT ÉTÉ TROUVÉES EN FRANCE.	HABITATION de CES PLANTES.
	(Suite.) SAROTHAMNUS				
800	— *purgans* Genista purg. Duby	♄	mai , juin	Pyrénées-Orientales et centrales ; Auvergne ; Cévennes ; mont Pilat , Saint-Chamond près de Lyon ; bords de la Loire : Juigné, Montbrison , Nevers , Orléans ; Rives de l'Allier et de la Creuse ; vallée de l'Ardèche, etc.	Sables et alluvions.
	GENISTA				
801	— *sagittalis*	♄	— —	Presque partout.	Bois montagneux et secs.
802	— *ephedroides*	♄	avril, mai	Corse.	Littoral.
803	— *pilosa*	♄	mai , juin	Partout.	Collines et bois.
804	— *pulchella*	♄	juillet, août	Brame-Buou sur le mont Saint-Geniès entre Serres et Laragne, Saléon (Hautes-Alpes).	Rochers.
805	— *tinctoria*	♄	mai-juillet	Partout.	Bois.
	Var. *lasiocarpa*	♄	— —	Vallée de Thorenc près de Grasse.	—
806	— *delarbrei*	♄	juillet, août	Monts Dore : Bozat, Cuzeau (roc de), lac de Guéry, creux de Palabus, puy de Sancy ; Cantal : pentes du Plomb, le Lioran , Pra-de-Bouc, puy Mary ; Pyrénées : col de Tortos.	Hautes montagnes.
807	— *cinerea*	♄	mai , juin	Hautes-Alpes du Dauphiné : la Garde, Veynes et Rabou près de Gap ; de Manosque à Sisteron , Brame-Buou près de Saint-Geniès ; Alpes de Provence : Digne, Sisteron, Gréoux , Apt ; Toulon ; Pyrénées-Orientales : Prats-de-Mollo, Fond-de-Comps, etc.	— —
808	— *aspalathoides*	♄	juin	Marseille (sommets de St-Cyr et de Carpiane près de) ; monts Sainte-Victoire et Ventoux ; Toulon ; Alpes de la Madeleine ; Corse : Bastia, Calvi, cap Corse, Pont-du-Golo, entre Vico et Evisa, Guagno, monts Cinto, d'Oro, Rotundo, etc., vallée de Mello-sur-Corte.	Montagnes.
809	— *scorpius*	♄	mai-juillet	Avignon, Marseille ; Dau-	Lieux stériles.

Nos des Espèces	NOMS de GENRE ET D'ESPÈCE	Durée des Plantes	ÉPOQUE de FLEURAISON	LOCALITÉS OU CES ESPÈCES ONT ÉTÉ TROUVÉES EN FRANCE.	HABITATION de CES PLANTES.
	GENISTA *(Suite.)*			phiné : Montélimart, le Buis ; Montpellier, Nîmes ; Anduze ; entre le Vigan et Gange ; Narbonne, Perpignan, Prats-de-Mollo ; Auch ; bords de l'Ariège et de la Garonne jusqu'à Toulouse.	
810	— *corsica*	♄	juin	Corse : Bastia, Ajaccio, Bonifacio, mont Cagna, Calvi, cap Corse, Porto-Vecchio, Sartène.	Coteaux maritimes
811	— *anglica*	♄	avril-juin	Toute la France, excepté le Nord.	Coteaux secs.
812	— *germanica*	♄	mai, juin	Presque toute la France, excepté l'Ouest.	Bois et lieux stériles.
813	— *hispanica*	♄	— —	Nice ; Provence : Aix, Fréjus, Girondas, Grasse, Gréoux ; Dauphiné méridional ; Cévennes, Espérou, Mende, montagne de Corsac, Sainte-Enimie, etc. ; Pyrénées.	Coteaux stériles.
814	— *horrida*	♄	juin	Bordeaux ; monts Couzon et Cindre près de Lyon.	Montagnes.
815	— *linifolia*	♄	mars, avril	Iles d'Hyères.	Champs.
816	— *radiata*	♄	mai, juin	Lurs près de Sisteron (Basses-Alpes) ; mont Seuze, Mentayer et Vitroles.	Montagnes.
817	— *candicans*	♄	avril, mai	Commun en Corse et dans toute la région méditerranéenne ; Nice ; mont Seuze.	—
818	CYTISUS — *laburnum*	♄	— —	Bresse ; Côte-d'Or ; Lorraine ; Lyonnais.	Bois des terrains calcaires.
819	— *alpinus*	♄	juin, juillet	Alpes du Dauphiné ; chaîne du Jura.	Montagnes.
820	— *sessilifolius*	♄	mai, juin	Région des oliviers ; la Grangette près Gap.	Coteaux secs, bois.
821	— *decumbens*	♄	mai-juillet	Lorraine ; Haute-Marne ; Côte-d'Or.	Lieux escarpés, calcaires.
822	— *triflorus*	♄	mai	Antibes, Cannes ; Fréjus, Grasse, Hyères, Toulon ; les Albères ; Collioures ; Narbonne ; Perpignan ; Corse : Bastia, Calvi.	Littoral de la Méditerranée.
823	— *elongatus*	♄	avril, mai	Châteaubourg près de Tournon (Ardèche).	Collines calcaires.
824	— *hirsutus*	♄	mai, juin	Alpes du Dauphiné : Bernin.	Montagnes.
825	— *capitatus*	♄	juin, juillet	Chaîne du Jura et de la	Bois montueux.

Nos des Espèces	NOMS de GENRE ET D'ESPÈCE	Durée des Plantes	ÉPOQUE de FLEURAISON	LOCALITÉS OU CES ESPÈCES ONT ÉTÉ TROUVÉES EN FRANCE.	HABITATION de CES PLANTES.
	CYTISUS (Suite).			Côte-d'Or; Lyon à la Pape; Toulouse.	
826	— *supinus*	♄	mai	Champagne : Aulnay-aux-Planches, Châlons, Sezanne, Moronvilliers, Troyes; Malesherbes, Nemours; Orléans, Blois; Provins : bois de Montramé, Valvins; Poitiers; Bourges, Châteauneuf, St-Florent; Dauphiné, Claix et Saint-Eynard près de Grenoble, Gap; Grasse; Pyrénées : Saint-Gaudens, Eaux-Chaudes, Argelez, Sedelle-de-la-Manère; Encausse (Haute-Garonne).	Lisières des bois, coteaux arides.
827	ARGYROLOBIUM — *linnæanum*	♄	—	Provinces méridionales; Provence : Aix, Fréjus, Grasse, Marseille, Toulon; Avignon; Cette, Montpellier; Narbonne; Toulouse; Vivarais; Dauphiné : Bernin, Gap, Grenoble; Crémieux près de Lyon; Corse.	Lieux pierreux.
828	ADENOCARPUS — *grandiflorus*	♄	juin	Fontfroide près de Narbonne; Hyères; Port-Vendres au cap Béarn.	Coteaux arides de la région méditerranéenne.
829	— *commutatus*	♄	mai-juillet	Anduze, l'Espérou, Mende, Viala, Villefort; Alais, Joyeuse, vallées de Vals et d'Entraigues.	Coteaux arides de l'Ardèche et de la Lozère.
830	— *complicatus*	♄	avril, mai	Pyrénées-Occidentales de Pau à Bagnères-de-Bigorre; Landes, Dax, Saint-Sever, Mont-de-Marsan, la Teste-de-Buch; la Chapelle et Saint-Céré (Lot); Limousin; Bois-de-Flammerans près d'Auxonne.	Montagnes, bois, landes, etc.
831	LUPINUS — *termis*	☉	mai	Toulon; Corse : Bastia, Calvi.	Moissons.
832	— *hirsutus*	☉	—	Fréjus, Hyères, Montpellier, Toulon.	—
833	— *reticulatus*	☉	juin, juillet	Vallées de la Loire et de ses affluents : la Sarthe;	Champs sablonneux.

Nos des Espèces	NOMS de GENRE ET D'ESPÈCE	Durée des Plantes	ÉPOQUE de FLEURAISON	LOCALITÉS OU CES ESPÈCES ONT ÉTÉ TROUVÉES EN FRANCE.	HABITATION de CES PLANTES.
	LUPINUS (Suite.)			la Vienne ; l'Allier. Bordeaux, la Teste, Saint-Sever, Dax, Bayonne, Castres, Toulouse ; îles d'Hyères ; Cannes, Fréjus, Grasse ; Corse : Calvi.	
834	— *angustifolius*	⊙	juin, juillet	Ajaccio ; Bayonne ; Port-Vendres ; Toulouse.	Champs sablonneux.
	ONONIS				
835	— *rotundifolia*	♃	mai, juin	Hautes-Alpes du Dauphiné : Grenoble, Gap, le Melezet, mont Aurouse, mont Genèvre ; Barcelonnette ; Cévennes ; Saint-Ambroix et Anduze, Saint-Symphorien près la Canourgue ; Pyrénées : vallée d'Eynes, Bénasque, Barèges, route de Luz à Pranière et Gavarnie.	Hautes montagnes.
836	— *fruticosa*	♄	juin-août	Hautes-Alpes du Dauphiné : Saint-Eynard près de Grenoble, chemin du Melezet à Tournoux, Seyne et Gap ; Alpes de Provence, Digne, Barcelonnette ; Anduze (Gard).	Montagnes.
837	— *arragonensis*	♄	juillet	Pyrénées : port de Bénasque.	Hautes montagnes.
838	— *ornithopoides*	⊙	avril, mai	Corse : Bastia, Bonifacio, Ostriconi.	Rochers maritimes.
839	— *natrix*	♃	juin, juillet	Presque toute la France.	Terrains calcaires.
	Var. *inæquifolia*	♃	— —	Provence ; Corse.	— —
840	— *ramosissima*	♃	juillet, août	Grasse, Cannes, Hyères, Agde, Aigues-Mortes, Montpellier ; le long du Rhône jusqu'à Avignon.	Côtes et sables maritimes.
	Var. *arenaria*	♃	— —	Pérols et Maguelone près Montpellier, Cette, Marseille, Toulon.	— —
841	— *viscosa*	⊙	mai, juin	Fréjus, Hyères, Montpellier ; Prats-de-Mollo ; Toulon.	Champs arides.
842	— *breviflora*	⊙	— —	Fréjus, Grasse, Hyères, île Sainte-Marguerite, Montpellier.	Région méditerranéenne, champs arides.
843	— *pubescens*	⊙	— —	Marseille ; de Bandols à Toulon ; Avignon ; Montpellier ; Narbonne, Casas-de-Pena près de Perpignan.	— —
844	— *cenisia*	♃	juin, juillet	Alpes du Dauphiné : Lautaret, Villars-d'Arène, mont	Montagnes.

Nos des Espèces	NOMS de GENRE ET D'ESPÈCE	Durée des Plantes	ÉPOQUE de FLEURAISON	LOCALITÉS OU CES ESPÈCES ONT ÉTÉ TROUVÉES EN FRANCE.	HABITATION de CES PLANTES.
	ONONIS *(Suite.)*			de Lans, la Grave, Gap, Die, Briançon ; Alpes de Provence : mont Ventoux, Sainte-Baume près de Toulon ; Pyrénées-Orientales et centrales.	
845	— *reclinata*	⊙	mai	Cannes, Grasse, îles d'Hyères, Toulon, île Sainte-Marguerite, Marseille, Cette ; Mont-Saint-Michel près la Mure ; Biarritz près de Bayonne ; Corse : Bonifacio, Bastia, îles Rousses, îles Sanguinaires.	Sables maritimes de la Méditerranée et de l'Océan.
846	— *campestris*	♃	juin, juillet	Toute la France.	Chemins, pâturages, terres stériles
847	— *antiquorum*	♃	— —	Région méditerranéenne ; Narbonne, Montpellier, Hyères, Fréjus, Avignon ; Corse.	Lieux arides
848	*procurrens* { Var. *arvensis*	♃	— —	Partout.	Champs, côtes maritimes, montagnes, selon la variété.
	— *maritima*	♃	— —	Côtes de l'Océan et de la Méditerranée.	
	— *alpina*	♃	— —	Alpes du Dauphiné.	
849	— *serrata*	⊙	mai, juin	Corse : Bonifacio, Bastia, Aleria, Ostriconi.	Sables maritimes.
850	— *variegata*	⊙	avril, mai	Corse : Aléria ; étang de Bigulia près Bastia.	— —
851	— *striata*	♄	juin, juillet	Poitou : Poitiers, Chardonchamps, Moulinet, Auzance ; Bourges, Sancerre (Cher) ; Savillac, Brengues, Livernon (Lot) ; Florac, Mende, Ste-Enimie ; Gap ; Castellane ; mont Ventoux ; Pyrénées : col de Tortos, Esquierry, Mont-Laid, Fond-de-Comps.	Côtes arides.
852	— *columnæ*	♄	mai-juillet	Presque toute la France.	Coteaux calcaires, lieux secs.
853	— *minutissima*	♄	avril-octob.	Cévennes ; Corse ; Dauphiné ; Languedoc ; Ardèche ; Provence ; Pyrénées.	Côtes et rochers arides.
854	— *mitissima*	⊙	mai, juin	Corse : Bonifacio ; île Ste-Marguerite ; Provence.	Champs.
855	— *alopecuroides*	⊙	— —	Fréjus ; Bonifacio (Corse).	—
856	ANTHYLLIS — *cytisoides*	♃	— —	La Ciotat près de Toulon ;	Rochers et collines.

Nᵒˢ des Espèces	NOMS de GENRE ET D'ESPÈCE	Durée des Plantes	ÉPOQUE de FLEURAISON	LOCALITÉS OU CES ESPÈCES ONT ÉTÉ TROUVÉES EN FRANCE.	HABITATION de CES PLANTES.
	(Suite.) ANTHYLLIS			Casas-de-Pena près de Perpignan ; le Boulou ; Corse.	
857	— *hermanniæ*	♄	juin, juill.	Corse : Bastia, Bonifacio, cap Corse, Guagno, monts Coscione et Rotundo.	Montagnes, champs
858	— *barba-jovis*	♄	mai, juin	Provence : Antibes, Fréjus, îles d'Hyères, Toulon ; Corse : Bonifacio, Saint-Florent.	Rochers maritimes
859	— *montana*	♃	juin, juill.	Provence : la Sainte-Baume près de Toulon, Saint-Tronc et Notre-Dame-des-Anges près de Marseille, mont Ventoux, Aix ; Alpes du Dauphiné ; chaîne du Jura ; Côte-d'Or ; mont Colombier (Ain) ; Cévennes ; Pyrénées-Orientales et centrales.	Coteaux arides et montagnes.
860	*vulneraria* — Var. *vulgaris*		mai, juin	Presque partout.	Prés secs, collines, etc.
	— *maritima*		— —	Bretagne et Normandie.	Côtes et falaises.
	— *rubrifolia*		— —	Anjou : Barré, Beaulieu, Chalonnes ; les Bayards près de Gap ; Anduze (Gard) ; Aix, Avignon, Marseille ; Narbonne ; Bagnères-de-Luchon et Eaux-Bonnes ; Corse : Bastia, Bonifacio.	Coteaux.
	— *allioni*	♂ ♃	— —	Alpes du Dauphiné : Sainte-Victoire, Grande-Chartreuse ; Mont-Louis, pic du Midi de Bigorres ; coteaux de Barré, Beaulieu, Chalonnes.	Montagnes.
861	— *tetraphylla*	☉	mai, juill.	Provence ; Languedoc ; Roussillon ; Corse.	Région des oliviers, lieux cultivés.
862	HYMENOCARPUS — *circinnata* *medicago circ.* DC.	☉	mai	Saint-Jean-de-Vedas près de Montpellier ; Corse : Bastia.	Côtes maritimes.
863	MEDICAGO — *radiata*	☉	juill., août	Narbonne.	Champs.
864	— *lupulina*	♂	mai-octob.	Partout.	—
865	— *falcata*	♃	— —	Partout.	Prés secs, coteaux arides.
866	— *falcato-sativa*	♃	juin-oct.	Partout.	Champs et coteaux.
867	— *sativa*	♃	— —	Cultivé.	Champs.

Nos des Espèces	NOMS de GENRE ET D'ESPÈCE	Durée des Plantes	ÉPOQUE de FLEURAISON	LOCALITÉS OU CES ESPÈCES ONT ÉTÉ TROUVÉES EN FRANCE.	HABITATION de CES PLANTES.
	MEDICAGO (Suite.)				
868	— *scutellata*	☉	mai , juin	Région des oliviers.	Moissons et lieux incultes.
869	— *orbicularis*	☉	— —	Midi et centre de la France ; Nord-Ouest : Rouen, etc.; Corse.	— —
870	— *marginata*	☉	mai–juillet	Angers ; bassin de la Loire ; Nantes ; Orléans.	Moissons et terres cultivées.
871	— *elegans*	☉	mai , juin	Corse : Calvi.	Champs.
872	— *soleirolii*	☉	avril, mai	Corse : Calvi et Aléria.	—
873	— *suffruticosa*	♃	juin, juillet	Pyrénées-Orientales et centrales · Barèges, etc.	Rochers.
874	— *leiocarpa*	♃	mai–juillet	Narbonne et Basses-Corbières.	Coteaux arides.
875	— *striata*	☉	— —	De Bayonne à Quimper.	Sables et côtes de l'Océan.
876	— *cylindracea*	☉	mai , juin	Corse : Ajaccio.	Sables maritimes.
877	— *reticulata*	☉	mai	Basses-Corbières à Cascastel, Villeneuve, environs de Perpignan.	Moissons des montagnes.
878	— *disciformis*	☉	mai , juin	Castelnau près de Montpellier ; Collioures ; Montredon près de Marseille, Narbonne.	Lieux stériles.
879	— *tenoreana*	☉	mai	Toulon.	Champs.
880	— *coronata*	☉	mai , juin	Marseille ; Montpellier, Perpignan, Toulon, Vaucluse.	—
881	— *præcox*	☉	mars, avril	Cette, Collioures ; Fréjus, Montpellier, Toulon ; Corse : Bastia, Galéria.	Région méditerranéenne.
882	— *polycarpa*	☉	mai , juin	Toute la France.	Moissons.
883	— *lappacea*	☉	— —	Région méditerranéenne.	—
884	— *ciliaris*	☉	— —	Narbonne, Toulon, etc.	Champs.
885	— *maculata*	☉	— —	Toute la France.	Prairies.
886	— *minima*	☉	— —	Presque toute la France.	Lieux secs.
887	— *laciniata*	☉	— —	Montpellier, Toulon ; Corse.	Champs.
888	— *marina*	♃	— —	Côtes de la Méditerranée et de l'Océan.	Sables.
889	— *littoralis*	☉	— —	Région méditerranéenne : Cette, Fréjus, Marseille, Montaud près de Salon, Perpignan, Toulon ; Corse.	Lieux sablonneux.
890	— *braunii*	☉	— —	Cannes, Hyères, Marseille ; Montpellier, Port-Vendres, Toulon ; Corse.	Sables des côtes.
891	— *gerardi*	☉	— —	Entre Paris et la Méditerranée ; Ouest : Alençon, Bonnières près Mantes ; Caen ; Corse.	Champs.
892	— *tribuloides*	☉	— —	Région méditerranéenne :	—

Nos des Espèces	NOMS de GENRE ET D'ESPÈCE	Durée des Plantes	ÉPOQUE de FLEURAISON	LOCALITÉS OU CES ESPÈCES ONT ÉTÉ TROUVÉES EN FRANCE.	HABITATION de CES PLANTES.
	MEDICAGO (Suite.)				
893	— *murex*	⊙	mai , juin	Arles, Cette, Marseille, Montpellier, Narbonne ; Ajaccio et cap Corse. Région méditerranéenne : Cette, Montpellier, Narbonne, Toulon.	Champs.
894	— *truncatulata*	⊙	— —	Entre Carcassonne et Narbonne, Montpellier ; Corse.	—
895	— *tuberculata*	⊙	— —	Montpellier ; Ajaccio, Bonifacio, Aléria.	—
896	— *turbinata*	⊙	— —	Envir. de Montpellier; Corse.	Littoral.
897	— *muricata*	⊙	— —	Marseille, Montpellier.	Lieux cultivés.
898	— *sphærocarpa*	⊙	— —	Fréjus , Hyères , Toulon ; Corse : Bastia et mont Maggiore.	Côtes de la Méditerranée.
	TRIGONELLA				
899	— *fœnum-græcum*	⊙	juin, juillet	Régions méridionales.	Champs.
900	— *gladiata*	⊙	— —	Aix, Avignon, Grasse, Marseille, Montpellier, Nîmes, Toulon.	Champs cultivés et coteaux arides.
901	— *monspeliaca*	⊙	— —	Région des oliviers ; Dauphiné ; Puy-de-Crouel (Auvergne) ; Lyon ; Paris ; Fouras (Charente-Infre).	Bords des chemins, lieux incultes.
902	— *polycerata*	⊙	— —	Cerdagne française ; Marseille.	Lieux arides et incultes.
903	--- *ornithopodio-ides*	⊙	juin	Vallée de la Loire à Nantes et à Angers ; Vierville près Bayeux ; Cherbourg, Valognes, Vannes ; Pyrénées ; Gujan près de la Teste-de-Buch ; Montpellier ; Corse : Bastia.	Pelouses et prairies.
904	— *corniculata*	⊙	mai , juin	Avignon, Nîmes, Uzès.	Coteaux arides.
905	— *hybrida*	♃	juin	Les Corbières à Saint-Paul de Fenouilhèdes, Saint-Antoine de Galamus ; écluse d'Encassand près de Villefranche ; Toulouse ; Ariège.	Montagnes.
	MELILOTUS				
906	— *messanensis*	⊙	avril, mai	Toulon ; îles Sanguinaires.	Champs.
907	— *sulcata*	⊙	— —	Languedoc ; Provence ; Roussillon ; Corse.	—
908	— *infesta*	⊙	— —	Corse.	Collines arides.
909	— *italica*	⊙	— —	Aix ; Hyères ; Montpellier ; Toulon.	Champs.
910	— *elegans*	⊙	mai , juin	Iles d'Hyères ; Corse.	Prairies et lieux cultivés.
911	— *parviflora*	⊙	— —	Région des oliviers ; Lyon ; côtes de Bretagne ; Arde-	Champs de luzerne, prés humides, etc.

Nᵒˢ des Espèces	NOMS de GENRE ET D'ESPÈCE	Durée des Plantes	ÉPOQUE de FLEURAISON	LOCALITÉS OÙ CES ESPÈCES ONT ÉTÉ TROUVÉES EN FRANCE.	HABITATION de CES PLANTES.
	(Suite.) MELILOTUS			von près de Pontorson, et même plus au Nord.	
912	— *neapolitana*	⊙	mai, juin	Draguignan; Fréjus; Grasse; Champ et Clèves près de Grenoble; Collioures; Perpignan, etc.; Corse.	Lieux sablonneux.
913	— *officinalis*	♂	juillet-sept.	Partout.	Moissons.
914	— *alba*	♂	— —	Partout.	Prairies.
915	— *macrorhiza*	♂	— —	Partout.	Prés humides.
916	TRIFOLIUM — *stellatum*	⊙	juin, juillet	Dauphiné méridional; Dax; Languedoc; Provence; Roussillon; Corse.	Champs, prés secs.
917	— *angustifolium*	⊙	— —	Tout le Midi et une partie de l'Ouest.	Coteaux arides.
918	— *incarnatum*	⊙	— —	Presque partout.	Prairies.
919	— *purpureum*	⊙	juin-août	La Planchude et le bois de Gramond près de Montpellier; Manduel près de Nîmes.	Bords des champs.
920	— *rubens*	♃	juin, juillet	Presque toute la France.	Bois et terres calcaires.
921	— *alpestre*	♃	juin-août	Cévennes; Côte-d'Or; Dauphiné; Lorraine; Lyon; Pyrénées.	Bois montagneux des terrains calcaires.
922	— *hirtum*	⊙	mai, juin	Gramond près Montpellier; Bagnols-sur-Mer; Perpignan; Peyrestortes, Prades, Saint-Nizier près Grenoble; Roussillon; Toulon; Tournon; Corse.	Champs.
923	— *diffusum*	⊙	juin, juillet	Montpellier; Corse.	—
924	— *medium*	♃	— —	Partout.	Bois.
925	— *cherleri*	⊙	mai, juin	Midi.	Littoral de la Méditerranée.
926	— *pratense*	♃	mai-sept.	Partout.	
927	— *flavescens*	⊙	juin, juillet	Corse : Ajaccio, Bonifacio, mont Cervione, Ponte di Golo, Vico; Rouen.	Coteaux.
928	— *ochroleucum*	♃	— —	Toute la France.	Prairies sèches.
929	— *leucanthum*	⊙	avril, mai	Corse.	Collines sèches.
930	— *maritimum*	⊙	mai-juillet	Littoral de la Méditerranée et de l'Océan; vallées de la Loire et de la Garonne ainsi que leurs affluents; Dives; Harfleur, le Havre.	Prés humides.
931	— *panormitanum squarrosum* DC.	⊙	mai, juin	Bayonne, Dax, Fréjus, Toulon; Corse : Bastia, Bonifacio.	Prairies.
932	— *lappaceum*	⊙	— —	Provinces méridionales jus-	Champs.

Nos des Espèces	NOMS de GENRE ET D'ESPÈCE	Durée des Plantes	ÉPOQUE de FLEURAISON	LOCALITÉS OÙ CES ESPÈCES ONT ÉTÉ TROUVÉES EN FRANCE.	HABITATION de CES PLANTES.
	(Suite.) TRIFOLIUM			qu'à Montélimar, Montauban, Libourne, Royan, Saint-Palais, Benon ; Corse.	
933	— ligusticum	☉	mai , juin	Bagnols, Collioures, Fréjus, Hyères, Toulon ; Bayonne ; Corse : Ajaccio, Bastia, Calvi.	Littoral de la Méditerranée et de l'Océan.
934	— arvense	☉	juillet-sept.	Toute la France.	Champs sablonn.
935	— lagopus	☉	mai , juin	Brignais près de Lyon ; bois des Maures près de Fréjus, Toulon ; le Boulou, Olette, Prades, et le Vernet (Pyrénées-Orientales).	Lieux sablonneux.
936	— thymifolium	☉	juillet, août	Hautes-Alpes du Dauphiné ; confluent de la Grave et de la Venosque, la Bérarde-en-Oisans, Campoléon le long du Drac.	Bords des rivières, sables, etc. ; rochers.
937	— Bocconi	☉	juin, juillet	Beaulieu, Chalonnes, Layon et Servières (Anjou) ; embouchure de la Vilaine et falaise de Carteret ; Pornic ; Auderville (Manche) ; Toulouse ; Collioures, Bagnols ; Mont-de-Marsan ; Montpellier ; Toulon, Hyères, Fréjus ; Lyon ; Corse.	Coteaux secs.
938	— dalmaticum	☉	mai , juin	Draguignan ; Montpellier ; Corse.	Lieux montagneux.
939	— tenuifolium	☉	— —	Bonifacio ; Bordeaux ; Saint-Jean-Pied-de-Port.	— —
940	— striatum	☉	juin, juillet	Presque toute la France.	Prairies.
941	— scabrum	☉	mai , juin	Presque toute la France.	Lieux secs.
942	— subterraneum	☉	avril, mai	Provinces du Midi et de l'Ouest.	Lieux herbus.
943	— fragiferum	♃	juin-octob.	Partout.	Prairies, bord des chemins.
944	— resupinatum	☉	mai , juin	Provinces du Midi jusqu'à Lyon et Toulouse, et de l'Ouest jusqu'au Havre ; Corse.	Lieux herbus.
945	— clusii	☉	juin	Région méditerranéenne (rare).	— —
946	— tomentosum	☉	avril, mai	Région des oliviers ; Aix, Avignon, Cannes, Hyères, Marseille, Montpellier, Narbonne, Nîmes ; Corse : Bastia, Calvi.	— —
947	— vesiculosum	☉	mai , juin	Corse : Ajaccio, Bocognano, Bonifacio, Sartène.	Champs et prairies.

Nos des Espèces	NOMS de GENRE ET D'ESPÈCE	Durée des Plantes	ÉPOQUE de FLEURAISON	LOCALITÉS OÙ CES ESPÈCES ONT ÉTÉ TROUVÉES EN FRANCE.	HABITATION de CES PLANTES.
	(Suite.) TRIFOLIUM				
948	— *spumosum*	⊙	mai	Montredon près de Marseille, Toulon, etc.	Collines arides.
949	— *glomeratum*	⊙	mai, juin	Provinces du centre, du Midi et de l'Ouest ; Corse.	Champs, prairies, coteaux herbeux.
950	— *suffocatum*	⊙	avril, mai	Littoral de la Méditerranée ; Agen ; la Teste-de-Buch ; vallée de la Loire ; Vannes ; Barfleur ; presqu'île de la Manche : Cherbourg, Gatteville, Granville, Querqueville, etc. ; Midi.	Pâturages arides.
951	— *lævigatum*	⊙	mai, juin	Vallée de la Loire ; Rouvres près de Falaise ; Corse.	Prairies sèches.
952	— *montanum*	♃	mai-juillet	Presque toute la France.	Bois, prairies.
953	— *savianum*	♃	juin	Marseille ; Montpellier ; Toulon.	Coteaux calcaires.
954	— *alpinum*	♃	juin-août	Pyrénées ; mont Lozère ; sommet de l'Aigual près de l'Esperou ; mont Dore ; Alpes du Dauphiné ; mont Pilat.	Région des neiges.
955	— *Thalii*	♃	juillet, août	Hautes-Alpes du Dauphiné, col de l'Arc près de Grenoble, Grande-Chartreuse ; Taillefer, Mont-Saint-Michel près la Mure ; Pyrénées : val d'Eynes, col de Lurdé, mont Laid, col de Tortos ; mont Ventoux ; la Dole.	Hautes montagnes.
956	— *pallescens*	♃	— —	Hautes-Alpes du Dauphiné, Lautaret, Villars-d'Arènes, la Grave ; val d'Enfer au mont Dore.	— — —
957	— *repens*	♃	mai-octob.	Partout.	Prairies.
958	— *nigrescens*	⊙	mai, juin	Région des oliviers.	Prés, champs.
959	— *elegans*	♃	juin-août	Presque toute la France.	Prés et bois.
960	— *hybridum*	♃	mai-sept.	Haute-Loire.	Moissons.
961	— *michelianum*	⊙	juin, juillet	Vallée de la Loire depuis son embouchure jusqu'à Blois ; Caen : prairies de Louvigny, bords du canal ; la Rochelle ; Corse.	Prairies.
962	— *angulatum*	⊙	juin	Gramond près de Montpellier.	Bois.
963	— *parviflorum*	⊙	—	Pyrénées-Orientales près Saillagouse ; Bains des Escales (Cerdagne française) ; Montbrison ; Noirmoutiers, Luçon, Challans.	Montagnes, etc.

Nos des Espèces	NOMS de GENRE ET D'ESPÈCE	Durée des Plantes	ÉPOQUE de FLEURAISON	LOCALITÉS OÙ CES ESPÈCES ONT ÉTÉ TROUVÉES EN FRANCE.	HABITATION de CES PLANTES.
	(Suite.) **TRIFOLIUM**				
964	— *perreymondi*	⊙	juin	Roquebrune près de Fréjus, vallée d'Eynès et Teste-de-Buch.	Lieux secs.
965	— *filiforme*	⊙	mai, juin	Languedoc ; Provence ; Bordeaux ; vallée de la Loire ; Corse.	Lieux sablonneux.
966	— *procumbens*	⊙	mai-nov.	Partout.	Prairies.
967	— *patens*	⊙	juin-août	Ouest de la France.	Prés humides.
968	— *agrarium*	⊙	mai-nov.	Partout.	Champs.
969	— *aureum*	⊙	juin, juillet	Alsace ; Lorraine ; Champagne ; Côte-d'Or ; Jura ; Dauphiné ; Auvergne ; Pyrénées.	Bois et pâturages élevés ; coteaux calcaires.
970	— *badium*	♃	juillet, août	Dauphiné ; monts Dore ; Pyrénées.	Prairies des montagnes.
971	— *spadiceum*	⊙	— —	Pyrénées ; monts Dore ; Dauphiné ; mont Pilat ; mont Espérou ; mont Lozère ; mont Mezin.	Prairies tourbeuses des montagnes.
	DORYCNOPSIS				
972	— *Gerardi*	♃	juin, juillet	Aix, Fréjus, Hyères ; Bagnols, Port-Vendres ; Corse : Bastia, Bonifacio, cap Corse, Mandriale, Porto-Vecchio.	Littoral de la Méditerranée.
	DORYCNIUM				
973	— *suffruticosum*	♄	— —	Midi ; remonte vers le Nord jusqu'à Gap, Tournon (Ardèche), Florac, Albi.	Provinces méridionales.
974	— *herbaceum*	♃	juin	Grenoble.	Sables du Drac.
975	— *decumbens*	♃	juin, juillet	Bords de la Durance près d'Avignon.	Sables.
976	— *gracile*	♃	juin	Bords de la Méditerranée et des étangs ; Hyères, Toulon, Berre, Pérols, Maguelone près de Montpellier, Cette.	Lieux marécageux.
	TETRAGONOLOBUS				
977	— *siliquosus*	♃	mai, juin	Presque partout.	Prairies humides.
	Var. *maritimus*		— —	Bords de la mer.	Littoral de la Méditerranée.
978	— *purpureus*	⊙	mai	Ile Sainte-Marguerite (Var) ; Nice.	Champs.
	LOTUS				
979	— *rectus*	♄	mai, juin	Région des oliviers.	Lieux humides.
980	— *hirsutus*	♄	— —	Région des oliviers.	Coteaux secs.
981	— *parviflorus*	⊙	avril, mai	Gréoux (Basses-Alpes) ; îles d'Hyères.	Lieux sablonneux.
982	— *angustissimus*	⊙	mai-juillet	Provinces du Midi jusqu'à	Prés et champs.

Nos des Espèces	NOMS de GENRE ET D'ESPÈCE	Durée des Plantes	ÉPOQUE de FLEURAISON	LOCALITÉS OÙ CES ESPÈCES ONT ÉTÉ TROUVÉES EN FRANCE.	HABITATION de CES PLANTES.
	LOTUS (Suite.) — angustissimus			Lyon, et de l'Ouest jusqu'à Falaise, Avranches, Saint-Lô et Cherbourg ; Calvados.	
	Var. erectus	⊙	mai-juillet	Saint-Barthélemy près Angers.	Prés et champs.
983	— hispidus	⊙	— —	Midi et Ouest jusqu'à Nantes ; Corse.	Champs sablonneux.
984	— conimbricensis	⊙	mai	Fréjus ; Corse : Bastia, Fiumorbo, Ponte di Golo.	Sables et pâturages maritimes.
985	— decumbens	♃	mai, juin	Provence : Saint-Chamas, Miramar.	Marais salés.
986	— corniculatus	♃	mai-octob.	Partout.	Prés, bois.
987	— tenuis	♃	juin-août	Bords de la mer ; côtes de l'Ouest.	Prairies humides.
988	— uliginosus	♃	juillet, août	Presque partout.	— —
989	— creticus	♃	avril, mai	Corse : Ajaccio, Bastia, St-Florent.	Littoral.
990	— allioni	♃	mai, juin	Collioures, îles d'Hyères, île Sainte-Marguerite, Marseille, la Teste-de-Buch ; Corse : Bastia, Bonifacio.	Littoral de la Méditerranée.
991	—ornithopodioides	⊙	avril, mai	Midi ; Grasse, Hyères, Toulon ; Corse : Bastia.	Champs près la mer.
992	— edulis	⊙	mars, avril	Bords de la Méditerranée ; Cannes, îles d'Hyères, île Sainte-Marguerite, Toulon ; Corse : Bastia, Bonifacio.	Littoral.
993	ASTRAGALUS — pentaglottis	⊙	mai, juin	La Vallette et la Garonne près de Toulon ; Cascastel dans les Basses-Corbières.	Collines stériles.
994	— stella	⊙	mai	Avignon, Draguignan, Marseille, Montaud près de Salon, Montpellier, Monsillon, Narbonne, Nîmes, etc.	Champs du Midi.
995	— sesameus	⊙	—	Avignon ; Cascastel (Basses-Corbières) ; Marseille, Montaud près de Salon, Toulon.	Lieux stériles du du Midi.
996	— epiglottis	⊙	—	Coudon et la Vallette près de Toulon.	Lieux secs du Midi.
997	— hamosus	⊙	avril, mai	Auvergne ; Dauphiné méridional : le Buis, Nions, Sisteron ; Languedoc : Montpellier, Perpignan ; Provence : Avignon, Cannes, Fréjus, îles d'Hyères, Marseille, Salon, Toulon ; la Rochelle ; Chaillé, Fou-	Lieux pierreux des provinces méridionales.

Nos des Espèces	NOMS de GENRE ET D'ESPÈCE	Durée des Plantes	ÉPOQUE de FLEURAISON	LOCALITÉS OÙ CES ESPÈCES ONT ÉTÉ TROUVÉES EN FRANCE.	HABITATION de CES PLANTES.
	(Suite.) ASTRAGALUS			ras ; Pyrénées-Orientales ; Corse : Bastia, Orezza, St-Florent.	
998	— *bæticus*	⊙	mai	Corse : Bonifacio.	Champs.
999	— *glycyphyllos*	♃	mai-juillet	Presque toute la France.	Bois, lieux incultes.
1000	— *cicer*	♃	juin, juillet	Alsace : Rouffach ; Champagne : entre Champillon et Dizy ; Dauphiné ; Lorraine : Foug près de Toul, Léomont près de Lunéville ; Commercy, Verdun ; Lyon.	Chemins, lieux incultes.
1001	— *alopecuroides*	♃	juillet, août	Boscodon près d'Embrun.	Bois.
1002	— *narbonensis*	♃	juin, juillet	Lévreteb et Pas-du-Loup, près de Narbonne.	Champs.
1003	— *purpureus*	♃	mai, juin	Dauphiné méridional ; Gap, le Noyer, les Baux, etc.; bords du Drac près de Grenoble ; montagne de Gache près de Sisteron, Menteyer ; Provence : Fréjus, Toulon, Uzès ; Lozère : Florac, Mende, mont Vaillant ; Pyrénées : mont Cady près de la Seu-d'Urgel.	Lieux stériles des montagnes.
1004	— *leontinus*	♃	juillet, août	Briançon.	Champs.
1005	— *Glaux*	♃	juin	Béziers ; Bellegarde ; château de Bombax, près la Durance, entre Avignon et Cavaillon ; Gap.	—
1006	— *hypoglottis*	♃	mai, juin	Bords du Rhin ; Strasbourg au Polygone, Neuhoff, Illkirck, Graffenstadt, Benfeld ; Seyne près de Gap, Embrun, Guillestre, Lautaret, col de l'Arche.	Lieux herbeux.
1007	— *onobrychis*	♃	juin, juillet	Hautes-Alpes du Dauphiné : Gap, mont Genèvre, château Quayras, Mont-de-Lans, les Baux, Briançon, Villars-d'Arène, Lautaret, Polygone de Grenoble et sables du Drac ; Lozère.	Pâturages des hautes montagnes.
1008	— *vesicarius*	♃	mai, juin	Hautes-Alpes du Dauphiné : Guillestre, mont Genèvre, Vars, Briançon, mont Dauphin, Embrun.	Montagnes élevées.
1009	— *baionensis*	♃	— —	Bayonne ; le Mélezet, le Quayras ; la Teste, Vieux-Boucau ; cap Breton ; île	Sables des côtes de l'Océan.

Nos des Espèces	NOMS de GENRE ET D'ESPÈCE	Durée des Plantes	ÉPOQUE de FLEURAISON	LOCALITÉS OÙ CES ESPÈCES ONT ÉTÉ TROUVÉES EN FRANCE.	HABITATION de CES PLANTES.
	(Suite.) ASTRAGALUS			d'Oléron ; Fort – Boyard ; Trouville, Penmark ; dunes de Merville près l'embouchure de l'Orne.	
1010	— *austriacus*	2	juin	Briançon.	Rochers arides.
1011	— *monspessulanus*	2	avril , mai	Languedoc ; Provence ; île d'Elbe ; Roussillon ; chaîne des Pyrénées ; Cévennes ; Dauphiné, sous les forts de Briançon ; Lyon ; Albi ; Limagne d'Auvergne ; environs de Poitiers ; Chaillé-les-Marais (Vendée) ; Orléans ; Mantes, butte des Célestins ; Vernon ; la Roche-Guyon.	Lieux herbeux.
1012	— *incanus*	2	— —	Provinces méridionales ; Dauphiné, Gap, Serres, Talard, les Buis, Sisteron ; Provence : Mourrière près de Toulon ; Saint-Tronc près de Marseille ; Avignon ; Languedoc, Nîmes, Montpellier, plaine au pied du pic Saint-Loup ; Pyrénées-Orientales.	Lieux stériles.
1013	— *depressus*	2	mai , juin	Hautes-Alpes du Dauphiné : Gap, Embrun, bois de Loubet sous le mont Aurouse, Briançon, Bram-Buou près de Sisteron ; Chaillol, Lautaret, Saint-Aynard près de Grenoble, etc.; Pyrénées : Barrèges, pacages d'Anouillas, pic du Midi.	Montagnes élevées.
1014	— *tragacantha*	5	— —	Montredon près de Marseille, les Sablettes et Batterie-Saint-Elme près de Toulon ; Agde à l'embouchure de l'Hérault ; port de la Nouvelle et île Sainte-Lucie près de Narbonne ; Corps, Mont-Saint-Michel près la Mure ; Corse : Bonifacio.	Sables maritimes.
1015	— *sirinicus*	5	— —	Corse : mont Coscione, au-dessus de Corte, Sartène et Prunelli ; entre le Golo et le Tavignano.	Hautes montagnes.

Nos des Espèces	NOMS de GENRE ET D'ESPÈCE	Durée des Plantes	ÉPOQUE de FLEURAISON	LOCALITÉS OÙ CES ESPÈCES ONT ÉTÉ TROUVÉES EN FRANCE.	HABITATION de CES PLANTES.
	ASTRAGALUS (Suite.)				
1016	— *aristatus*	♃	mai , juin	Hautes-Alpes du Dauphiné ; Pyrénées centrales : Vénasque, Gavarnie, la Houle-de-Marboré, Mt de Beost, Castanès.	Hautes montagnes.
	OXYTROPIS				
1017	— *campestris*	♃	juillet, août	Hautes-Alpes du Dauphiné ; Pyrénées centrales.	Pelouses herbeuses
1018	— *fœtida*	♃	— —	Hautes-Alpes du Dauphiné et de la Provence : col du Galibier, Chaillol-le-Vieil près de Gap, Mont-de-Lans, glaciers du Bec et de Maître-Arnaud , mont Viso, mont Aurouse. Briançon, Barcelonnette, etc.	Montagnes élevées.
1019	— *Halleri*	♃	juin, juillet	Pyrénées-Orientales et centrales ; Alpes du Dauphiné : pied du mont Viso, Briançon.	Pâturages élevés.
1020	— *pyrenaica*	♃	juillet	Pyrénées centrales : Esquierry, Castanèse, pic de Monnée, pic du Midi de Bigorre, Eaux-Bonnes ; Alpes du Dauphiné : col Agnel, pied du mont Viso.	Hautes montagnes.
1021	— *cyanea*	♃	juillet, août	Alpes du Dauphiné : Lautaret, mont Aurouse, mont Viso ; Saint-Paul (Basses-Alpes) ; col de l'Arche près de Grenoble.	Montagnes.
1022	— *montana*	♃	— —	Alpes du Dauphiné : mont Aurouse, Briançon, Chaillol, col de l'Arc près de Grenoble, Embrun, Gap, Grande-Chartreuse ; Jura : le Reculet.	Pâturages des hautes montagnes.
1023	— *pilosa*	♃	juin, juillet	Alpes du Dauphiné : Grenoble au Polygone et sur les sables du Drac, au Noyer, à Saint-Clément, le Galibier, le Lautaret.	Hautes montagnes.
	PHACA				
1024	— *alpina*	♃	juillet, août	Alpes du Dauphiné : Chaillol-le-Vieil, Grande-Chartreuse, Grenoble, Lautaret, le Noyer, mont Viso, Saint-Clément près Mont-Dauphin, etc. ; Pyrénées : Esquierry.	— —

Nos des Espèces	NOMS de GENRE ET D'ESPÈCE	Durée des Plantes	ÉPOQUE de FLEURAISON	LOCALITÉS OÙ CES ESPÈCES ONT ÉTÉ TROUVÉES EN FRANCE.	HABITATION de CES PLANTES.
	(Suite.) PHACA				
1025	— astragalina	♃	juillet, août	Alpes du Dauphiné : mont Aurouse, Briançon, Galibier, Lautaret, mont Viso, Chantelouve ; Pyrénées : Esquierry, vallée d'Eynes.	Hautes montagnes.
1026	— australis	♃	— —	Alpes du Dauphiné : col de l'Arche et Revel près de Grenoble, les Baux, le Champsaur, Chantelouve, Chaillol-le-Vieil, mont Aurouse, mont Viso ; Pyrénées : vallées d'Andore, d'Eynes, etc.	— —
1027	— Gerardi	♃	juillet	Alpes du Dauphiné : mont Aurouse, Briançon, Devolui ; le Noyer.	— —
1028	BISERRULA — pelecinus	☉	mai	Antibes, Bormes, Fréjus, îles d'Hyères, Montpellier, St-Tropez, Toulon, Colvieux-en-Quayras ; Corse.	Côtes de la Méditerranée.
1029	COLUTEA — arborescens	♄	mai, juin	Alsace ; Lorraine ; Champagne ; Bourgogne ; Lyonnais ; Dauphiné ; Provence ; Cévennes ; Nièvre.	Coteaux calcaires.
1030	ROBINIA — pseudo-acacia	♄	— —	Naturalisé partout et cultivé.	
1031	GALEGA — officinalis	♃	juillet, août	Midi de la France.	Prairies, fossés.
1032	GLYCYRRHIZA — glabra	♃	juin, juillet	Cultivé et naturalisé partout.	
1033	PSORALEA — bituminosa	♃	juillet, août	Provence ; Languedoc ; Cévennes ; Pyrénées-Orientales ; Toulouse ; Montauban ; Agen ; Dauphiné méridional ; de Vienne à Lyon, bords du Rhône.	Lieux stériles.
1034	— plumosa	♃	— —	Toulon ; Corse : Bastia, Porto-Vecchio, mont de la Trinité.	—
1035	PHASEOLUS — vulgaris	☉	— —	Cultivé.	
1036	VICIA — sativa	☉	mai, juin	Cultivé.	Champs.
1037	— cordata	☉	— —	Hyères ; Toulon, Napoule.	—

Nos des Espèces	NOMS de GENRE ET D'ESPÈCE	Durée des Plantes	ÉPOQUE de FLEURAISON	LOCALITÉS OÙ CES ESPÈCES ONT ÉTÉ TROUVÉES EN FRANCE.	HABITATION de CES PLANTES.
	(Suite.) **VICIA**				
1038	— *angustifolia*	☉	mai, juin	Partout.	Moissons.
1039	— *cuneata*	☉	mai	Montpellier.	—
1040	— *lathyroides*	☉	avril, mai	Presque partout.	Prés sablonneux, graviers.
1041	— *pyrenaica*	♃	mai-août	Pyrénées : vallée d'Eynes, mont Lisey, pic du Midi de Bagnères, pic du Midi de Bigorre, Barrèges, Esquierry, port d'Oo, Médassoles, port de Bénasque, Castanèse.	Hauts pâturages.
1042	— *amphicarpa*	☉	avril, mai	Grasse, Hyères, Toulon, Aix, Marseille, Montpellier, Narbonne, Bagnols.	Lieux arides du Midi.
1043	— *peregrina*	☉	mai, juin	Tout le Midi jusqu'à Lyon et Poitiers.	Moissons.
1044	— *lutea*	☉	— —	Bernay, Lisieux, Pont-Audemer, et presque partout.	—
1045	— *hybrida*	☉	— —	Provence : Hyères, Napoule ; Languedoc ; Roussillon ; Toulouse, Montauban ; centre de la France ; Belbeuf près de Rouen ; Nonancourt (Eure) ; Corse.	Moissons, lieux herbeux.
1046	— *Faba*	☉	mai-juillet	Cultivé.	
1047	— *narbonensis*	☉	mai, juin	Provinces méridionales ; Corse.	Moissons.
1048	— *bithynica*	☉	— —	Provence ; Languedoc, Roussillon ; Bordeaux, Dax, Bayonne, Tarbes, Agen, Toulouse ; falaises de Hennequeville près de Trouville (Calvados) ; Corse.	Moissons, prairies.
1049	— *sepium*	♃	avril-octob.	Partout.	Haies, buissons, prairies.
1050	— *pannonica*	☉	mai-juillet	Montpellier, Lunel, Nîmes, Beaucaire ; Auvergne ; Bourges ; bords du canal de Briare ; environs de Paris : Bicêtre, Ivry, Enghien, Palaiseau.	Moissons.
1051	— *syrtica*	☉	juin	Dax.	—
1052	— *argentea*	♃	juillet	Castanèse (Pyrénées).	Hautes montagnes.
1053	— *onobrychioides*	♃	mai-août	Provence ; Languedoc ; Roussillon ; Cévennes, Mende ; Auvergne : Randan ; Dauphiné : Lautaret, Briançon, la Grangette, Gap, Embrun, Guillestre.	Moissons et lieux arides.

Nos des Espèces	NOMS de GENRE ET D'ESPÈCE	Durée des Plantes	ÉPOQUE de FLEURAISON	LOCALITÉS OÙ CES ESPÈCES ONT ÉTÉ TROUVÉES EN FRANCE.	HABITATION de CES PLANTES.
	(Suite.) **VICIA**				
1054	— *altissima*	♃	juin	Corse : Bastia, Bonifacio, Patrimonio, Porto-Vecchio.	Haies, buissons.
1055	— *dumetorum*	♃	juillet, août	Hautes-Vosges ; bois de Châtel et vallon de Montvaux près de Metz ; Montbéliard ; Besançon à Chalezeule ; Junimon (Ain) ; Dauphiné ; Pyrénées.	Vallées des montagnes.
1056	— *pisiformis*	♃	mai, juin	Nord-Est de la France ; Alsace, Barr, Bergheim, Ribeauvillé, Rouffach, Soulzbach ; Lorraine : Nancy, Pont-à-Mousson, Metz, Verdun, St-Mihiel, Neufchâteau ; Marne, Mt-Bayen près de Saint-Martin-d'Ablois ; Dijon.	Bois montagneux.
1057	— *sylvatica*	♃	juin-août	Dauphiné : Lautaret, Grande-Chartreuse, Gap, Malesine, etc.; Alpes de la Provence ; Corse.	Montagnes.
1058	— *orobus*	♃	mai, juin	Auvergne : Puy-de-Dôme, Cantal, mont Dore, mont d'Aubrac, mont Pilat ; Pyrénées : Esquierry, Barrèges, Eaux-Bonnes, Argelès, vallée du Lys.	Bois.
1059	— *cassubica*	♃	juin, juillet	Bords de la Loire et de ses affluents : Poitiers, Vouillé, Lusignan, forêt de Mouillère, bois de Varcilles, Civray ; bois de Fontevrault près de Saumur ; Cloué et le Blanc (Indre) ; forêt d'Orléans.	—
	CRACCA				
1060	— *major*	♃	mai-août	Partout.	Bords des eaux courantes.
1061	— *Gerardi*	♃	juin, juillet	Dauphiné : Saint-Eynard, Mont-Rachet près de Grenoble ; Grasse, Fréjus, Toulon, Montpellier ; Pyrénées : Eaux-Bonnes, col d'Arbasi.	Prairies.
1062	— *tenuifolia*	♃	juin-août	Toute la France.	Bois, moissons.
1063	— *Varia*	☉ ♂	mai-juillet	Presque toute la France ; Corse.	Moissons.
1064	— *villosa*	♃	juillet	Coteau de Vandœuvre près de Nancy ; Mirecourt (très-rare).	Lieux pierreux et stériles.

Nos des Espèces	NOMS de GENRE ET D'ESPÈCE	Durée des Plantes	ÉPOQUE de FLEURAISON	LOCALITÉS OÙ CES ESPÈCES ONT ÉTÉ TROUVÉES EN FRANCE.	HABITATION de CES PLANTES.
	CRACCA (Suite.)				
1065	— *Bertolonii*	⊙	mai, juin	Fréjus ; îles d'Hyères ; Corse : Bastia, Aleria.	Champs.
1066	— *atropurpurea*	⊙ ♂	juin	Provinces méridionales : Grasse, Fréjus, Napoule, Hyèrcs, Sisteron, Toulon ; Saint-Chinian ; Perpignan ; Bagnols, Collioures, Elne ; Corse : Bastia, Bonifacio, cap Sprono.	Moissons.
1067	— *monanthos*	⊙	avril-juin	Orléans ; Nevers, Marzy, Fourchambault, Varennes, Saint-Eloy (Nièvre) ; Givry et Cuffy (Cher) ; Saint-Cyr et val de Loire (Loir) ; St-Pourçain (Allier) ; Charade et Puy-de-la-Vache (Auvergne) ; Cévennes ; Lyon ; Cluny, Fréjus, Perpignan ; Corse : Prunelli.	Lieux cultivés, bord des rivières.
1068	— *calcarata*	⊙	mai, juin	Provinces méridionales : Bordeaux (très-rare).	Moissons.
1069	— *disperma*	⊙	avril, mai	Cannes, Fréjus, Hyères, île Sainte-Marguerite, Toulon, Montpellier, Collioures, Bagnols-sur-Mer ; Corse : Bastia, Calvi, etc.	Champs sablonneux.
1070	— *corsica*	⊙	avril-juillet	Bastia.	— —
1071	— *minor*	⊙	— —	Partout.	Moissons.
	Var. *leiocarpon* (gousse glabre)	⊙	— —	Toulon ; Corse.	—
	ERVUM				
1072	— *tetraspermum*	⊙	mai-juillet	Partout.	—
	Var. *eriocarpon* (gousse velue)	⊙	— —	Toulon (très-rare).	—
1073	— *pubescens*	⊙	mai	Hyères, Marseille ; Corse : Bastia, Fiumorbo, Sartène.	Prairies des bords de la mer.
1074	— *gracile*	⊙	mai-juillet	Partout ; Hyères : variété à fruit velu (rare).	Moissons.
	ERVILIA				
1075	— *sativa*	⊙	juin, juillet	Commun dans le Midi et le centre ; rare dans le Nord.	—
	LENS				
1076	— *esculenta*	⊙	— —	Cultivé.	
1077	— *nigricans*	⊙	avril, mai	Marseille et la Crau ; Toulon, Hyères ; Corse : Ajaccio.	Lieux arides et maritimes.
	CICER				
1078	— *arietinum*	⊙	juin, juillet	Cultivé.	

Nos des Espèces	NOMS de GENRE ET D'ESPÈCE	Durée des Plantes	ÉPOQUE de FLEURAISON	LOCALITÉS OÙ CES ESPÈCES ONT ÉTÉ TROUVÉES EN FRANCE.	HABITATION de CES PLANTES.
	PISUM				
1079	— *arvense*	☉	mai-juillet	Cultivé.	
1080	— *elatius*	☉	avril, mai	Rochers des Mauves près de Nantes ; Fenouillet près de Toulon ; Corse : la Trinité.	Rochers.
	LATHYRUS				
1081	*clymenum* Var. *tenuifolius*	☉	mai, juin	Fréjus, Grasse, Hyères, Toulon ; Perpignan, Bagnols, Collioures ; Corse : Sartène, cap Corse, Bastia, Ajaccio, Bonifacio, Calvi.	Haies, buissons, lieux arides.
1082	— *articulatus*	☉	juin	Hyères, Toulon, Collioures ; Corse (très-rare).	Champs.
1083	— *ochrus*	☉	avril, mai	Provence : Grasse, Fréjus, Toulon ; Perpignan ; île Saint-Honorat ; Corse : Bastia, Bonifacio.	Moissons.
1084	— *aphaca*	☉	mai-juillet	Toute la France.	—
1085	— *nissolia*	☉	— —	Presque toute la France.	—
1086	— *hirsutus*	♂	— —	Presque toute la France.	—
1087	— *Cicera*	☉	mai, juin	Commun en Provence, en Languedoc, en Roussillon, en Corse. Rare plus au Nord : Lyon, Besançon ; Cirey (Côte-d'Or) ; Montbéliard ; Bourges, Vierzon ; Romagne dans la Vienne ; Orléans.	—
1088	— *sativus*	☉	— —	Cultivé et presque spontané, surtout dans le Midi.	—
1089	— *annuus*	☉	— —	Fréjus, Grasse, Hyères, Marseille, Montaud près de Salon, Montpellier; Narbonne, Sijean ; Toulouse ; Agen ; Nyons et Valence ; Corse : Bastia, Bonifacio, Sartène, Saint-Florent.	Moissons, lieux incultes.
1090	— *sylvestris*	♃	juin-août	Presque partout.	Bois.
	Var. *latifolius*	♃	— —	Nancy ; Toulouse.	—
1091	— *heterophyllus*	♃	juillet, août	Dauphiné : col de l'Arc près de Grenoble, mont Genèvre ; Jura entre Levier et Pontarlier.	Bois des montagnes.
1092	— *latifolius*	♃	— —	Le Midi jusqu'à Lyon, le centre, et l'Ouest jusqu'à Vannes.	Haies, broussailles
	Var. *angustifolius*	♃	— —	Marseille, Avignon, Brignolles, Mende, Montpellier.	— —
1093	— *cirrhosus*	♃	— —	Pyrénées-Orientales : Fond-	Lieux stériles.

Nos des Espèces	NOMS de GENRE ET D'ESPÈCE	Durée des Plantes	ÉPOQUE de FLEURAISON	LOCALITÉS OÙ CES ESPÈCES ONT ÉTÉ TROUVÉES EN FRANCE.	HABITATION de CES PLANTES.
	LATHYRUS (Suite.)			pedrouse, Mt-Louis, Olette, Prades, le Vernet.	
1094	— *tuberosus*	♃	juin–août	Presque partout.	Bois, champs.
1095	— *vernus*	♃	avril, mai	Régions élevées de la Bourgogne et de la Lorraine; chaîne du Jura et des Alpes du Dauphiné; Lozère; Pyrénées; Tonnerre et Roanne (Yonne).	Bois montagneux.
1096	— *variegatus*	♃	mai, juin	Corse : Bastia, Poggiolo, Vescovato.	Lieux montagneux.
1097	— *montanus*	♃	— —	La Dôle; Dauphiné : Gap, Guillestre, Lautaret et le Mélezet, Mont-St-Michel et Grande-Chartreuse; Pyrénées : Esquierry, l'Hiéris, pic de Gard, Cagire; Bagnères; Tourmalet.	Forêts des hautes montagnes.
1098	— *maritimus*	♃	juin–août	Embouchure de la Somme; pointe du Hourdel; Dieppe.	Littoral.
1099	— *palustris*	♃	juillet, août	Alsace : région rhénane; Lorraine : Dieuze; Champagne, marais de la Vesle près de Reims; Paris : Saint-Gratien, Enghien (bords du lac), Gentilly, Provins, Pithiviers; Rouen : Saint-Georges-de-Boscherville; Caen, Nantes; Maine; Saint-Martin-le-Beau, près de Tours; Bayeux, Bellesme, marais d'Auge; Anjou; Bourges.	Marais.
1100	— *macrorhisus*	♃	avril, mai	Toute la France.	Bois.
1101	— *niger*	♃	mai–juillet	Presque toute la France.	Bois montagneux, terrains calcaires.
1102	— *pratensis*	♃	— —	Toute la France.	Prés, bois, haies.
1103	— *asphodeloides*	♃	mai, juin	Dauphiné : lac Mentayer près de Gap, Rosans, Bellecombe près du Buis, les Baux, Florac (Lozère); Trancade d'Ambouilla (Pyrénées); Bourges; Poitiers, Châtellerault, Loudun, Angers, Ancenis, Alençon.	Prairies montagneuses.
1104	— *canescens*	♃	avril, mai	Bougeailles près de Salins (Jura); Buis, Digne, Lemps (Dauphiné); Fréjus, Grasse, Toulon (Provence); Pyrénées : Eaux-Bonnes, col de	Prairies des montagnes.

Nos des Espèces	NOMS de GENRE ET D'ESPÈCE	Durée des Plantes	ÉPOQUE de FLEURAISON	LOCALITÉS OÙ CES ESPÈCES ONT ÉTÉ TROUVÉES EN FRANCE.	HABITATION de CES PLANTES.
	LATHYRUS (Suite.)			Tortos, Medassoles, pic de l'Hiéris, mont Sacou, Trancade-d'Ambouilla, Baigorry.	
1105	— angulatus	⊙	mai, juin	Midi, centre et Ouest de la France, jusqu'à Lyon et même Semur, Paris, le Mans, Vannes ; Corse : Ajaccio, Calvi, Bastia, Bonifacio, Aléria.	Moissons.
1106	— sphæricus	⊙	— —	Voir l'espèce précédente.	—
1107	— inconspicuus	⊙	juin, juillet	Draguignan, Grasse, Montpellier ; Roussillon ; Vivarais.	—
	Var. lasiocarpus	⊙	— —	Marseille.	—
1108	— setifolius	⊙	avril-juin	Avignon, Fréjus, la Crau, Marseille, Montélimart, Nîmes ; Cette ; Narbonne ; Pyrénées-Orientales ; Corse : Sartène.	Lieux arides.
	Var. amphicarpos	⊙	— —	Montpellier.	—
1109	— ciliatus	⊙	mai, juin	Clairet (Toulon) ; N.-D.-de-la-Garde, Saint-Tronc et Saint-Loup (Marseille) ; sources du Lès près Montpellier; Narbonne ; Casa de Penna près Perpignan.	Collines calcaires.
1110	SCORPIURUS — subvillosa	⊙	— —	Provinces méridionales; Fréjus, Toulon, Avignon, Marseille, Montpellier, Narbonne, Perpignan, Bordeaux, etc.	Champs.
	Var. eriocarpa	⊙	— —	Bastia et Bonifacio (Corse).	—
1111	— vermiculata	⊙	— —	Provinces méridionles; Hyères, Toulon, Montpellier, Perpignan ; Corse (rare).	—
1112	CORONILLA — emerus	♃	avril-juin	Lorraine ; Alsace ; Côte-d'Or ; Lyon ; Dauphiné ; Provence : Grasse, Fréjus ; Ardèche ; Cévennes ; Narbonne ; Pyrénées ; Toulouse ; Agen ; Bordeaux, etc.	Coteaux calcaires.
1113	— glauca	♃	juin, juillet	Fontfroide près de Narbonne ; bords du Gardon ; pic Saint-Loup, bois de la Valette et Champouladoux près de Montpellier.	Littoral maritime et fluvial.
1114	— valentina	♃	— —	Corse : Saint-Florent ; Nice.	Champs.

Nos des Espèces	NOMS de GENRE ET D'ESPÈCE	Durée des Plantes	ÉPOQUE de FLEURAISON	LOCALITÉS OÙ CES ESPÈCES ONT ÉTÉ TROUVÉES EN FRANCE.	HABITATION de CES PLANTES.
	(Suite.) CORONILLA				
1115	— *montana*	♃	juin	Jura : Brise-Poutot-sur-Pont-de-Roide, Reculet ; Côte-d'Or : Combe de Notre-Dame-d'Etang, vallons de Sainte-Foix et de Messigny.	Collines calcaires.
1116	— *vaginalis*	♃	juin, juillet	Reculet (Jura) ; Alpes du Dauphiné, St-Nizier près de Grenoble, Grande-Chartreuse (assez rare).	Montagnes.
1117	— *minima*	♃	avril, mai	Provinces centrales et Paris ; Champagne ; Bourbonne, Langres ; Beaune, Dijon ; Lyon ; Gap ; Grenoble.	Coteaux secs.
	Var. *Australis*	♃	— —	Cévennes ; Languedoc ; Provence ; Roussillon.	—
1118	— *juncea*	♄	mai , juin	Provinces du Midi ; Provence : Marseille, Montaud près de Salon.	Collines.
1119	— *varia*	♃	mai-juillet	Toute la France.	Coteaux et bois.
1120	— *scorpioides*	☉	mai , juin	Provinces méridionales.	Moissons.
	ORNITHOPUS				
1121	— *ebracteatus*	☉	avril, mai	Provinces méridionales et occidentales ; Antibes, Cannes, Fréjus, îles d'Hyères, Toulon ; Roussillon : Collioures, Bagnols ; Toulouse, Tarbes, Agen ; Landes ; Dordogne ; Cholet, Sables-d'Olonne, île de Noirmoutiers, Belle-Ile, Nantes, sables de la Loire, Saint-Nazaire, île de Grénans ; Anjou ; Poitou ; Marcilly-en-Villette près d'Orléans.	Lieux sablonneux.
1122	— *perpusillus*	☉	mai-juillet	Presque toute la France.	— —
1123	— *sativus*	☉	— —	Provinces de l'Ouest : Bayonne, Bordeaux, Saint-Sever, la Teste, Bourganeuf ; Dordogne ; Agen, Toulouse, Nantes.	— —
1124	— *compressus*	☉	avril, mai	Provinces méridionales et occidentales jusqu'au Mans et à Alençon.	— —
	HIPPOCREPIS				
1125	— *comosa*	♃	avril-juin	Presque partout.	Terrains calcaires.
1126	— *glauca*	♃	— —	Région des oliviers ; Montaud près de Salon ; Montpellier ; Narbonne.	Lieux stériles.

Nos des Espèces	NOMS de GENRE ET D'ESPÈCE	Durée des Plantes	ÉPOQUE de FLEURAISON	LOCALITÉS OÙ CES ESPÈCES ONT ÉTÉ TROUVÉES EN FRANCE.	HABITATION de CES PLANTES.
	(Suite.) HIPPOCREPIS				
1127	— *ciliata*	☉	avril, mai	Région des oliviers; Fréjus, Toulon, Marseille, Salon, Aix ; Avignon ; Montpellier ; Sijean, Narbonne, Perpignan , Chaillot-le-Vieil, Colagnel.	Lieux stériles.
1128	— *unisiliquosa*	☉	mai	Région des oliviers; Grasse, Fréjus, Toulon, Marseille, Aix ; Montpellier ; Cette, Narbonne ; Corse : Saint-Florent.	Lieux arides.
	SECURIGERA				
1129	— *coronilla*	☉	juillet	Toulon ; Corse : Bastia, Vico.	Champs.
	HEDYSARUM				
1130	— *obscurum*	♃	juillet, août	Hautes-Alpes du Dauphiné : col de l'Arc, Gap, mont Viso, mont Aurouse, mont Pela (Basses-Alpes).	Montagnes élevées.
1131	— *humile*	♃	juin	Provinces méridionales : Aix, Apt, Montpellier, Sijean.	Coteaux.
1132	— *capitatum*	☉	mai, juin	La Ciotat près de Toulon ; Corse : Bonifacio.	Champs.
	Var. *pallens*	☉	— —	Fréjus, les Martigues, Bandols près de Toulon, Montaud près de Salon, Marseille ; le Pas-de-Loup entre Béziers et Narbonne.	—
	ONOBRYCHIS				
1133	— *sativa*	♃	— —	Cultivé.	
	Var. *montana*	♃	— —	Hautes-Alpes du Dauphiné ; Lautaret, Briançon, mont Viso, mont Aurouse ; Pyrénées, col de Tortos, vallée de Cambasque, Sedelle-de-la-Manère.	Hautes montagnes.
1134	— *supina*	♃	juin, juillet	Alpes du Dauphiné : Gap, Serres, Veynes ; Digne ; Provence : Draguignan, Toulon ; Avignon ; Montpellier ; Endabre en Rouergue ; Pyrénées-Orientales et centrales.	Montagnes.
	Var. *intermedia*	♃	— —	Mende ; Puy-Long (Auvergne).	—
1135	— *saxatilis*	♃	juillet, août	Provinces méridionales ; Gap ; Coulbroune près de Seyne, Briançon ; Digne, Gréoux (Basses-Alpes) ; Aix, Avignon, Montaud	Rochers et coteaux.

7

Nos des Espèces	NOMS de GENRE ET D'ESPÈCE	Durée des Plantes	ÉPOQUE de FLEURAISON	LOCALITÉS OÙ CES ESPÈCES ONT ÉTÉ TROUVÉES EN FRANCE.	HABITATION de CES PLANTES.
	(Suite.) ONOBRYCHIS				
1136	— caput-galli	♂	juin, juillet	près de Salon, Toulon, Marseille; les Alpines près de Saint-Remy; Sijean. Grasse, Fréjus, Toulon, Marseille, Arles; Montaud près de Salon; Avignon; Fresque près de Nîmes, Montpellier, Narbonne, Perpignan.	Région des oliviers.
	CERCIS				
1137	— siliquastrum	♄	avril, mai	Provinces méridionales : Montélimart, Tain (Drôme); Montpellier, Narbonne.	Bois.
	CERATONIA				
1138	— siliqua	♄	août, sept.	Provence : les Pommets près de Toulon; côtes de la Corse.	Rochers maritimes
	AMYGDALUS				
1139	— communis	♄	févr., mars	Cultivé.	
	PERSICA				
1140	— vulgaris	♄	— —	Cultivé.	
	PRUNUS				
1141	— armeniaca	♄	— —	Cultivé.	
1142	— brigantiaca	♄	mai	Hautes-Alpes : Briançon, Villars-d'Arène, vallée du Quayras, le Melezet sous le col de Vars et le long des vallées de l'Ubaye et de l'Arche.	Hautes montagnes.
1143	— domestica	♄	mars, avril	Cultivé.	
1144	— cerasifera	♄	avril, mai	Cultivé et naturalisé aux environs de Paris; Puy-de-Dôme.	
1145	— insititia	♄	mars, avril	Presque partout.	Haies.
1146	— fruticans	♄	avril	Angers; Nantes; Cherbourg, les Pieux, Siouville (Manche); Vimoutiers (Orne); Auvergne; Narbonne; Nancy.	Bois, haies.
1147	— spinosa	♄	—	Partout.	Bois, haies, buissons.
1148	— avium	♄	avril, mai	Partout.	Bois montueux.
1149	— cerasus	♄	— —	Cultivé.	
1150	— Mahaleb	♄	mai	Presque partout; très-rare dans la région méditerranéenne.	Haies, buissons, coteaux calcaires.
1151	— Padus	♄	—	Dauphiné : Grenoble, Mont-de-Lans, etc.; Doubs; Jura; Alsace; Vosges; Lu-	Bois humides.

Nos des Espèces	NOMS de GENRE ET D'ESPÈCE	Durée des Plantes	ÉPOQUE de FLEURAISON	LOCALITÉS OÙ CES ESPÈCES ONT ÉTÉ TROUVÉES EN FRANCE.	HABITATION de CES PLANTES.
				néville, Sandrouvillers près de Nancy ; environs de Paris ; Auvergne.	
1152	**SPIRÆA** — *Filipendula*	♃	juin, juillet	Angers ; Nantes ; Paris ; Vosges ; Lorraine ; Jura ; Alpes ; centre de la France ; bassin sous-pyrénéen ; Midi : Narbonne, Marseille, Toulon ; Normandie : Caen, Falaise, Rouen.	Bois et prés humides.
1153	— *ulmaria*	♃	— —	Partout.	Bords des eaux, prés humides.
1154	— *aruncus*	♃	— —	Alpes ; Jura ; Vosges ; centre de la France.	Bois montagneux.
1155	— *kypericifolia*	♄	mai	Paris ; Cher ; Allier ; Haute-Vienne.	Bois-taillis pierreux.
1156	**DRYAS** — *octopetala*	♄	juillet, août	Alpes ; Pyrénées ; sommets du Jura ; Suchet ; mont d'Or.	Montagnes peu élevées.
1157	**GEUM** — *urbanum*	♃	— —	Partout.	Haies, bois.
1158	— *intermedium*	♃	mai-juillet	Beausséré près Gisors ; Meauffles et Saint-Martin (Eure).	Bois, buissons humides.
1159	— *rivale*	♃	mai, juin	Alpes ; Auvergne ; Jura ; Vosges ; Paris ; les Andelys, Gisors ; Rouen ; Pyrénées.	Prés humides des montagnes.
1160	— *sylvaticum*	♃	juin, juillet	Région méditerranéenne. Narbonne, Montpellier, Perpignan, Nîmes, Toulon, Fréjus ; montagne noire (Tarn).	Bois, etc.
1161	— *pyrenaicum*	♃	juillet	Chaîne des Pyrénées : de Mont-Louis aux Eaux-Bonnes ; Alpes de Valabreta près de Nice.	Montagnes.
1162	— *inclinatum*	♃	juillet, août	Alpes : Villars-d'Arène ; Pyrénées.	—
1163	— *montanum*	♃	— —	Alpes : Villars-d'Arène ; Pyrénées ; Auvergne : mont Dore, pic de Sancy ; Cantal ; Jura : creux du Van.	—
1164	— *reptans*	♃	— —	Hautes-Alpes du Dauphiné : Galibier, mont Viso, Mont-de-Lans, Sept-Laus, le Champsaur, Barcelonnette, l'Oysans.	—

Nos des Espèces	NOMS de GENRE ET D'ESPÈCE	Durée des Plantes	ÉPOQUE de FLEURAISON	LOCALITÉS OÙ CES ESPÈCES ONT ÉTÉ TROUVÉES EN FRANCE.	HABITATION de CES PLANTES.
1165	SIBBALDIA. — *procumbens*	♃	juillet, août	Sommets des Alpes : toute la chaîne de Grenoble au Sept-Laus, Lautaret, mont Viso, etc. ; Pyrénées : Canigou, val d'Eynes, Mont-de-Tabe, pic de Grellère, de Grabère, du Midi, d'Eyré ; escarpements du Hobeneck (Vosges).	Montagnes.
1166	POTENTILLA — *fragariastrum*	♃	avril, mai	Presque toute la France. Prémol près Grenoble ; mont Bayard près Gap.	Bois montagneux.
1167	— *micrantha*	♃	— —	Pyrénées ; Lyon ; Besançon ; Côte-d'Or, val de Suzon ; Vosges, versant oriental ; Alsace : montagnes granitiques ; Corse.	Montagnes.
1168	— *splendens*	♃	mai, juin	Ouest et centre de la France. Paris ; Orléans, Angers, Saumur, Nantes, la Rochelle ; Dordogne ; Landes, Dax, Bayonne ; Cher ; Houlbec, Cocherel, Quilbeuf (Eure) ; St-Laurent (Seine-Inférieure) ; Haute-Loire ; Pyrénées : Luchon, St-Béat.	Lieux sablonneux.
1169	— *alba*	♃	juin-août	Alpes du Dauphiné : Grenoble, Gap ; Provence ; Pyrénées ; Alsace : Colmar.	Montagnes.
1170	— *nitida*	♃	juillet, août	Alpes du Dauphiné : la Grande-Chartreuse, mont Bovinan, Grandson, Saint-Pancrace au Pertuis du Glas ; la Moucherolle.	—
1171	— *caulescens*	♃	juin, juillet	Sommets du Jura : le creux du Van ; Alpes du Dauphiné : Grenoble, le Quayras, Lantan, Mont-de-Lans ; Lozère ; Cévennes ; Pyrénées : forêt de Comps, val d'Eynes, Laurenti, port d'Oo.	—
1172	— *crassinervia*	♃	mai, juin	Alpes du Dauphiné ; coteau des Gardes ; Corse ; monts d'Oro, Grosso, Rotondo, du Niolo, vallée de Mello-sur-Corte, cap Corse et gorges de la Rostonica.	Sommités des montagnes.

Nos des Espèces	NOMS de GENRE ET D'ESPÈCE	Durée des Plantes	ÉPOQUE de FLEURAISON	LOCALITÉS OÙ CES ESPÈCES ONT ÉTÉ TROUVÉES EN FRANCE.	HABITATION de CES PLANTES.
	POTENTILLA (Suite.)				
1173	— *nivalis*	♃	juillet, août	Hautes-Alpes : Belledonne, Col-de-l'Arc et Revel près de Grenoble, Lautaret, glaciers du Bec ; mont Aurouse, mont Péla, Barcelonnette, Orcières ; Pyrénées : sommités depuis la vallée d'Eynes jusqu'aux Eaux-Bonnes.	Sommités des montagnes.
1174	— *alchemilloides*	♃	— —	Basses-Pyrénées : Mt Behorlegy près Saint-Jean-Pied-de-Port ; Eaux-Bonnes ; Pyrénées centrales ; pic du Gard, mont Gisole, Cagire, les Sarrats, port de Saleix, pic de l'Hiéris, de Boucharo, d'Arbissac ; Piemeyan, au-dessus des lacs de Brande.	Montagnes.
1175	— *nivea*	♃	juin, juillet	Alpes du Dauphiné : Lautaret près de la Cabane ; Mont-de-Lans au-dessus de Revel.	—
1176	— *minima*	♃	juillet, août	Alpes du Dauphiné et de la Provence ; le Reculet (Jura) ; Pyrénées.	Montagnes et glaciers.
1177	— *frigida*	♃	— —	Alpes du Dauphiné : Lautaret, Taillefer, Mont-de-Lans, mont Chaillot-sur-Gap, Brande en Oysans.	Montagnes élevées, rochers.
1178	— *grandiflora*	♃	— —	Hautes-Alpes du Dauphiné ; Pyrénées.	Montagnes élevées.
1179	— *subacaulis*	♃	juillet	Presque tout le Midi : Valence, Lauréol, Orange, Saint-André, Jonquières, mont Sainte-Victoire, Marseille, Bagnols en Roussillon.	Champs.
1180	— *cinerea*	♃	avril, mai	Alsace : Strasbourg, Bouxwiller, Colmar ; Dauphiné : Grenoble à Saint-Nizier, les Baux-sur-Gap.	Chemins, lieux secs et stériles.
1181	— *opaca*	♃	— —	Alsace : Mulhouse, Colmar ; Lyon ; Gap ; Chamechaude, la Moucherolle, Mt-Saint-Michel, Lautaret, mont Viso.	Lieux arides.
1182	— *verna*	♃	avr., mai, et juill., août	Toute la France.	Lieux secs, collines pierreuses.

Nos des Espèces	NOMS de GENRE ET D'ESPÈCE	Durée des Plantes	ÉPOQUE de FLEURAISON	LOCALITÉS OÙ CES ESPÈCES ONT ÉTÉ TROUVÉES EN FRANCE.	HABITATION de CES PLANTES.
	(Suite.) POTENTILLA				
1183	— alpestris	♃	juin-août	Alpes ; Pyrénées : montagnes de Melles près Saint-Béat ; Haut-Jura ; H^{tes}-Vosges.	Fissures des rochers, pâturages des monts élevés.
1184	— aurea	♃	juillet, août	Alpes ; Pyrénées : montagnes de Melles près Saint-Béat ; Jura ; Auvergne.	— —
1185	— pyrenaica	♃	août	Pyrénées-Orientales et centrales : val d'Eynes, Esquierry, Bigorre, Barèges.	Hautes vallées.
1186	— intermedia	♃	juillet, août	Dauphiné : Chaudun et la Cou (Gap) ; Pyrénées.	Montagnes et rochers.
1187	— delphinensis	♃	— —	Mont Viso ; Lautaret (ravin de).	Montagnes.
1188	— multifida	♃	juillet	Lautaret près de la Cabane.	—
1189	— tormentilla	♃	juin, juillet	Partout.	Bois, prés, etc.
1190	— mixta	♃	— —	Paris ; Angers ; Nantes ; la Teste, etc.	Champs, chemins.
1191	— procumbens	♃	— —	Angers ; Napoléon-Vendée ; Alençon, Argentan ; Cherbourg. Domfront, Valognes, Vernon ; Vire ; Strasbourg.	— —
1192	— reptans	♃	juin-août	Partout.	Chemins, fossés, lieux humides.
1193	— Anserina	♃	mai-juillet	Presque partout.	Chemins, prés, lieux fréquentés.
1194	— rupestris	♃	juin, juillet	Versant oriental des Vosges ; plaine d'Alsace au Hardt et au Kastelwald ; Auvergne ; Lozère ; Tarn ; Alpes ; Pyrénées ; Corse.	Hautes montagnes.
1195	— supina	♃	juin-sept.	Alsace : Strasbourg ; Lorraine : Metz, Nancy, Sarrebourg, Lunéville ; Bourgogne ; Paris ; Nièvre ; Cher ; Nantes, Beaucaire ; Avignon ; Marseille.	Lieux inondés.
1196	— argentea	♃	juin, juillet	Alsace ; Lorraine ; Bourgogne ; Jura : Besançon ; Dauphiné ; Paris ; Auvergne ; Angers ; Nantes ; Toulouse ; Pyrénées.	Lieux secs et incultes.
1197	— collina	♃	juin	Alsace : Colmar.	Lieux secs.
1198	— inclinata	♃	juin, juillet	Alsace : Colmar ; Dauphiné : Sigoyer ; colline d'Obernai.	—
1199	— recta	♃	— —	Haut-Rhin : Colmar, Bitche ; Paris ; Arles ; les Baux près de Gap ; Toulon ; Corse : Bonifacio.	Bois, etc.

Nos des Espèces	NOMS de GENRE ET D'ESPÈCE	Durée des Plantes	ÉPOQUE de FLEURAISON	LOCALITÉS OÙ CES ESPÈCES ONT ÉTÉ TROUVÉES EN FRANCE.	HABITATION de CES PLANTES.
	POTENTILLA *(Suite).*				
	— *recta*				
	Var. *divaricata*	♃	juin, juillet	Entre Corte et le mont Rotondo.	Bois, etc.
1200	— *hirta*	♃	— —	Région méditerranéenne de Nice à Perpignan.	Lieux secs et pierreux.
1201	— *fruticosa*	♃	juillet	Hautes-Pyrénées : val d'Eynes, Couilladets-de-Saleix, Eaux-Bonnes.	Montagnes, buissons.
	COMARUM				
1202	— *palustre*	♃	juin, juillet	Presque toute la France; commun dans l'Ouest; environs de Paris.	Bords des eaux, marais tourbeux.
	FRAGARIA				
1203	— *vesca*	♃	avril-juin	Partout.	Coteaux, bois, haies, buissons.
1204	— *collina*	♃	mai, juin	Partout.	Bois et collines calcaires.
1205	— *magna*	♃	— —	Nancy, Metz, Paris; Nièvre; Cher; Vienne.	Bois.
	RUBUS				
1206	— *saxatilis*	♃	— —	Vosges granitiques; coteaux calcaires de la Lorraine et de la Côte-d'Or; chaîne du Jura; Alpes du Dauphiné; Puy-de-Dôme, Mts Dore, Cantal; chaîne du Forez; Pyrén. centrales.	Bois et lieux pierreux des montagnes.
1207	— *cæsius*	♄	mai-juillet	Toute la France.	Haies, murs et champs.
	Var. *vestitus*	♄	— —	Provinces méridionales.	— —
1208	— *serpens*	♄	juin	Nancy.	Bois sablonneux.
1209	— *nemorosus*	♄	mai, juin	Presque toute la France.	Bois, coteaux.
1210	— *Wahlbergh*	♄	— —	Nancy, Metz, Sarrebourg, Bitche, Strasbourg, Montbrison, Mende, Auvergne.	Haies, buissons.
1211	— *Godroni*	♄	juin, juillet	La Malgrange près de Nancy; bois de Woippy près de Metz; base du Puy-de-Dôme près d'Orcines et à la fontaine du Berger (rare).	Bois, montagnes.
1212	— *vestitus*	♄	— —	Lorraine, région calcaire; Côte-d'Or; Jura; Saint-Nizier près de Grenoble; Auvergne; Chaltrait et bois de Baye (Marne).	Bois, vignes, haies.
1213	— *Lejeunii*	♄	juillet	La Malgrange près de Nancy; Chaltrait (Marne) (très-rare).	Bois, etc.

Nos des Espèces	NOMS de GENRE ET D'ESPÈCE	Durée des Plantes	ÉPOQUE de FLEURAISON	LOCALITÉS OÙ CES ESPÈCES ONT ÉTÉ TROUVÉES EN FRANCE.	HABITATION de CES PLANTES.
	(Suite.) RUBUS				
1214	— *glandulosus*	♄	juin, juillet	Chaîne des Vosges ; Pierre-sur-Haute dans le Forez ; Alpes du Dauphiné ; Lozère ; Auvergne.	Bois montagneux.
	Var. *umbrosus*	♄	— —	Lorraine ; Jura.	—
	Var. *micranthus*	♄	— —	Besançon ; Saint-Pons (Hérault).	—
1215	— *Sprengelii*	♄	juillet	Sarrebourg.	Bois.
1216	— *hirtus*	♄	juin, juillet	Presque toute la France.	Bois montagneux.
1217	— *rudis*	♄	— —	Nancy ; Pont-à-Mousson ; Metz ; Thionville.	Bois couverts.
1218	— *tomentosus*	♄	— —	Alsace ; Lorraine ; Côte-d'Or ; Jura ; Baume ; Lyon ; Avignon et toute la Provence ; Nîmes, mont Espérou, Cévennes ; Pyrénées-Orientales ; Toulouse ; Auvergne.	Bois montagneux et coteaux calcaires.
1219	— *collinus*	♄	— —	Laxou près de Nancy ; Avignon ; Joyeuse (Ardèche) ; chaîne des Cévennes et du Vigan, Saint-Ambroix, Anduze, Alais, Ganges, mont Espérou, pic Saint-Loup ; Montpellier à Figuerolles ; Perpignan ; Prades, Olette dans les Pyrénées-Orientales ; Corse : Ajaccio et Vivario.	Coteaux arides, vignes.
1220	— *discolor*	♄	— —	Presque toute la France.	Haies, buissons.
1221	— *micans*	♄	juin	Nancy près de la Malgrange.	— —
1222	— *carpinifolius*	♄	juin, juillet	Tromblaine près de Nancy ; Vertuel près de Louvois dans la Marne.	Bois humides.
1223	— *thyrsoideus*	♄	— —	Presque toute la France (assez rare).	Bois.
1224	— *Rhamnifolius*	♄	— —	Lorraine ; Champagne, Côte-d'Or, Ardèche ; Corrèze, Cévennes ; chaîne du Jura.	Coteaux calcaires.
1225	— *piletostachys*	♄	juin	Nancy, Metz, Besançon, Puy-de-Dôme.	Bois.
1226	— *sylvaticus*	♄	juillet	Nancy ; Pont-à-Mousson ; Haguenau.	—
1227	— *fruticosus*	♄	juin et août	Lorraine ; Alsace ; Champagne ; Jura ; Côte-d'Or ; Lozère ; Auvergne.	—
1228	— *affinis*	♄	juin, juillet	Plombières ; Nancy ; Puy-de-Dôme (assez rare).	—
1229	— *Idæus*	♄	mai, juin	Presque toute la France.	Bois montagneux.

Nos des Espèces	NOMS de GENRE ET D'ESPÈCE	Durée des Plantes	ÉPOQUE de FLEURAISON	LOCALITÉS OÙ CES ESPÈCES ONT ÉTÉ TROUVÉES EN FRANCE.	HABITATION de CES PLANTES.
	ROSA				
1230	— *gallica*	5	juin	Alsace ; Lorraine ; Paris ; Maine-et-Loire ; Doubs ; Besançon ; Lyon ; Auvergne ; Toulouse ; Corse : Bonifacio.	Buissons exposés au Midi.
1231	— *trachyphylla*	5	—	Lyon.	Buissons.
1232	— *hybrida*	5	—	Alsace : Neuviller ; Nièvre ; Lyon.	—
1233	— *geminata*	5	—	Aubigny (Cher) ; Lyon.	—
1234	— *macrantha*	5	—	La Flèche.	Lieux arides.
1235	— *pimpinellifolia*	5	—	Presque partout.	Collines arides.
1236	— *arvina*	5	—	Creuse ; Angers.	—
1237	— *arvensis*	5	—	Presque partout.	Haies, buissons.
1238	— *sempervirens*	5	—	Région méditerranéenne et les bords du Rhône jusqu'à Lyon.	Littoral de la mer ou des fleuves.
1239	— *stylosa*	5	mai-juillet	Partout.	Haies et buissons.
1240	— *alpina*	5	juin	Alpes ; Pyrénées ; toute la région des sapins dans les autres montagnes ; Jura ; Vosges ; Auvergne.	Montagnes.
1241	— *cinnamomea*	5	—	Lorraine ; Alsace : Bar et Obernai, massif du Champ-de-Feu au Nunterstein ; Jura ; Malesherbes près de Paris ; Aubusson (Creuse) ; Puy-de-Dôme.	Lieux stériles.
1242	— *rubrifolia*	5	—	Alpes ; Pyrénées ; Haut-Jura ; Htes-Vosges ; Alsace, etc., comme l'espèce précédente ; Cantal ; Lozère ; Puy-de-Dôme.	Montagnes.
1243	— *obtusifolia*	5	—	Angers.	
1244	— *canina*	5	—	Partout.	Haies, buissons.
1245	— *dumetorum*	5	—	Avignon ; Lyon ; Montpellier ; Paris.	— · —
1246	— *psilophylla*	5	—	Angers ; Lyon, etc., etc.	— · —
1247	— *montana*	5	juin, juillet	Gap, mont Aurouse, Lautaret, etc.; environs de Briançon et du mont Genèvre.	Montagnes.
1248	— *fœtida*	5	juin	Angers ; Metz.	Haies, buissons.
1249	— *tomentosa*	5	juillet, août	Partout.	Bois montagneux.
1250	— *pomifera*	5	juin, juillet	Lorraine : Nancy, Sarreguemines, Verdun ; Alsace : Colmar ; Jura : Pontarlier, les Rousses ; Alpes ; Auvergne ; Pyrénées.	Montagnes.
1251	— *rubiginosa*	5	juillet, août	Partout.	Haies, buissons.
1252	— *graveolens*	5	—	Gap : . Mentayer et mont	Lieux montueux.

Nos des Espèces	NOMS de GENRE ET D'ESPÈCE	Durée des Plantes	ÉPOQUE de FLEURAISON	LOCALITÉS OÙ CES ESPÈCES ONT ÉTÉ TROUVÉES EN FRANCE.	HABITATION de CES PLANTES.
	AGRIMONIA			Bayard ; Lyon ; Montpel-lier.	
1253	— *Eupatoria*	♄	juin-août	Partout.	Lieux montueux, lieux incultes.
1254	— *odorata*	♄	— —	Lyon ; Paris ; Domfront ; Anjou ; Mende ; Lorraine ; Saint - Dié ; Sarrebourg ; Bruyères.	— —
	POTERIUM				
1255	— *dictyocarpum*	♄	— —	Toulon ; Montpellier ; Nar-bonne ; Mont-Louis.	Prés, bois.
1256	— *muricatum*	♃	— —	Presque toute la France.	— —
1257	— *Magnolii*	♃	— —	Région des oliviers.	— —
	SANGUISORBA				
1258	— *officinalis*	♃	juin, juillet	Presque toute la France; manque dans la région méditerranéenne.	Prés humides et tourbeux.
	ALCHEMILLA	·			
1259	— *alpina*	♃	juin-août	Alpes ; Auvergne ; Jura ; Pyrénées ; Vosges.	Sommités des hau-tes montagnes.
1260	— *vulgaris*	♃	mai-août	Presque partout.	Prés, pâturages, en plaine et sur les montagnes.
1261	— *pyrenaica*	♃	juillet, août	Alpes ; Pyrénées.	Sommités élevées.
1262	— *pentaphylla*	♄	— —	Alpes : Sept-Lans, Pic-meyan, Galibier et Lauta-ret, Villars-d'Arène, mont Viso ; Pyrénées : mont Gi-sole.	Lieux humides des hautes montagnes
1263	— *arvensis*	☉	mai-juillet	Partout.	Champs secs et sablonneux.
	MESPILUS				
1264	— *germanica*	♄	mai	Partout.	Collines, haies, etc.
	CRATÆGUS				
1265	— *oxyacantha*	♄	—	Partout.	Haies et buissons.
1266	— *monogyna*	♄	—	Partout.	— —
1267	— *Azarolus*	♄	—	Région méditerranéenne.	Bois arides.
1268	— *Pyracantha*	♄	—	Provence ; Dauphiné : Oran-ge, Avignon, Vaucluse ; Drôme ; Tarbes ; Perpi-gnan ; landes de Bordeaux à Bayonne.	Haies.
1269	— *vulgaris*	♄	avril, mai	Alpes ; Pyrénées ; Auvergne ; Jura ; Vosges.	Sommités des mon-tagnes.
1270	— *tomentosa*	♄	— —	Alpes ; Jura ; Pyrénées.	Montagnes.
	CYDONIA				
1271	— *vulgaris*	♄	mai	Presque naturalisé partout.	Haies, buissons.
	PYRUS				
1272	— *communis*	♄	avril, mai	Partout.	Bois.

Nos des Espèces	NOMS de GENRE ET D'ESPÈCE	Durée des Plantes	ÉPOQUE de FLEURAISON	LOCALITÉS OÙ CES ESPÈCES ONT ÉTÉ TROUVÉES EN FRANCE.	HABITATION de CES PLANTES.
	(Suite.) PYRUS				
1273	— amygdaliformis	♄	avril, mai	Région des oliviers.	Bois.
1274	— salvifolia	♄	— —	Auvergne; Creuse; Cantal; Orléanais.	Basses montagnes.
1275	— Bollwilleriana	♄	avril	Alsace.	Jardins et terres cultivées.
1276	— malus	♄	mai	Presque partout.	Bois.
1277	— acerba	♄	—	Presque partout.	—
	SORBUS				
1278	— domestica	♄	mai, juin	Alpes; Auvergne; Lorraine.	—
1279	— aucuparia	♄	— —	Régions alpines, subalpines.	Montagnes.
1280	— scandica	♄	— —	Auvergne; Alpes; Pyrénées; Jura; Vosges.	Montagnes, lieux escarpés.
1281	— aria	♄	mai	Partout.	Bois montagneux.
1282	— latifolia	♄	mai, juin	Nancy; Paris.	Bois.
1283	— torminalis	♄	mai	Partout.	Bois montagneux.
1284	— chamœmespilus	♄	juin	Alpes; Auvergne; Jura; Pyrénées; Vosges.	Montagnes élevées et escarpées.
	AMELANCHIER				
1285	— vulgaris	♄	avril, mai	Presque partout.	Fentes des rochers.
	PUNICA				
1286	— granatum	♄	juin, juillet	Région des oliviers (naturalisé).	Haies, buissons.
	EPILOBIUM				
1287	— alsinefolium	♃	juillet, août	Pyrénées élevées; monts Dore; Cantal; mont Mézin (Ardèche); Hautes-Alpes du Dauphiné; le Reculet (Jura).	Bords des ruisseaux.
1288	— alpinum	♃	— —	Vosges : Hohneck, Rotabac; Mt Pilat près de Lyon; Alpes du Dauphiné; Pyrénées élevées; Corse: Mts Grosso, d'Oro, Pertusato, Rotundo.	Lieux humides des montagnes.
1289	— palustre	♃	juin-août	Presque toute la France.	Prairies tourbeuses
1290	— virgatum	♃	juillet, août	Lorraine : Nancy, Sarrebourg, Bruyères; Alsace; Haguenau; Champagne : Chaltrait, monts Dore; Creuse; presqu'île de la Manche : Valognes, etc.; Calvados : Lisieux, etc.	Marais tourbeux.
1291	— tetragonum	♃	juin-août	Toute la France.	Fossés, marais, bois humides.
1292	— Lamyi	☉ ♂	juillet-sept.	Limoges.	Fossés, marais, bois humides.
1293	— roseum	♃	juillet, août	Toute la France.	Fossés, bords des ruisseaux.
	Var. simplex	♃	— —	Hautes-Alpes du Dauphiné : Villars-d'Arène.	Hautes montagnes.

Nos des Espèces	NOMS de GENRE ET D'ESPÈCE	Durée des Plantes	ÉPOQUE de FLEURAISON	LOCALITÉS OÙ CES ESPÈCES ONT ÉTÉ TROUVÉES EN FRANCE.	HABITATION de CES PLANTES.
	EPILOBIUM (Suite.)				
1294	— *trigonum*	♃	juillet, août	Hautes-Vosges : Hohneck ; mont d'Or (Doubs) ; Jura : Suchet, Reculet, la Dôle ; Hautes-Alpes du Dauphiné; Auvergne ; Cantal.	Pâturages des montagnes escarpées.
1295	— *Duriœi*	♃	juillet	Vosges : Hohneck ; Puy-de-Dôme ; monts Dore : vallée de Chaudefour ; Pyrénées élevées.	Hautes montagnes.
1296	— *montanum*	♃	juillet, août	Toute la France.	Bois montueux.
	Var. *collinum*	♃	— —	Hautes-Vosges ; Alpes du Dauphiné ; Forez ; Pyrénées ; Corse.	Montagnes.
1297	— *lanceolatum*	♃	juillet-sept.	Vallée de la Loire : Nantes, Thouaré, Chalonnes, Angers, Saumur ; Lisieux, Falaise, Vire; Poitou; Puy-de-Dôme, monts Dore ; Tartas (Landes); Narbonne; Corse ; Colonges près de Lyon ; revers alsacien des Vosges, au Champ-du-Feu, château de Landsberg ; bords de la Vienne.	Lieux arides, bords des bois.
1298	— *parviflorum*	♃	juin, juillet	Toute la France.	Lieux humides.
1299	— *hirsutum*	♃	— —	Partout.	Ruisseaux, rivières
1300	— *spicatum*	♃	juillet, août	Partout.	Bois.
1301	—*rosmarinifolium*	♃	— —	Fluningue ; Côte-d'Or ; Chassagnes, Rouvray et Epoisses ; Besançon ; Lyon à Couzon et au mont Cindre : Hautes-Alpes du Dauphiné ; sources de Vaucluse ; Aix ; Fréjus, Toulon ; Cévennes et le long du Gardon et du Tarn.	Torrents et sables des rivières.
1302	— *Fleischeri*	♃	— —	Hautes-Alpes du Dauphiné : la Grave près de Grenoble, Lautaret, Villars-d'Arène, bords de la Romanche, mont Aurouse et mont Genèvre.	Hautes montagnes.
	OENOTHERA				
1303	— *biennis*	♂	juin, juillet	Presque toute la France.	Lieux sablonneux, bords des rivières.
1304	— *muricata*	♂	juillet, août	Alsace : Colmar, Mulhouse, Guebwiller ; Lorraine : Bayon, Liverdun, Nancy, Toul ; Nevers (assez rare).	Bords des rivières.

Nos des Espèces	NOMS de GENRE ET D'ESPÈCE	Durée des Plantes	ÉPOQUE de FLEURAISON	LOCALITÉS OÙ CES ESPÈCES ONT ÉTÉ TROUVÉES EN FRANCE.	HABITATION de CES PLANTES.
	ISNARDIA				
1305	— *palustris*	2	juillet, août	Presque toute la France, si ce n'est dans les provinces méridionales.	Marais, ruisseaux.
	CIRCÆA				
1306	— *lutetiana*	2	juin–août	Presque toute la France.	Bois humides.
1307	— *intermedia*	2	juillet, août	Bitche, Sarrebourg et toute la chaîne des Vosges ; Réméreville près de Nancy ; val de Saint-Amarin, Wildenstein ; Saulieu (Côte-d'Or) ; Nantua ; Dauphiné, Villars-de-Lans ; monts Dore et Cantal.	Forêts humides.
1308	— *alpina*	2	juin, juillet	Vosges ; Jura ; Alpes du Dauphiné ; l'Espérou ; Pyrénées élevées ; monts Dore et Cantal ; Corse.	Forêts humides des montagnes.
	MYRIOPHYLLUM				
1309	— *verticillatum*	2	juin–août	Partout.	Marais, fossés.
1310	— *spicatum*	2	juillet, août	Partout.	— —
1311	— *alterniflorum*	2	juillet-sept.	Bitche, Niederbronn, lacs des Vosges ; Reims ; Saulieu (Côte-d'Or) ; Autun ; Pontgibaut près Clermont-Ferrand ; Nantes, vallées de la Loire et de ses affluents ; Vannes ; Loire-Inférieure ; Morbihan ; Vire ; étangs de Perriers (Manche) ; Calvados ; Alençon, Crouptes (Orne) ; Bernay (Eure) ; Falaise, Cherbourg, Mortain, Valognes.	Lacs, eaux vives, surtout dans les terrains quartzeux
	TRAPA				
1312	— *natans*	☉	juin, juillet	Presque toute la France.	Mares, étangs.
	HIPPURIS				
1313	— *vulgaris*	2	juillet, août	Presque toute la France.	Marais, étangs, fossés.
	CALLITRICHE				
1314	— *stagnalis*	2	prints, autne	Partout.	Mares, ruisseaux.
1315	— *platycarpa*	2	— —	Partout.	— —
1316	— *verna*	2	— —	Partout.	— —
1317	— *hamulata*	2	— —	Assez rare.	Marais, ruisseaux.
	CERATOPHYLLUM				
1318	— *submersum*	2	juin-août	Très-rare. Paris ; Quineville (Manche) ; bords de la Loire et du Cher ; Limagne d'Auvergne.	Étangs, marais, bords des rivières, dans les flaques d'eau.
1319	— *demersum*	2	juillet, août	Toute la France.	Étangs, fossés, rivières.

Nos des Espèces	NOMS de GENRE ET D'ESPÈCE	Durée des Plantes	ÉPOQUE de FLEURAISON	LOCALITÉS OÙ CES ESPÈCES ONT ÉTÉ TROUVÉES EN FRANCE.	HABITATION de CES PLANTES.
	(Suite.) CERATOPHYLLUM				
1320	— *platyacanthum*	♈	juillet, août	Environs de Nancy.	Étangs, fossés, rivières.
	LYTHRUM				
1321	— *salicaria*	♈	juin-sept.	Partout.	Prés hum^{des}, bords des ruisseaux.
1322	— *Græfferi*	♈	— —	Biarritz près de Bayonne; Hyères, Grasse, Fréjus; Corse : Bonifacio, Calvi, Saint-Florent.	Lieux humides, bords des ruisseaux.
1323	— *hyssopifolia*	⊙	mai-sept.	Presque toute la France.	Sables humides.
1324	— *bibracteatum*	⊙	mai, juin	Région des oliviers : Agde, Maguelonne près de Montpellier; Manduel près de Nîmes; Marsillargues près d'Anduze, Aigues-Mortes; Montaud près de Salon.	Lieux inondés pendant l'hiver.
1325	— *Thymifolia*	⊙	juin	Mare du bois de Grammont près de Montpellier; Aigues-Mortes ; Marseille, Nîmes.	Lieux humides de la région méditerranéenne.
1326	— *geminiflorum*	⊙	août, sept.	Etang de Jonquières près de Beaucaire.	Eaux stagnantes.
	PEPLIS				
1327	— *portula*	⊙	juin-sept.	Partout.	Lieux inondés pendant l'hiver.
1328	— *erecta*	⊙	juin, juillet	Mare du bois de Grammont près de Montpellier, Nîmes; Luc (Var) ; Hyères, Saint-Raphaël ; Fréjus ; Corse : Ajaccio, Bastia, Bonifacio, Corte.	Mares et terrains humides.
1329	— *Boræi*	⊙	juin-sept.	Angers : bords de l'étang de Saint-Nicolas ; Juigné-sur-Loire ; Maures près de Nantes ; étang de Vrigny près d'Argentan.	Rivières, mares, étangs.
1330	— *Timeroyi*	⊙	mai-sept.	Etangs de Lavaure près de Chassagny.	Eaux stagnantes.
	TAMARIX				
1331	— *gallica*	♄	juin-août	Côtes de la Méditerranée et de la Manche ; le long du Rhône de la mer à Orange.	Littoral.
1332	— *anglica*	♄	juin	Côtes maritimes de Bayonne à Dunkerque.	—
1333	— *africana*	♄	juin-août	Provence et Languedoc.	Côtes maritimes.
1334	— *germanica*	♄	juillet	Dauphiné ; Pyrénées centrales ; bords de l'Ariège; bords du Rhin.	Bords des cours d'eau.

Nos des Espèces	NOMS de GENRE ET D'ESPÈCE	Durée des Plantes	ÉPOQUE de FLEURAISON	LOCALITÉS OÙ CES ESPÈCES ONT ÉTÉ TROUVÉES EN FRANCE.	HABITATION de CES PLANTES.
	MYRTUS				
1335	— *communis*	♄	mai, juin	Région méditerranéenne.	Coteaux au Midi.
	BRYONIA				
1336	— *dioica*	♄	mai-juillet	Partout.	Haies.
	ECBALLIUM				
1337	— *elaterium*	♃	mai-août	Provinces méridionales ; O-léron, Triaise, île d'Elbe.	Lieux incultes, dé-combres.
	PORTULACA				
1338	— *oleracea*	⊙	mai-sept.	Partout.	Vignes, jardins, décombres.
	MONTIA				
1339	— *minor*	⊙	avril, mai	Partout.	Champs hum^{des} et sablonneux, bords des ruisseaux où cette plante ne flotte pas.
1340	— *rivularis*	♃	juillet-sept.	Partout.	Ruisseaux d'eau vive où cette plante flotte.
	POLYCARPON				
1341	— *tetraphyllum*	⊙	mai-juillet	Nord, Ouest et Midi de la France ; Corse.	Lieux sablonneux.
	Var. *alsinæfolium*	⊙	— —	De Cette à Narbonne ; Corse.	Bords de la Médi-terranée.
1342	— *peploides*	♃	juillet	Perpignan ; Collioures.	Rochers maritimes
	LOEFLINGIA				
1343	— *hispanica*	⊙	mai, juin	Perpignan, Narbonne (île Sainte-Lucie).	Champs, bords de la mer.
	TELEPHIUM				
1344	— *imperati*	♃	juillet, août	Arbois (Jura) ; Dauphiné : Briançon, Guillestre, Sis-teron ; Aix, Castellane ; Saint-Remy (Gard) ; Nar-bonne, Olette, val de Nyor sous Mont-Louis ; St-Sever.	Lieux arides et ex-posés au Midi.
	PARONYCHIA				
1345	— *cymosa*	⊙	juin	Alais ; Montpellier ; Grasse, Fréjus ; îles d'Hyères.	Lieux arides et montagnes.
1346	— *echinata*	⊙	juillet	Cannes, Fréjus, Toulon ; Corse : Bastia.	Littoral maritime.
1347	— *argentea*	♃	mai, juin	Le Var : Toulon, etc.; Nar-bonne ; Perpignan, Col-lioures ; Corse : Bastia.	Lieux arides.
1348	— *polygonifolia*	♃	juillet-sept.	Alpes : mont Viso, rochers de la Traversette ; Pyrénées.	Régions élevées des montagnes.
1349	— *capitata*	♃	mai, juin	Alpes ; Pyrénées ; provinces méridionales.	Bords des torrents, collines.
1350	— *nivea*	♃	— —	Montpellier ; Narbonne.	Montagnes et ro-chers.
	ILLECEBRUM				
1351	— *verticillatum*	⊙ ♂	juillet-sept.	Est, Ouest et Nord de la France ; Corse.	Terres argileuses, sables humides.

Nos des Espèces	NOMS de GENRE ET D'ESPÈCE	Durée des Plantes	ÉPOQUE de FLEURAISON	LOCALITÉS OÙ CES ESPÈCES ONT ÉTÉ TROUVÉES EN FRANCE.	HABITATION de CES PLANTES.
	HERNIARIA				
1352	— *glabra*	♃	juin-sept.	Partout.	Champs.
1353	— *hirsuta*	♃	— —	Besançon; Nancy; Lyon; Grenoble; Basse-Normandie; Nantes; Paris.	Lieux sablonneux.
1354	— *cinerea*	♃	juillet, août	Avignon, Cette, Marseille, Montpellier.	Région méditerranéenne.
1355	— *incana*	♃	— —	Région des oliviers et remonte les cours d'eau jusqu'à Lyon et à Gap.	Bords des rivières.
1356	— *latifolia*	♃	— —	Pyrénées centrales : Cauterets, lac de Gaube, Gèdre, chemin de Gavarnie.	Hautes montagnes.
1357	— *alpina*	♃	— —	Pyrénées orientales : mont Cambredase vis-à-vis de Mont-Louis; Alpes du Dauphiné : Revel au-dessus de Grenoble, le Galibier, le Lautaret, mont Viso, etc.	— —
	CORRIGIOLA				
1358	— *littoralis*	☉	juin-sept.	Alsace; Dauphiné; Côte-d'Or; Anjou; Bretagne; Alençon, Condé-sur-Noireau, Domfront, Randonnay; Barfleur, Mouen près de Caen; Paris; Agen; Toulouse; Narbonne.	Lieux sablonneux.
1359	— *telephiifolia*	♃	juin, juillet	Le Roussillon : Perpignan; Provence : Fréjus; Corse : Bonifacio, Calvi.	Champs.
	SCLERANTHUS				
1360	— *annuus*	☉	juin-sept.	Partout.	—
1361	— *polycarpus*	☉	juin	Montpellier; Narbonne.	
1362	— *perennis*	♃	juin-octob.	Alpes; Alsace; Auvergne; Lorraine; Paris; Pyrénées; Nantes; Perrières, Rouvres près de Falaise.	Sables et terrains siliceux ou granitiques.
	POLYCNEMUM				
1363	— *majus*	☉	juillet-sept.	Presque partout.	Champs argileux et calcaires.
1364	— *arvense*	☉	— —	Paris; Strasbourg.	Sables.
	TILLÆA				
1365	— *muscosa*	☉	juin, juillet	Midi, Ouest et centre de la France.	Sables, landes.
	BULLIARDA				
1366	— *Vaillantii*	☉	juin-août	Paris : Nantua (bois de); Angers; Beauvais; Fontainebleau; Lardy; Malesherbes.	Mares sablonneuses.

Nos des Espèces	NOMS de GENRE ET D'ESPÈCE	Durée des Plantes	ÉPOQUE de FLEURAISON	LOCALITÉS OÙ CES ESPÈCES ONT ÉTÉ TROUVÉES EN FRANCE.	HABITATION de CES PLANTES.
	SEDUM				
1367	— *Rhodiola*	♃	juillet, août	Alpes ; Pyrénées ; Hohneck (Vosges).	Régions escarpées.
1368	— *maximum*	♃	août	Auvergne ; Dauphiné ; Lorraine ; Lyon (assez rare).	Lieux montueux.
1369	— *Telephium*	♃	juillet, août	*Voir l'espèce précédente.*	—
1370	— *Fabaria*	♃	juin, juillet	Alpes ; Auvergne ; Jura ; Pyrénées ; Vosges ; Pont-d'Ouilly, Vaux-d'Aubin près de Guépré (Orne), bois de la Tour près de Falaise.	Sommets des hautes montagnes.
1371	— *anacampseros*	♃	juillet, août	Hautes-Alpes du Dauphiné : bois de Taillefer, Mont-de-Lans, Chaillot-le-Vieil, forêt des Andrieux en Valgaudémar, Grande-Chartreuse, Mᵗ Genèvre, Lautaret ; Pyrénées : Mont-Louis (moulin de la Llagone, vallée d'Aure) ; bords du Célé près de Figeac.	Hautes montagnes.
1372	— *stellatum*	☉	juin, juillet	Fréjus ; Cannes ; Hyères ; Corse.	Littoral de la Méditerranée.
1373	— *andegavense*	☉	— —	Angers ; Nantes, Alençon ; les Andelys, Evreux, Gisors, Pont-Audemer ; Corse.	Rochers schisteux.
1374	— *Cepœa*	☉	— —	Neufchâteau (Lorraine) ; Alsace : Andlau ; Paris ; Bresse ; Lyonnais ; Ardèche ; Auvergne ; Lozère ; Provence : Toulon, Fréjus ; Pyrénées centrales : Esquierry ; Pyrénᵃ-Occidentales : Bayonne ; Toulouse.	Lieux pierreux et ombragés.
	Var. *pallidum*	☉	— —	Etretat.	— —
1375	— *rubens*	☉	mai, juin	Presque toute la France, sauf le Nord.	Cultures et vignes.
1376	— *cæspitosum*	☉	avril	Antibes ; Cannes ; Hyères ; Montpellier ; Nîmes ; bords de la Loire ; Corse : Ajaccio, Calvi.	Coteaux, au Midi.
1377	— *atratum*	☉	juillet, août	Jura ; la Dôle, le Reculet ; Alpes ; Pyrénées.	Sommités des montagnes.
1378	— *annuum*	☉	juin-août	Alpes ; Cantal ; Haute-Loire ; Lozère ; Pyrénées ; Hautes-Vosges.	Montagnes.
1379	— *villosum*	♂	juillet, août	Angers ; Auvergne ; Côte-d'Or ; Dauphiné ; Paris ; Pyrénées ; Vosges ; Lyonnais.	Bords des eaux stagnantes.

8

Nos des Espèces	NOMS de GENRE ET D'ESPÈCE	Durée des Plantes	ÉPOQUE de FLEURAISON	LOCALITÉS OÙ CES ESPÈCES ONT ÉTÉ TROUVÉES EN FRANCE.	HABITATION de CES PLANTES.
	SEDUM (Suite.)				
1380	— *cœruleum*	⊙	avril, mai	Corse : Bonifacio, Calvi, Sartène, la Trinité.	Rochers.
1381	— *hirsutum*	♃	juin, juillet	Ardèche ; Auvergne ; Bayonne ; Collioures ; Gavarnie ; Lyon ; Narbonne ; Pyrénées centrales.	—
1382	— *cruciatum*	♃	— —	Alpes de Provence ; Colmar ; Mt-Monnier ; Corse : montagnes de Bastilica dans le Niolo, Corte, monts Saint-Pierre et d'Oro près d'Orezzo.	Montagnes.
1383	— *album*	♃	juin-août	Partout.	Vieux murs, toits de chaume, rochers.
1384	— *micrantum*	♃	juin, juillet	Angers, Nancy, Narbonne ; Alpes du Dauphiné ; Pyrénées.	Vieux murs, toits de chaume, rochers, landes.
1385	— *anglicum*	♃	— —	Pyrénées : Esquierry, Eaux-Bonnes ; de Bayonne à Nantes et Angers.	Rochers.
1386	— *dasyphyllum*	♃	— —	Partout.	Vieux murs et lieux humides.
1387	— *brevifolium*	♃	août, sept.	Pyrénées-Orientales et centrales : Canigou, Barèges, Mont-Louis, Néouville, pic d'Ereslids, Estive-de-Luz, Gavarnie, Ax, Soleix, Mont-Crabère ; Corse : Bastia, Corte.	Rochers.
1388	— *alpestre*	♃	juin, juillet	Hohneck (Vosges) ; monts Dore ; Cantal ; Lozère ; Alpes ; Pyrénées ; Corse : monts d'Oro et Rotondo.	Montagnes escarpées.
1389	— *acre*	♃	— —	Partout.	Vieux murs, lieux pierreux et sablonneux.
1390	— *boloniense*	♃	— —	Partout, mêlé avec le S. *acre*.	— —
1391	— *reflexum*	♄	juillet, août	Presque partout.	Coteaux pierreux et sablonneux.
	Var. *rupestre*	♄	— —	Barfleur ; Cherbourg ; Orbec (Calvados) ; Essay (Orne).	— —
1392	— *elegans*	♄	juin, juillet	Creuse ; Besançon ; Nancy ; Nantes ; Alençon ; Evreux ; Harcourt (Calvados) ; Beaumont-le-Roger, Vernon (Eure) ; Mortagne (Orne) ; Nevers ; Metz ; Morvan ; de Remiremont à Sierk.	Lieux sablonneux.

Nos des Espèces	NOMS de GENRE ET D'ESPÈCE	Durée des Plantes	ÉPOQUE de FLEURAISON	LOCALITÉS OÙ CES ESPÈCES ONT ÉTÉ TROUVÉES EN FRANCE.	HABITATION de CES PLANTES.
	(Suite.) SEDUM				
1393	— *albescens*	♃	juillet	Angers et presque tout l'Ouest et probablement le Midi.	Lieux sablonneux.
1394	— *altissimum*	♃	juin, juillet	Toute la région des oliviers; remonte jusqu'à Gap et près de Lyon; s'élève dans les Pyrénées jusqu'aux buttes de Serres près de Barèges.	Rochers.
1395	— *anopetalum*	♃	juillet, août	Tout le Midi et le long du Rhône jusque près de Genève.	Collines et rochers.
1396	— *aristatum*	♃		Environs de Sigoyers près Gap.	— —
1397	— *amplexicaule*	♃	mai, juin	Mont Ventoux; l'Espérou (Cévennes).	Montagnes.
	SEMPERVIVUM				
1398	— *tectorum*	♃	juillet, août	Presque partout.	Vieux murs, toits de chaume, sommets du Jura, des Alpes et des Pyrénées.
1399	— *arvernense*	♃	— —	Ardèche; Cantal; Lozère; Puy-de-Dôme.	Rochrs granitiques et basaltiques.
1400	— *montanum*	♃	— —	Alpes; Pyrénées.	Hautes montagnes.
1401	— *arachnoideum*	♃	— —	Alpes; Auvergne; Cévennes; Pyrénées.	Rochers.
1402	— *hirtum*	♃	— —	Alpes de Provence; mont Monnier (Basses-Alpes).	Montagnes.
	UMBILICUS				
1403	— *pendulinus*	♃	mai, juin	Midi, Ouest et centre de la France.	Murs et rochers.
1404	— *sedoides*	☉	août, sept.	Pyrénées : Costa-Bona, sommet de la vallée d'Eynes, port de la Picade, d'Oo, de Bénasque, de Plan, Vignemale.	Débris de rochers.
	CACTUS				
1405	— *opuntia*	♃	mai, juin	Naturalisée dans le Midi de la France et en Corse.	Littoral.
	MESEMBRYANTHEMUM				
1406	— *nodiflorum*	☉	— —	Environs de Bonifacio, d'Ajaccio (Corse); la Ciotat près de Toulon.	Sables maritimes.
1407	— *crystallinum*	☉	avril, mai	Corse : Bonifacio.	—
	RIBES				
1408	— *uva-crispa*	♄	mars, avril	Haies, buissons, lieux incultes et pierreux.	Hautes vallées des montagnes.
	Var. *glandulosum*	♄	— —	Alpes.	— —

Nos des Espèces	NOMS de GENRE ET D'ESPÈCE	Durée des Plantes	ÉPOQUE de FLEURAISON	LOCALITÉS OÙ CES ESPÈCES ONT ÉTÉ TROUVÉES EN FRANCE.	HABITATION de CES PLANTES.
	RIBES (Suite.)				
1409	— *nigrum*	♄	avril, mai	Nancy, Metz, Rambervillers, Haguenau. Naturalisé partout.	Bords des bois
1410	— *alpinum*	♄	mai	Régions sous-alpines. Buissons.	Pente des basses montagnes.
1411	— *rubrum*	♄	avril, mai	Forêt d'Argone près de Beaulieu, Verdun; Nantes; Alpes; Jura.	Fente des basses montagnes, forêts, etc.
1412	— *petræum*	♄	avril-juin	Alpes; Pyrénées; région subalpine des Vosges, du Jura, de l'Auvergne.	Montagnes.
	SAXIFRAGA				
1413	— *stellaris*	♃	juillet, août	Hautes-Vosges, au Hohneck; Auvergne : mont Dore : Alpes; Pyrénées; Corse; mont Rotondo.	Lieux humides.
	Var. *clusii*	♃	— —	Pyrénées; Lozère.	—
1414	— *cuneifolia*	♃	juin, juillet	Alpes, Prémol près de Grenoble, Grande-Chartreuse, le Champsaur, l'Oisans; Pyrénées : Cagire, Orlu, Amsur, Asparagon, Col-de-Jau, Eaux-Bonnes; Cévennes.	Montagnes élevées.
1415	— *umbrosa*	♃	— —	Pyrénées : Mont-de-Tabe, pic de la Tronque-à-Suc, port de Coumebière, Avéran, Castellet, pic de l'Hiéris, Mont-de-Brousset, Eaux-Bonnes.	—
1416	— *hirsuta*	♃	— —	Haute chaîne des Pyrénées.	—
1417	— *rotundifolia*	♃	— —	Alpes; Pyrénées; Cévennes, Jura, Auvergne.	Bois montueux.
1418	— *Hirculus*	♃	juillet-sept.	Haut-Jura : la Brevine, Pontarlier, le Brassus, Nantua.	Tourbières.
1419	— *aspera*	♃	juillet, août	Alpes; Pyrénées; mont Dore (Auvergne).	Montagnes.
	Var. *bryoides*	♃	— —	*Voir l'espèce précédente.*	Régions élevées.
1420	— *aizoides*	♃	juin, juillet	Haut-Jura : le Reculet; Alpes; Pyrénées.	Lieux humides.
1421	— *granulata*	♃	mai, juin	Chaînes des Pyrénées et des Alpes du Dauphiné; Toulouse, Agen, Bordeaux, Nantes, Maine-et-Loire, le Mans, Paris; les Vosges, le Jura; le centre de la France, et spécialement l'Auvergne; le Midi : Fréjus, Toulon, Montpellier.	Montagnes, prés, lisières des forêts.

Nos des Espèces	NOMS de GENRE ET D'ESPÈCE	Durée des Plantes	ÉPOQUE de FLEURAISON	LOCALITÉS OÙ CES ESPÈCES ONT ÉTÉ TROUVÉES EN FRANCE.	HABITATION de CES PLANTES.
	SAXIFRAGA *(Suite.)*				
	— *granulata* Var. *penduliflora*	♃	mai, juin	Monts Dore.	Montagnes, prés, lisières des forêts.
1422	— *corsica*	♃	mai	Corse : crêtes de Montebello à Bivinco, mont Cagne.	Sommités des montagnes.
1423	— *bulbifera*	♃	mai, juin	Corse : mont Grosso ; Corte.	Montagnes.
1424	— *tridactylites*	☉	mars, avril	Partout.	Champs sablonneux, rochers, vieux murs, etc.
1425	— *petræa*	☉	juillet, août	Hautes-Alpes du Dauphiné : monts Aurouse et Seuse près de Gap, mont Viso au Col-de-la-Traversette, et au-dessus du Chalet-de-Ruine, Lautaret ; Pyrénées : port de Bénasque, pic du Midi au Trou-de-Montariou.	Montagnes élevées.
1426	— *geranioides*	♃	— —	Pyrénées-Orientales : Puigt-Gallinasse de Prats-de-Mollo, Canigou, val d'Eynes, Paillères, Tabe, Sapinière-du-Far près Saleix, mont du Rabat, Mail-du-Cristal, port de Bénasque, rochers de Saffarera, vallée d'Aran ; à la Soulane, Amsur, la Gueillère ; le Gourgs au-dessus de Noëdes.	Rochers humides et ombragés, à 2,000 mètres environ au-dessus du niveau de la mer.
1427	— *pedatifida*	♃	juin	Lozère : environs de Mende ; Ardèche : rochers d'Avran ; Gard : route de Villefort à Saint-Ambroix, près de Pontels ; l'Espérou.	Rochers.
1428	— *pedemontana*	♃	—	Corse ; Alpes : mont Viso, rochers de la Traversette ; la Moucherolle.	Montagnes.
1429	— *obscura*	♃	juillet, août	Pyrénées-Orientales : vallée d'Eynes.	—
1430	— *pentadactylis*	♃	juillet	Pyrénées-Orientales : Cambredases, Llaurenti, Amsur, Dent-d'Orlu, port de Rat, Costabona, Coumalade, vallée de Llo, val de Carol, val d'Eynes.	—
1431	— *nervosa*	♃	juin, juillet	Pyrénées-Orientales et centrales : Mt Crabère, Mail-du-Cristal, roches de Bar-	Rochers à 2,000 m. env. au-dessus du niveau de la mer.

Nos des Espèces	NOMS de GENRE ET D'ESPÈCE	Durée des Plantes	ÉPOQUE de FLEURAISON	LOCALITÉS OÙ CES ESPÈCES ONT ÉTÉ TROUVÉES EN FRANCE.	HABITATION de CES PLANTES.
	(Suite.) SAXIFRAGA			cugnas et de Cadeil, Bagnères-de-Luchon au-dessus du Cimetière, à la Balmette, près de Madres, Llaurenti, vallée d'Eynes.	
1432	— *ascendens*	♃	juillet, août	Hautes-Pyrénées : Costa-Bona, Canigou, Raba; Estagnous-de-Crabère, Labatsec, Esquierry, lac de Cougons, vallée d'Eynes, Clos-du-Tors, ports de Bénasque, de la Picade, d'Oo, Coume-d'Asparagon; Corse.	Lieux humides.
	Var. *aprica*	♃	— —	*Voir l'espèce précédente.*	Lieux secs.
1433	— *ajugæfolia*	♃	juillet	Hautes-Pyrénées : Llaurenti, étang d'Amsur, Estagnous-de-Crabère, Esquierry, val d'Eynes, Pen-du-Brada, cascade de Lys, Houle-du-Marboré, pic du Midi, Aiguecluse, Cau-d'Espada, vallée d'Assau, port d'Oo, Eaux-Bonnes, Turcarouy, Cambredases, Casau-d'Estibes, port de Bénasque.	Détritus de rochers humides.
1434	— *capitata*	♃	—	*Voir les deux espèces précédentes.*	— —
1435	— *pubescens*	♃	juin	Pyrénées-Orientales : mont Pla-Guillem, Cambredases, val d'Eynes, Canigou, Amsur, Lagueillère, port de Bénasque, mont Ventoux; pic Saint-Loup, près Montpellier; Cévennes, Mende à l'ermitage de Saint-Privat, escarpements des Causses, Florac à Rochefort, Monteih.	Montagnes et rochers.
1436	— *groenlandica*	♃	juin-août	Alpes, Allemont et Sept-Laus près de Grenoble; sommets des Pyrénées : val d'Eynes, Llaurenti, Amsur, Dent-d'Orlu, Néouville, glaciers d'Oo et de la Maladetta, pic Cuairat, Mail-du-Cristal, port de Bénasque, gore de Burbes, du Portillon, pics du Midi, d'Ossau, Brèche-de-Rol-	Montagnes élevées.

Nos des Espèces	NOMS de GENRE ET D'ESPÈCE	Durée des Plantes	ÉPOQUE de FLEURAISON	LOCALITÉS OÙ CES ESPÈCES ONT ÉTÉ TROUVÉES EN FRANCE.	HABITATION de CES PLANTES.
	SAXIFRAGA *(Suite.)*			land, Penethourque-du-Brada, Eaux-Bonnes.	
1437	— *cxarata*	♃	juillet, août	Alpes du Dauphiné : l'Oisans, le Champsaur, le Lautaret, le mont Genèvre, vallée du Quayras, mont Viso, etc.; région alpine de la chaîne des Pyrénées : val d'Eynes, Cambredases, Llaurenti, monts Saint-Mamet et Juset, ports de la Glères, de Bénasque, d'Oo, le Tourmalet, la Hourquette du pic du Midi, Estret-d'Estaubé.	Hautes sommités des montagnes.
1438	— *intricata*	♃	juin, juillet	Pyrénées : depuis les Eaux-Bonnes jusqu'à la vallée d'Eynes, au-dessus de la région des sapins.	Montagnes élevées.
1439	— *muscoides*	♃	juillet, août	Alpes et Pyrénées, au-dessus de la région des sapins ; Auvergne : Mᵗˢ Dore, etc.; Haut-Jura : la Dôle, le Reculet.	—
1440	— *androsacea*	♃	— —	Alpes et Pyrénées : un peu au-dessous de la limite des neiges.	Lieux humides.
1441	— *planifolia*	♃	— —	Pyrénées : Costa-Bona, vallée d'Eynes, Cambredases, Amsur, Orlu, Mail-du-Cristal, glaciers d'Oo, port de Bénasque, Cau-d'Epade, Houle-du-Marboré, port de Boucharo ; Alpes du Lautaret.	Au pied des glaciers et des neiges.
1442	— *sedoides*	♃	juin, juillet	Pyrénées-Orientales : vallée d'Eynes, Cambredases.	Montagnes.
1443	— *sponhemica*	♃	mai, juin	Le Jura : sous le fort Blind au-dessus de Salins, à la Source-des-Planches, près d'Arbois ; au Hohneck (Vosges), naturalisé par M. Mougeot.	—
1444	— *hypnoides*	♃	— —	Roches-Talla près de Vienne (Dauphiné) ; Auvergne : Royat, Saint-Mart, Gravenoire, Laschamps, Randanne, monts Dore, Puy-de-Dôme, Thésac ; montagnes du Cantal ; chaînes	—

Nos des Espèces	NOMS de GENRE ET D'ESPÈCE	Durée des Plantes	ÉPOQUE de FLEURAISON	LOCALITÉS OÙ CES ESPÈCES ONT ÉTÉ TROUVÉES EN FRANCE.	HABITATION de CES PLANTES.
	SAXIFRAGA (Suite.)			du Forez; Lozère; Toulon; Marseille; Montpellier; Narbonne; Perpignan; Collioures.	
1445	— aizoon	♃	juin, juillet	Alpes; Auvergne; Côte-d'Or; Jura; Pyrénées; Vosges.	Basses montagnes, régions alpines.
1446	— cotyledon	♃	— —	Pyrénées : ports d'Estaubé, d'Oo, vallées de Cauteret et d'Héas, au Castelet, près du lac de Séculéjo, Col-de-Nouri.	Montagnes.
1447	— longifolia	♃	juillet, août	Pyrénées (de 600 à 2,400 mètres au-dessus du niveau de la mer) : port de Boucharo, au Cau-d'Espade, pics d'Ereslids et d'Arbissac, Pas-d'Azun, pic d'Anie, port de Plan, Eaux-Bonnes, Cazau-d'Estiba, Luz, Estret, Estaubé, vallées d'Assau et d'Aspe, Mt Perdu.	—
1448	— lingulata	♃	juin, juillet	Alpes et montagnes de Provence, la Sainte-Baume près de Toulon; Sisteron; Coulebrousse près de Seyne; Basses-Alpes : mont Péla.	—
1449	— mutata	♃	— —	Piquette d'Endretlis? gorge de Malafossan près de Pont-de-Beauvoisin?	—
1450	— media	♃	— —	Pyrénées : Castelet, Cambredases, port de Paillière, Bernadouze, monts de Rie et Esquierry, Fond-de-Comps; rochers de Cabirous, Prats-de-Mollo.	Rochers calcaires des hautes montagnes.
1451	— aretioides	♃	— —	Pyrénées centrales et occidentales : Tourmalet, vallée d'Astée, Cauteret, pics du Midi, d'Ereslids, de l'Hiéris, Eaux-Bonnes, Azun.	Montagnes élevées.
1452	— luteo-purpurea	♃	— —	Bernadouze (fontaine de) (Ariège).	Grottes humides.
1453	— ambigua	♃	— —	Saint-Béat.	Montagnes.
1454	— diapensoides	♃	juillet	Hautes-Alpes du Dauphiné : Colette-Verte et Ceillac-sur-Guillestre; Chalet-de-Ruine au Viso; au-dessus de Grande-Serène en remontant l'Ubaye.	Montagnes élevées.

Nos des Espèces	NOMS de GENRE ET D'ESPÈCE	Durée des Plantes	ÉPOQUE de FLEURAISON	LOCALITÉS OÙ CES ESPÈCES ONT ÉTÉ TROUVÉES EN FRANCE.	HABITATION de CES PLANTES.
	SAXIFRAGA (Suite.)				
1455	— *cæsia*	♃	juillet, août	Chaîne des Pyrénées depuis les Eaux-Bonnes jusqu'à la vallée d'Eynes ; Alpes du Dauphiné : Col-des-Haies près de Briançon, Ceillac-sur-Guillestre, Col-d'Isoard.	Montagnes élevées.
1456	— *valdensis*	♃	août	Col-Lacroix-sur-Abries; vallée du Viso au-dessus du Chalet-de-Ruine.	—
1457	— *oppositifolia*	♃	juin, juillet	Jura ; la Dôle, le Reculet ; Auvergne ; Alpes ; Pyrénées.	Hautes sommités des montagnes.
1458	— *biflora*	♃	juillet, août	Alpes du Dauphiné : vallée de Cervière en Briançonnais, le Quayras, mont Viso au Col-de-Valente, le Galibier au Lautaret.	— —
1459	— *retusa*	♃	— —	Alpes : mont Viso au Col-de-la-Traversette, Villars-d'Arène aux glaciers du Bec, Fond-du-Valgaudemar, l'Argentière, Sept-Laus ; Pyrénées : étang du Llaurenti.	— —
1460	**CHRYSOSPLENIUM** — *alternifolium*	♃	mars-mai	Presque toute la France.	Bois, lieux humides des montagnes.
1461	— *oppositifolium*	♃	mai, juin	Presque toute la France (plus rare).	— —
1462	**DAUCUS** — *carota*	♂	juin-autne	Partout.	
1463	— *maritimus*	♂	mai, juin	Côtes de la Méditerranée : Maguelone près de Montpellier, Cette, Narbonne ; Corse.	Sables maritimes.
1464	— *serratus*	♂	juin, juillet	Saint-Jean-de-Vedas près de Montpellier.	Lieux stériles.
1465	— *Bocconi*	♂	— —	Fréjus, Grasse.	Région méditerranéenne.
1466	— *maximus*	♂	avril-juin	Perpignan ; Saint-Geniez (Hérault) ; Corse : Bonifacio, Bastia, Ajaccio, île de Lavezio.	Champs et collines arides.
1467	— *mauritanicus*	♂	mai, juin	Iles de Cavallo et Lavezio près de la Corse.	Rochers maritimes
1468	— *hispidus*	♂	juillet, août	Dieppe, Fécamp ; Cherbourg, Granville ; Grandcamp (Calvados) ; Gatteville	—

Nos des Espèces	NOMS de GENRE ET D'ESPÈCE	Durée des Plantes	ÉPOQUE de FLEURAISON	LOCALITÉS OÙ CES ESPÈCES ONT ÉTÉ TROUVÉES EN FRANCE.	HABITATION de CES PLANTES.
	(Suite.) CHRYSOSPLENIUM			(Manche) ; Corse : Bonifacio ; Îles de Swezzi ; Îles Rousses.	
1469	— gummifer	♂	juin-août	Dieppe et Tréport ; Granville, presqu'île de la Manche à Tracy-sur-Mer et à la falaise de Carteret ; Saint-Malo ; Cherbourg ; Chambre-d'Amour près de Biarritz ; Porman et aux Imbiès près de Toulon ; Corse : étang de Biguglia, Îles Rousses.	Rochers des côtes de l'Océan, de la Manche et de la Méditerranée.
1470	— Gingidium	♂	juin, juillet	Marseille ; Cassis (Bouches-du-Rhône) entre Collioures et Banjuls-de-Mer ; Corse : Ajaccio.	Rochers maritimes
1471	— siculus	♂	mai, juin	Marseille ; Bonifacio (Corse).	Rochers maritimes des côtes de la Méditerranée.
1472	— dentatus	♂	juin, juillet	Marseille.	Rochers maritimes
1473	— muricatus	☉	juin	Corse.	—
	ORLAYA				
1474	— grandiflora	☉	juin-août	Toute la France.	Champs calcaires.
1475	— platycarpos	☉	juin, juillet	Fréjus, Grasse, Hyères, Toulon, Aix, Salon, Marseille ; Montpellier ; Perpignan, Dauphiné méridional.	Moissons de la région des oliviers.
1476	— maritima	☉	mai, juin	Cannes, Grasse, Hyères, Fréjus, Toulon ; Montpellier, Agde ; Narbonne ; Corse : Aléria.	Sables des côtes de la Méditerranée.
	TURGENIA				
1477	— latifolia	☉	juin-août	Partout.	Terrains calcaires.
	CAUCALIS				
1478	— daucoides	♂	juin, juillet	Partout.	Moissons, terrains calcaires.
1479	— leptophylla	☉	juin	Languedoc ; Lozère ; Roussillon, Provence ; Gap ; Villefranche près de Lyon.	Champs cultivés, bords des routes.
	TORILIS				
1480	— anthriscus	♂	mai-juillet	Toute la France.	Haies, buissons, bords des routes.
1481	— helvetica	♂	juin-août	Toute la France.	Terrains argileux et calcaires.
1482	— heterophylla	☉	mai, juin	Toulon ; Luc (Var) ; Avignon ; Corse : Bonifacio, Bastia ; Savenières (vallée de la Loire) ; Angers.	Lieux arides.
1483	— nodosa	☉	avril, mai	Commune en Corse ; tout le	Champs secs et

Nos des Espèces	NOMS de GENRE ET D'ESPÈCE	Durée des Plantes	ÉPOQUE de FLEURAISON	LOCALITÉS OÙ CES ESPÈCES ONT ÉTÉ TROUVÉES EN FRANCE.	HABITATION de CES PLANTES.
				Midi jusqu'à Lyon et l'Ouest jusqu'à Paris.	arides, décombres.
1484	**BIFORA** — *testiculata*	☉	avril, mai	Provence : Grasse, Fréjus, Hyères, Toulon, Marseille; Narbonne; Montpellier; Montaulieu (Aude); Montauban, Moissac, Agen; Poitiers; Issoudun; Bourges; Chaillé-les-Marais, Saint-Maurice, Surgères.	Moissons.
1485	— *radians*	☉	mai, juin	Castelnau près de Montpellier; Montaulieu (Aude); Alpes de Provence · Allevard.	—
1486	**CORIANDRUM** — *sativum*	☉	juin, juillet	Cultivé et presque naturalisé.	Champs.
1487	**ELEOSELINUM** — *Lagascœ*	♃	juin	Corse : au pied des murs de la citadelle de Saint-Florent; Alpes : Bourg-d'Oisans, Champsaur.	Vieilles murailles.
1488	**THAPSIA** — *villosa*	♃	juillet, août	Avignon, Fréjus, Marseille, Toulon; Montpellier, Cette; Narbonne, Collioures, Port-Vendres, Banguls.	Lieux stériles.
1489	**LASERPITIUM** — *latifolium*	♃	— —	Toute la France.	Bois montueux.
1490	— *Nestleri* *aquilegifolium* DC.	♃	juin, juillet	Florac, bois de la Vabre et Corsac près de Mende; Alezon (Vigan); Pyrénées : pic de l'Hiéris, Col-d'Arbas.	—
1491	— *gallicum*	♃	— —	Pyrénées-Orientales : Perpignan, Narbonne; Montpellier, Nîmes; Florac, Mende, Marseille, Toulon; Alpes du Dauphiné : mont Genèvre, Gap, Grenoble; Serrières (Ain); Beaune et Dijon.	Coteaux arides des contrées méridionales.
1492	— *siler*	♃	juillet, août	Alpes du Dauphiné; Pyrénées; montagnes de la Lozère; Mt Colombier (Ain); Jura.	Montagnes.
1493	— *prutenicum*	♂	— —	Alpes du Dauphiné : Col-de-Fresnes au-dessus d'Apremont, la Tour-du-Pin; Lyon; Jura, Salins; Pro-	Forêts et prairies humides des montagnes.

Nos des Espèces	NOMS de GENRE ET D'ESPÈCE	Durée des Plantes	ÉPOQUE de FLEURAISON	LOCALITÉS OÙ CES ESPÈCES ONT ÉTÉ TROUVÉES EN FRANCE.	HABITATION de CES PLANTES.
	(Suite.) LASERPITIUM — *prutenicum*			vence ; Languedoc ; Roussillon.	
	Var. *glabratum*	♂	juillet, août	Saint-Sever (Pyrénées).	Montagnes.
1494	— *Panax*	♃	juin, juillet	Alpes du Dauphiné : Col-de-Vars, Lautaret ; Alpes de Provence.	Hautes prairies.
	Var. *glabratum*	♃	— —	Corse : Vezzarona ; mont Santi-Petri ; la Calanda du mont Rotondo.	—
1495	SILER — *trilobum*	♃	— —	Lorraine : Nancy, au bois de Boudouville, de Maxéville, de Pompey, de Vandœuvre ; Tincry près de Château-Salins ; Metz, à la côte d'Ancy-sur-Moselle, au-dessus de Gorze ; Basses-Alpes ; Provence ; Languedoc ; Roussillon.	Bois du calcaire jurassique.
1496	LEVISTICHUM — *officinale*	♃	juillet, août	Alpes de la Provence : l'Arche ; Alpes du Dauphiné ; Pyrénées.	Montagnes élevées.
1497	ANGELICA — *sylvestris*	♃	— —	Toute la France.	Prés, bois humides
1498	— *Razulii*	♃	juillet	Pyrénées : Mont-Louis, mont Laurenti, Bagnères, Esquierry.	Prairies des montagnes.
1499	— *pyrenæa*	♃	juillet, août	Alpes ; H^tes-Vosges ; mont Pilat ; montagnes du Forez, du Cantal, de la Lozère ; Concoule (Gard) ; monts Dore ; chaîne des Pyrénées : val d'Eynes, la Quillam près Mont-Louis, pic du Midi.	Pâturages élevés.
1500	SELINUM — *carvifolia*	♃	juillet-sept.	Presque toute la France.	Prés, bois humides
1501	ANETHUM — *graveolens*	☉	juillet, août	Provinces méridionales ; environs de Dijon, de Beauvais et de Reims.	Moissons.
1502	PEUCEDANUM — *paniculatum*	♃	août, sept.	Corse : très-commun à Bastia, Calvi, Corte, Santo-Antonio.	Champs.
1503	— *officinale*	♃	juillet, août	Alsace : Ostwald, Benfeld, etc. ; côtes de l'Océan, à Vannes, Nantes, Bordeaux, Bayonne ; côtes de la Mé-	Prairies humides.

Nos des Espèces	NOMS de GENRE ET D'ESPÈCE	Durée des Plantes	ÉPOQUE de FLEURAISON	LOCALITÉS OÙ CES ESPÈCES ONT ÉTÉ TROUVÉES EN FRANCE.	HABITATION de CES PLANTES.
	(Suite.) PEUCEDANUM			diterranée, Beaucaire, Fréjus, Montpellier.	
1504	— Parisiense	2	juillet-sept.	Environs de Paris ; Chaltrait (Marne) ; vallée de la Loire et de ses affluents ; Lyon : à Charbonnière et à Dardilly ; Lasson près de Caen ; Rouen.	Bois et landes.
1505	— cervaria	2	juillet, août	Presque toute la France.	Coteaux et bois incultes.
1506	— oreoselimum	2	août, sept.	Presque toute la France (assez rare dans le Midi).	Bois, prés secs, terrains quartzeux.
1507	— venetum	2	— —	Chartreuse de Valbonne près du Pont-Saint-Esprit.	Lieux arides.
1508	— alsaticum	2	juillet, août	Alsace : Colmar, Schlestadt, Mulhouse, Rouffach ; Montbrison ; Limagne d'Auvergne ; Puy-de-Crouel, Puy-Long ; Gannat (Allier) ; entre Saint-Amand et Bourges ; Ancenis (Loire-Inférieure) ; Chateau-Vieux près de Gap, Montélimart.	Coteaux calcaires.
1509	— carvifolium	2	— —	Toute la France.	Prés humides.
1510	— palustre	2	— —	Nord et Est de la France ; assez rare au centre et à l'Est.	Prés humides, marais.
1511	— ostrutium	2	juin, juillet	Vosges : Hohneck, Plombières, vallées de Dabo et de Saint-Quirin ; Alpes du Dauphiné ; montagnes de la Lozère et du Vigan ; monts Dore ; Cantal ; Pyrénées.	Pâturages élevés.
1512	FERULA — nodiflora	2	juillet, août	Grasse, Fréjus, Hyères, Ile Sainte-Marguerite, Marseille, Toulon, la Clappe près de Narbonne ; commun en Corse.	Collines arides de la région méditerranéenne.
	Var. monspeliensis	2	— —	Hyères ; Saint-Nicolas près de Nîmes, Creux-de-Miège et Mireval près de Montpellier.	— —
1513	— glauca	2	mai	Iles des Imbiès et de Bandol près de Toulon.	Littoral de la Méditerranée.
1514	— Ferulago	2	juillet, août	Fréjus, Grasse.	— —
1515	OPOPONAX — chironium	2	juin, juillet	Fréjus, Hyères, Montpellier, Toulon ; mont Glandas.	— —

Nos des Espèces	NOMS de GENRE ET D'ESPÈCE	Durée des Plantes	ÉPOQUE de FLEURAISON	LOCALITÉS OÙ CES ESPÈCES ONT ÉTÉ TROUVÉES EN FRANCE.	HABITATION de CES PLANTES.
	PASTINACA				
1516	— *sativa*	♂	juillet, août	Partout.	Prés, collines in-cultes.
1517	— *urens*	♂	juillet	Provinces méridionales.	Lieux incultes.
1518	— *divaricata*	♂	juin	Corse : Bastia, Vico, Pont-d'Estro, gorge de Niolo, pied du Cervione, Calvi, cap Corse.	—
1519	— *lucida*	♂	juillet, août	Corse : St-Florent, Bastia.	—
	HERACLEUM				
1520	— *Lecokii*	♂	juin-août	Aveyron ; Cantal ; Haute-Loire ; Ardèche ; Lozère.	Montagnes.
1521	— *spondylium*	♂	juin-octob.	Partout.	Bois, prairies.
1522	— *Panaces*	♂	juillet, août	Alpes du Dauphiné et de la Provence ; Jura ; Pyrénées-Orientales et centrales.	Montagnes.
1523	— *pyrenaicum*	♂	juillet	Jura ; Pyrénées-Orientales et centrales : Barèges, Ba-gnères, etc.	Prairies des mon-tagnes.
1524	— *minimum*	♃	juin, juillet	Alpes du Dauphiné, mont Aurouse, mont Aiguille et Grand-Veymont.	Hautes montagnes.
	TORDYLIUM				
1525	— *maximum*	☉	juillet, août	Presque toute la France.	Collines incultes.
1526	— *apulum*	☉	mai	Narbonne.	—
	GAYA				
1527	— *simplex*	♃	juillet, août	Alpes du Dauphiné : Sept-Laus, Lautaret, mont Viso, Grande-Chartreuse.	Pics élevés des montagnes.
	CRITHMUM				
1528	— *maritimum*	♃	— —	Côtes de la Méditerranée, de l'Océan et de la Man-che ; Mont-de-Lans.	Rochers maritimes
	ENDRESSIA				
1529	— *pyrenaica*	♃	août, sept.	Pyrénées-Orientales : Mont-Louis, Front-Roméou, Col-de-la-Perche, Capsir, vallée d'Eynes.	Pâturages élevés des montagnes.
	MEUM				
1530	— *athamanticum*	♃	juillet, août	Alpes du Dauphiné : bois de Loubet, près Gap ; Au-vergne ; Cévennes ; Jura ; Pyrénées ; Vosges.	— —
1531	— *Mutellina*	♃	— —	Alpes du Dauphiné : Lauta-ret, Sept-Laus, etc.; monts Dore : pic de Sancy, Chau-defour, etc. ; Cantal : le Plomb, Col-de-Cabre, Puy-Mary ; Corse : monte Grosso.	Hautes montagnes.

Nos des Espèces	NOMS de GENRE ET D'ESPÈCE	Durée des Plantes	ÉPOQUE de FLEURAISON	LOCALITÉS OÙ CES ESPÈCES ONT ÉTÉ TROUVÉES EN FRANCE.	HABITATION de CES PLANTES.
	SILAUS				
1532	— *pratensis*	♃	juillet, août	Partout.	Prairies humides.
1533	— *virescens*	♃	juin, juillet	Bourgogne : de Dijon à Beaune.	Coteaux calcaires.
	LIGUSTICUM				
1534	— *pyrenæum*	♃	août, sept.	Pyrénées-Orientales : Prades, Mont-Louis, Canigou, mont Cagire, Gavarnie.	Montagnes.
1535	— *corsicum*	♃	juillet, août	Corse : monte Rotundo, Patro, Incudine.	Montagnes très-élevées.
1536	— *ferulaceum*	♃	juin, juillet	Alpes du Dauphiné ; Rabau près de Gap, mont Aurouse, Barcelonnette, l'Arche, etc.; Jura : au Reculet.	Montagnes.
	ATHAMANTA				
1537	— *cretensis*	♃	— —	Cévennes : Mende, Florac, Vebron ; Espérou ; mont Ventoux ; Alpes du Dauphiné : mont Aurouse, la Grave, Villars-d'Arène, mont Viso, Grenoble ; mont Colombier (Ain) ; Jura : le Suchet ; montagnes du Doubs : Roche-du-Mont près d'Ornans, Haute-Pierre-sur-la-Louc, Brise-Poutot-sur-Pont-de-Roide ; Côte-d'Or : Beaune, Dijon.	Rochers des montagnes.
	TROCHISCANTHES				
1538	— *nodiflorus*	♃	juillet, août	Alpes du Dauphiné ; Rabou près de Gap, la Mure, bois d'Ufarnet près le mont Aurouse, Die, Embrun ; le Champsaur, l'Oisans.	Montagnes.
	CNIDIUM				
1539	— *apioides*	♃	— —	Dauphiné ; Gap : mont Aurouse ; Orléans ; Paris : bois de Vincennes.	—
	DETHAWIA				
1540	— *tenuifolia*	♃	août	Pyrénées ; pic de l'Hiéris, mont Cagire, port d'Aula, Annouillas, mont de Béost, Col-de-Tortos, Esquierry.	Rochers des montagnes.
	XATARDIA				
1541	— *scabra*	♂	août, sept.	Sommet de la vallée d'Eynes au Col-de-Nouri.	Montagnes rocailleuses.
	SESELI				
1542	— *tortuosum*	♃	juillet, août	Région méditerranéenne : Cannes, Saint-Césaire, île Ste-Marguerite, Marseille,	Rochers et lieux stériles.

Nos des Espèces	NOMS de GENRE ET D'ESPÈCE	Durée des Plantes	ÉPOQUE de FLEURAISON	LOCALITÉS OÙ CES ESPÈCES ONT ÉTÉ TROUVÉES EN FRANCE.	HABITATION de CES PLANTES.
	(Suite.) SESELI			Toulon, la Crau, Manduel près de Nîmes, Montpellier ; Anduze (Gard) ; Narbonne, Port-Vendres, Collioures ; remonte le long du Rhône jusqu'à Orange.	
1543	— *Bocconi*	♃	juin, juillet	Corse : la Piana, Sagone.	Rochers.
1544	— *elatum*	♂	août, sept.	Montpellier ; Uzès, Tresques, Bagnols, Anduze, Saint-Ambroix et Alais (Gard) ; Avignon, Mont-Major, Vaucluse, Saint-Paul-trois-Châteaux.	Coteaux pierreux et stériles.
1545	— *montanum*	♃	— —	Partout.	Coteaux calcaires.
	Var. *nanum*	♃	— —	Pyrénées : Cambredase, Pena-Blanca près le port de Bénasque, Col-de-Baciba, Castanèse, vallée d'Andore.	Sommités des hautes montagnes.
1546	— *coloratum*	♂ ♃	août	Presque toute la France.	Coteaux secs.
1547	— *carvifolium*	♃	juillet	Hautes-Alpes du Dauphiné : Gap, Briançon, Mt Monnier ; Rouen ; Mantes ; la Trappe (Orne).	Pâturages secs et herbeux des montagnes.
1548	— *libanotis*	♂	juillet, août	Presque toute la France.	Bois montagneux.
	Var. *daucifolium*	♂	— —	Alpes du Dauphiné ; Auvergne ; Jura.	—
	Var. *pubescens*	♂	— —	Pyrénées : Esquierry.	—
1549	— *sibthorpii*	♂	juillet	Chambre-d'Amour près de Bayonne.	Grotte des côtes.
1550	BRIGNOLIA — *pastinacæfolia*	♃	mai, juin	Corse : Bastia, Bonifacio.	Coteaux secs.
1551	FOENICULUM — *vulgare*	♃ ♂	juillet, août	Toute la France.	Coteaux arides, vignes.
1552	AETHUSA — *cynapium*	☉	juin-octob.	Toute la France.	Lieux cultivés, bois, etc.
1553	OENANTHE — *crocata*	♃	juin, juillet	Ouest de la France : Vire, Bayeux, Cherbourg, Falaise, Mortain ; Rennes, Quimper, Lorient, Saint-Lô ; Caen, Bagnolet ; bassin du Maine ; Vannes, Nantes, Angers, Napoléon-Vendée ; Dax ; Corse : Ajaccio, Calvi, Bastia, gorges du Niolo.	Bords des cours d'eau et lieux marécageux.
1554	— *pimpinelloides*	♃	mai	Régions maritimes du Midi et de l'Ouest : Vannes ;	Prés secs.

Nᵒˢ des Espèces	NOMS de GENRE ET D'ESPÈCE	Durée des Plantes	ÉPOQUE de FLEURAISON	LOCALITÉS OÙ CES ESPÈCES ONT ÉTÉ TROUVÉES EN FRANCE.	HABITATION de CES PLANTES.
	OENANTHE (Suite.)			vallées de la Loire à Beaulieu, Chalonnes, Champtoceaux, Vezin, Saint-Maur, Thouaré, Nantes ; Touraine ; Napoléon-Vendée ; le Havre ; Valognes ; Yvetot ; Montluçon, Vierzon, Chambord ; Bordeaux, Socatz ; Toulouse ; Collioures ; Toulon ; Fréjus ; Corse : Ajaccio, Bastia, Bonifacio.	
1555	— *Lachenalii*	♃	juin, juillet	Presque toute la France.	Prés humides.
1556	— *silaifolia*	♃	— —	A la Rouquette près de Narbonne ; Mireval près de Montpellier.	Prés.
1557	— *peucedanifolia*	♃	— —	Toute la France ; le Quayras.	Prairies humides.
1558	— *fistulosa*	♃	— —	Toute la France.	Plaines, marais, fossés.
1559	— *globulosa*	♃	mai, juin	Avignon, Montpellier, Toulon, îles d'Hyères, Fréjus ; Corse : Bonifacio, îles de Cavallo et Lavezio.	Etangs, marais de la région méditerranéenne.
1560	— *Phellandrium*	♃	juillet, août	Toute la France.	Marais, ruisseaux.
	BUPLEVRUM				
1561	— *rotundifolium*	☉	juin, juillet	Toute la France.	Moissons, terres calcaires.
1562	— *protractum*	☉	— —	Midi et Ouest de la France jusqu'à la vallée de la Loire ; Corse.	Moissons.
1563	— *longifolium*	♃	juillet, août	Vosges : Ballon-de-Soultz, Hohneck ; Jura ; la Dôle, le Suchet, Champagnole, Boujailles ; Mont-Colombier (Ain) ; Dauphiné : Gap, Grande-Chartreuse ; monts Dore et Cantal.	Montagnes.
1564	— *angulosum*	♃	— —	Pyrénées : Esquierry, l'Hiéris, Col-de-Tortos, Brèche-de-Rolland, Château-Pignon, Col-d'Estaubé, Port-de-Paillères, Cauterets, mont Laurenti.	Montagnes élevées.
1565	— *stellatum*	♃	— —	Alpes du Dauphiné : la Pra, Bourg-d'Oisans, Villars-d'Arène, Lautaret, Revel et Champrousse près de Grenoble, mont Aurouse, Gap, etc.; Alpes de la Provence ; Corse : Mᵗˢ d'Oro et Rotundo.	Hautes montagnes.

9

Nos des Espèces	NOMS de GENRE ET D'ESPÈCE	Durée des Plantes	ÉPOQUE de FLEURAISON	LOCALITÉS OÙ CES ESPÈCES ONT ÉTÉ TROUVÉES EN FRANCE.	HABITATION de CES PLANTES.
	(Suite.) BUPLEVRUM				
1566	— *ranunculoides*	♃	juillet, août	Le Jura, la Dôle, Reculet, Suchet ; Alpes du Dauphiné : Lautaret, Grande-Chartreuse, Col-de-l'Arc près de Grenoble.	Pâturages des montagnes.
	Var. *Caricinum*	♃	— —	Mont Genèvre ; Sainte-Enimie (Lozère) ; Pyrénées : vallée d'Eynes, mont Cagire, Gavarnie, Esquierry, mont Laid.	— —
1567	— *petræum*	♃	— —	Alpes du Dauphiné et de la Provence ; Lautaret, Col-de-l'Arc et Saint-Nizier près de Grenoble, Die, Mt Aiguille, Mt Seuze près de Gap, mont Aurouse, mont Pélat, Colmars, Allos.	Rochers des montagnes.
1568	— *gramineum*	♃	— —	Alpes du Dauphiné : mont Aurouse, Gap ; Pyrénées : Villefranche, Esquierry, Castanèse.	Montagnes.
1569	— *fruticescens*	♄	— —	Entre Narbonne et Perpignan.	Champs.
1570	— *spinosum*	♄	— —	Corse.	Lieux secs.
1571	— *junceum*	☉	juillet, août	Provinces méridionales : Pyrénées ; Roussillon, Languedoc, Lozère, Provence ; vallée du Rhône jusqu'à Lyon.	Champs et lieux stériles.
1572	— *Gerardi*	☉	— —	Aix, Fréjus, Marseille, Toulon, etc.; Avignon ; Lyon.	Lieux stériles.
1573	— *affine*	☉	— —	Saint-Romain-le-Puy près de Montbrison ; Lyon.	—
1574	— *tenuissimum*	☉	— —	Provinces méridionales, centrales et occidentales de la France, jusqu'à Lyon, Paris, Amiens, Dieppe, le Havre, Trouville.	—
1575	— *glaucum*	☉	mai, juin	Perpignan, île Sainte-Lucie, Canet ; Cette ; la Crau, Montaud près de Salon, Marseille, Toulon ; Corse : îles de Lavezio, de Cavallo et de Santa-Maria.	Lieux sablonneux de la région méditerranéenne.
1576	— *aristatum*	☉	juillet, août	Toute la partie de la France au sud de Dijon ; Paris ; Lorient ; Avranches, Cherbourg et presque tout le Morbihan ; Trouville ; Corse.	Lieux arides et rocailleux.

Nos des Espèces	NOMS de GENRE ET D'ESPÈCE	Durée des Plantes	ÉPOQUE de FLEURAISON	LOCALITÉS OÙ CES ESPÈCES ONT ÉTÉ TROUVÉES EN FRANCE.	HABITATION de CES PLANTES.
	BUPLEVRUM (Suite.)				
1577	— *rigidum*	♃	juillet, août	Aix, Arles, Draguignan, Marseille ; Avignon, Nîmes ; Montpellier, Anduze ; Narbonne ; Pyrénées-Orientales.	Lieux secs et stériles des provinces méditerranéennes
1578	— *falcatum*	♃	août-octob.	Presque toute la France.	Coteaux et lieux secs.
1579	— *fruticosum*	♄	juillet, août	Pyrénées-Orientales : Villefranche, Perpignan, Narbonne, Sijean ; Cette, Montpellier ; Anduze et Saint-Guilhem (Cévennes) ; Avignon ; Aix ; Marseille ; Dauphiné méridional, Orange ; Buis ; Corse : Bastia, Bonifacio, Porto-Vecchio.	Lieux stériles de la région des oliviers.
	SIUM				
1580	— *latifolium*	♃	— —	Presque toute la France.	Marais.
1581	— *angustifolium*	♃	— —	Toute la France.	Ruisseaux, fossés.
	PIMPINELLA				
1582	— *magna*	♃	mai, juin	Toute la France.	Prés, bois humides.
1583	— *saxifraga*	♃	juillet, août	Toute la France.	Pâturages secs, coteaux incultes.
1584	— *peregrina*	♂	mai, juin	Fréjus, Hyères, Montpellier ; Corse : Bastia, St-Florent, Corté, Costa.	Collines pierreuses
1585	— *tragium*	♃	juin, juillet	Dauphiné : Saint-Paul-trois-Châteaux ; Montdragon près d'Orange ; mont Ventoux ; Aix, Toulon ; la Chartreuse de Valbonne près de Nîmes ; Montpellier à Campouladoux, St-Guilhem ; Pyrénées-Orientales : Prades, Villefranche.	Rochers des montagnes calcaires.
	BUNIUM				
1586	— *verticillatum*	♃	juin-sept.	Ouest et centre de la France ; Saulieu et Beaune (Côte-d'Or) ; Montbrison, Lyon, mont Pilat ; l'Espérou.	Bois humides, prés tourbeux.
1587	— *Carvi*	♂ ♃	avril, mai	Tout l'Est de la France ; Alsace ; Lorraine ; Ardennes ; Bourgogne ; Lyon ; Franche-Comté ; Dauphiné ; rare dans le centre : Creuse, Puy-de-Dôme ; Pyrénées.	Prairies, bois.
1588	— *Bulbocastanum*	♃	juin, juillet	Est et centre de la France ; au Midi : Basses-Alpes,	Champs calcaires et argileux.

Nos des Espèces	NOMS de GENRE ET D'ESPÈCE	Durée des Plantes	ÉPOQUE de FLEURAISON	LOCALITÉS OÙ CES ESPÈCES ONT ÉTÉ TROUVÉES EN FRANCE.	HABITATION de CES PLANTES.
	BUNIUM *(Suite.)*			Fréjus, Toulon, Montpellier; Narbonne; à l'Ouest : Paris; Passy-sur-Eure; Rouen.	
1589	— *alpinum*	♃	mai, juin	Corse : monte Grosso, mont de Cagno, montagnes du cap Corse, mont de Serra près de Bastia, mont Restonica et mont Terribile.	Rochers des montagnes.
1590	ALGOPODIUM — *Podagraria*	♃	mai-juillet	Partout.	Prairies, haies.
1591	AMMI — *majus*	☉	juin, juillet	Commun dans les provinces méridionales et occidentales; dans l'Est et le Nord, il est plus rare.	Champs stériles, champs de luzerne.
	Var. *glaucifolium*	☉	— —	Rouen.	
1592	— *visnaga*	☉	— —	Provinces méridionales : Orange; Avignon; Cannes, Fréjus; Bellegrade (Gard); Saint-Jean-de-Védas près de Montpellier; Narbonne; Toulouse, Auch, Agen; Bordeaux.	Bords des champs.
1593	SISON — *amomun*	♂	juillet, août	Paris; Provins; Crépy; le Mans; Caen, Falaise, Valognes; Vannes, Cherbourg, Nantes; Angers; Orléans, Blois; Bourges, Vierzon; Châteauneuf, Nevers; Châtellerault; Bordeaux; entre Varennes et Couse (Dordogne); Agen; Montauban, Moissac, Castel-Sarrazin; Castres; Figeac; Fréjus; Corse : Bastia; Lyon; Beaune; Meursault, Rouvray et Roche-en-Breuil (Côte-d'Or).	Haies, buissons des lieux humides.
1594	FALCARIA — *Rivini*	♂	— —	Presque toute la France.	Champs calcaires.
1595	PTYCHOTIS — *heterophylla* Seseli *saxifragum* DC.	♂	— —	Pyrénées : Villefranche, Olette, Prats-de-Mollo, Canigou, Bénasque, Pech-David près Toulouse; Lozère; Sainte-Enimie, Florac, Saint-Prejet; Saint-Ambroix et Allais (Gard),	Lieux stériles et pierreux du Midi et de l'Est de la France.

Nos des Espèces	NOMS de GENRE ET D'ESPÈCE	Durée des Plantes	ÉPOQUE de FLEURAISON	LOCALITÉS OÙ CES ESPÈCES ONT ÉTÉ TROUVÉES EN FRANCE.	HABITATION de CES PLANTES.
	PTYCHOTIS (Suite.)			Nîmes; Avignon; Marseille, Toulon, Fréjus; Gap, Grenoble; Tournon (Ardèche); mont Colombier (Ain); Dijon; Langres; entre Creney et Luyères (Aube).	
1596	— verticillata	⊙	avril, mai	Corse : Bonifacio, Calvi, Corté, Fiumorbo, Bastia.	Lieux arides.
1597	— Thorei	♃	août, sept.	Bayonne, Dax, Saint-Julien à Garat-de-Dorbignac; Gazinet près de Pessac au Nord de la route de Bordeaux à la Teste.	Lieux inondés des landes.
	HELOSCIADIUM				
1598	— nodiflorum	♃	juillet, août	Toute la France.	Marais, ruisseaux.
1599	— repens	♃	juillet-sept.	Toute la France.	Lieux marécageux ou tourbeux.
1600	— inundatum	♃	juin, juillet	Nord-Ouest et centre de la France : Abbeville, Caen, Rouen, Valognes, Vire; Alençon, Briouze (Orne); Lisieux; Vannes; Nantes; Fontainebleau, Saint-Léger; Orléans; Blois; Montluçon, Napoléon-Vendée; Ahun; Lyon.	Marais, fossés tourbeux.
1601	— crassipes	♃	avril, mai	Corse : Bonifacio, Porto-Vecchio.	Marais.
	TRINIA				
1602	— vulgaris	♂	— —	Alsace : Guebwiller, Kastelwald, Rouffach; Jura : la Dôle, Salins; Dijon, Beaune; Lyon; Grenoble, Gap; Avignon, Fréjus, Hyères, Marseille, Montpellier, Toulon; Cévennes, Narbonne; Pyrénées-Orientales; Puy-de-Dôme, Allier; Bourges; Orléans; Fontainebleau, Etampes, Malesherbes, Anet; Rouen; Pointe-du-Chai, bois de Surgères (Charente-Inférieure).	Coteaux calcaires.
	PETROSELINUM				
1603	— segetum	⊙	juillet, août	Falaise, Caen, Saint-Pierre-sur-Dives; le Havre, Yvetot; le Mans; Provins, Orléans, Paris; Angers; Nan-	Champs humides et argileux.

Nos des Espèces	NOMS de GENRE ET D'ESPÈCE	Durée des Plantes	ÉPOQUE de FLEURAISON	LOCALITÉS OÙ CES ESPÈCES ONT ÉTÉ TROUVÉES EN FRANCE.	HABITATION de CES PLANTES.
	(Suite.) PETROSELINUM			tes ; Luçon, Napoléon-Vendée ; Bourges, Vierson, Issoudun, Nevers ; Poitiers ; Saint-Urcisse (Tarn) ; Montauban, Moissac, Castel-Sarrasin, Saint-Sever, Libourne ; Lyon ; Beaune, Meursault, Rouvray, Prény-sous-Thil.	
1604	— sativum	♂	juin, juillet	Cultivé et presque spontané.	Jardins, etc.
1605	APIUM — graveolens	♂	juillet-sept.	Côtes de la Méditerranée et de l'Océan, et lieux salins à l'intérieur des terres.	Prairies humides et marais.
1606	CICUTA — virosa	♃	juillet, août	Alsace : Niderbroun, Haguenau, Strasbourg ; Lorraine : Bitche, rives de la Sarre, lac de Blanchemer (Vosges) ; Pontarlier ; Seurre et Auxonne (Côte-d'Or) ; Autun et Issy-l'Evêque ; Luzy (Nièvre) ; lac de Chambedaze (Auvergne); lacs de Salliens et de Souverols (Lozère) ; Blois ; Crépy et Ons-en-Bray (Picardie) ; Abbeville, Saint-Valery-s/-Somme ; Doude, Lens (Pas-de-Calais).	Marais tourbeux.
1607	SCANDIX — pecten-veneris	☉	mai, juin	Partout.	Moissons.
1608	— hispanica	☉	— —	Cultivé. Provence : Montaud près de Salon ; Avignon.	Terres cultivées.
1609	— australis	☉	— —	Région des oliviers.	Champs.
1610	ANTHRISCUS — vulgaris	☉	— —	Presque partout.	Bords des chemins, lieux incultes.
1611	— Cerefolium	☉	— —	Cultivé et presque spontané.	Jardins.
1612	— sylvestris	♃	— —	Toute la France.	Bois, prairies.
	Var. alpestris	♃	— —	Vosges.	— —
	— tenuifolia	♃	— —	Alpes du Dauphiné ; Jura ; ballon de Soulz (Vosges).	— —
1613	CONOPODIUM — denudatum	♃	juin, juillet	Ouest et centre de la France ; Montbrison, Lyon ; Dauphiné ; Cévennes ; Pyrénées ; Corse.	Prés secs, bois et champs sablonneux.
1614	CHÆROPHYLLUM — bulbosum	♃	— —	Alsace, Haguenau, Stras-	Haies, buissons,

Nos des Espèces	NOMS de GENRE ET D'ESPÈCE	Durée des Plantes	ÉPOQUE de FLEURAISON	LOCALITÉS OÙ CES ESPÈCES ONT ÉTÉ TROUVÉES EN FRANCE.	HABITATION de CES PLANTES.
	(Suite.) CHÆROPHYLLUM			bourg, Guebwiller ; Lorraine : près de Nancy à Champigneules, Reméréville, Lenoncourt et Buissoncourt ; Pont-à-Mousson, Château-Salins, Lunéville, Metz.	saussaies des terrains sablonneux.
1615	— aureum	♃	juin, juillet	Chaîne du Jura : Baumes-les-Dames ; Lyon : Francheville, Tassin ; Alpes du Dauphiné , montagnes de la Lozère ; Puy-de-Dôme, monts Dore ; Pyréns-Orientales : Mont-Louis.	Bois montagneux.
1616	— Villarsii	♃	— —	Alpes du Dauphiné : Lautaret, Revel, Grande-Chartreuse, Saint-Hugon, mont Aurouse.	Prairies élevées des montagnes.
1617	— hirsutum	♃	juin-août	Chaîne des Vosges et du Jura ; Dauphiné ; montagnes de l'Ardèche, du Forez, du Puy-de-Dôme, de la Creuse, du Cantal, de la Lozère ; Pyrénées.	Bords des ruisseaux et prairies humides.
1618	— temulum	♂	juin, juillet	Partout.	Haies, buissons, lieux incultes.
1619	— nodosum	☉	mai	Corse : Calvi.	— —
1620	MYRRHIS — odorata	♃	juin, juillet	Vosges ; Jura ; le Forez ; Dauphiné ; Pyrénées : Esquierry, Barèges ; Chambrand près d'Ahun (Creuse).	Pâturages des montagnes.
1621	PLEUROSPERMUM — austriacum	♃	— —	Alpes du Dauphiné, forêt des Fraus au-dessus de la Grave, Lautaret, Chaillot-le-Vieil ; Alpes de Provence.	Montagnes élevées.
1622	MOLOPOSPERMUM — cicutarium	♃	juillet, août	Alpes du Dauphiné : Barcelonnette ; Alpes de Provence : Colmars ; Lozère : près de Villefort et Florac ; Pyrénées-Orientales : Mont-Louis, Canigou.	Montagnes escarpées.
1623	PHYSOSPERMUM — aquilegifolium	♃	— —	Alpes du Dauphiné : Mt Viso.	Montagnes.
1624	ECHINOPHORA — spinosa	♃	— —	Côtes de la Méditerranée et de l'Océan.	Sables maritimes.

Nos des Espèces	NOMS de GENRE ET D'ESPÈCE	Durée des Plantes	ÉPOQUE de FLEURAISON	LOCALITÉS OÙ CES ESPÈCES ONT ÉTÉ TROUVÉES EN FRANCE.	HABITATION de CES PLANTES.
	SMYRNIUM				
1625	— *olusatrum*	♂	avril, mai	Provinces méridionales et occidentales, vallée de la Basse-Loire.	Prairies humides des régions maritimes.
1626	— *perfoliatum*	♂	— —	La Verne près de Toulon.	Champs.
1627	— *rotundifolium*	♂	— —	Corse : Bonifacio.	—
	CONIUM				
1628	— *maculatum*	♂	juillet, août	Presque toute la France.	Décombres, bords des chemins.
	CACHRYS				
1629	— *lævigata*	♃	mai, juin	Montpellier ; Nîmes ; Pech-de-Lagnels et île Sainte-Lucie près de Narbonne ; Toulon, etc.	Rochers.
	HYDROCOTYLE				
1630	— *vulgaris*	♃	juillet, août	Presque toute la France.	Prairies humides et tourbeuses.
	ASTRANTIA				
1631	— *major*	♃	juin-août	Jura : Pontarlier, Morteau, Mouthe, Suchet ; Alpes du Dauphiné ; Puy-de-Dôme ; Pyrénées : Canigou, etc.	Pâturages des montagnes.
1632	— *minor*	♃	juillet, août	Alpes du Dauphiné : Lautaret, Grande-Chartreuse, Chamechaude, Mt Viso, etc.; Pyrénées : vallée de Galbe, le Boulou, mont Craber, Nouvielle, port de Bénasque (assez rare).	— —
	ERYNGIUM				
1633	— *Barrelieri*	♂	mai, juin	Corse : Bonifacio.	Lieux humides du littoral.
1634	— *viviparum*	♃	juillet-sept.	Côtes du Morbihan ; Erdeven près d'Auray ; Séné près de Vannes.	Lieux inondés.
1635	— *alpinum*	♃	juillet, août	Jura ; Alpes du Dauphiné et de la Provence ; le Mélezet ; Villars-Reymond-en-Oisans, etc. (assez rare).	Pâturages élevés.
1636	— *spina-alba*	♃	juin, juillet	Hautes-Alpes du Dauphiné et de la Provence, Rabou et la Grangette près de Gap, mont Aiguille près de Grenoble, Die ; mont Ventoux.	Montagnes.
1637	— *Bourgati*	♃	juillet, août	Pyrénées : Mont-Louis et vallée d'Eynes, Esquierry, Castanèse, Barèges, l'Hiéris, Pajols, Mont-Orhy, route de Luz à Gavarnie.	Pâturages des montagnes.

Nos des Espèces	NOMS de GENRE ET D'ESPÈCE	Durée des Plantes	ÉPOQUE de FLEURAISON	LOCALITÉS OÙ CES ESPÈCES ONT ÉTÉ TROUVÉES EN FRANCE.	HABITATION de CES PLANTES.
	(Suite). **ERYNGIUM**				
1638	— *campestre*	♃	juillet, août	Presque toute la France.	Lieux arides.
1639	— *maritimum*	♃	juin-août	Côtes de l'Océan et de la Méditerranée.	Sables maritimes.
	SANICULA				
1640	— *europæa*	♃	mai, juin	Toute la France.	Bois humides.
	HEDERA				
1641	— *helix*	♄	septembre	Toute la France et la Corse.	Bois et rochers.
	CORNUS				
1642	— *mas*	♄	mars, avril	Toute la France.	Bois et haies.
1643	— *sanguinea*	♄	mai, juin	Toute la France et la Corse.	— —
	VISCUM				
1644	— *album*	♄	mars, avril	Toute la France.	Parasite sur les arbres.
1645	— *oxycedri*	♄	septembre	Environs de Sisteron, Château-Arnoux ; Montfort ; Augès près de Fortcalquier.	Parasite sur les *Juniperus communis et oxycedri.*
	ADOXA				
1646	— *moschatellina*	♃	mars. avril	Alsace ; Vosges ; Lorraine ; Jura ; Dauphiné ; centre de la France ; Bourgogne ; Auvergne ; Paris ; Normandie ; Bretagne ; Pyrénées centrales ; Revest près de Toulon. Très-rare dans la région méditerranéenne.	Bois, haies, etc.
	SAMBUCUS				
1647	— *Ebulus*	♃	juin, juillet	Partout.	Chemins, fossés.
1648	— *nigra*	♄	juin	Partout.	Haies, etc.
	Var. *rotundifolia*	♄	—	Rouen : Bonsecours.	
1649	— *racemosa*	♄	avril, mai	Entre la région des sapins et celle des vignes.	Montagnes.
	VIBURNUM				
1650	— *Tinus*	♄	févr.-juin.	Languedoc ; Pyrénées-Orientales ; Provence : presque toute la région des oliviers. Corse.	Bois, haies, etc.
1651	— *Lantana*	♄	mai	Partout.	Coteaux, haies, etc.
1652	— *opulus*	♄	juin	Partout.	Bois, haies, etc.
	LONICERA				
1653	— *implexa*	♄	mai, juin	Littoral de la Méditerranée et région des oliviers. Corse.	Bois, buissons, etc.
1654	— *caprifolium*	♄	— —	Alsace et Lorraine : Nancy, Metz, etc. Cultivé.	Bois des terrains calcaires.
1655	— *etrusca*	♄	juin-août	Région méditerranéenne : Prats-de-Mollo, Perpignan, Narbonne : île Ste-Lucie, Montpellier, Marseille, Toulon ; Auvergne : Clermont, etc.; bords du Rhône jus-	Haies, buissons, etc

Nos des Espèces	NOMS de GENRE ET D'ESPÈCE	Durée des Plantes	ÉPOQUE de FLEURAISON	LOCALITÉS OÙ CES ESPÈCES ONT ÉTÉ TROUVÉES EN FRANCE.	HABITATION de CES PLANTES.
	LONICERA (Suite.)			qu'à Lyon et Belley, bords de la Durance jusqu'à Gap. Corse.	
1656	— Periclymenum	♄	juin-août	Partout.	Bois, haies.
1657	— Xylosteum	♄	mai, juin	Partout.	Bois, haies, buissons.
1658	— nigra	♄	— —	Hautes-Vosges ; mont Pilat près de Lyon ; Auvergne ; Cévennes ; Alpes ; Pyrénées.	Régions élevées des montagnes, bois.
1659	— pyrenaica	♄	juin	Prats-de-Mollo, Eaux-Bonnes ; Tour-de-Mir ; Pont-de-Lafons ; Pec-de-Bugarac, Pic-de-Gard, Port-de-Vieilles, Saint-Mamet, Esquierry, pic de l'Hiéris, Saint-Béat, mont Laid.	Régions alpines des Pyrénées.
1660	— alpigena	♄	mai, juin	Jura ; Auvergne ; Alpes : Revel, Taillefer, Allevard, Col-des-Haies près Briançon ; Pyrénées.	Zône subalpine.
1661	— cœrulea	♄	avril, mai	Jura : val de Joux ; Alpes et Pyrénées.	Lieux boisés des montagnes.
	RUBIA				
1662	— peregrina	♃	mai-juillet	De Nice à Perpignan ; tout l'Ouest jusqu'à Paris ; Mantes ; bords du Rhône jusque au-dessus de Lyon ; Mâcon ; Pech-David (Hte-Garonne) ; Herqueville, St-Jean-le-Thomas (Manche) ; Louviers ; Oissel près Rouen ; Port-Mort, Vernon ; Corse : Vico, etc.	Toute la région des oliviers.
1663	— tinctorum	♃	mai, juin	Tout le Midi. Presque spontanée dans une grande partie de la France : Dreux, Falaise ; Rouen, etc.; Paris : Saint-Germain, Saint-Mandé ; et cultivée à Montpellier, Avignon, et en Alsace.	Vieux murs.
	GALIUM				
1664	— cruciata	♃	avril, mai	Presque toute la France.	Bois, haies, buissons, prés.
1665	— venum	♃	juin, juillet	Bordeaux ; forêt de Cannes (Tarn) ; Dax, Bayonne ; Basses-Pyrénées : Eaux-Bonnes ; Pyrénées centrales : Barèges, pic de l'Hiéris, Port-de-Vieille, Cra-	Lieux ombragés des montagnes.

Nos des Espèces	NOMS de GENRE ET D'ESPÈCE	Durée des Plantes	ÉPOQUE de FLEURAISON	LOCALITÉS OÙ CES ESPÈCES ONT ÉTÉ TROUVÉES EN FRANCE.	HABITATION de CES PLANTES.
	GALIUM (Suite.)				
1666	— *rotundifolium*	♃	mai, juin	bère, Endretlis, Berna-douse ; Pyréns-Orientales : Prats-de-Mollo, Canigou, Mont-Louis, Eynes ; Alpes : mont Genèvre ; Corse. Vosges depuis Sarrebourg jusqu'à Giromagny ; Jura : région des sapins ; le Bu-gey ; Lyon ; Dauphiné : St-Nizier ; Champ-Rousse, Grande-Chartreuse près de Grenoble ; Auvergne ; Hte-Loire ; Pyrénées, Madres, Salvanaire, val d'Eynes, Llaurenti, Capsir, Port-de-Vieille. Corse.	Forêts des mon-tagnes.
1667	— *ellipticum*	♃	— —	Toulon ? Corse : Ajaccio, Bastia.	Montagnes peu éle-vées.
1668	— *boreale*	♃	juillet, août	Bitche ; Colmar, Strasbourg ; Vosges : Hohneck ; région des sapins de la chaîne du Jura ; Alpes ; Pyrénées ; Toulouse ; Agen ; Bordeaux ; Pauillac ; la Vienne : bois de Surgères, St-Georges, bois de Benon, Montendre ; Auvergne ; Troyes ; Semur.	Prés humides des montagnes, grès vosgien.
1669	— *glaucum*	♃	juillet	Fréjus, Marseille, Toulon ; Dauphiné : Saint-Paul-de-Varces, Séguret, Gap, Gre-noble ; Lyon ; Ardèche ; Dijon, Plombières ; Ingers-heim et Rouffach (Alsace) ; Limagne ; Gannat, Mont-Lihe et Saint-Priest-d'An-delot (Allier ; Puy-Crouel (Auvergne) ; Vienne ; Pyré-nées-Orientales : Prades, Villefranche, Bancs-de-l'Aze, Carcanet ; Toulouse.	Lieux pierreux et ombragés.
1670	— *arenarium*	♃	juin-sept.	De Bayonne à Brest.	Sables maritimes.
1671	— *verum*	♃	— —	Partout.	Coteaux, prairies, haies.
1672	— *decolorans*	♃	juin, juillet	Partout.	— —
1673	— *eminens*	♃	juillet	Bords de l'Allier ; Puy-de-Dôme.	Lieux frais et hu-mides.
1674	— *approximatum*	♃	—	Vallée de Messiac, Dienne (Cantal).	Vallées des mon-tagnes.
1675	— *ambiguum*	♃	août	Cantal.	— —
1676	— *purpureum*	♃	—	Provence : Seillans, Grasse,	Champs.

Nᵒˢ des Espèces	NOMS de GENRE ET D'ESPÈCE	Durée des Plantes	ÉPOQUE de FLEURAISON	LOCALITÉS OÙ CES ESPÈCES ONT ÉTÉ TROUVÉES EN FRANCE.	HABITATION de CES PLANTES.
	(Suite.) GALIUM			Antibes, Entrevaux (Basses-Alpes) ; Nice.	
1677	— sylvaticum	♃	juin, juillet	Alsace ; Lorraine ; Lyon ; Puy-de-Dôme ; Vosges, etc.; Jura ; Doubs ; le Bugey ; Pyrénées : pic de l'Hiéris, Bagnères-de-Bigorre, vallée d'Aspe.	Bois.
1678	— lævigatum	♃	juillet, août	Dauphiné ; Provence, Rabou près de Gap, Varces, Boscodon près d'Embrun, St-Nizier et mont Rachet près de Grenoble, le Champsaur; mont Ventoux ; Villefranche et la Trancade.	Bois élevés des montagnes.
1679	— maritimum	♃	— —	Pyrénées-Orientales : Perpignan et les hautes vallées de Prats-de-Mollo, Prades, Olette, Mont-Louis, le Laurenti ; Narbonne ; Montpellier ; Marseille ; Saint-Chinian (Hérault) dans les Cévennes.	Montagnes.
1680	— elatum	♃	— —	Toute la France.	Bois, haies.
1681	— neglectum	♃	juin	Le Croisic, Lorient, Quiberon.	Sables maritimes.
1682	— erectum	♃	mai, juin	Partout.	Prés, collines, bois.
	Var. rigidum	♃	— —	Alpes et plaines sèches du Midi ; Narbonne, etc.	Lieux secs.
1683	— Bernardi	♃	juillet	Corse : glacière de Bastia ; le Niolo.	Lieux secs, collines arides et rochers.
1684	— corrudœfolium	♃	juin, juillet	Tout le Midi de la France ; bords du Rhône en remontant jusqu'à Lyon, et de la Durance jusqu'à Gap et Guillestre.	Lieux secs, collines arides et rochers.
1685	— cinereum	♃	— —	Environs de Toulon et de Luc, Hyères et Bormes (Var) ; Corse : Bastia.	Lieux secs et rocailleux des terrains calcaires.
1686	— venustum	♃	— —	Corse : Niolo.	Montagnes et pâturages.
1687	— rubrum	♃	juin	Corse.	Montagnes.
1688	— corsicum	♃	juin, juillet	Corse : Bastia, mont Coscione.	—
1689	— Prostii	♃	juin	Environs de Mende (Lozère).	—
1690	— rubidum	♃	—	Var : Grasse ; Toulon, Bormes, Hyères ; Marseille ; Digne.	Champs.
1691	— myrianthum	♃	juin, juillet	Ain : Nantua ; le Bugey, Lyon ; Grande-Chartreuse ;	Montagnes.

Nos des Espèces	NOMS de GENRE ET D'ESPÈCE	Durée des Plantes	ÉPOQUE de FLEURAISON	LOCALITÉS OÙ CES ESPÈCES ONT ÉTÉ TROUVÉES EN FRANCE.	HABITATION de CES PLANTES.
	GALIUM (Suite.)			Saint-Nizier et Pont-de-Claix près de Grenoble.	
1692	— *luteolum*	2	juillet	Gap et St-Genis-le-Désolé (Hautes-Alpes) ; Col-de-l'Arche, Col-de-Vars.	Montagnes.
1693	— *leucophœum*	2	juillet, août	Entre Ville-Vallouise et l'Echauda (Dauphiné).	—
1694	— *alpicola*	2	— —	Alpes du Dauphiné : Lautaret, Briançon, Col-de-l'Arche, Mt Genèvre, la Grave, l'Echauda, Rabou près de Gap, vallée du Quayras, Guillestre.	—
1695	— *brachypodum*	2	juillet	Embrun, Gap, Guillestre, Barcelonnette ; Rabou au-dessus du lac de Séguret.	—
1696	— *lœtum*	2	—	Castellane, Sisteron, sources de Vaucluse.	—
1697	— *collinum*	2	juin	Gard : Alais ; Ardèche : Tournon ; Drôme : Valence ; Uzès.	Collines sèches.
1698	— *scabridum*	2	juin, juillet	Gap ; Laragne ; Htes-Alpes ; Lyon ; Vienne (Isère).	Montagnes.
1699	— *Timeroyi*	2	juin	Lyon ; Nîmes ; Hte-Vienne ; Lussac ; Avignon, Montpellier.	Champs.
1700	— *implexum*	2	juin, juillet	Alais, Nîmes, Valence, Lyon ; Gap.	Collines calcaires.
1701	— *Fleuroti*	2	juin	Côte-d'Or ; environs de Saulieu, vallon de la Coquille près d'Etalante.	Collines et vallées.
1702	— *intertextum*	2	juillet, août	Serres et Laragne (Hautes-Alpes) ; la Bérarde (Isère) ; Billoc (Basses-Alpes) ; Montpellier.	Montagnes et vallées.
1703	— *papillosum*	2	juin	Pyrénées - Orientales : la Trancade-d'Ambouilla près de Villefranche, Fond-de-Comps, Llaurenti, Anisur, Orlu, Saleix, Cagire, Pales-de-Bouts, Mont-de-Saint-Mamet.	Pâturages élevés.
1704	— *sylvestre*	2	—	Lyon ; Besançon ; Haguenau ; Phalsbourg et presque tout le Nord de la France.	Lisière des bois, lieux secs et arides.
1705	— *commutatum*	2	—	Lyon ; Besançon ; Haguenau ; Mont-Dore, Puy-de-Dôme.	Pâturages secs et bois.
1706	— *montanum* — *lœve* DC.	2	—	France centrale : Lyon ; Pyrénées ; Besançon, Pontarlier et Mont-d'Or (Doubs) ;	— —

Nos des Espèces	NOMS de GENRE ET D'ESPÈCE	Durée des Plantes	ÉPOQUE de FLEURAISON	LOCALITÉS OÙ CES ESPÈCES ONT ÉTÉ TROUVÉES EN FRANCE.	HABITATION de CES PLANTES.
	GALIUM (Suite.)			Rabou près de Gap ; Auvergne ; Hautes-Vosges.	
1707	— argenteum	2|	juillet, août	Hautes-Alpes : le Grandson (Gde-Chartreuse), Bourg-d'Oysans ; Lautaret, mont Aurouse et Rabou près de Gap, mont Viso.	Hautes montagnes.
1708	— Lapeyrousianum	2|	juillet	Hautes-Pyrénées : Barèges, Ereslid, pic du Midi, Gavarnie, Esquierry.	—
1709	— anisophyllon	2|	—	Alpes du Dauphiné : mont Fleuri, Grande-Chartreuse et Grandson près de Grenoble, le Champsaur, montagnes de Gap.	—
1710	— tenue	2|	juin, juillet	Alpes du Dauphiné : Grandson à la Grande-Chartreuse, Briançon, Lautaret, le Bugey au mont Colombier, Doubs au mont Suchet.	—
	Var. Jussiæi Vil.	2|	— —	Mont Dauphin, Briançonnais, le Quayras, Bourg-d'Oisans, Lautaret.	Montagnes.
1711	— pusillum	2|	juillet	Marseille, Toulon ; le Gard ; mont Ventoux ; mont Ste-Victoire ; source de Vaucluse.	Montagnes du Midi
1712	— cæspitosum	2|	—	Hautes-Pyrénées, montagnes de Gaube, port de Cambiel, mont Né, Tourmalet, Houle-de-Marboré, Costa-Bona, Estive-de-Luz, port de Bouchero, pic du Midi de Bigorre, vallée d'Aspe.	—
1713	— pyrenaicum	2|	juin, juillet	Pyrénées depuis Mont-Louis jusqu'aux Eaux-Bonnes : vallée d'Eynes, mont Laurenti, pic du Midi, mont de Cambredase, etc.	Sommités des chaînes de montagnes.
1714	— helveticum	2|	juillet, août	Hautes-Alpes du Dauphiné, Grandson, etc.. près de Grenoble jusqu'au Polygone, mont Aurouse près de Gap, col du Dévoluy, le Noyer, le Champsaur, Lautaret, glacier du Bec, col de l'Echauda, mont de Lans, mont Viso, col de l'Arche, la Traversette, etc.	— —
1715	—megalospermum	2|	— —	Dauphiné ; Provence ; la	Hautes montagnes.

Nos des Espèces	NOMS de GENRE ET D'ESPÈCE	Durée des Plantes	ÉPOQUE de FLEURAISON	LOCALITÉS OÙ CES ESPÈCES ONT ÉTÉ TROUVÉES EN FRANCE.	HABITATION de CES PLANTES.
	GALIUM (Suite.)			Moucherolle près de Grenoble, mont Aurouse près de Gap, le Glandaz près de Die (Drôme), Pyerègue-au-Noyer, mont Ventoux.	
1716	— cometerrhizon	2	septembre	Pyrénées-Orientales, sommets de la vallée d'Eynes, port de Plan, Riou-Mayou (vallée d'Aure), port de Canau.	Hautes montagnes.
1717	— saxatile	2	juin-août	Chaîne des Vosges, sur le grès et le granit; Longwy; Haguenau; Bourgogne, Saulieu; mont Pilat, Iseron et Saint-Bonnet-le-Froid près de Lyon; Pyrénées, Ariège, Gèdre, Pla-Guillem, val d'Eynes, Llaurenti. Très-Seignous, Crabère, Bonneu, pic de l'Hiéris, etc.; Ouest: Dordogne, Nantes, Vannes, Cherbourg, Falaise, Lisieux, Caen, Beaumont-le-Roger, St-Lô, Orbec; Rouen, Vire; Morbihan; Loire-Inférieure; centre de la France : Allier; Creuse; Haute-Vienne; Nièvre; Paris : Saint-Germer.	Lieux montagneux.
1718	— palustre	2	mai, juin	Toute la France.	Fossés, ruisseaux, lieux marécageux.
1719	— elongatum	2	juillet, août	Toute la France.	— —
1720	— debile	2	juin-août	Agen, Mont-de-Marsan et les Landes; Angers; Hyères.	Lieux incultes.
1721	— uliginosum	2	mai-août	Partout.	Marais, prés humides.
1722	— setaceum	☉	mai	Midi de la France; Aix, Arles, Salon, Toulon, etc.; Cambredaze et val d'Eynes?	Lieux arides.
1723	— divaricatum	☉	mai, juin	Bourges; Languedoc; Lyon; Provence; Paris?	Sables et lieux pierreux.
1724	— decipiens	☉	juillet	Toulon; Tarascon; Montpellier, Cette, Narbonne, Port-Vendres, etc.; dans la région méditerranéenne.	Collines sèches.
1725	— parisiense	☉	juin, juillet	Presque partout. La variété à fruit velu est commune dans la région des oliviers.	Champs, coteaux secs.
1726	— tenellum	☉	juin	Antibes.	Collines des terrains primitifs.

Nos des Espèces	NOMS de GENRE ET D'ESPÈCE	Durée des Plantes	ÉPOQUE de FLEURAISON	LOCALITÉS OÙ CES ESPÈCES ONT ÉTÉ TROUVÉES EN FRANCE.	HABITATION de CES PLANTES.
	GALIUM *(Suite.)*				
1727	— *aparine*	☉	juin-sept.	Partout.	Haies, buissons, etc
1728	— *spurium*	☉	— —	Falaise, Neufchâtel, Rouen.	Champs, lieux in-cultes.
	Var. *Vaillantii*	☉	— —	Bitche.	Forêts.
1729	— *tricorne*	☉	juillet-sept.	Presque partout.	Moissons, terres ar-gileuses et calcair.
1730	— *saccharatum*	☉	mai , juin	Fréjus, Toulon (Var).	Lieux cultivés.
1731	— *minutulum*	☉	juin	Porquerolles près Hyères, pointe occidentale de l'île.	Blocs granitiques à l'entrée des grot-tes.
1732	— *verticillatum*	☉	avril, mai	Provence ; Aix, Avignon, Vaucluse, Marseille, Tou-lon ; Languedoc ; Pyrénées-Orientales.	Champs, pied des montagnes.
1733	— *murale*	♃	— —	Provence : depuis le pied du mont Ventoux jusqu'à Fré-jus, Marseille, Toulon, etc.; Port-Juvénal.	Murs, lieux sté-riles.
	VAILLANTIA				
1734	— *muralis*	☉	juin	De Nice à Perpignan et toute la région des oli-viers ; Corse : Bonifacio, etc.	Murs et rochers.
	ASPERULA				
1735	— *odorata*	♃	mai , juin	Presque toute la France, excepté la région méditer-ranéenne et la Corse.	Bois.
1736	— *cynanchica*	♃	juin, juillet	Toute la France.	Collines arides, sa-bles maritimes.
	Var. *densiflora*	♃	— —	Toute la France.	— —
1737	— *tinctoria*	♃	— —	Paris ; Pyrénées-Orientales : Esquierry.	Coteaux arides , montagnes.
1738	— *longiflora*	♃	juillet, août	Vallée de l'Ubaye près de Grande-Sereine (Hautes-Alpes) ; la Bérarde (Isère) ; Abriès au sommet de la vallée du Quayras ; l'Es-terel (Var).	Montagnes.
1739	— *hirta*	♃	juin, juillet	Pyrénées : pic de Gard, Ca-gire, pic de l'Hiéris, Cau-d'Espade, Tourmalet, les Cougous, Endretlis, Casau-d'Estiba, Pen-de-Branda, port de Pinède, Prades, Houle-de-Marboré, Eaux-Bonnes.	—
1740	— *lævigata*	♃	juin	Narbonne ; Rabou près de Gap ; Lyon ; Fréjus ; Corse : Ajaccio, Bastia, etc.	Lieux secs et mon-tueux.
1741	— *taurina*	♃	avril, mai	Alpes du Dauphiné : Lau-	Montagnes.

Nos des Espèces	NOMS de GENRE ET D'ESPÈCE	Durée des Plantes	ÉPOQUE de FLEURAISON	LOCALITÉS OÙ CES ESPÈCES ONT ÉTÉ TROUVÉES EN FRANCE.	HABITATION de CES PLANTES.
	ASPERULA (Suite.)			taret, Bourg-d'Oysans, le Quayras, Orcières, Chaudun et les Beaux près de Gap ; Luz de la Croix-Haute (Drôme) ; Sisteron ; le Molard près de Belley (Ain) ; Vérune et Pignan près de Montpellier ?	
1742	— *arvensis*	⊙	mai, juin	Toute la France.	Champs cultivés.
1743	**SHERARDIA** — *arvensis*	♃	juin, juillet	Toute la France.	Moissons.
1744	**CRUCIANELLA** — *maritima*	♄	juin	Fréjus, Toulon, Aigues-Mortes, Cette, Montpellier, Agde, Perpignan, Collioures	Bords de la Méditerranée.
1745	— *latifolia*	⊙	—	Provence : Marseille, Toulon ; Valence et le Rhône de son embouchure jusqu'à Vienne en Dauphiné ; Languedoc : Montpellier, etc. ; Montauban.	Lieux stériles.
1746	— *angustifolia*	⊙	—	Grasse, Toulon, Marseille, Avignon, Lyon, Montbrison ; Narbonne, Nîmes, Montpellier ; Pyréns-Orientales, Perpignan, Prats-de-Mollo et Olette, et sur le revers du port de Bénasque ; Toulouse ; Agen ; Peyredeire (Haute-Loire) ; plateau central de la France, etc. ; Corse.	Lieux secs du Midi.
1747	**CENTRANTHUS** — *angustifolius*	♃	mai-juillet	Alpes ; Bourgogne ; Saône-et-Loire ; le Gard, Vaucluse, et tout le Midi ; Pyrénées, etc. ; Mts Jura.	Montagnes jusqu'à la hauteur de la région des sapins.
1748	— *ruber*	♃	mai-août	Midi de la France.	Vieilles murailles.
1749	— *nervosus*	♃	mai, juin	Corse : la Trinité près de Bonifacio.	Montagnes.
1750	— *calcitrapa*	♃	— —	Tout le Midi ; le Rhône en remontant jusqu'à Nantua (Ain) ; Corse.	Lieux pierreux et arides.
1751	**VALERIANA** — *officinalis*	♃	juillet, août	Presque toute la France, excepté la région des oliviers.	Bois humid., bords des eaux, des fossés et ruisseaux.
1752	— *Phu*	♃	mai. juin	Saint-Eynard près de Grenoble ; Agen ; Bordeaux, etc.	Près des habitations et subspontanée.

10

Nos des Espèces	NOMS de GENRE ET D'ESPÈCE	Durée des Plantes	ÉPOQUE de FLEURAISON	LOCALITÉS OÙ CES ESPÈCES ONT ÉTÉ TROUVÉES EN FRANCE.	HABITATION de CES PLANTES.
	VALERIANA (Suite.)				
1753	— *pyrenaica*	♃	juin, juillet	Chaîne des Pyrénées de Mont-Louis aux Eaux-Bonnes ; Madres, Salvanaire, Llaurenti, Bac-de-Bolcaire, bois des Angles et d'Ascou, l'Hospitalet, Artigous-de-Castelet, Sissoy, Luchon, bois de l'Hospice sous le port de Bénasque, moulin de Serres à Barèges, Gavarnie, forêt de Gabas.	Hautes montagnes.
1754	— *dioica*	♃	mai, juin	Toute la France, excepté dans les Pyrénées et la région méditerranéenne.	Prairies humides, terrains siliceux.
1755	— *tuberosa*	♃	mai	Aix ; Hyères ; Sisteron, Toulon, Gap ; Grenoble ; Briançon ; Montpellier ; Pont-du-Gard ; Nîmes ; Narbonne ; Pyrénées : Pic-de-Bigorre, Raze, plaines de Béret près des sources de la Garonne, Roumiga et mont Aneou, bout de la vallée d'Assau ; Lozère ; Côte-d'Or, Gevrey près de Dijon.	Lieux montueux.
1756	— *globulariæfolia*	♃	juin-août	Chaîne des Pyrénées : de Mont-Louis aux Eaux-Bonnes, Llaurenti, Fond-de-Comps, Mont-Corbison, cataractes de l'Adour, piquette d'Endretlis, Peu-de-Branda, Tuquerouy, Houle-de-Marboré, Madres, Costa-Bona, Jisole, Crabère, Castelet, Esquierry, Labatsec, vallée d'Aspe, Anouillasse près des Eaux-Bonnes.	Hautes montagnes.
1757	— *tripteris*	♃	mai-juillet	Alpes du Dauphiné : Grandson, Lautaret, etc. ; Jura ; mont Pilat, Vosges, Puy-de-Dôme, monts Dore ; Cantal ; Cévennes ; Pyrénées (surtout le versant oriental).	Région des sapins et même un peu au-dessous.
1758	— *montana*	♃	juin, juillet	Chaîne du Jura (région des sapins) ; mont Pilat ; Alpes ; Pyrénées.	Montagnes.

Nos des Espèces	NOMS de GENRE ET D'ESPÈCE	Durée des Plantes	ÉPOQUE de FLEURAISON	LOCALITÉS OÙ CES ESPÈCES ONT ÉTÉ TROUVÉES EN FRANCE.	HABITATION de CES PLANTES.
	VALERIANA (Suite.)				
1759	— *saliunca*	♃	juillet, août	Alpes du Dauphiné : Grande-Chartreuse, Bourg-d'Oysans, Palletes-de-la-Cou, le Champsaur, montagne des Hayes près de Briançon, le Lautaret et au Galibier, Col-de-l'Echauda, mont Aurouse près de Gap, mont Ventoux.	Sommités des montagnes.
	VALERIANELLA				
1760	— *olitoria*	☉	mars-mai	Toute la France.	Lieux cultivés.
1761	— *carinata*	☉	avril, mai	Presque toute la France.	—
1762	— *auricula*	☉	juillet, août	Commune dans le Nord et le centre de la France, rare dans le Midi.	Moissons.
1763	— *pumila*	☉	mai	Avignon ; Aix ; Lyon ; Fréjus, Salon, Toulon ; Saint-Ambroix ; Montpellier ; Narbonne ; Corse : Ajaccio.	—
1764	— *echinata*	♂	avril, mai	Fréjus, Marseille, Toulon ; Montaud, près de Salon ; Aix, Montpellier, Nîmes.	Moissons de la région méditerranéenne.
1765	— *puberula*	♂	— —	Grasse, Hyères, Toulon, Montpellier. Corse : Ajaccio, Bonifacio, Santa-Nonza.	Champs.
1766	— *microcarpa*	♂	— —	Toulon, Montaud près de Salon.	—
1767	— *Morisonii*	☉	juillet, août	Très-commun dans le Nord de la France, moins commun dans le centre, rare au Midi.	Moissons.
1768	— *truncata*	☉	juin, juillet	Montaud près de Salon (Provence).	Champs.
1769	— *eriocarpa*	☉	avril, mai	Presque toute la France, mais surtout le Midi et l'Ouest.	Vignes, moissons.
1770	— *coronata*	☉	juin-août	Tout le Midi jusqu'à Lyon ; vallée de la Loire et de ses affluents : Blois, Bourges, Orléans, Tours, Poitiers, Angers, Saumur ; Beaufort ; Etampes près Paris, Chantilly, Saint-Maur, Compiègne, Senlis, Verberie, Levignen, Gesvres, le Duché ; Alençon ; Laigle ; Rouen.	Moissons.
1771	— *discoidea*	☉	mai, juin	Grasse, Hyères, Toulon,	Moissons de la ré-

Nos des Espèces	NOMS de GENRE ET D'ESPÈCE	Durée des Plantes	ÉPOQUE de FLEURAISON	LOCALITÉS OÙ CES ESPÈCES ONT ÉTÉ TROUVÉES EN FRANCE.	HABITATION de CES PLANTES.
	(Suite.) VALERIANELLA			Marseille, Montpellier, Cette, Narbonne, etc.; Poitiers; Corse : St-Florent.	gion méditerranéenne.
1772	— *vesicaria*	☉	mai, juin	Marseille.	Moissons de la région méditerranéenne.
	DIPSACUS				
1773	— *sylvestris*	☉	juillet, août	France et Corse.	Lieux incultes, bords des chemins et champs, fosssés, etc.
1774	— *laciniatus*	♂	juillet	Alsace : Haguenau, Strasbourg, Colmar, Rouffach ; Côte-d'Or ; Jura : Dôle, Arbois ; Dauphiné : Grenoble ; Saône-et-Loire ; Auvergne ; Bretagne ; Agen ; Montauban, Toulouse.	Haies, chemins.
1775	— *ferox*	♂	juin, juillet	Corse: Ajaccio, Corté, Nonza, Sartène, etc.	Littoral maritime.
1776	— *fullonum*	♂	juillet, août	Cultivé dans le Nord et le Midi.	Champs.
	CEPHALARIA				
1777	— *pilosa*	☉	juillet-sept.	Maine-et-Loire ; Sarthe ; Paris : Compiègne, Magny ; Lorraine ; Alsace ; Bourgogne ; Jura ; Besançon ; Mâcon ; Lyon et tout le centre de la France ; Bayeux ; Eu ; Caen ; Falaise ; Gisors ; Rouen ; Valognes ; Agen ; Pyrénées centrales.	Moissons.
1778	— *syriaca*	♃	juin	Nîmes.	Champs cultivés.
1779	— *transylvanica*	☉	septembre	Grasse ; Toulon à la Garde.	Champs.
1780	— *alpina*	♃	juillet, août	Haut-Jura sous le sommet de la Dôle, vallon d'Andran sous le Reculet ; Dauphiné, Saint-Eynard entre Saint-Imier et la Grande-Chartreuse, Villard-de-Lans, le Dévoluy, la Grangette près de Gap. Pyrénées : Canigou ?	Hautes montagnes.
1781	— *leucantha*	♃	— —	Presque tout le Midi. De Nice à Collioures ; Pyrénées-Orientales jusqu'à Olette ; Basses-Pyrénées au delà de Bayonne ; les Alpes jusqu'au delà de Gap.	Coteaux et lieux pierreux.
	Var. *simplex*	♃	— —	Marseille et Toulon.	— —

Nos des Espèces	NOMS de GENRE ET D'ESPÈCE	Durée des Plantes	ÉPOQUE de FLEURAISON	LOCALITÉS OÙ CES ESPÈCES ONT ÉTÉ TROUVÉES EN FRANCE.	HABITATION de CES PLANTES.
1782	KNAUTIA — *hybrida*	⊙	mai, juin	Région méditerranéenne : Aix, Avignon, Fréjus ; Montpellier ; Narbonne, Toulon, etc. Corse : Bastia, Bonifacio.	Moissons.
1783	— *arvensis*	♃	juillet, août	Partout.	Champs, collines, bords des chemins.
1784	— *dipsacifolia*	♃	— —	Alsace ; Vosges ; Alpes ; Jura ; Pyrénées ; centre de la France.	Bois et lieux ombragés des basses montagnes et de la région des sapins.
1785	— *longifolia*	♃	juin, juillet	Jura : Pontarlier, le Bélieu, la Brevine, etc. ; mont Pilat près de Lyon ; le Forez ; Auvergne ; Pyrénées.	Prairies humides et tourbeuses de la haute région des sapins.
1786	— *Timeroyi*	♂	juillet	Lyon ; Morestel et Belley ; Crémieux.	Collines calcaires.
1787	— *mollis*	♃ ♂	juin, juillet	Dauphiné : Gap ; Rabou sous le bois Mondet ; Briançon.	Bois et collines sèches des montagn.
1788	— *collina*	♃	juillet	Provence : Marseille, Avignon, Castellane, Laragne, Sisteron, Toulon ; Dauphiné : Gap.	Prés, champs, collines.
1789	SCABIOSA — *graminifolia*	♃	juillet, août	Dauphiné · Rabou, la Grangette, mont Aurouse et Col-Boyard près de Gap ; Guillestre et Combes-du-Quayras, St-Eynard près de Grenoble ; Villars-d'Arène ; Barcelonnette.	Montagnes.
1790	— *stellata*	⊙	mai, juin	Gréoux, Sisteron ; Avignon, Fréjus, Toulon, Marseille, Montpellier, Collioures.	Champs maritimes, etc.
1791	— *ucranica*	♃	juillet-sept.	Blois ; Paris : Malesherbes.	Lieux arides.
1792	— *maritima*	⊙	juin, juillet	Provence : depuis la Méditerranée jusqu'à Montélimart ; Languedoc : Toulouse, Agen, Bayonne, etc.	Littoral maritime du Midi et du Sud-Ouest.
	Var. *atropurpurea*	⊙	— —	Cultivée.	
1793	— *columbaria*	♃	juin-sept.	Presque partout.	Collines, prairies.
	Var. *vestita*	♃	— —	Alpes du Dauphiné : Col-de-Tende.	Montagnes.
1794	— *ochroleuca*	♃	juillet	Toulon ? Alpes : Chaillot-le-Vieil.	—
1795	— *affinis*	♃	juillet, août	Vallées alpines et subalpines du Dauphiné ; Grenoble, Lyon.	Bords des torrents, grèves etc.

Nos des Espèces	NOMS de GENRE ET D'ESPÈCE	Durée des Plantes	ÉPOQUE de FLEURAISON	LOCALITÉS OÙ CES ESPÈCES ONT ÉTÉ TROUVÉES EN FRANCE.	HABITATION de CES PLANTES.
	SCABIOSA (Suite.)				
1796	— *lucida*	2|	août	Hautes-Vosges ; Haut-Jura ; mont d'Or, Suchet, la Dôle, le Reculet, etc. ; monts Dore ; Alpes ; Pyrénées.	Prés des hautes montagnes.
	Var. *sericea*	2|	—	Alpes du Dauphiné : Col-de-l'Arche ; Pyrénées : pic de Bigorre, Esquierry.	Prairies et collines.
1797	— *gramuntia*	2|	juillet, août	Bords de la Durance en remontant jusqu'à Gap et le Rhône jusqu'à Lyon ; Mont-Louis (Pyrénées-Orient^les).	Région méditerranéenne.
1798	— *suaveolens*	2|	juillet-sept.	Alsace : Colmar ; Vosges ; Côte-d'Or ; Fontainebleau ; Nemours ; Romans (bords du Rhône) ; Lyon (balmes viennoises).	Escarpements des hautes montagnes.
1799	— *rutæfolia*	2|	juillet	Corse : Bastia, Bonifacio.	Champs.
1800	— *succisa*	2|	août, sept.	Partout.	Terrains et bois humides.
	EUPATORIUM				
1801	— *cannabinum*	2|	juin-août	Partout.	Ruisseaux et bois humides.
1802	— *corsicum*	2|	juillet	Corse : Ajaccio, Bastia, Corté, Vico.	— —
	ADENOSTYLES				
1803	— *albifrons* — *cacalia* DC.	2|	juillet, août	Vosges et Jura ; Alpes du Dauphiné ; chaînes du Forez et du Cantal ; monts Dore ; Puy-de-Dôme ; Lozère ; Pyrénées ; Corse.	Torrents et rochers humid. des montagnes.
1804	— *alpina* *Cacalia alp.* DC.	2|	— —	Alpes du Dauphiné ; chaîne du Jura ; mont Ventoux.	Pâturages des montagnes.
1805	— *leucophylla*	2|	— —	Alpes du Dauphiné : Lautaret, Revel près de Grenoble, Villars-d'Arène, montagnes de l'Oursine, sous les glaciers de la Bérarde, mont Viso.	Hautes montagnes.
	HOMOGYNE				
1806	— *alpina*	2|	— —	Jura : la Dôle, le Suchet ; monts Dore ; Alpes du Dauphiné : Grande-Chartreuse, mont Viso, etc. ; Pyrénées : Canigou, Saint-Sauveur, Nouvielle, Esquierry, Bagnères-de-Luchon, Labatsec, Mt Lizey.	Pâturages humides des montagnes.
	PETASITES				
1807	— *officinalis*	2|	mars, avril	Presque toute la France.	Prairies humid., berges des rivières.

Nos des Espèces	NOMS de GENRE ET D'ESPÈCE	Durée des Plantes	ÉPOQUE de FLEURAISON	LOCALITÉS OÙ CES ESPÈCES ONT ÉTÉ TROUVÉES EN FRANCE.	HABITATION de CES PLANTES.
	PETASITES (Suite.)				
1808	— *albus*	♃	avril, mai	Vosges granitiques : Hohneck, Rotabac, ballon de Soultz, etc.; Jura : la Dôle, le Suchet, Salins, Vaudoncourt, le Larmont près de Pontarlier ; mont Colombier ; Alpes du Dauphiné ; mont Mézin ; chaîne du Forez et du Cantal, monts Dore ; Carabillon près de Falaise.	Ruisseaux des montagnes.
1809	— *niveus*	♃	— —	Alpes du Dauphiné : Lautaret sur le Galibier, Col-de-l'Arc et Saint-Nizier près de Grenoble, Manival, mont Aurouse, etc.; Pyrénées : vallée de Cambasque, Bénasque.	Ruisseaux des hautes montagnes.
1810	— *fragrans*	♃	déc.-mars	Canigou ; mont Pilat ; Moissac ; Saint-Jean-Pied-de-Port ; Sisteron ; Agen ; Lorraine : Pixérécourt près de Nancy et Herbevillers près de Vic ; Cherbourg, Coutances, Valognes.	Prés humides et ruisseaux.
	TUSSILAGO				
1811	— *farfara*	♃	mars, avril	Toute la France.	Terrains argileux et humides.
	SOLIDAGO				
1812	— *virga-aurea*	♃	juin-août	Toute la France.	Bois montagneux.
	Var. *reticulata*	♃	— —	Toulon.	—
	Var. *minuta*	♃	— —	Hautes-Alpes du Dauphiné : la Moucherolle.	Sables.
	Var. *nudiflora*	♃	— —	Corse.	—
1813	— *glabra*	♃	août	Naturalisée. Iles du Rhône près de Lyon et de Valence ; bords de l'Isère près de Grenoble, Guillestre ; rives du Gardon près d'Anduze.	Bords des cours d'eau.
1814	— *lithospermifolia*	♃	août, sept.	Naturalisée. Bois de Chadieu et bords de l'Allier à Chignat (Puy-de-Dôme).	Bois et cours d'eau.
	LINOSYRIS				
1815	— *vulgaris*	♃	— —	Alsace : Turkheim, Ingersheim, Rouffach, Westhalten ; Gevrey près de Dijon, Beaune ; Lyon ; Dauphiné Grenoble, Saint-Marcellin,	Collines et bords des bois montagneux.

Nos des Espèces	NOMS de GENRE ET D'ESPÈCE	Durée des Plantes	ÉPOQUE de FLEURAISON	LOCALITÉS OÙ CES ESPÈCES ONT ÉTÉ TROUVÉES EN FRANCE.	HABITATION de CES PLANTES.
				Briançon, Die, Mont-de-Lans, Piemeyan, etc.; Grasse; Lozère, Gard; Pyrénées-Orient^{les}; Toulouse; Montauban; Moissac; Lot-et-Garonne; Gironde; Charente-Inférieure : rochers de Velluire, Surgères, Montendre; Allier; Puy-de-Dôme; Nièvre; Cher; Orléans; Fontainebleau, Nemours, Chantilly, coteau de Gouvieux, Larocheguyon, Mantes; Vernon; les Andelys; Beaulieu, Ancenis, Bellite.	
	PHAGNALON				
1816	— *sordidum*	♃	mai, juin	Cannes, Fréjus, Toulon, Marseille, Miramas; Vaucluse; Valence; Tournon (Ardèche); Mende; Saint-Ambroix et Anduze (Gard); Ganges; Montpellier, Cette; Narbonne, Perpignan, Prades, Olette; Cazarille près de Bagnères-de-Luchon. Corse : Corté.	Rochers et vieux murs.
1817	— *saxatile*	♃	juin-août	Provence : Fréjus, Hyères, Toulon, Marseille; Pyrénées-Orientales, le Boulou, Prats-de-Mollo, Arles, Prades, Olette, Villefranche, etc.; Corse: Ajaccio, Bastia, Calvi.	Rochers.
1818	— *Tenorii*	♃	— —	Corse.	Lieux arides.
	CONYZA				
1819	— *ambigua*	☉	juillet, août	Cannes, Grasse : Nîmes, Montpellier; Narbonne, Perpignan; Toulouse, Carcassonne, Castelnaudary, Castres. Corse : Bastia.	Lieux cultivés.
	ERIGERON				
1820	— *canadensis*	☉	juillet-sept.	Partout.	Bois, lieux pierreux.
1821	— *acris*	♂	juin-août	Partout.	Lieux stériles.
1822	— *drœbachensis*	♂	août	Hautes-Alpes du Dauphiné : Grenoble, la Grave, mont Viso; sables du Rhin.	Montagnes, vallées du Rhin.
1823	— *Villarsii*	♃	juillet, août	Hautes-Alpes du Dauphiné et de la Provence : Lauta-	Hautes montagnes.

Nos des Espèces	NOMS de GENRE ET D'ESPÈCE	Durée des Plantes	ÉPOQUE de FLEURAISON	LOCALITÉS OÙ CES ESPÈCES ONT ÉTÉ TROUVÉES EN FRANCE.	HABITATION de CES PLANTES.
	ERIGERON (Suite.)			ret, Taillefer, Guillestre, Col-de-l'Arche, Briançon, la Moucherolle, Mt Seuze près de Gap, mont Viso; Colmars.	
1824	— alpinus	♃	juillet, août	Jura : la Dôle, le Reculet; H^{tes}-Alpes du Dauphiné : Revel près de Grenoble, les Boyards, Lautaret, Col-de-l'Echauda. mont Viso; monts Dore ; Pic-de-Sancy et de Cacadique, Val-d'Enfer ; Pyrénées : Canigou, Mont-Louis, Tourmalet, port de Bénasque, Gavarnie, Castanez, Pic-du-Midi, Barrèges, mont Laid, mont de Béost.	Hautes montagnes.
1825	— glabratus	♃	— —	Jura : la Dôle ; Hautes-Alpes du Dauphiné : mont Seuze près de Gap, mont Viso.	—
1826	— uniflorus	♃	— —	Hautes-Alpes du Dauphiné : Revel et Champrousse près de Grenoble, Taillefer, Lautaret, Galibier, Gap, Briançon, mont Viso ; Pyrénées : Cambredasses, val d'Eynes, Gavarnie, Esquierry.	—
1827	STENACTIS — annua	♂	— —	Naturalisée en Alsace : Strasbourg, Haguenau, Huningue ; Rémich ; Grenoble.	Bords du Rhin, de la Moselle, etc.
1828	ASTER — alpinus	♃	juillet-sept.	Jura : la Dôle, le Reculet, Saut-du-Doubs ; Hautes-Alpes du Dauphiné ; chaîne des Cévennes et du Vigan ; Pyrénées.	Rochers et pâturages des hautes montagnes.
1829	— pyreneus	♃	août, sept.	Hautes-Pyrénées : Esquierry, Médassole, montagne de Merdenson.	Hautes montagnes.
1830	— amellus	♃	août-octob.	Alsace, Lorraine ; Langres ; Dijon ; chaîne du Jura : Lyon ; Alpes du Dauphiné ; montagnes de la Lozère ; Pyrénées-Orientales ; Auvergne ; Allier : Gannat, Saint-Pourçain ; Lot-et-	Coteaux calcaires.

Nos des Espèces	NOMS de GENRE ET D'ESPÈCE	Durée des Plantes	ÉPOQUE de FLEURAISON	LOCALITÉS OÙ CES ESPÈCES ONT ÉTÉ TROUVÉES EN FRANCE.	HABITATION de CES PLANTES.
	ASTER (Suite.)			Garonne : Tournon ; Ne-mours ; Marne.	
1831	— *Tripolium*	♂	août, sept.	Littoral de l'Océan et de la Méditerranée ; marais sa-lants de la Lorraine : Vic, Moyenvic, Marsal, Dieuze, Sarralbe, Cocheren, Ros-bruck, Forbach.	Lieux humides.
1832	— *brumalis*	♃	— —	Naturalisée. Nancy, Luné-ville, Blamont, Sarrebourg, Sarreguemines ; Pontarlier, Lyon ; la Teste-de-Buch.	Bords des rivières, marais.
1833	— *Novi-Belgii*	♃	— —	Naturalisée. Langres ; Dijon ; Lyon (îles du Rhône) ; Cher (îles du) ; Strasbourg (îles du Rhin).	— —
1834	— *salignus*	♃	— —	Naturalisée. Strasbourg (for-tifications).	Fossés.
1835	— *acris*	♃	juillet, août	Fréjus, Toulon, Marseille, Montaud près de Salon, Aix, Sisteron, Montélimart, Digne, Chartreuse-de-Val-bonne près le Pont-Saint-Esprit ; Avignon ; Pont-du-Gard, Aigues-Mortes, Mont-pellier ; Narbonne, Perpi-gnan ; Alpes : Col-de-la-Traversette.	Région des oliviers
1836	— *trinervis*	♃	— —	Sainte-Enimie et gorges du Tarn près de Mende, Florac ; Pyrénées-Orien-tales : à la Trancade-d'Am-bouilla.	Montagnes.
1837	BELLIDIASTRUM — *Michelii*	♃	juin, juillet	Jura : sources de la Loue, de l'Orbe et du Dessoubre ; Pontarlier ; Alpes du Dau-phiné : mont Sappey et Saint-Eynard près de Gre-noble, Manival, Lautaret, mont Colombier ; Grasse, monts Dore.	—
1838	BELLIUM — *bellidioides*	♃	mai-juillet	Corse, depuis le littoral jus-qu'à une élévation de 1,800 mètres : Ajaccio, Bastia, Bonifacio, Calvi, cap Corse, monts Coscione, d'Oro et Rotundo, Vico.	Rochers maritimes

Nos des Espèces	NOMS de GENRE ET D'ESPÈCE	Durée des Plantes	ÉPOQUE de FLEURAISON	LOCALITÉS OÙ CES ESPÈCES ONT ÉTÉ TROUVÉES EN FRANCE.	HABITATION de CES PLANTES.
	BELLIS				
1839	— *annua*	⊙	mars-juin	Grasse, Cannes, Fréjus, Hyères, Toulon, Marseille, Montpellier ; la Brède près de Bordeaux ; Corse : Ajaccio, Calvi, Bastia, Guagno, Porto-Vecchio.	Prés, collines gazonnées.
1840	— *perennis*	♃	toute saison	Partout.	Pâturages frais.
1841	— *sylvestris*	♃	août, sept.	Fréjus, Hyères, Toulon, Marseille, Aix ; Avignon ; Nîmes, Pont-du-Gard, Montpellier, Cette ; Narbonne, Bagnols-sur-Mer, Perpignan. Corse : Bonifacio, Bastia.	Lieux herbus de la région des oliv.
	DORONICUM				
1842	— *plantagineum*	♃	avril, mai	Environs de Paris : Vincennes, Bondy, Montmorency, Saint-Germain, Malesherbes ; Pierrefonds, Aumont près Senlis, Dreux ; Thury-en-Valois, Marolle, Pouilly-en-Vexin, forêt d'Orléans ; le Mans ; Château-Gontier ; Yvetot ; Saint-Lô ; Nantes, Baugé, Angers ; bois de Fontevrault (Vienne) ; Pont-du-Gard ; St-Aubin près d'Elbeuf ; Pont-Audemer (Eure) ; Putanges (Orne) ; Rouen.	Bois sablonneux.
1843	— *Pardalianches*	♃	mai, juin	Versant oriental des Vosges : Sulzbach, Guebwiller, Munster ; Jura : Salins ; Cluny ; Lyon ; Dauphiné : Grenoble, Gavet-en-Oisans, Embrun ; Pyrénées : Canigou, Mont-Louis, Houle-de-Marboré, Bagnères-de-Luchon, etc. ; Toulouse ; Moissac, Castel-Sarrazin ; vallée de la Dordogne ; monts Dore, Puy-de-Dôme ; Creuse ; Cantal ; Forez ; Chalonnes, Blaison, Saint-Aubin ; Paris : Saint-Germain, Malesherbes ; Campigny (Eure) ; Cherbourg ; Neufchâtel. Rouen ; Valognes.	Bois montagneux.

Nos des Espèces	NOMS de GENRE ET D'ESPÈCE	Durée des Plantes	ÉPOQUE de FLEURAISON	LOCALITÉS OÙ CES ESPÈCES ONT ÉTÉ TROUVÉES EN FRANCE.	HABITATION de CES PLANTES.
	(Suite.) **DORONICUM**				
1844	— *austriacum*	♃	juin–août	Saulieu, Saint-Didier, Roches-en-Brénil, Saint-Léger-des-Fourches (Côte-d'Or) ; mont Pilat, mont Mezin ; chaîne du Forez ; Morvan ; Cantal ; monts Dore, Puy-de-Dôme ; Ahun et Aubusson (Creuse) ; Lozère ; Espérou ; Pyrénées : Prats-de-Mollo, Mt-Louis, vallée d'Andore, Llaurenti.	Bois montagneux.
	ARONICUM				
1845	— *corsicum*	♃	juin	Corse : Haut-Tavignano, Pont-d'Estro dans le Niolo et gorges de la Rostonica sur Corté, forêt d'Eithone, Coscione, monts Rotundo et Grosso, Ghisoni.	Ruisseaux des montagnes.
1846	— *Doronicum*	♃	juillet, août	Hautes-Alpes du Dauphiné : Lautaret, mont Viso, Col-Agniel.	Lieux humides des hautes montagnes
1847	— *scorpioides*	♃	— —	Alpes du Dauphiné : Col-de-l'Arche près de Grenoble, Lautaret, sommet du Galibier, Grande-Chartreuse, Chaillot-le-Vieil, Gap, Briançon, Col-de-l'Echauda, mont Aurouse ; mont Ventoux ; Pyrénées : Mont-Louis, Pic-du-Midi, Castanèse, port de Bénasque, Houle-de-Marboré, Eaux-Bonnes, val de Galbe, etc. ; Corse : mont Cinto.	Hautes montagnes.
	ARNICA				
1848	— *montana*	♃	juin, juillet	Vosges ; Saulieu (Côte-d'Or) ; mont Pilat ; Dauphiné : Grenoble, Gap, Briançon, mont Mezin ; chaîne du Forez ; Cantal ; monts Dore ; Lozère ; l'Espérou ; Pyrénées : Canigou, Bagnères-de-Luchon, Esquierry, Sologne ; forêt d'Orléans ; forêt de Haguenau.	Pâturages des montagnes et plaines sablonneuses.
	Var. *angustifolia*	♃	— —	Landes de Cérès près de Dax.	— —
	SENECIO				
1849	— *vulgaris*	☉	toute saison	Partout.	Lieux cultivés.

Nos des Espèces	NOMS de GENRE ET D'ESPÈCE	Durée des Plantes	ÉPOQUE de FLEURAISON	LOCALITÉS OÙ CES ESPÈCES ONT ÉTÉ TROUVÉES EN FRANCE.	HABITATION de CES PLANTES.
	SENECIO (Suite.)				
1830	— *viscosus*	☉	juin-octob.	Partout.	Lieux incultes.
1831	— *sylvaticus*	☉	juillet, août	Presque partout.	Bois.
1832	— *lividus*	☉	avril-juin	La Teste-de-Buch ; Millas et Notre-Dame-de-Consolation en Roussillon ; Montaulieu dans l'Aude ; Anduze et la Grand'Combe près Alais ; Toulon, îles d'Hyères, Fréjus, Grasse, Cannes ; Alpes du Dauphiné : Charousse, Revel ; Corse : Ajaccio, val Asco, Quenza, Calvi, Bastia.	Lieux sablonneux, bords des routes.
1833	— *leucanthemifolius*	☉	févr., mars	Toulon ; Corse : Ajaccio, îles Sanguinaires, Bonifacio, Calvi, Saint-Florent, Porto-Vecchio.	Marais du littoral maritime.
1834	— *crassifolius*	☉	mars, avril	Marseille : Lazaret, Anse-de-l'Ourse ; Toulon, Fréjus.	Côtes de la Méditerranée.
1835	— *gallicus*	☉	mai-juillet	Perpignan ; Frontignan, Montpellier, Nîmes, Saint-Ambroix, Alais, Anduze ; Avignon ; Aigues-Mortes ; Marseille, Montaud près de Salon ; Toulon, Hyères, Fréjus ; Pont-Saint-Esprit ; Gap, Romans, Briançon, Embrun, Grenoble ; Valence, Lyon. Corse : Ajaccio.	Lieux cultivés des provinces méridionales.
1836	— *adonidifolius*	♃	juillet, août	Chaîne des Pyrénées ; montagnes du Vigan et de la Lozère ; monts Dore et Puy-de-Dôme ; Morvan ; tout le centre de la France jusqu'à Orléans et Paris ; Montlhéry ; mont Pilat près de Lyon ; Côte-d'Or : Saulieu, Arnay, la Roche-en-Breuil ; Bernay, Evreux, Rouen.	En général terrains siliceux et bois montueux.
1837	— *aquaticus*	♂	juin-août	Presque toute la France.	Prés humides.
1838	— *erraticus*	♂	— —	Provinces méridionales, centrales et occidentales de la France jusqu'à Valognes ; Corse : Ajaccio, Bastia.	—
1839	— *Jacobæa*	♂	— —	Partout.	Haies, buissons, prés secs.
1860	— *erucifolius*	♃	— —	Partout.	Bois et haies.
1861	— *Cineraria*	♄	juin, juillet	Port-Vendres, île Sainte-	Rochers, surtout

Nos des Espèces	NOMS de GENRE ET D'ESPÈCE	Durée des Plantes	ÉPOQUE de FLEURAISON	LOCALITÉS OÙ CES ESPÈCES ONT ÉTÉ TROUVÉES EN FRANCE.	HABITATION de CES PLANTES.
	SENECIO (Suite.)			Lucie; Agde; Aigues-Mortes; fontaine de Vaucluse, Digne, Marseille, Toulon, Hyères, Cannes; Corse : Bastia, îles Sanguinaires.	dans les régions maritimes.
1862	— leucophyllus	2	août, sept.	Pyrénées : Prats-de-Mollo, Canigou, Cambredases, Coullade-de-Nouri; mont Mezine (Ardèche).	Hautes montagnes.
1863	— incanus	2	juillet, août	Hautes-Alpes du Dauphiné, Taillefer près de Grenoble, Lautaret, Sassenage, Chaillol-le-Vieil, Bourg-d'Oisans, Gap, mont Viso, mont Aurouse, montagnes de Briançon.	—
1864	— paludosus	2	— —	Alsace : Strasbourg; Benfeld; Troyes; Gray; Limpré et Saulon (Côte-d'Or); marais de Saône (Doubs); Lyon; Grenoble; Bourges; environs de Paris, bords de la Seine et de la Marne; marais d'Haubourdin près de Lille; Gisors; Rouen; marais Vernier.	Bords des rivières et des ruisseaux, marais.
1865	— saracenicus	2	juin-août	Presque partout.	Bois montagneux.
1866	— Jacquinianus	2	juillet, août	Vosges, Champ-du-Feu, ballon de Soultz, Rotabac, Hohneck jusqu'à Gérardmer; Jura; Alpes du Dauphiné, chaîne des Cévennes, Pyrénées-Orientales.	—
1867	— Cacaliaster	2	— —	Monts Dômes, monts Dore; bois de Confolans près d'Aubusson (Creuse); montagnes d'Aubrac; chaîne du Cantal et du Forez.	Bois et pâturages.
1868	— salicetorum	2	— —	Iles de la Moselle, Liverdun dans l'île du Moulin, Frouard, Pont-à-Mousson, Jouy, Metz.	Saussaies, bords des rivières.
1869	— Doria	2	— —	Narbonne; Montpellier au bord du Lez; Tarascon, Fréjus; Beaucaire; Avignon, fontaine de Vaucluse; Embrun, Gap, Grenoble; Lyon.	Coteaux et pâturages.
1870	— Tournefortii	2	— —	Pyrénées : Canigou, vallée	Pâturages humides.

Nos des Espèces	NOMS de GENRE ET D'ESPÈCE	Durée des Plantes	ÉPOQUE de FLEURAISON	LOCALITÉS OÙ CES ESPÈCES ONT ÉTÉ TROUVÉES EN FRANCE.	HABITATION de CES PLANTES.
	SENECIO (Suite.)			d'Eynes, Llaurenti, pic du Midi. ports d'Oo, de Pail- lères, de Bénasque, Es- quierry, Tourmalet, col d'Estaubé.	des hautes mon- tagnes.
1871	— *Doronicum*	♃	juillet, août	Jura : la Dole ; Alpes du Dauphiné, Lautaret, Gde- Chartreuse, Gap, mont Genèvre; Pré-des-Marmiers (Ain) ; Alpes de la Pro- vence ; chaînes du Forez, du Cantal ; monts Dore ; Pyrénées : Mont-Louis, Llaurenti, Eaux-Bonnes, Col-d'Arbas, Esquierry.	Pâturages des mon- tagnes, lieux pier- reux.
1872	— *Gerardi*	♃	juin	Mende à la Margueride, Causse-Mejan au-dessus de Monteil ; serre du Bouquet près de Nîmes ; mont Sainte-Victoire ; Toulon ; Prades dans les Pyrénées- Orientales ; Alpes : Guil- lestre, Embrun.	Pâturages élevés.
1873	— *spathulæfolius*	♃	mai	Les Andelys ; Bayeux ; Dieppe, le Havre, etc.	Bois, coteaux, prai- ries.
1874	— *aurantiacus*	♃	juin, juillet	Alpes du Dauphiné : vallée de l'Arche, Seillac, Moli- nes. mont Viso.	Hautes montagnes.
1875	— *Pyrenaicus*	♃	— —	Pyrénées : Mont-Louis, mont Cagire, l'Héris, mont Laid, mont Darin, mont Bagès.	—
1876	— *brachychœtus*	♃	mai, juin	Pyrénées-Occidentales : Mt Harra entre Bidarray et Itsatson.	—
1877	— *palustris*	☉	juin, juillet	Saint-Omer ; Blois ; Saint- Germer près de Gournay.	Marais.
1878	LIGULARIA — *sibirica*	♃	août	Combe-Noire près de Dijon ; Randanne et Eglise-Neuve (Puy-de-Dôme) ; Aurillac, Saint-Flour ; montagnes d'Aubrac et de la Lozère ; Puy-Valador dans le Cap- sier (Pyrénées-Orientales).	Prairies humides des montagnes.
1879	ARTEMISIA — *absinthium*	♃	juillet, août	Troyes ; Jura ; Dauphiné ; Provence, Cévennes, Nar- bonne, Pyrénées ; Moissac, Montauban ; Auvergne ; vallée de Massiac (Cantal);	Rochers, lieux in- cultes.

Nos des Espèces	NOMS de GENRE ET D'ESPÈCE	Durée des Plantes	ÉPOQUE de FLEURAISON	LOCALITÉS OÙ CES ESPÈCES ONT ÉTÉ TROUVÉES EN FRANCE.	HABITATION de CES PLANTES.
	ARTEMISIA (Suite.)			Saint - Waast (Manche) ; Corse.	
1880	— arborescens	♄	juillet, août	Hyères ; Corse : Ajaccio, Bonifacio, Calvi, îles San-guinaires.	Rochers maritimes
1881	— camphorata	♄	août. sept.	Alsace : Guebwiller et Wes-thalten près de Rouffach ; Lorraine : Saint-Mihiel ; Dauphiné : mont Rachet et la Bastide près de Greno-ble ; Lautaret, Rabou près de Gap ; Cévennes ; Mende, Florac, Causse-Mejean ; Py-rénées-Orientales : Ville-franche, Olette, Trancade-d'Ambouilla ; Auvergne, Puy-Saint-Romain, Saint-Maré (Yonne).	Rochers calcaires.
1882	— incanescens	♄	— —	Digne, Gap, Serres (Hautes-Alpes) ; Toulon.	Coteaux et monta-gnes calcaires.
1883	— mutellina	♃	juillet, août	Alpes du Dauphiné : Revel près de Grenoble, Lautaret, Mont-de-Lans, Briançon, Col-de-Paga, mont Viso, mont Aurouse ; Alpes de la Provence, l'Arche, mont Lausanier ; Pyrénées : val-lée de Llo, pic du Midi.	Montagnes.
1884	— glacialis	♃	— —	Hautes-Alpes du Dauphiné et de la Provence : Lauta-ret, Guillestre, Embrun, Briançon, mont Viso, mont Aurouse, l'Arche ; Mérone ; Pyrén.-Occid. : col d'Arbas.	Hautes montagnes.
1885	— vulgaris	♃	juillet-sept.	Toute la France.	Presque partout.
1886	— insipida	♃	juillet	Hautes-Alpes du Dauphiné : Gap, les Baux, vallée de la Grave.	Hautes montagnes.
1887	— spicata	♃	juillet, août	Hautes-Alpes du Dauphiné, Revel près de Grenoble, Lautaret, Col-du-Galibier, Chaillot-le-Vieil, Embrun, mont Aurouse, mont Viso ; Pyrénées, Prats de-Mollo, vallée d'Eynes, Llaurenti, vallée d'Asp, col d'Estaubé.	—
1888	— Villarsii	♃	— —	Hautes-Alpes du Dauphiné, Lautaret, la Pra, Revel près de Grenoble ; Pyrénées : Gavarnie, pic du Midi.	—

Nos des Espèces	NOMS de GENRE ET D'ESPÈCE	Durée des Plantes	ÉPOQUE de FLEURAISON	LOCALITÉS OÙ CES ESPÈCES ONT ÉTÉ TROUVÉES EN FRANCE.	HABITATION de CES PLANTES.
	ARTEMISIA (Suite.)				
1889	— *atrata*	♃	juillet, août	Dauphiné : col du Lautaret, col d'Arsine.	Hautes montagnes.
1890	— *chamœmelifolia*	♄	— —	Alpes du Dauphiné : Lautaret, mont Aurouse, Vars, mont Séuze, Rabou et la Grangette près de Gap.	—
1891	— *suavis*	♄	septembre	Vienne en Dauphiné.	Champs.
1892	— *nana*	♄	juillet, août	Hautes-Alpes du Dauphiné : la Grave près du Lautaret, Villars-d'Arène.	—
1893	— *campestris*	♃	— —	Toute la France.	Sables, montagnes.
	Var. *alpina*	♃	— —	Hautes-Alpes du Dauphiné.	— —
	Var. *maritima*	♃	— —	Côtes de l'Ouest.	— —
1894	— *variabilis*	♄	— —	Pyrénées : Bénasque, Vieille (vallée d'Aran).	Montagnes.
1895	— *glutinosa*	♃	août	Toulon, Marseille, Aigues-Mortes, Montpellier, Narbonne.	Côtes de la Méditerranée.
1896	— *maritima*	♃	sept., octob.	Dieppe, Dunkerque, le Havre, Quineville, Nantes, Sables-d'Olonne, Trouville.	Côtes de l'Océan et de la Manche.
1897	— *gallica*	♃	août, sept.	Toulon, Marseille, Istres, Aigues-Mortes, Arles, Montpellier, Cette, Narbonne, Bayonne; Corse : Bonifacio.	Côtes de la Méditerranée.
1898	— *cœrulescens*	♄	— —	Corse : Bastia, étang de Biguglia, Saint-Florent.	Terrains humides.
1899	— *arragonensis*	♄	— —	Pyrénées : vallée de Gistain, port de Belatte.	Montagnes.
	TANACETUM				
1900	— *vulgare*	♃	juin-août	Toute la France.	Lieux incultes, bords des routes.
1901	— *audiberti*	♃	juillet, août	Corse : bergerie d'Astrogoni sous le mont Rotundo et gorges de la Restonica, Niolo.	Escarpements des montagnes.
1902	— *annuum*	☉	— —	Arles, Beaucaire, Bellegarde, Manduel, Montpellier, Napoule, Tarascon, Toulon.	Région méditerranéenne; lieux sablonneux.
1903	— *Balsamita*	♃	— —	Dauphiné méridional ; bois d'Ouilly près de Matour (Saône-et-Loire) ; Regnéville (côtes de la Manche).	Champs, bois, littoral maritime.
	PLAGIUS				
1904	— *ageratifolius*	♄	juin, juillet	Corse : Bastia, cap Corse.	Lieux incultes.
	LEUCANTHEMUM				
1905	— *vulgare*	♃	— —	Partout.	Prés, bois.
1906	— *pallens*	♃	mai, juin	L'Esterel près de Fréjus, Toulon ; Aix ; Gap ; Aube-	Coteaux du Midi.

Nos des Espèces	NOMS de GENRE ET D'ESPÈCE	Durée des Plantes	ÉPOQUE de FLEURAISON	LOCALITÉS OÙ CES ESPÈCES ONT ÉTÉ TROUVÉES EN FRANCE.	HABITATION de CES PLANTES.
	(Suite.) LEUCANTHEMUM			nas (Ardèche) ; Alais ; Narbonne ; Pyréns-Orientales.	
1907	— *maximum*	♃	juin, juillet	Pyrénées : pic de Gard, pic de l'Hiéris, Canigou, Fond-de-Comps, Prats-de-Mollo, l'Hospitalet, Ax, le long des torrents et dans les sables de la Garonne et de l'Ariège ; Florac, Anduze ; mont Monnier ; Alpes du Dauphiné : Lautaret, Chamechaude ; Rabou et Matachard près de Gap, mont Genèvre ; Corse.	Prairies des montagnes, bords des torrents et des rivières.
1908	— *montanum*	♃	— —	Alais, Anduze, Draguignan, Florac ; l'Espérou, pic St-Loup et Valmargue près de Montpellier, Saint-Antoine-de-Galamus dans les Corbières.	Coteaux calcaires du Midi.
1909	— *graminifolium*	♃	— —	Grasse ; Mende, Sainte-Enimie, Florac, Alzon, Saint-Guilhem-du-Désert ; Pyrénées-Orientales : Prades, Villefranche.	— —
1910	— *coronopifolium*	♃	juillet, août	Alpes du Dauphiné : mont Viso, col de Paya, Abriès-en-Quayras, Allos et l'Arche (Basses-Alpes) ; Pyrénées : pic de Monné ; Corse.	Montagnes : escarpements et bords des torrents.
1911	— *palmatum*	♃	juin, juillet	Montagnes de l'Ardèche : mont Gerbier, Entraigues, Aubenas ; St-André, Florac (Lozère) ; Montaulieu (Aude) ; Prats-de-Mollo (Pyréns-Orientales) ; bords du Tarn à Moissac.	Montagnes et alluvions.
1912	— *alpinum*	♃	— —	Hautes-Alpes du Dauphiné : Revel, Taillefer, Col-de-l'Arche, Bourg-d'Oysans, Gap, Briançon et sables des rivières qui en découlent ; Pyrénées : Canigou, Cambredasses, val d'Eynes, Endretlis, Esquierry, pic du Midi, pic de Monné.	— —
1913	— *tomentosum*	♃	juillet, août	Corse : mont Rotundo, mont d'Oro, mont Cagno.	Montagnes.
1914	— *corymbosum*	♃	juin-août	Pyrénées ; Narbonne ; Toulouse, Montauban, Mois-	Coteaux calcaires.

Nos des Espèces	NOMS de GENRE ET D'ESPÈCE	Durée des Plantes	ÉPOQUE de FLEURAISON	LOCALITÉS OÙ CES ESPÈCES ONT ÉTÉ TROUVÉES EN FRANCE.	HABITATION de CES PLANTES.
	(Suite.) LEUCANTHEMUM			sac, Agen ; Bordeaux ; Auvergne ; chaîne des Cévennes ; Languedoc ; Provence ; Dauphiné ; Lyon ; Montbrison, Beaune et Dijon ; Alsace ; Marne (où elle est rare) ; Paris ; centre de la France.	
1915	— *Parthenium*	♃	juin-août	Une grande partie de la France.	Vieux murs et graviers des rivières.
	CHRYSANTHEMUM				
1916	— *segetum*	☉	— —	Presque toute la France.	Moissons.
1917	— *Myconis*	☉	juillet, août	Cannes, Grasse, Fréjus, Hyères, Toulon, Nîmes ; Ajaccio, Bastia.	—
	PINARDIA				
1918	— *coronaria*	☉	juin-sept.	Lazaret de Marseille ; Corse : Bastia, Bonifacio, Calvi, Ajaccio.	Littoral de la Méditerranée.
	NONANTHEA				
1919	— *perpusilla*	☉	avril, mai	Corse : îles Sanguinaires, île de Lavezzio près de Bonifacio.	Iles maritimes.
	MATRICARIA				
1920	— *chamomilla*	☉	avril-juillet	Toute la France.	Moissons.
1921	— *inodora*	☉	juin-octob.	Toute la France.	—
1922	— *maritima*	☉	juill.-octob.	De Dunkerque à Bayonne.	Sables du littoral.
	CHAMOMILLA				
1923	— *nobilis*	♃	juin-août	Ouest et centre de la France ; assez rare dans l'Est : Lyon, Salins, Dijon, Bains, Fleville près de Nancy.	Moissons.
1924	— *mixta*	☉	mai, juin	Midi et Ouest de la France.	Champs sablonneux et alluvions des rivières.
1925	— *fuscata*	☉	mars-juin	Provence : Hyères, Toulon, Luc ; Corse : Algajola.	Lieux inondés pendant l'hiver.
	ANTHEMIS				
1926	— *maritima*	♃	mars-août	Cette, Perols et Maguelonne près de Montpellier, Aigues-Mortes, Arles, Marseille, Toulon ; Mt Gerbier (Ardèche) ; Corse : Ajaccio, Bastia, Bonifacio, Calvi.	Sables des côtes de la Méditerranée.
1927	— *arvensis*	☉	mai-sept.	Montpellier, Narbonne ; Nîmes ; Arles, Salon, Marseille, Toulon, Fréjus ; Corse : Aleria.	Moissons de la région méditerranéenne.
1928	— *cotula*	☉	— —	Toute la France.	Moissons.
1929	— *secundiramea*	☉	mai-juillet	Montredon près de Marseille.	Régions maritimes

Nos des Espèces	NOMS de GENRE ET D'ESPÈCE	Durée des Plantes	ÉPOQUE de FLEURAISON	LOCALITÉS OÙ CES ESPÈCES ONT ÉTÉ TROUVÉES EN FRANCE.	HABITATION de CES PLANTES.
	ANTHEMIS (Suite.)				
1930	— *montana*	♃	août, sept.	Fréjus, Toulon, Vaucluse ; l'Espérou et l'Hort-de-Diou (Vigan) ; Cévennes : Florac, Barre ; Pyrénées : Collioures, Canigou, Mᵗ-Louis, val d'Eynes, Prats-de-Mollo, pic du Midi de Bigorre, Barrèges ; Auvergne ; Cantal ; bords de la Loire jusqu'à Nevers.	Lieux rocailleux des montagnes, alluvions des rivières.
1931	**COTA** — *altissima* Anthemis alt. DC.	☉	mai-août	Montauban, Moissac, Agen, Toulouse ; Narbonne, Perpignan ; Montpellier ; Bagnols, Tresques, Alais, Anduze et Sᵗ-Ambroix (Gard); Dauphiné méridional: Montélimart ; Salon, Marseille, Toulon, Hyères, Fréjus ; Corse : Bastia.	Moissons et lieux stériles.
1932	— *tinctoria*	♃	juin-août	Lorraine : Hayange, Moyeuvre, Aumets, Longwy, Maizières, Sierck ; chaîne des Vosges : le Bonhomme, Kaisersberg, Sulzmatt ; Alsace : Rouffach, Ingersheim, Rothweil ; Lyon, Vienne ; Avignon, Toulon.	Collines calcaires.
	Var. *discoïde*	♃	— —	Alpes de Provence.	Montagnes élevées.
1933	— *Triumfetti*	♃	juillet, août	Pyrénées-Orientales : Bellegarde, Prats-de-Mollo ; Andorre, de Canillo à Salden ; bois de Salehousse près du Vigan ; Briançon ; Vars (Charente).	Bois des montagnes.
1934	**ANACYCLUS** — *clavatus*	☉	— —	Toulon, Montpellier, Cette ; Narbonne, Perpignan, Prats-de-Mollo ; Corse : Bonifacio.	Région méditerranéenne.
1935	— *radiatus*	☉	— —	Bayonne, Saint-Jean-Pied-de-Port, Narbonne ; Montpellier ; Aigues-Mortes ; entre Nîmes et Avignon, Fréjus, Hyères, Toulon ; Corse : Bastia.	Champs.
1936	— *valentinus*	☉	— —	Perpignan, le Boulou, Carcassone.	—

Nos des Espèces	NOMS de GENRE ET D'ESPÈCE	Durée des Plantes	ÉPOQUE de FLEURAISON	LOCALITÉS OÙ CES ESPÈCES ONT ÉTÉ TROUVÉES EN FRANCE.	HABITATION de CES PLANTES.
1937	**DIOTIS** — *candidissima*	♃	juin, juillet	Côtes de la Méditerranée et de l'Océan ; Manche ; Calvados (rare).	Sables maritimes.
1938	**SANTOLINA** — *chamæcyparissus*	♄	juillet, août	Mont Gervi près Sisteron ; Forcalquier, Aix, Salon, Toulon, Marseille, Avignon, Mornas ; Beaucaire, Nîmes, Uzès ; Sijean, Narbonne, Corbières près de Perpignan ; St-Nazaire (Loire-Inférieure) ; Corse : Corté, Bastia.	Coteaux calcaires du Midi et côtes de l'Océan.
1939	— *viridis*	♄	— —	Bords du canal du Midi.	Terrains humides.
1940	— *pectinata*	♄	— —	Pyrénées-Orientales : Saint-Andiol et Arles près de Prats-de-Mollo.	Montagnes.
1941	**ACHILLEA** — *tomentosa*	♃	mai, juin	Champs près de Grenoble, mont Viso, rochers de la Traversette ; Sisteron, Tain (Drôme) ; Avignon, Beaucaire, Nîmes, Montaud près de Salon, Toulon, Grasse.	Collines arides du Midi.
1942	— *odorata*	♃	juillet, août	Avignon, Nîmes, Montpellier, Cette, Narbonne ; Pyrénées-Orientales : Prades, Olette, Trancade-d'Ambouilla ; Alpes : Charousse, Molines-en-Champsaur ; Toulon, Marseille, Montaud près de Salon.	Région méditerranéenne.
1943	— *millefolium*	♃	juin-octob.	Partout.	Lieux incultes, bords des bois.
1944	— *compacta*	♃	juillet, août	Dauphiné : Lautaret ; mont Monnier (Basses-Alpes) ; Fréjus, Toulon ; mont Lozère.	Coteaux du Midi.
1945	— *tanacetifolia*	♃	— —	Alpes du Dauphiné : Lautaret.	Montagnes.
1946	— *dentifera*	♃	— —	Alpes du Dauphiné et de la Provence : Lautaret, Vars près de Barcelonnette, mont Morgon près de Briançon, mont Monnier.	—
1947	— *nobilis*	♃	— —	Dauphiné : Bourg-d'Oisans ; Basses-Alpes : Digne et Seyne ; Avignon, Montaud près de Salon ; Hyères,	Coteaux calcaires.

Nos des Espèces	NOMS de GENRE ET D'ESPÈCE	Durée des Plantes	ÉPOQUE de FLEURAISON	LOCALITÉS OÙ CES ESPÈCES ONT ÉTÉ TROUVÉES EN FRANCE.	HABITATION de CES PLANTES.
	ACHILLEA (Suite.)			Toulon ; montagnes de la Lozère ; Alsace : Guebweiler, Colmar, Mutzig, Vasselonné.	
1948	— *ligustica*	♃	juin, juillet	Provence : la Crau ; Corse : Corté, Ajaccio, Bastia, Bonifacio, Calvi, Mt Cagnu.	Collines.
1949	— *chamæmelifolia*	♃	juillet, août	Pyrénées-Orientales : Prats-de-Mollo, Arles-sur-Tech, le Vernet, Canigou, Villefranche, Olette, Fond-de-Comps, vallée de Llo, vallée de Conat.	Rochers.
1950	— *ageratum*	♃	— —	Avignon, Arles, Marseille, Salon, Toulon, Vaucluse, Orange ; Bellegarde (Gard) ; Montpellier ; Narbonne, Perpignan ; Corse : Calvi, Corté, Saint-Florent.	Région des oliviers
1951	— *Ptarmica*	♃	juin-août	Toute la France.	Fossés, prés humid.
1952	— *pyrenaica*	♃	août, sept.	Pyrénées : vallée d'Eynes, Castanez, vallée de Gistain, etc.	Montagnes.
1953	— *herba-rota*	♃	juillet, août	Hautes-Alpes du Dauphiné : mont Viso.	—
1954	— *macrophylla*	♃	— —	Hautes-Alpes du Dauphiné : Grande-Chartreuse, Revel près de Grenoble, Rabou près de Gap, mont Aurouse.	Montagnes élevées.
1955	— *nana*	♃	— —	Hautes-Alpes du Dauphiné : Belledonne, Galibier, Gap, Lautaret, col de Paga, Saint-Marcelin, Taillefer, mont Viso.	—
	BIDENS				
1956	— *tripartita*	☉	juin-octob.	Toute la France.	Fossés, lieux hum.
1957	— *hirta*	☉	août, sept.	Lyon : la Verpillière, la Tête-d'Or, Pontchéri.	— —
1958	— *cernua*	☉	juill.-octob.	Toute la France.	Ruisseaux, marais.
1959	— *bipinnata* KERNERIA *bipinnat.* (Grenier et Godron)	☉	septembre	Toulon ; Anduze (Gard) ; le Vigan, Grammont près de Montpellier.	Lieux cultivés et humides, bords des ruisseaux.
	BUPHTHALMUM				
1960	— *salicifolium*	♃	juillet, août	Alsace : Benfeld, Winsenheim, Herbsheim, Ingersheim, Wettolsheim ; Jura : Champagnole ; Côte-d'Or : Châtillon-sur-Seine ; Leuglay, Voulaine ; Dauphiné ; Roanne (Allier).	Prairies sèches, coteaux calcaires.

Nos des Espèces	NOMS de GENRE ET D'ESPÈCE	Durée des Plantes	ÉPOQUE de FLEURAISON	LOCALITÉS OÙ CES ESPÈCES ONT ÉTÉ TROUVÉES EN FRANCE.	HABITATION de CES PLANTES.
	(Suite.) BUPHTHALMUM				
1961	— *grandiflorum*	♃	juillet, août	Grenoble ; mont Colombier (Ain).	Montagnes.
	ASTERISCUS				
1962	— *maritimus*	♃	— —	Marseille : à Montredon ; Toulon ; Corse : Bonifacio.	Rochers et coteaux des bords de la Méditerranée.
1963	— *aquaticus*	☉	juin-août	Fréjus, Grasse, Marseille, Montaud près de Salon, Toulon ; Vaucluse ; Orange ; Vallon (Ardèche) ; bord du Gardon, Nîmes, Montpellier, Cette ; Pyrénées-Orientales.	Fossés, lieux humides de la région des oliviers.
1964	— *spinosus*	♂	— —	Provinces méridionales jusqu'à Valence, Montélimart, Alais et Saint-Ambroix (Gard) ; Montauban, Moissac, Lectoure, Agen, Bordeaux.	Champs cultivés, bords des chemins.
	CORVISARTIA				
1965	— *helenium*	♃	— —	Partout.	Prairies humides.
	INULA				
1966	— *conyza*	♂	— —	Partout.	Lieux arides, bois escarpés.
1967	— *bifrons*	♂	juillet, août	Dauphiné : bois de Vif près de Grenoble, Rabou, les Beaux et la Grangette près de Gap ; Barcelonnette, Castellanne ; Grasse ; Beaucaire ; Auvergne : Puy-Long, Cournon, Corent, Dallet, Gannat.	Coteaux et bois.
1968	— *spiræifolia*	♃	— —	Côte-d'Or : Beaune, Dijon ; Lyon ; Dauphiné : Grenoble et Tallard ; Provence : Digne, Bagnols près de Fréjus, Toulon, Marseille, Aix, Salon ; Beaucaire, Avignon ; Chartreuse-de-Valbonne, Alais, Uzès, Tresques, Nîmes, Anduze, Saint-Ambroix ; Lozère : Sainte-Enimie près de Florac, gorges de la Jonte près de Meyrueis ; Montpellier, Cette ; Narbonne, Collioures ; Corse : Bastia.	Collines du Midi et de l'Est,
1969	— *hirta*	♃	juin-août	Alsace : Winsenheim, Castelwald ; Lyon ; Orange ;	Prés montagneux.

Nos des Espèces	NOMS de GENRE ET D'ESPÈCE	Durée des Plantes	ÉPOQUE de FLEURAISON	LOCALITÉS OÙ CES ESPÈCES ONT ÉTÉ TROUVÉES EN FRANCE.	HABITATION de CES PLANTES.
	INULA (Suite.)			Grasse ; Fréjus ; Orléans ; Malesherbes, Nemours, Fontainebleau.	
1970	— salicina	♀	juin-août	Presque toute la France.	Bois montagneux.
1971	— Vaillantii	♀	août, sept.	Alpes du Dauphiné : Grande-Chartreuse, Grenoble, Bourg-d'Oisans, Gap; Tournon (Ardèche).	Bois humides, bords des ruisseaux.
1972	— crithmoides	♀	— —	Cherbourg ; falaises d'Auderville et de Flamanville; Englesqueville, St-Pierre-du-Mont, Vierville (Calvados).	Côtes de l'Océan et de la Méditerranée ; lieux inondés.
1973	— montana	♀	juin-août	Plombières près de Dijon, Santhenay, Beaune ; Lyon ; Dauphiné : Champ près de Grenoble, Bourg-d'Oisans ; Provence ; Bagnols près de Fréjus, Toulon, Marseille, la Crau, Aix ; Avignon ; Nîmes, Anduze, Saint-Ambroix (Gard) ; Montpellier; Lozère : Mende, Florac, mont Vaillant ; Pyrénées-Orientales ; Montauban, Moissac ; Tournon (Lot-et-Garonne) ; Dordogne ; Gironde ; Surgères et Sablonceaux (Charente-Infre) ; St-Florent (Cher) ; Auvergne : Saint-Nectaire, Puy-de-Marman, le Grand-Pérignat.	Coteaux arides.
1974	— britannica	♀	— —	Alsace : Haguenau, Strasbourg, Benfeld ; Lorraine : rives de la Seille et fortifications de Metz ; Côte-d'Or : Talmay, Longvay, Saulon-la-Rue, étang de Santenay; Lyon ; Grenoble ; Aigues-Mortes, Bellegarde et Manduel (Gard); Montpellier ; Limagne d'Auvergne, Cœur, Maringues, Gannat, etc.; Chatellerault, Loudun, Luçon ; vallées de la Loire, de l'Allier, du Cher, du Loiret ; Noyon ; le Mans : Paris ; Châlons-sur-Marne, Ay,	Prairies humides, bords des rivières.

Nᵒˢ des Espèces	NOMS de GENRE ET D'ESPÈCE	Durée des Plantes	ÉPOQUE de FLEURAISON	LOCALITÉS OÙ CES ESPÈCES ONT ÉTÉ TROUVÉES EN FRANCE.	HABITATION de CES PLANTES.
	INULA (Suite.)			Vitry-le-Français; Granville, Messey; Saint-Pierredu-Vauvrey près de Louviers, Pont-de-l'Arche; Rouen.	
1975	— *helenioides*	♃	juin	Pyrénées-Orientales : Prades, la Seu-d'Urgel, Estavar, Finestret, Rie, Billoc; les Corbières; pic Saint-Loup (Montpellier).	Montagnes.
1976	**PULICARIA** — *odora*	♃	juillet, août	Fréjus, Grasse, Hyères, Toulon; Collioures, Port-Vendres, Bagnols-sur-Mer, St-Paul-de-Fenouilhèdes; Corse : Bastia, Ajaccio, Bonifacio, cap Corse, Calvi, Porto-Vecchio, la Trinité.	Lieux maritimes du Midi.
1977	— *dysenterica*	♃	juin-août	Toute la France.	Fossés, marécages.
1978	— *vulgaris*	☉	— —	Toute la France.	— —
1979	— *sicula*	☉	août-octob.	Cannes, Grasse, Fréjus, Hyères, Toulon, Arles; Aigues-Mortes, Bellegarde; Narbonne; Corse : Bonifacio.	Fossés et marais du Midi.
1980	**CUPULARIA** — *graveolens*	☉	août, sept.	Paris : Rambouillet, Saint-Léger; Ouest : Pontorson; Midi de la France.	Lieux humides, cultivés.
1981	— *viscosa*	♃	— —	Fréjus, Hyères, Toulon, Marseille, Salon; Avignon; Orange et le Buis (Dauphiné); Nîmes, Beaucaire, Aigues-Mortes, Montpellier; Narbonne, Perpignan, Prades, Villefranche, Malpas (canal du Midi); Landes; Corse : Bastia, Calvi.	Lieux incultes du Midi.
1982	**JASONIA** — *glutinosa*	♃	juillet, août	Marseille, Toulon.	Champs.
1983	— *tuberosa*	♃	— —	Joyeuse (Ardèche); Saint-Hippolyte près d'Avignon; Saint-Ambroix, Alais, Anduze, Bassège, Tresques (Gard); pics Saint-Loup et St-Jean-de-Védas près de Montpellier; Arques et Serres (Aude); Pyrénées : Prats-de-Mollo, vallée de Gistain.	Rochers du Midi.

Nos des Espèces	NOMS de GENRE ET D'ESPÈCE	Durée des Plantes	ÉPOQUE de FLEURAISON	LOCALITÉS OÙ CES ESPÈCES ONT ÉTÉ TROUVÉES EN FRANCE.	HABITATION de CES PLANTES.
1984	HELICHRYSUM — *arenarium*	♃	juillet, août	Alsace : Strasbourg, Bisch-willer, Haguenau ; Lorraine : Bitche, Pont-à-Mousson, Saint-Avold, Rodemack ; le long du Rhône à Lyon.	Sables.
1985	— *decumbens*	♄	mai	Marseille, île Sainte-Lucie, Port-Vendres ; Alpes : Revel, le Quayras, Taillefer, glaciers du Bec.	Rochers du littoral de la Méditerranée et des hautes montagnes.
1986	— *Stœchas*	♄	juin, juillet	Lyon, Toulouse, Montauban, Agen, Bergerac ; côtes de l'Océan jusqu'à Nantes.	Coteaux secs.
1987	— *serotinum*	♄	— —	Fréjus ; Rocheblable près de Molines (Lozère), vallée du Gardon ; Saint-Chinian dans les Basses-Cévennes ; Narbonne, île Sainte-Lucie, Perpignan, Collioures, le Boulou, Ille, Prades, Olette.	Rochers de la région méditerranéenne.
1988	— *angustifolium*	♄	mai–juillet	Montpellier : Corse : Ajaccio, Bastia, Calvi, Corté.	Lieux chauds, secs et pierreux.
1989	— *microphyllum*	♄	— —	Corse : Bonifacio.	— —
1990	— *fœtidum*	♂	septembre	Brest ; lande de Gofontaine, près de Toqueville et de Valognes.	Côtes de l'Océan et de la Manche (naturalisée).
1991	— *frigidum*	♃	juin, juillet	Corse : monts Rotundo, d'Oro, Grosso, Patro, Treton, vallée de Mello, Niolo.	Rochers des hautes montagnes jusqu'à 2,000 m. d'élévat.
1992	GNAPHALIUM — *undulatum*	☉	— —	Naturalisée au bois de Flamanville et au bord de la mer près de Cherbourg.	Bois, littoral maritime.
1993	— *luteo-album*	☉	juin–août	Presque toute la France.	Sables.
1994	— *sylvaticum*	♃	juin–sept.	Toute la France.	Bois montagneux.
1995	— *norvegicum*	♃	juillet, août	Hautes-Vosges : Hohneck, Rotabac, Ballons ; mont Mezin (Ardèche) ; mont Dore, pic de Sancy ; Cantal ; Puy-Mary, pentes du Plomb ; Pyrénées-Orientales : Cambredases.	Montagnes escarpées.
1996	— *uliginosum*	☉	juin–août	Toute la France.	Champs sablonneux et humides.
1997	- *supinum*	♃	juillet, août	Hautes-Alpes du Dauphiné : pic de Belledone et Revel près de Grenoble, Lautaret, Sept-Laus, Villars-d'Arène, Gap, Briançon, M^{ts} Dore :	Hautes montagnes.

Nᵒˢ des Espèces	NOMS de GENRE ET D'ESPÈCE	Durée des Plantes	ÉPOQUE de FLEURAISON	LOCALITES OÙ CES ESPÈCES ONT ÉTÉ TROUVÉES EN FRANCE.	HABITATION de CES PLANTES.
				pic de Sancy, Chaudefour, val d'Enfer ; Pyrénées : Canigou, vallée d'Eynes, port de la Picade, port de Paillères, Llaurenti, pic du Midi de Bigorre, Barrèges, Bénasque, Bagnères-de-Luchon ; Corse : Mᵗ Corona.	
1998	ANTENNARIA — carpatica	2	juillet, août	Hautes-Alpes du Dauphiné : Grenoble, Lautaret, Sept-Laus, Chaillot-le-Vieil, glaciers de Bérarde, Col-de-l'Echauda, mont Viso ; Pyrénées : Canigou, val d'Eynes, pic du Midi, Es-quierry, Eaux-Bonnes.	Hautes montagnes.
1999	— dioica	2	mai, juin	Presque toute la France.	Sables.
2000	LEONTOPODIUM — alpinum	2	juillet, août	Hautes-Alpes du Dauphiné : col du Lautaret, la Grave, mont Seuze près de Gap, Sisteron, Briançon ; Pyré-nées : vallée de Lectoure, port de Saleix, pic du Midi de Bigorre, Houle-de-Mar-boré, Brèche-de-Roland, Castanèze, Eaux-Bonnes, mont Cagire ; Jura : la Dôle, Reculet.	Pâturages escarpés des montagnes.
2001	FILAGO — spathulata	☉	— —	Toute la France.	Moissons, terres calcaires.
2002	— germanica	☉	— —	Toute la France.	Moissons, terres si-liceuses.
2003	— eriocephala	☉	juillet	Iles d'Hyères.	Champs.
2004	— arvensis	☉	juin-août	Toute la France.	Moissons, terres si-liceuses.
2005	— neglecta	☉	août, sept.	Badonvillers et Pexonne ; bois de Tilly près de Saint-Pierre-sur-Dive.	Terres cultivées, grès.
2006	— minima	☉	juillet, août	Toute la France.	Moissons.
2007	LOGFIA — subulata	☉	juin-août	Toute la France.	Moissons, terres si-liceuses.
2008	MICROPUS — erectus	☉	juin, juillet	Lorraine ; Liverdun, Thiau-court, Metz, Langres ; Di-jon, Beaune ; Moissac ; Lyon ; Montbrison ; Nyons,	Coteaux arides, terres calcaires.

Nos des Espèces	NOMS de GENRE ET D'ESPÈCE	Durée des Plantes	ÉPOQUE de FLEURAISON	LOCALITÉS OÙ CES ESPÈCES ONT ÉTÉ TROUVÉES EN FRANCE.	HABITATION de CES PLANTES.
	MICROPUS (Suite.)			Gap ; Fréjus, Toulon, Marseille, Nîmes ; Mende ; Cluny, Dezige ; Auvergne : Puy-de-Crouel, Limagne ; Nièvre ; Cher ; Indre ; Poitiers ; Angers ; Orléans ; Nemours ; Lardy, Malesherbes, Etampes, Pithiviers ; Merry-sur-Yonne ; Beauvais ; Reims.	
2009	— bombycinus	⊙	juin	Montaud près de Salon, la Crau ; Avignon, Narbonne.	Champs méridionaux.
2010	EVAX — pygmea	⊙	juin, juillet	Cannes, Toulon, Marseille, Montaud près de Salon, la Crau ; Montpellier ; Cette ; Narbonne ; Corse : Ajaccio, Porto-Vecchio, Bonifacio.	Lieux inondés pendant l'hiver.
2011	— rotundata	⊙	mai, juin	Ile de Lavezzio ; Iles Sanguinaires.	Sables maritimes.
2012	CARPESIUM — cernuum	♃	juillet, août	Alsace : Ostheim, Ottmarsheim ; Morestel près de Lyon ; Grenoble et Saint-Marcellin ; Prats-de-Mollo.	Lieux humides et ombragés.
2013	CALENDULA — arvensis	⊙	juin-sept.	Presque partout, excepté la Lorraine, le Doubs, etc.	Vignes, lieux cultivés.
2014	ECHINOPS — sphærocephalus	♃	juillet, août	Dauphiné : la Grave, Rabou près de Gap ; Mende ; Mt-Louis ; Libourne ; environs de Poitiers ; Pontigué et Baugé (Anjou) ; Orléans ; château de Domfront ; Beauvais, Versailles.	Lieux incultes.
2015	— ritro	♃	— —	Vienne (Dauphiné) ; Grenoble, Gap, la Grave ; Avignon ; Mt Ventoux ; Mende, Figeac, Ste-Enimie, Alais, Anduze, Saint-Ambroix ; région méditerranéenne ; Pyrénées-Orientales ; vallée de la Garonne.	Lieux arides, bords des routes.
2016	GALACTITES — tomentosa	♂	— —	Fréjus, Hyères, Toulon, Marseille ; Montpellier ; Narbonne, Perpignan ; vallées	Lieux stériles du Midi.

Nos des Espèces	NOMS de GENRE ET D'ESPÈCE	Durée des Plantes	ÉPOQUE de FLEURAISON	LOCALITÉS OÙ CES ESPÈCES ONT ÉTÉ TROUVÉES EN FRANCE.	HABITATION de CES PLANTES.
2017	TYRIMNUS — *leucographus*	♂	mai , juin	du Tarn et de la Garonne ; Bordeaux ; Corse : Bastia. Draguignan, Grasse, Fréjus, Toulon, Marseille ; Montpellier, Cette ; Bangols-sur-Mer ; Corse : Corté, Calvi, Bastia, St-Amanza.	Champs arides, lieux incultes de la région méditerranéenne.
2018	SILYBUM — *Marianum*	♂	juillet, août	Toute la France, surtout le Midi.	Lieux incultes.
2019	ONOPORDON — *acanthium*	♂	— —	Toute la France.	Lieux incultes, bords des routes.
2020	— *tauricum*	♂	— —	Montpellier (naturalisée).	Champs.
2021	— *illyricum*	♂	— —	Lyon ; Montélimart, Die , Avignon, Aix, Fréjus, Toulon , Marseille ; Nîmes, Montpellier ; Narbonne, Perpignan ; Corse : Corté, Bastia, Bonifacio, Saint-Florent.	Lieux stériles, bord des routes.
2022	— *acaule*	♂	juillet	Pyrénées : Fond-de-Comps, haut vallon d'Evol, Calarde.	Montagnes.
2023	CYNARA — *Carduncellus*	♃	juillet, août	Beziers, Agde ; les Corbières ; Toulouse, Moissac ; Corse.	Champs.
2024	NOTOBASIS — *syriaca*	☉	mai , juin	Corse : Bonifacio, la Trinité, Saint-Amanza.	—
2025	PICNOMON — *acarna*	☉	juin, juillet	Vienne près de Lyon ; Château-Arnoux près de Sisteron, Die ; Avignon ; la Ciotat, Fréjus, Toulon, Marseille, Salon, Aix, Beaucaire, Montpellier, Cette ; Narbonne, Perpignan, le Boulou.	Lieux stériles du Midi.
2026	CIRSIUM — *Italicum*	♂	— —	Corse : Calvi , Carghèse, Belgodère.	Champs.
2027	— *lanceolatum*	♂	juin-sept.	Toute la France.	Lieux incultes, bords des routes.
	Var. *hypoleucum*	♂	— —	Bayonne, Narbonne , ile Rousse.	— —
2028	— *crinitum*	♂	juillet	Ile Sainte-Lucie près de Narbonne.	— —
2029	— *echinatum*	♃	juillet, août	*Voir l'espèce précédente.*	Lieux humides.

Nos des Espèces	NOMS de GENRE ET D'ESPÈCE	Durée des Plantes	ÉPOQUE de FLEURAISON	LOCALITÉS OÙ CES ESPÈCES ONT ÉTÉ TROUVÉES EN FRANCE.	HABITATION de CES PLANTES.
	CIRSIUM (Suite.)				
2030	— ferox	♂	juillet, août	Dauphiné : Gap, Grenoble ; Provence : Grasse, Bagnols près de Fréjus, Toulon, Marseille ; Tournon (Ardèche) ; Anduze et Sauve (Cévennes) ; Manduel près de Nîmes, pic Saint-Loup près de Montpellier ; Pyrénées-Orientales.	Coteaux du Midi.
2031	— odontolepis	♂	— —	Collioures.	Champs incultes.
2032	— eriophorum	♂	— —	Presque toute la France.	Lieux incultes, terrains calcaires.
2033	— polyanthemum	♃	juin, juillet	Corse : étang de Biguglia près de Bastia.	Lieux aquatiques.
2034	— palustre	♂	juillet, août	Toute la France.	Lieux humides.
2035	— palustri-monspessulanum	♂ ♃	septembre	Vallée d'Eynes (Pyrénées-Orientales).	Hautes montagnes.
2036	— monspessulanum	♃	juillet, août	Alpes du Dauphiné : Grenoble, la Garde près de Gap, Taillefer, Briançon ; Provence : Fréjus, Toulon, Marseille, bords du Lès près de Montpellier ; Narbonne ; chaîne des Pyrénées : Saint-Paul-de-Fenouillèdes, Villefranche, val de Carol près de Mont-Louis, Bagnères-de-Luchon, Barrèges, Saint-Béat, vallée d'Aspe ; Gap.	Bords des ruisseaux, vallées des htes montagnes.
2037	— anglico-palustre	♂	— —	Mourmelon-le-Grand entre Châlons-sur-Marne et Reims ; Loudun, Gien, Châtellerault.	Prés humides.
2038	— palustri-bulbosum	♃	— —	Strasbourg, Benfeld ; fontaine de Jouvence.	Prairies.
2039	— palustri-erisithales	♃	— —	Montagnes d'Aubrac, monts Dore, Cantal.	Montagnes.
2040	— palustri-oleraceum	♃	— —	Strasbourg, Bitche ; Orbais (Marne) ; Chaumont (Oise) ; Thury-en-Valois, Faverolles près de Villers-Cauterets, Morfontaine près de Senlis.	Prairies humides.
2041	— oleraceum	♃	— —	Toute la France.	Prés humid., bords des rivières.
2042	— rivulari-oleraceum	♃	— —	Chaîne du Jura.	Prés humides.
2043	—oleraces-rivulare	♃	— —	Chaîne du Jura.	—

Nos des Espèces	NOMS de GENRE ET D'ESPÈCE	Durée des Plantes	ÉPOQUE de FLEURAISON	LOCALITÉS OÙ CES ESPÈCES ONT ÉTÉ TROUVÉES EN FRANCE.	HABITATION de CES PLANTES.
	CIRSIUM (Suite.)				
2044	— *Erisithales*	♃	juillet, août	Le mont d'Or et la Dôle (Jura) ; chaîne du Forez, mont Mezin, montagnes d'Aubrac (Lozère) ; Cantal ; Auvergne.	Forêts des montagnes.
2045	—*bulbo-oleraceum*	♃	— —	Strasbourg, Benfeld, Huningue.	Prairies humides.
2046	— *bulbosum*	♃	— —	Alsace : Strasbourg, Colmar, Herlisheim, Siegolsheim, etc.; chaîne du Jura; Dijon, Jouvence ; Lyon ; Dauphiné : Manival, la Grangette et Rabou près de Gap; Gard : Saint-Ambroix, Anduze ; Lozère : Mende, Florac, Monteils ; Sauret près de Montpellier; Limagne : Cœur, Marmillac ; Bayonne, Riberac ; Châtellerault, Loudun ; Angers ; Nantes ; Orléans ; Falaise, Lisieux ; Argentan ; le Mans ; Château-Gontier.	Prairies.
2047	— *anglicum*	♃	— —	Vallées des Vosges : Bruyères, Grandrupt. Brouvelieures ; Saulieu (Côte-d'Or) ; vallée du Rhône : Orange, Montélimart ; Pyrénées ; tout l'Ouest de la France ; environs de Paris ; Champagne.	—
2048	— *rivulare*	♃	juin, juillet	Chaîne du Jura ; Alpes du Dauphiné ; mont Mezin ; le Puy ; vallée de Dienne (Cantal) ; Mende, montagnes d'Aubrac ; lac d'Estais et vallée d'Aspe (Basses-Pyrénées).	Prairies humides.
2049	— *spinosissimum*	♃	juillet, août	Hautes-Alpes du Dauphiné : Grande-Chartreuse, Lautaret, Col-de-l'Arche, Col-de-Paga, Gap.	Bords des ruisseaux.
2050	— *glabrum*	♃	juin-août	Hautes-Pyrénées : vallée de Venasque, Esquierry, torrent de Castanèse, Houle-de-Marboré.	Bords des torrents.
2051	— *glabro-monspessulanum*	♃	— —	Pyrénées.	— —

Nos des Espèces	NOMS de GENRE ET D'ESPÈCE	Durée des Plantes	ÉPOQUE de FLEURAISON	LOCALITÉS OÙ CES ESPÈCES ONT ÉTÉ TROUVÉES EN FRANCE.	HABITATION de CES PLANTES.
	(Suite.) **CIRSIUM**				
2052	—*spinosissimo-he-terophyllum*	♃	juillet, août	Hautes-Alpes du Dauphiné : Lautaret, Villars-d'Arène.	Hautes montagnes.
2053	—*heterophyllo-spi-nosissimum*	♃	— —	Alpes du Dauphiné.	Montagnes.
2054	— *heterophyllum*	♃	juin, juillet	Hautes-Alpes du Dauphiné : Lautaret, Villars-d'Arène ; Pyréns-Occidentles : montagnes d'Avéran près de Melles.	—
2055	— *heterophyllo-a-caule*	♃	— —	Hautes-Alpes du Dauphiné : Lautaret.	Hautes montagnes.
2056	— *acaule*	♃	juin-août	Toute la France.	Lieux incultes.
2057	— *bulbo-acaule*	♃	juillet, août	Alpes du Dauphiné : Col-de-l'Arche, Rabou près de Gap, entre la Roche-Arnauds et Matacharre ; Pyrénées : Renebs-les-Bains.	Hautes montagnes.
2058	— *oleraceo-acaule*	♃	— —	Strasbourg, Bouxweiller, Huningue, le Champ-du-Feu et vallée de la Zinzel ; Nancy, Mirecourt ; Jura ; Reims.	Prairies.
2059	— *anglico-acaule*	♃	— —	Pau ; Espelette (pays Basque).	Prés et champs incultes.
2060	— *arvense*	♃	— —	Toute la France.	Moissons, bords des routes.
2061	**CARDUUS** — *tenuiflorus*	☉ ♂	juin-août	Commune dans l'Ouest, le centre, le Midi de la France; rare dans l'Est : Reims, Chaltrait ; Commercy ; Lyon ; Alpes : le Galibier.	Bords des routes, décombres.
2062	— *pycnocephalus*	☉ ♂	— —	Rare dans l'Ouest de la France : le Mans ; Rouen ; Nantes ; Angers ; assez commune dans le Midi : Lyon, Avignon, Anduze, Mende, Narbonne. Perpignan, Montpellier, Marseille, Toulon, Hyères ; Caen ; Sées ; Corse : Bonifacio, Calvi.	Lieux incultes, bords des routes.
2063	— *sardous*	♂	juin, juillet	Corse : Santa-Monza, Saint-Florent, Corté.	Champs.
2064	— *cephalanthus*	♂	avril, mai	Corse : Sartène, Calvi, Iles de Lavezzio et de Cavallo, Iles Sanguinaires.	—
2065	— *fasciculiflorus*	♂	mai, juin	Corse : Para, Vignola.	—

Nos des Espèces	NOMS de GENRE ET D'ESPÈCE	Durée des Plantes	ÉPOQUE de FLEURAISON	LOCALITÉS OÙ CES ESPÈCES ONT ÉTÉ TROUVÉES EN FRANCE.	HABITATION de CES PLANTES.
	CARDUUS (Suite.)				
2066	— *Personata*	♃	juillet, août	Hautes-Vosges : Rotabac, Hohneck, Rosberg, ballon de Saint-Maurice ; Jura : Pontarlier, Charmauvillers, forges de Laval, mont Colombier ; Dauphiné : Grande-Chartreuse, Gap ; monts Dore ; vallée de Dienne (Cantal).	Lieux humides des montagnes.
2067	— *crispus*	♂	— —	L'Est et le Nord de la France ; rare dans l'Ouest, le Midi et le centre.	Voisinage des habitations, bords des routes.
2068	— *acanthoides*	♂	— —	Strasbourg ; Nancy ; Lyon ; Paris ; Alpes du Dauphiné : Prémol, mont Aurouse.	Champs, montagnes.
2069	— *nutans*	♂	— —	Presque toute la France.	Lieux incultes ; bords des routes.
2070	— *nigrescens*	♂	juin, juillet	Alpes du Dauphiné et de la Provence : Gap, Sisteron, Castellane, Colmars, mont Ventoux, Avignon, Marseille, Toulon ; Languedoc : Montpellier, Cette.	Champs et lieux arides.
2071	— *vivariensis*	♂	juillet, août	Ardèche : Tournon, Aubenas, Burzet, les Vans ; Lozère : Florac, Villefort, Vialas ; Gard : Alais, le Vigan, St-Jean-du-Gard ; Cantal : vallée de Massiac à Murat ; Pyrénées-Orientales : Prades, Olette, Fondpédrouse.	Montagnes, lieux incultes.
2072	— *hamulosus*	♂	juin, juillet	Sisteron et vallée de l'Arche ; Aix, Toulon ; Cévennes ; Montpellier ; Narbonne ; Grau d'Olette et Mt-Louis (Pyrénées-Orientales).	Lieux stériles.
2073	— *Sanctœ-Balmœ*	♂	juin	Alpes du Dauphiné et de la Provence : Sisteron, Digne, Castellane, Entrevaux, Ste-Baume près de Toulon.	Montagnes.
2074	— *aurosicus*	♂	juillet, août	Mont Aurouse (Dauphiné).	—
2075	— *carlinœfolius*	♃	— —	Hautes-Alpes du Dauphiné : la Garde et mont Seuse près de Gap, Mt Aurouse, mont Ventoux ; Pyrénées : vallée d'Eynes.	—
2076	— *defloratus*	♃	— —	Côte-d'Or : val de Suzon	Hautes montagnes,

12

Nos des Espèces	NOMS de GENRE ET D'ESPÈCE	Durée des Plantes	ÉPOQUE de FLEURAISON	LOCALITÉS OÙ CES ESPÈCES ONT ÉTÉ TROUVÉES EN FRANCE.	HABITATION de CES PLANTES.
	CARDUUS (Suite.)			près de Dijon ; chaîne du Jura, val de Lo et de Moutier, Poupet, Censeau, Brise-Poutot-sur-Pont-de-Roide, Pontarlier, mont d'Or, Mt Colombier, Nantua ; Alpes du Dauphiné : Lautaret, Saint-Nizier et Grande-Chartreuse près de Grenoble, Villars-d'Arène, Gap ; Pyrénées : Bagnères-de-Luchon, vallée du Lis, vallée d'Astos, rives de la Garonne.	rives des cours d'eau.
2077	— *medius*	♃	juillet	Pyrénées : Prats-de-Mollo, Barrèges, Cauterets, Eaux-Bonnes, mont Llaurenti.	Montagnes.
2078	— *carlinoides*	♃	juillet, août	Pyrénées : vallée d'Eynes, port de la Picade, port de Plan, Castanèze, Tourmalet, Arise, Cauterets, Maladetta, pic du Midi, Mont-Louis, port de Bénasque.	—
2079	CARDUNCELLUS — *mitissimus*	♃	juin, juillet	Mende, Florac ; Saint-Ambroix, Alais, Anduze, Campestre près du Vigan ; Pyrénées : Saint-Béat ; Gissac (Aveyron) ; Montauban, Lauzerte, Moissac ; Auch, Mirande, Tournon près d'Agen ; Paris : Etampes ; Manzac et Riberac (Dordogne) ; Bordeaux ; Surgères et Montlieu (Charente-Inférieure) ; Poitiers, Loudun, Maillisaies (Vendée) ; Montmorillon, Lussac (Berri) ; Issoudun, Châteauneuf, Bourges, Vierzon ; Nevers ; Orléans ; Malesherbes ; Lardy près de Paris.	Coteaux calcaires.
2080	— *monspeliensium*	♃	— —	La Garde et Charance près de Gap, Sisteron, Digne ; mont Ventoux, Sainte-Baume près de Toulon ; Montferrier et pic Saint-Loup près de Montpellier.	—

Nos des Espèces	NOMS de GENRE ET D'ESPÈCE	Durée des Plantes	ÉPOQUE de FLEURAISON	LOCALITÉS OÙ CES ESPÈCES ONT ÉTÉ TROUVÉES EN FRANCE.	HABITATION de CES PLANTES.
2081	RHAPONTICUM — *cynaroïdes*	♃	août, sept.	Pyrénées centrales : Esquierry, port de Paillères, pic d'Endretlis, mont de Mezarie ; Eaux-Bonnes : mont Laid, Pétarel-en-Val-Gaudemar.	Montagnes escarpées.
2082	— *heleniifolium*	♃	juillet, août	Hautes-Alpes du Dauphiné et de la Provence : Villars-d'Arène, la Garde près de Gap, mont Aurouse, Briançon, Seyne, Charousse.	—
2083	— *scariosum*	♃	— —	Revel près de Grenoble ; Prémol, Taillefer.	—
2084	CENTAUREA — *amara*	♃	août-octob.	Toute la France.	Lieux secs.
2085	— *Jacea*	♃	mai, juin	Tout le centre et le Nord de la France.	Prairies, herbages.
2086	— *nigrescens*	♃	juillet	Paris ; Nancy, Sarrebourg, Colmar ; Mâcon ; Montpellier ; Toulouse ; Napoléon-Vendée ; Lisieux ; Alençon ; Cherbourg ; Falaise.	— —
2087	— *microptilon*	♃	août, sept.	Bellevue, Lardy près de Paris ; Metz, Pommérieux, Thionville, Hayange ; Pont-à-Mousson, Nancy ; Lille ; Mulhouse ; Montbelliard ; Montpellier ; Saint-Jean-Pied-de-Port ; Cherbourg ; Rouen.	Bords des bois et des routes.
2088	— *Debeauxii*	♃	septembre	Agen.	Coteaux secs.
2089	— *nigra*	♃	juillet, août	Partout.	Bois, prairies, etc.
2090	—*nigro-solstitialis*	♃	août	Agen.	Champs.
2091	— *procumbens*	♃	juin	Corse.	
2092	— *Jordaniana*	♃	juillet	Basses-Alpes : Annot.	Pied des montagn.
2093	— *pectinata*	♃	juillet, août	Orange, Montélimart, le Buis ; Tournon, Entraigues, mont Gerbier (Ardèche) ; le Puy, gorges de Peyredeyre (Haute-Loire) ; Mende, Florac, chaîne des Cévennes ; Uzès, Nîmes, Alais, Anduze (Gard) ; Aigues-Mortes ; Montpellier, Cette ; Fondlaurier, Pine-deb-de-Fontfroide près de Narbonne, mont de Salfore (Albères) ; Pyrénées-Orientales : Prats-de-Mollo, Vil-	Lieux arides.

Nos des Espèces	NOMS de GENRE ET D'ESPÈCE	Durée des Plantes	ÉPOQUE de FLEURAISON	LOCALITÉS OÙ CES ESPÈCES ONT ÉTÉ TROUVÉES EN FRANCE.	HABITATION de CES PLANTES.
	CENTAUREA (Suite.)			lefranche, la Grau d'Olette, Fontpédrouse.	
2094	— *uniflora*	♃	juillet, août	Hautes-Alpes du Dauphiné et de la Provence : Lautaret, col d'Arcine, mont Seuse près de Gap, mont Viso, mont Genèvre, col de Paga, Embrun, Guillestre, Colmars.	Hautes montagnes.
2095	— *nervosa*	♃	— —	Hautes-Alpes du Dauphiné : Revel et Champrouse près de Grenoble, Lautaret, Mont-de-Lans et mont Pragenil, Bourg-d'Oisans, mont Viso, Embrun, Briançon.	—
2096	— *Ferdinandi*	♃	août	Hautes-Alpes du Dauphiné.	—
2097	— *pullata*	♂	mai, juin	Montpellier ; Pellestres (Pyrénées-Orientales) ; Valence, Montélimart.	Haies, etc.
2098	— *montana*	♃	juillet, août	Chaîne des Vosges : Bitche, Champ-du-Feu, Hobneck, Ballons, etc. ; Lorraine : Maron et Fond-de-Morvaux près de Nancy ; Lezeville (Haute-Marne) ; Dijon, Beaune ; Jura : Pontarlier ; Morteau, mont d'Or, Suchet ; Pierre-sur-Haute (Loire) ; Alpes du Dauphiné : Grande-Chartreuse, Lautaret, mont Viso, mont Seuse près de Gap, l'Echauda, Mezelet-sur-Guillestre ; mont Mezin (Ardèche) ; montagnes de la Lozère ; Aubusson (Creuse) ; Auvergne : Puy-de-Dôme, pic de Sancy ; Thury-en-Valois ; environs de Rocroy ; Pyrénées : Esquierry, col de Tortès, l'Iliéris ; Nantua.	Bois des montagnes, coteaux calcaires.
2099	— *lugdunensis*	♃	juin	Lyon : Couzon, la Pape ; Nantua.	Champs.
2100	— *semidecurrens*	♃	—	Gap, Sisteron, Saint-Geniès près de Serres.	—
2101	— *axillaris*	♃	juillet, août	Hautes-Alpes du Dauphiné : mont Viso, val d'Agnel (en Quayras), vallée de	Montagnes élevées.

Nos des Espèces	NOMS de GENRE ET D'ESPÈCE	Durée des Plantes	ÉPOQUE de FLEURAISON	LOCALITÉS OÙ CES ESPÈCES ONT ÉTÉ TROUVÉES EN FRANCE.	HABITATION de CES PLANTES.
	(Suite.) *CENTAUREA*			la Bérarde, Saint-Christophe-en-Oisans.	
2102	— *seusana*	♃	juin, juillet	Alpes du Dauphiné et de la Provence : monts Seuse et Aurouse près de Gap, mont Ventoux.	Montagnes élevées.
2103	— *cyanus*	♂	— —	Toute la France.	Moissons.
2104	— *scabiosa*	♃	juillet, août	Toute la France.	Bords des champs, lieux stériles.
2105	— *Kotschyana*	♃	août	Hautes-Alpes du Dauphiné : mont Viso, mont Seuse, la Grangette près de Gap.	Montagnes élevées.
2106	— *sempervirens*	♄	juillet, août	Baon-de-Quatre-Heures près de Toulon.	Champs.
2107	— *intybacea*	♄	— —	Montredon près de Marseille ; la Clappe, île Ste-Lucie et île de Lante près de Narbonne ; Casas-de-Pena près de Perpignan.	Région méditerranéenne.
2108	— *corymbosa*	♂	juin	La Clappe et île Sainte-Lucie près de Narbonne.	Montagnes escarpées, fentes des rochers.
2109	— *maculosa*	♂	juillet, août	Alsace : bords du Rhin à Strasbourg, Colmar, Rouffach, Mulhouse, Huningue ; Lyon ; Guillestre (Dauphiné) ; Haute-Loire ; Ardèche ; Lozère ; Vigan ; Clermont-Ferrand, Puy-de-Crouel, coteaux de la Limagne d'Auvergne ; centre de la France ; bords de la Loire : au Puy, à Nevers ; Orléans, Blois, Tours ; bords de l'Allier : à Vichy, Moulins.	Coteaux, bords des chemins et des rivières.
2110	— *cœrulescens*	♂	juin	Bagnols-s/-Mer, Collioures.	Champs.
2111	— *hanrii*	♃	juillet	Ste-Baume près de Toulon.	—
2112	— *leucophœa*	♂	juillet, août	Alpes du Dauphiné et de la Provence : sables du Drac près de Grenoble, Lautaret, vallée de l'Arche, Plan-de-Fazi près Mont-Dauphin, Gap, mont Seuse, Laragne, Guillestre, entre l'Echauda et Vilvallouise, Briançon, Serres, Sisteron, Castellanne ; Pyrénées-Orientales : Prades, la Grau-d'Olette.	Montagnes.

Nos des Espèces	NOMS de GENRE ET D'ESPÈCE	Durée des Plantes	ÉPOQUE de FLEURAISON	LOCALITÉS OÙ CES ESPÈCES ONT ÉTÉ TROUVÉES EN FRANCE.	HABITATION de CES PLANTES.
	(Suite.) CENTAUREA				
2113	— *paniculata*	♂	juillet, août	Lyon ; Gap, mont Rachet, Guillestre ; Aix, Fréjus, Toulon ; Saint-Ambroix, Alais, Anduze, Nîmes, Manduel ; Montpellier ; Narbonne, Carcassonne ; Saint-Paul-de-Fenouillèdes (Pyrénées-Orientales).	Montagnes, champs
2114	— *polycephala*	♂	juillet.	Nions, Montaud près de Salon, Hyères, Toulon.	Champs.
2115	— *rigidula*	♃	—	Avignon.	—
2116	— *collina*	♃	juillet, août	Marseille, Fréjus, Toulon, Salon ; Avignon ; Saint-Pierreville (Ardèche) ; St-Ambroix, Alais, Anduze ; Nîmes, Montpellier, Cette, Narbonne, Sijean, Leucate; Corse.	Champs, coteaux.
2117	— *napifolia*	☉	juin, juillet	Corse : Ajaccio, Bastia, Bonifacio, Porto-Vecchio, Sartène.	Coteaux stériles.
2118	— *sonchifolia*	♃	— —	Marseille.	Rochers maritimes
2119	— *sphærocephala*	♃	mai	Corse : Bastia, étang de Biguglia.	Pâturages maritimes.
2120	— *aspera*	♃	juin-sept.	Vallée du Rhône : Lyon, Vienne, Montélimart, Orange, Avignon ; Romans (Drôme) ; mont Ventoux ; Fréjus, Toulon, Marseille, Salon ; Alais, Saint-Ambroix, Anduze, Nîmes ; Montpellier, Cette ; Sijean, Narbonne, île Sainte-Lucie, Perpignan ; Toulouse, Montauban, Moissac, Agen, Bordeaux ; île d'Oléron, île de Ré, Sables-d'Olonne, la Tremblade (Charente-Inférieure); île de Noirmoutiers.	Lieux stériles.
2121	— *aspero - calci-trapa*	♂	juin	Montpellier ; Narbonne ; Sisteron.	Champs.
2122	— *carcitrapo-aspera*	♂	août, sept.	Givors près de Lyon, Vienne, Avignon, aqueduc de Roquefavour, Montaud près de Salon, Toulon, Nîmes, Lunel, Montpellier, Cette, Narbonne, Perpignan.	Champs, etc.
2123	— *calcitrapa*	♂	juillet, août	Presque toute la France.	Lieux stériles, bords des routes.

Nos des Espèces	NOMS de GENRE ET D'ESPÈCE	Durée des Plantes	ÉPOQUE de FLEURAISON	LOCALITÉS OÙ CES ESPÈCES ONT ÉTÉ TROUVÉES EN FRANCE.	HABITATION de CES PLANTES.
	(Suite.) **CENTAUREA**				
2124	— *myacantha*	♂	juin-août	Paris ; la Mulatière près de Lyon.	Champs, lieux stériles.
2125	— *trichacantha*	♂	— —	Poitiers et le Blanc.	Bords des chemins.
2126	— *melitensis*	☉	juillet, août	Lyon ; Avignon ; Montaud près de Salon, Fréjus, Toulon, Marseille, la Crau, Arles ; Montpellier, Cette, Agde ; Narbonne, île Ste-Lucie, Bagnols-sur-Mer ; Corse : Corté, Bonifacio, Ostriconi.	Bords des chemins, champs.
2127	— *solstitialis*	☉	juillet-sept.	Midi, Nord et Ouest : Bernay ; Caen ; Evreux ; Lisieux ; Gisors ; Saint-Lô, Quineville (Manche) ; Rouen ; Paris : Crépy, Senlis.	Lieux arides du Midi, champs de luzerne, etc.
2128	**MICROLONCHUS** — *salmanticus*	♂ ♃	juillet, août	Fréjus, Marseille ; Avignon ; Arles ; Alais, Anduze ; Nîmes, Montpellier ; Narbonne, Perpignan, Carcassonne ; Bénasque (Pyrénées) ; Alpes : le Champsaur ; Bastia (Corse).	Région des oliviers, lieux stériles.
2129	**KENTROPHYLLUM** — *cœruleum*	♃	juin, juillet	Fréjus, Toulon, île Sainte-Marguerite ; Corse : Bonifacio.	Champs.
2130	— *lanatum*	☉	juillet, août	Midi et Ouest de la France ; assez rare dans le Nord-Est.	Lieux stériles, bords des routes.
2131	**CNICUS** — *benedictus*	☉	mai-juillet	Grasse, Cannes, Toulon, Marseille, Aix, Montaud ; Gréoux (Basses-Alpes) ; Nîmes, Montpellier ; Narbonne.	Région des oliviers, champs.
2132	**CRUPINA** — *vulgaris*	☉	juillet, août	Lyon, Vienne, Grenoble, Gap, Serres ; Aix, Salon, Fréjus, Hyères, Toulon, Marseille ; Mende, Alais, Anduze, Alzon ; Montpellier ; Narbonne, Perpignan ; Thouaré (Deux-Sèvres) ; Poitiers.	Lieux stériles du Midi et de l'Ouest.
2133	— *Morisii*	☉	mai, juin	Corse : Bastia.	Champs.

Nos des Espèces	NOMS de GENRE ET D'ESPÈCE	Durée des Plantes	ÉPOQUE de FLEURAISON	LOCALITÉS OÙ CES ESPÈCES ONT ÉTÉ TROUVÉES EN FRANCE.	HABITATION de CES PLANTES.
	SERRATULA				
2134	— *tinctoria*	♃	juillet, août	Toute la France.	Bois, prés, etc.
2134'	— *coronata* DC.	♃	— —	Alpes du Dauphiné ; Jura ; Pyrénées ; Vosges.	Sommités des hautes montagnes.
2135	— *heterophylla*	♃	juin, juillet	Hautes-Alpes du Dauphiné : Gap.	Hautes montagnes.
2136	— *nudicaulis*	♃	— —	Hautes-Alpes du Dauphiné : mont Seuze près de Gap, Lure près de Sisteron.	—
	JURINEA				
2137	— *Bocconi*	♃	juillet, août	L'Etoile et le Pilon-du-Roi près de Marseille ; Campestre près de Vigan, Cévennes.	Coteaux arides du Midi.
2138	— *pyrenaica*	♃	août	Pyrénées élevées : vallée d'Eynes, port de Bénasque.	Hautes montagnes.
	LEUZEA				
2139	— *conifera*	♃	juin, juillet	Lyon ; Die ; Avignon ; Aix, Salon, Fréjus, Toulon, Marseille ; Alais, Anduze ; Florac, Mende ; Montpellier, Cette ; Narbonne, Perpignan, Prades ; vallées de la Garonne, de l'Aveyron, du Gers ; Corse : Corté, Saint-Florent.	Lieux secs et pierreux du Midi.
	BERARDIA				
2140	— *subacaulis*	♃	juillet, août	Hautes-Alpes du Dauphiné : Saint-Eynard, mont Aiguille, Gap, Escrin-sur-Guillestre, Grand-Veymont près de Die, mont Morgon près de Briançon, Embrun, mont Aurouse, mont Genèvre.	Hautes montagnes.
	SAUSSUREA				
2141	— *depressa*	♃	juillet	Hautes-Alpes du Dauphiné : Lautaret au Galibier, Pastoret, Villars-d'Arène, val Pararoque près Larche, mont Viso ; col du Crachet (Basses-Alpes).	—
2142	— *macrophylla*	♃	—	Pyrénées-Orintales : vallée de Conat, montagne de Madre dans le Capsir, vallée d'Eynes.	—
2143	— *discolor*	♃	juillet, août	Belledone et Revel près de Grenoble.	—

Nos des Espèces	NOMS de GENRE ET D'ESPÈCE	Durée des Plantes	ÉPOQUE de FLEURAISON	LOCALITÉS OÙ CES ESPÈCES ONT ÉTÉ TROUVÉES EN FRANCE.	HABITATION de CES PLANTES.
2144	STÆHELINA — *dubia*	♄	juin, juillet	Sourribe près de Sisteron ; Avignon ; mont Ventoux ; Aix, Salon, Fréjus, Toulon, Marseille ; Anduze, Nîmes, Montpellier ; Narbonne, Perpignan ; vallées de la Garonne, etc., jusqu'à Agen.	Lieux arides du Midi.
2145	CHAMÆPEUCE — *casabonœ*	♂	juillet	Iles d'Hyères, Toulon ; Corse : Bastia, cap Corse.	Lieux humides.
2146	CARLINA — *vulgaris*	♂	juillet, août	Toute la France.	Lieux incultes, terres calcaires.
2147	— *nebrodensis*	♂	août, sept.	Hautes-Vosges : Hohneck ; monts Dore.	Montagnes escarpées.
2148	— *macrocephala*	♂	juillet	Corse : gorges de la Restonica, vallée de Mello, forêt de Zzavone, monts Nino, Rotundo, Coscione, Cazavrozoulé-sur-Corté, Cutona et Val-del-Stagno.	Lieux escarpés.
2149	— *lanata*	☉	juillet, août	Grasse, Fréjus, Hyères, Toulon, Aix, Marseille, Salon ; Avignon ; Nîmes, Montpellier, Cette, Agde ; Narbonne, Perpignan, Prades ; Corse : Bastia.	Lieux stériles du Midi, bords des routes.
2150	— *corymbosa*	♂	— —	Orange ; Avignon ; Salon, Aix, Fréjus, Toulon, Marseille ; Anduze, Nîmes, Montpellier, Cette ; Narbonne, Collioures, Villefranche, Carcassonne ; Toulouse, Montauban, Condat près d'Agen ; Corse : Bastia, île de Cavallo.	Lieux incultes du Midi.
2151	— *acaulis*	♂	— —	Chaîne des Vosges : ballon de Soultz ; Neuf-Brissac ; Is-sur-Tille près de Dijon ; chaîne du Jura ; Alpes du Dauphiné : mont Ventoux ; Pyrénées.	Montagnes.
2152	— *acanthifolia*	♂	juin-août	Rives droites du Rhône : St-Julien-sur-Bibost, etc. ; Alpes du Dauphiné et de la Provence ; montagnes de l'Ardèche ; Cévennes ; Au-	Pâturages des montagnes et des coteaux.

Nos des Espèces	NOMS de GENRE ET D'ESPÈCE	Durée des Plantes	ÉPOQUE de FLEURAISON	LOCALITÉS OÙ CES ESPÈCES ONT ÉTÉ TROUVÉES EN FRANCE.	HABITATION de CES PLANTES.
	CARLINA (Suite.)			vergne ; Corbières ; Pyrénées-Orientales.	
2153	— *gummifera*	♃	septembre	Corse : Bonifacio, Porto-Vecchio.	Lieux secs.
2154	ATRACTYLIS — *humilis*	♃	juillet	Environs de Narbonne : la Clappe, le Pas-de-Loup, Hospitalet, le Capitoul.	—
2155	LAPPA — *minor*	♂	juin-août	Toute la France.	Lieux incultes, bords des routes.
2156	— *major*	♂	juillet, août	Toute la France.	— —
2157	— *tomentosa*	♂	— —	Toute la France.	— —
2158	XERANTHEMUM — *annuum*	☉	juin, juillet	Marseille.	— —
2159	— *inapertum*	☉	— —	Villefranche près de Lyon ; Digne, Gap ; Avignon ; Aix, Salon, Fréjus, Toulon, Marseille ; Aubenas et Joyeuse (Ardèche) ; Mende, Florac, Sainte-Enimie (Lozère) ; St-Ambroix, Alais, Anduze, Nîmes, Montpellier, Cette ; Narbonne, Perpignan, Trancade-d'Ambouilla, Olette ; Montauban ; Auvergne ; Surgères (Charente-Inférieure).	Lieux incultes des provinces méridionales.
2160	— *cylindraceum*	☉	mai, juin	Assez rare dans les contrées de l'Est et du Midi : Dijon, Beaune, Lyon, Toulon ; dans l'Ouest et le centre : vallées de la Loire et de l'Allier, et autres adjacentes ; vallée de la Garonne ; abbaye de Jars, Ponce.	Champs arides, lieux secs.
2161	CATANANCHE — *cœrulea*	♃	juin	Provence : Cannes, Fréjus, Toulon, Marseille, Aix, Avignon, et s'étendant jusqu'à Gap et Grenoble ; Ardèche ; Lozère ; Gard ; Languedoc ; Roussillon ; Montpellier ; Narbonne ; Villefranche (Pyrénées-Orientales) ; Toulouse ; Agen ; Bordeaux.	Lieux secs et stériles.
2162	CICHORIUM — *Intybus*	♃	juillet, août	Toute la France.	Lieux incultes, bord des chemins.

Nos des Espèces	NOMS de GENRE ET D'ESPÈCE	Durée des Plantes	ÉPOQUE de FLEURAISON	LOCALITÉS OÙ CES ESPÈCES ONT ÉTÉ TROUVÉES EN FRANCE.	HABITATION de CES PLANTES.
	CICHORIUM (Suite).				
2163	— *divaricatum*	⊙ ♂	juillet, août	Castigneau près Toulon, et presque tout le littoral jusqu'à Perpignan.	Champs.
2164	**TOLPIS** — *barbata*	⊙	mai-juillet	Corse ; de Bayonne à Poitiers et Nantes ; Belle-Isle-en-Mer ; Ardèche.	Région méditerranéenne et bords de l'Océan.
2165	— *virgata*	♂	juin-sept.	Provence : Fréjus, Hyères, Toulon ; Alpes : Col-Vieux au-dessus de Molines ; Corse : Ajaccio, Bastia, Bonifacio.	Lieux arides.
2166	**HEDYPNOIS** — *polymorpha*	⊙	mai, juin	Corse ; tout le Midi de la France.	Région méditerranéenne.
2167	**HYOSERIS** — *scabra*	⊙	mai	Endéoumé près de Marseille ; route de Marseille à Toulon ; Corse.	Champs arides, chemins.
2168	— *radiata*	♃	mai, juin	Cannes, Grasse, Marseille, Toulon ; Corse : Languedoc et Roussillon ?	Collines du littoral maritime.
2169	**RHAGADIOLUS** — *stellatus*	⊙	juin	De Nice à Perpignan ; bassin de la Garonne : Moissac, etc.; Auch	Région des oliviers et bords de la Méditerranée.
2170	**ARNOSERIS** — *pusilla*	⊙	juillet, août	Alsace ; Lorraine ; Bourgogne ; Lyon ; Grenoble ; Paris ; Angers, Nantes ; Bordeaux, Agen, Toulouse.	Pâturages secs et sablonneux.
2171	**APOSERIS** — *fœtida*	♃	— —	Alpes du Dauphiné : Saint-Nizier, col de l'Arche, les Fauges, la Moucherolle ; Grande-Chartreuse, Palanfrey, Chichiliane en Oisans; Gap ; Pyrénées : bois des Angles.	Montagnes.
2172	**LAMPSANA** — *communis*	⊙	juin-août	Toute la France.	Lieux cultivés, bois, etc.
2173	**HYPOCHOERIS** — *glabra*	⊙	— —	Alsace ; Lorraine ; Châlons-sur-Marne ; Paris ; la Manche ; Angers ; Nantes ; Bordeaux ; les Landes ; Agen ; Toulouse ; Perpi-	Coteaux et champs sablonneux après la moisson.

Nos des Espèces	NOMS de GENRE ET D'ESPÈCE	Durée des Plantes	ÉPOQUE de FLEURAISON	LOCALITÉS OÙ CES ESPÈCES ONT ÉTÉ TROUVÉES EN FRANCE.	HABITATION de CES PLANTES.
	(Suite.) HYPOCHOERIS			gnan ; Narbonne ; Montpellier ; Marseille ; Toulon ; Fréjus ; Lyon ; Mâcon.	
2174	— *radicata*	♃	juillet, août	Toute la France.	Prairies.
2175	— *pinnatifida*	♃	mai, juin	Corse : Bastia, Corté, cap Corse ; lac de Nino ; Guagno ; pont de Golo, mont Saint-Pierre.	Montagnes, etc.
2176	— *maculata*	♃	juin-août	Ballon de Soultz (Vosges) ; Bitche ; centre de la France ; Alpes ; Jura ; Pyrénées ; Narbonne, au bois de Font-laurier ; Perpignan.	Montagnes.
2177	— *uniflora*	♃	août	Alpes du Dauphiné : Lautaret, mont Viso, col de l'Arche, Taillefer.	Hautes montagnes.
2178	SERIOLA — *Æthnensis*	☉	juin, juillet	Le Var : Grasse, Toulon ; Nice ; Corse : Ajaccio, Bastia, Bonifacio.	Champs.
2179	ROBERTIA — *taraxacoides*	♃	— —	Corse : la Mendriale au cap Corse ; au-dessus de Guagno ; monte Coscione ; monte Ronnoso.	Lieux humides et ombrags des montagnes, jusqu'à 1,800m au-dessus du niv. de la mer.
2180	THRINCIA — *hirta*	♃ ♂	juillet, août	Sables de l'Océan de Bayonne à Nantes.	Champs humides, terrains en friche.
2181	— *hispida*	☉	juin	De Nice à Perpignan ; Fréjus ; Narbonne ; Cette ; Collioures ; Pyréns-Orientales : Prats-de-Mollo, bords de la Nive.	Région méditerranéenne.
2182	— *tuberosa*	♃	août, sept.	De Nice à Perpignan ; Corse.	Terrains pierreux et sablonneux.
2183	LEONTODON — *autumnalis*	♃	juillet-sept.	L'Est, le Nord, l'Ouest de la France ; Montpellier ; vallée du Quayras (Dauphiné) ; Lautaret, Mt Viso.	Bords des chemins et des champs.
2184	— *Taraxaci*	♃	août	Mont Aurouse près de Gap, Mont-de-Lans à Piemeyan, Lautaret au Galibier, Villars-d'Arène, sous les glaciers du Bec, col de l'Echauda, sommet de la vallée du Quayras, sous le mont Viso, col de l'Arche ; Pyrénées : Montfort, Salvanaire.	Hautes montagnes.

Nos des Espèces	NOMS de GENRE ET D'ESPÈCE	Durée des Plantes	ÉPOQUE de FLEURAISON	LOCALITÉS OÙ CES ESPÈCES ONT ÉTÉ TROUVÉES EN FRANCE.	HABITATION de CES PLANTES.
	LEONTODON (Suite.)				
2185	— *pyrenaicus*	♃	juillet, août	Hautes-Alpes du Dauphiné : Lautaret, Champ-Rousse près de Grenoble, Grande-Chartreuse, la Mure, col de Serre, Saint-Hugon, mont Aurouse ; Pyrénées : val d'Eynes, Llaurenti, Paillères, mont d'Orlu, Saleix à l'Escalette, vallée de Lys, pic Cairat, port de la Picade, Tourmalet, pic du Midi, les Cougous, mont Cagire, Houle-de-Marboré, Port-de-Vieille, Casan-d'Estiba, Canigou, pic d'Eyré ; Vosges, sur les grès, depuis les montagnes de Dabo et de Saint-Quirin jusqu'au ballon de Giromagny ; mont Pilat près de Lyon ; Auvergne : monts Dore, Cantal, Puy-de-Dôme, pic de Sancy, val d'Enfer ; chaîne du Forez, le Mezenc, montagnes de la Lozère.	Hautes montagnes.
2186	— *proteiformis*	♃	juin-sept.	Presque partout.	Pâturages, pelouses, coteaux, bord des chemins, lieux incultes.
2187	— *alpinum*	♃	août	Alpes du Dauphiné : Mont-de-Lans, Lautaret, mont Viso.	Hautes montagnes.
2188	— *Villarsii*	♃	juillet, août	Dauphiné jusqu'à Gap ; Provence ; Languedoc ; Roussillon ; Pyréns-Orientales : Prats-de-Mollo, Prades, Olette.	Collines sèches des vallées méridionales.
2189	— *crispus*	♃	juin, juillet	Serrières (Ain) ; Dauphiné : Grenoble au Polygone, Gap ; Briançon, Sisteron ; Provence ; mont Ventoux, Toulon, Marseille, Aix ; Languedoc : Montpellier ; Roussillon : Narbonne, Perpignan ; Saint-Béat, Bagnères-de-Luchon.	Collines sèches et arides.
2190	**PICRIS** — *spengeriana*	☉	— —	Clairet près de Toulon.	Champs.

Nos des Espèces	NOMS de GENRE ET D'ESPÈCE	Durée des Plantes	ÉPOQUE de FLEURAISON	LOCALITÉS OÙ CES ESPÈCES ONT ÉTÉ TROUVÉES EN FRANCE.	HABITATION de CES PLANTES.
	PICRIS (Suite.)				
2191	— *pauciflora*	☉	juin, juillet	Nîmes ; Fréjus, Draguignan ; Toulon ; Vaucluse ; Montpellier ; Pyréns-Orientales.	Champs.
2192	— *stricta*	♂	juillet, août	Sisteron, Laragne ; Avignon et la région des oliviers.	Lieux incultes, bords des routes.
2193	— *hieracioides*	♂	juillet–sept.	Est, Nord et Ouest de la France.	Lieux incultes et pierreux, murs.
2194	— *pyrenaica*	♂	— —	Hautes-Vosges : le Hohneck ; monts Dore ; Alpes du Dauphiné : Lautaret, Mt Viso ; Pyrénées-Orientales : Llaurenti.	Hautes montagnes.
2195	— *corymbosa*	♂ ♃	— —	Perpignan.	Champs.
	HELMINTHIA				
2196	— *echioides*	☉	— —	Toute la France.	Champs, luzernes, lieux incultes.
	UROSPERMUM				
2197	— *Dalechampii*	♃	juin	Draguignan, Fréjus, Marseille, Montpellier, Narbonne, Toulon.	Région méditerranéenne : vignes, prés.
2198	— *picroides*	☉	juin, juillet	Comme l'espèce précédente, plus Avignon, Grasse, Cette, Narbonne.	Région méditerranéenne : vignes, prés, chemins.
	SCORZONERA				
2199	— *hirsuta*	♃	juin	Aix : Toulon ; Marseille ; Gréoux ; le Languedoc, Montpellier, mont Serrane, Milhau, la Rochelle ; pointe de Chai et du Chef-de-Baie, Surgères.	Lieux pierreux et stériles.
2200	— *purpurea*	♃	mai, juin	Lozère : la Vabre près de Mende, Barre.	Bois, prairies.
2201	— *austriaca*	♃	mai	Environs de Paris : Fontainebleau ; Montmorillon, plaine du Chêne-Brûlé ; rochers de Gevrey (Côte-d'Or) ; Mont-Donne-sur-Guillestre ; Hautes-Alpes ; Nérou près de Grenoble, Villars-d'Arène ; Ardèche : sources de là Loire ; Serre-de-Bouquet près de Nîmes.	Rochers, montagnes, prairies.
2202	— *humilis*	♃	mai, juin	Commune dans le Nord, l'Est, le centre et l'Ouest de la France ; Alpes ; Pyrénées : Ariège, Mt-Louis ; région méditerranéenne ; Narbonne ; Toulon ?	Prés humides.

Nos des Espèces	NOMS de GENRE ET D'ESPÈCE	Durée des Plantes	ÉPOQUE de FLEURAISON	LOCALITÉS OÙ CES ESPÈCES ONT ÉTÉ TROUVÉES EN FRANCE.	HABITATION de CES PLANTES.
	SCORZONERA *(Suite.)*				
2203	— *parviflora*	♃	mai, juin	Marais de Miramas près de Marseille, Toulon, Montpellier, Aigues-Mortes.	Prairies humides de la région méditerranéenne.
2204	— *aristata*	♃	juin, juillet	Hautes-Pyrénées : piquette d'Endretlis, Esquierry, port de la Picade, lac d'Espingon, pique de Caumale, bond de Séculéjo, Villefranche, la Trancade-d'Ambouilla, pic de Gère ; Alpes du Dauphiné : la Moucherolle-en-Lans, Seneppe près la Mure.	Hautes montagnes.
2205	— *hispanica*	♂	— —	Surgères, Benon, Fouras ; cultivée.	Prés gras.
	Var. *glastifolia*	♂	— —	Alpes du Dauphiné : environs de Grenoble, la Bastille ; environs de Gap, sous le mont Seuze, la Grangette ; Toulon.	Montagnes.
	PODOSPERMUM				
2206	— *laciniatum*	♂	juin-août	Presque partout, excepté dans le Nord-Est de la France.	Bords des champs cultivés.
2207	— *decumbens*	♂	— —	Alpes du Dauphiné : Gap, Grenoble, Briançon, la Grave, Guillestre, Digne, Abriès dans le Quayras ; Colmars, Aix, Toulon ; Lyon ; Agen, Albi ; Saint-Céré (Lot).	Montagnes.
	TRAGOPOGON				
2208	— *pratensis*	♂	mai, juin	Partout.	Prés et pâturages.
2209	— *orientalis*	♂	mai-juillet	Angers ; Falaise ; Montgarou (Orne) ; Séez ; Vernon ; Besançon ; Strasbourg, etc.	— —
2210	— *crocifolius*	♂	juin, juillet	Toute la région méridionale de la France ; Auvergne ; Dauphiné : Gap, Grenoble, Briançon.	Montagnes.
2211	— *stenophyllus*	☉ ♂	juin	Hyères, Prades.	Collines sèches de la région méditerranéenne.
2212	— *porrifolius*	♂	—	Cultivée dans les jardins.	
2213	— *australis*	☉ ♂	mai, juin	Tout le Midi : Toulon, Hyères, Marseille, Avignon, Montpellier, etc.	Champs, collines, bords des chemins.
2214	— *major*	♂	juin, juillet	L'Ouest : Falaise, Lisieux, Pont-d'Ouilly (Calvados) ;	Lieux situés à l'exposition du Midi.

Nos des Espèces	NOMS de GENRE ET D'ESPÈCE	Durée des Plantes	ÉPOQUE de FLEURAISON	LOCALITÉS OÙ CES ESPÈCES ONT ÉTÉ TROUVÉES EN FRANCE.	HABITATION de CES PLANTES.
	(Suite.) TRAGOPOGON			le Midi et presque tout le centre de la France ; le Dauphiné ; l'Alsace ; Paris.	
2215	— dubius	⊙ ♂	juin, juillet	Dauphiné : Gap, etc.; Provence : Avignon ; Narbonne.	Vallées chaudes.
2216	— hirsutus	♂	juin	Provence : Aix, etc. ; la Serane, Lamalou, l'Espinouse près de Montpellier.	Coteaux stériles exposés au Midi.
2217	GEROPOGON — glabrum	⊙	mai	Toulon, Draguignan.	Bois un peu humides.
2218	CHONDRILLA — juncea	♂	juin-sept.	Presque toute la France, excepté dans le Nord.	Champs sablonneux.
2219	WELLEMETIA — asparagioides	♃	juillet, août	Pyrénées : mont Llaurenti ; prairies de Sem, Olbié, Goulié, Sentenac, et de la vallée d'Astou.	Pâturages des montagnes.
2220	— prenanthoides	♃	— —	Environs de Fréjus ; Corté en Corse.	Prairies.
2221	TARAXACUM — officinale	♃	avril-nov.	Toute la France.	Partout.
2222	— lævigatum	♃	avril – juin, octobre	Toute la France.	Pelouses et lieux secs.
2223	—erythrospermum	♃	mai-juillet	Presqu'île de la Manche.	Pâturages.
2224	— leucospermum	♃	avril, mai	Littoral de la Méditerranée.	Rochers calcaires.
2225	— gymnanthum	♃	septembre	Environs de Marseille, etc.; Montpellier ; Narbonne ; Perpignan.	Terrains pierreux et sablonneux.
2226	— obovatum	♃	juin-sept.	Région méditerranéenne.	— —
2227	— palustre	♃	— —	Toute la France.	Lieux humides.
2228	LACTUCA — ramosissima	♂	juillet, août	Toulon : Touris ; montagne de Cette.	Lieux montueux.
2229	— viminea	♂	— —	Région des oliviers, et de là jusqu'à Lyon, Agen, Beaune, etc.	Lieux pierreux.
2230	— Chondrillæflora	♂	août, sept.	Le Puy (Haute-Loire) ; Clermont-Ferrand ; rochers de Beaulieu (Maine-et-Loire) ; vallées alpines du Dauphiné, la Roche près Gap, Embrun, mont Dauphin, Guillestre, Briançon ; rochers de Cazaril près de Bagnères-de-Luchon.	Rochers et débris volcaniques.
2231	— saligna	♂	juillet, août	Lorraine ; Alsace ; Lyon ; Gap ; Avignon et tout le Midi ; le centre et l'Ouest	Bords des terrains cultivés.

Nos des Espèces	NOMS de GENRE ET D'ESPÈCE	Durée des Plantes	ÉPOQUE de FLEURAISON	LOCALITÉS OÙ CES ESPÈCES ONT ÉTÉ TROUVÉES EN FRANCE.	HABITATION de CES PLANTES.
	LACTUCA (Suite.)			de la France : Nantes; Bordeaux; Agen; bassin sous-pyrénéen.	
2232	— *scariola*	♂	juin-sept.	Toute la France.	Lieux incultes et pierreux, bords des chemins.
2233	— *virosa*	♂	juillet-sept.	Toute la France.	— —
	Var. *flavida*	♂	— —	Bords du Rhône près Lyon.	Haies et collines.
2234	— *sativa*	☉	juin-sept.	Cultivée et presque spontanée.	Autour des lieux habités.
2235	— *Chaixi*	♂	juillet, août	Rabou près de Gap.	Bois.
2236	— *muralis*	☉	— —	Presque toute la France.	Bois, murs, etc.
2237	— *Plumieri*	♃	août	Hautes-Vosges : au Hohneck, aux ballons de Soultz et de Saint-Maurice; la vieille montagne près St-Honoré; montagnes au sud d'Arleuf, Nièvre; montagnes du Forez; de la Haute-Loire; du Puy-de-Dôme; monts Dores; Cantal; Lozère; Alpes du Dauphiné : Grande-Chartreuse; au-dessus de Revel près de Grenoble; Pyrénées : Canigou, Prats-de-Mollo, val d'Eynes, Carcanet, Paillières, Ascou, Orlu, Sem, Goulié, Saleix-aux-Tails, passadé de Bassiouhé, pic de Gard, Castelet, Esquierry, lac de Gaube, Mt Llaurenti.	Sur le granit des htes montagnes.
2238	— *perennis*	♃	mai-juillet	Toute la France.	Coteaux secs et pierreux.
2239	— *tenerrima*	♃	juillet, août	Région méditerranéenne : Cette, Narbonne, Port-Vendre, Olette, Villefranche-sous-Mont-Louis.	Collines sèches.
2240	PRENANTHES — *purpurea*	♃	— —	Monts Dores; montagnes du Cantal, du Forez et de la Lozère; le Mezenc; Cluny (Saône-et-Loire); Alpes; Pyrénées.	Chaîne du Jura dans la région des sapins; grès vosgien et granit des Vosges.
	Var. *angustifolia*	♃	— —	Grande-Chartreuse de Grenoble; sous la Dôle (Jura).	Montagnes boisées.
2241	SONCHUS — *tenerrimus*	☉ ♂ ♃	juin, juillet	Région méditerranéenne : de Fréjus à Perpignan.	Terrains maritimes.

13

Nos des Espèces	NOMS de GENRE ET D'ESPÈCE	Durée des Plantes	ÉPOQUE de FLEURAISON	LOCALITÉS OÙ CES ESPÈCES ONT ÉTÉ TROUVÉES EN FRANCE.	HABITATION de CES PLANTES.
	(Suite.)				
	SONCHUS				
2242	— *oleraceus*	⊙	juin-aut.ne	Partout.	Lieux cultivés.
2243	— *asper*	⊙	— —	Partout.	Avec la précédente.
2244	— *glaucescens*	♂	mai	Iles d'Hyères ; Porquerolles, Sainte-Marguerite près de Toulon.	Champs.
2245	— *decorus*	♂	juillet	Miramas et Saint-Chamas près de Marseille.	—
2246	— *arvensis*	♃	juillet-sept.	Partout.	Lieux cultivés ; bords des champs.
	Var. *lœvipes*	♃	— —	Mont Dauphin, H.tes-Alpes.	Sources minérales.
2247	— *maritimus*	♃	juillet, août	Région méditerranéenne et bords de l'Océan : Nice ; Dauphiné.	Marécages salins et littoral maritime.
	Var. *micranthos*	♃	— —	Narbonne ; les Corbières ; Sigean.	— —
2248	— *palustris*	♃	— —	Paris ; Avranches ; Gisors, Marais-Vernier, Vaux-sur-Eure ; Anjou ; centre de la France ; Bayonne ; Pyrénées-Orient. ; Marseille ; Corse.	Fossés, eaux stagnantes.
	MULGEDIUM				
2249	— *alpinum*	♃	— —	Alpes ; Pyrénées ; Auvergne ; Jura ; Vosges.	Région élevée des sapins.
	PICRIDIUM				
2250	— *vulgare*	⊙	mai, juin	De Fréjus à Port-Vendre ; Corse.	Région méditerranéenne ; champs.
	ZACINTHA				
2251	— *verrucosa*	⊙	— —	Région méditerranéenne ; Corse.	Champs.
	PTEROTHECA				
2252	— *nemausensis*	⊙	— —	Midi de la France : Toulouse ; Lectoure (Gers) ; Corse.	—
	CREPIS				
2253	— *vesicaria*	♂	juin	Marseille.	Prés humides.
2254	— *taraxacifolia*	♂	mai, juin	Toute la France.	Prés et collines.
2255	— *recognita*	♂	juin, juillet	Très-commune dans le Midi ; Saint-Germain-en-Laye ; Besançon ; Mutzig.	Collines et lieux secs, bords des chemins.
2256	— *erucœfolia*	♂	juin	Naturalisée dans le Lazaret de Marseille.	—
2257	— *setosa*	⊙	juillet, août	Lorraine ; Alsace ; Champagne ; Paris ; Marne ; Yonne ; Cher ; Rhône ; Loire ; Saône-et-Loire ; Haute-Loire ; Séez (Orne) ; Manche ; Calvados ; Eure ; Corse : Ajaccio, etc.	Champs.
2258	— *cœspitosa*	♃	juin	Corse : Saint-Annonza, glacière de Bastia.	—

Nos des Espèces	NOMS de GENRE ET D'ESPÈCE	Durée des Plantes	ÉPOQUE de FLEURAISON	LOCALITÉS OÙ CES ESPÈCES ONT ÉTÉ TROUVÉES EN FRANCE.	HABITATION de CES PLANTES.
	CREPIS (Suite.)				
2259	— *decumbens*	♂	juin	Corse : Corté.	Champs.
2260	— *leontodontoides*	♂	mai, juin	Iles d'Hyères ; Marseille ; Corse : Ajaccio, Sartène.	Champs arides.
2261	— *fœtida*	☉	juin-août	Partout.	Lieux stériles.
2262	— *suffreniana*	☉	— —	Nantes ; Arles.	Sables.
2263	— *bellidifolia*	☉ ♂	avril, mai	Golfe de Mauzza près de Bonifacio ; îles Sanguinaires.	Lieux incultes.
2264	— *albida*	♃	juin-août	Lozère : Mende, Florac, etc.; Gard : Alais, Anduze, etc.; Pyrénées : Sem, Marignac, au Midi sous le port de Bénasque, Barrèges, Endretlis, Ambouilla, Font-de-Comps ; Alpes du Dauphiné : Briançon, mont Genèvre, col de l'Arc près de Grenoble, Die, les Baux et mont Aurouse près de Gap ; Marseille.	Montagnes.
2265	— *bulbosa*	♃	mai, juin	Fréjus, Grasse, Toulon, Marseille, Montpellier, Cette, Narbonne, Port-Vendre ; bords de l'Océan, île Penfret aux Glénans.	Sables des bords de la Méditerranée.
2266	— *aurea*	♃	juillet, août	Alpes du Dauphiné : Lautaret, mont de Lans, mont Viso, Gondran près de Briançon, montagnes de l'Oisans ; Pyrénées : Barrèges, Melle ; Haut-Jura : monts Tendre, Chasseral.	Prairies élevées des montagnes.
2267	— *præmorsa*	♃	mai, juin	Meurthe, Moselle, Meuse, Vosges, sommets des montagnes de Saint-Quirin ; Alsace : à la Ganzau dans les bois d'Illkirch près de Strasbourg, collines de Dorlisheim, Barr, Ingersheim, Sigolsheim.	Bois des montagnes.
2268	— *biennis*	♂	— —	Presque partout.	Prés et collines.
2269	— *nicœensis*	♂	mai-juillet	Loir-et-Cher ; Limoges, la Vienne : Poitiers ; Maine-et-Loire : Angers ; Lyon ; Vallouise (Hautes-Alpes) ; Gard : la Nuejole et Tresques.	Lieux secs.
2270	— *agrestis*	☉	— —	Presque toute la France, bords de la Loire ; Besançon ; Nancy.	Prés.

Nos des Espèces	NOMS de GENRE ET D'ESPÈCE	Durée des Plantes	ÉPOQUE de FLEURAISON	LOCALITÉS OÙ CES ESPÈCES ONT ÉTÉ TROUVÉES EN FRANCE.	HABITATION de CES PLANTES.
	CREPIS (Suite.)				
2271	— *virens*	☉	juin-octob.	Presque partout.	Champs, prés, chemins.
2272	— *tectorum*	☉	juin-août	Alsace : Strasbourg, Colmar; Saône-et-Loire : Cluny ; Grenoble? Pyrénées; Paris.	Champs sablonneux.
2273	— *pulchra*	☉	mai-juillet	Presque toute la France.	Coteaux, vignes, terrains pierreux.
2274	— *pygmea*	♃	juillet, août	Alpes ; Pyrénées.	Détritus des hautes montagnes.
2275	— *lampsanoides*	♃	juillet	Chaîne des Pyrénées : de Prats-de-Mollo et Mont-Louis aux Eaux-Bonnes.	Hautes montagnes.
2276	— *succisæfolia*	♃	juillet, août	Monts Dore, Puy-de-Dôme ; le Mezenc ; le Pilat ; chaîne du Jura ; Pyrénées-Orientales : Prats-de-Mollo, Mantel près du Moulin, la Fond-de-Comps, le Llaurenti, Saleix, Crabère, Cagire, Cazau-d'Estiba, le Banc-de-l'Aze, Esquierry.	Bois et prairies de la région des sapins.
2277	— *blattarioides*	♃	juin, juillet	Les Vosges, au ballon de Soultz ; haute chaîne jurassique : mont Suchet, mont d'Or, la Dôle, le Reculet; Alpes du Dauphiné : Grande-Chartreuse, Saint-Eynard, Lautaret ; Pyrénées : régions élevées des sapins de Mont-Louis aux Eaux-Bonnes.	Hautes montagnes.
2278	— *grandiflora*	♃	juillet, août	Alpes ; monts Dore ; Cantal ; Mezenc ; sources de la Loire ; le Pilat ; partie alpine de la chaîne des Pyrénées.	Pâturages élevés des montagnes.
	SOYERIA				
2279	— *montana*	♃	juillet	Jura : la Dôle, le Reculet ; Alpes, Lautaret, les Baux, Chaudun et mont Seuze près de Gap, mont Genèvre, Grde-Chartreuse, etc.; Pyrénées : vallée d'Eynes.	Montagnes.
2280	— *paludosa*	♃	juin-août	Vosges ; Jura ; Alpes ; Auvergne ; Pyrénées.	Ruisseaux et vallées humides des htes montagnes.
	HIERACIUM				
2281	— *pilosella*	♃	mai-autne	Presque toute la France.	Prés, bois, pelouses, lieux arides, bords des routes.

Nos des Espèces	NOMS de GENRE ET D'ESPÈCE	Durée des Plantes	ÉPOQUE de FLEURAISON	LOCALITÉS OÙ CES ESPÈCES ONT ÉTÉ TROUVÉES EN FRANCE.	HABITATION de CES PLANTES.
	(Suite.) HIERACIUM — *pilosella* Var. *pilosissimum*	♃	mai-autne	Environs de Paris.	Talus des chemins.
2282	— *schultesii*	♃	juin-sept.	Bitche ; Hohneck (Vosges).	Montagnes.
2283	— *pilosellinum*	♃	mai, juin	Niederbronn.	Bords des chemins.
2284	— *bitense*	♃	— —	Bitche (mêlée à l'*Hieracium pilosella*).	Prés et lieux sté-riles.
2285	— *fallacinum*	♃	— —	Strasbourg ; Bitche ; Vos-ges ; Lorraine.	Lieux stériles.
2286	— *hybridum*	♃	juin, juillet	Gap.	—
2287	— *aurantiacum*	♃	— —	Hautes-Vosges : Rotabac, ballon de Soultz, Hohneck, Tanache ; monts Jura, mont d'Or ; Auvergne, monts Dore ; pentes de Chaufour, du val d'Enfer, du pic de Sancy, creux de Palabus ; Cantal : col de Cabre ; Py-rénées : port de Paillières ; Alpes du Dauphiné : Re-vel, Prémol, Allevard, l'Oisans, Lautaret, Quay-ras, les Baux près Gap.	Hautes montagnes.
2288	— *auricula*	♃	juin, juillet	Est, Nord, Ouest et centre de la France ; Pyrénées.	Lieux stériles.
2289	— *pratense*	♃	juin-août	Vosges : Badonvillers, Champ-du-Feu ; Toulon ; Vannes (sur les murs de l'ancien jardin d'Aubry,) ; Côte-d'Or, Saône-et-Loire.	Prairies humides des montagnes.
2290	— *præaltum*	♃	juin, juillet	Toulon et presque toute la France.	Prés secs.
2291	— *florentinum*	♃	juillet, août	Alpes du Dauphiné ; vallées du Quayras, de l'Isère à Grenoble, du Drac ; envi-rons de Gap.	Hautes vallées et torrents.
2292	— *pumilum*	♃	août, sept.	Pyrénées-Orientales : col de Nouri, port de Salden, Ca-nigou, Costabona.	Sommet des hautes montagnes.
2293	— *glaciale*	♃	juillet, août	Alpes du Dauphiné : Lauta-ret, l'Oisans, col de l'Ar-che, col de Paga, col Malrief.	Pâturages élevés.
	Var. *gigantea*	♃	— —	Lautaret et montagnes de Guillestre.	—
2294	— *cymosum*	♃	— —	Alpes du Dauphiné : mont Séuse près de Gap ; Saint-Nizier près de Grenoble ; la Croix-Haute (Drôme).	Collines chaudes et arides.
2295	— *sabinum*	♃	— —	Alpes du Dauph. : Lautaret, col de l'Arche, col de Vars.	Prairies élevées.

Nos des Espèces	NOMS de GENRE ET D'ESPÈCE	Durée des Plantes	ÉPOQUE de FLEURAISON	LOCALITÉS OÙ CES ESPÈCES ONT ÉTÉ TROUVÉES EN FRANCE.	HABITATION de CES PLANTES.
	(Suite.) HIERACIUM				
2296	— *staticœfolium*	♃	juin, juillet	Jura méridional, Bellegarde (Ain) ; Dauphiné.	Vallées des hautes montagnes.
2297	— *leucophœum*	♃	juillet	Villars-de-Lans.	Hautes montagnes.
2298	— *glaucum*	♃	août	Alpes du Dauphiné : Grenoble, Lautaret, la Bérarde, etc.	—
	Var. *juratense*	♃	—	Jura : la Dôle, le Reculet, Pont-de-Roide.	Sommités et rochrs des montagnes.
	Var. *calcareum*	♃	—	Alpes du Dauphiné.	Montagnes.
2299	— *politum*	♃	juillet, août	Environs de Grenoble, la Bérarde.	—
2300	— *glaucopsis*	♃	août	Dauphiné : entre Villars-d'Arène et le Lautaret vis-à-vis Arcine.	—
2301	— *subnivale*	♃	—	Col de Paga entre la vallée du Château-Quayras et celle de Serrières, ainsi que sur le versant de cette dernière.	—
2302	— *glanduliferum*	♃	juillet, août	Alpes de Grenoble, Lautaret, Briançon, mont Viso, col de Vars, col de l'Arche, Gap.	—
2303	— *piliferum*	♃	— —	Hautes-Alpes du Dauphiné (avec l'espèce précédente).	Pâturages élevés.
2304	— *villosum*	♃	— —	Hautes-Alpes du Dauphiné ; hautes cîmes du Jura : Suchet, mont d'Or, la Dôle, le Reculet, etc.	Montagnes.
	Var. *nudum*	♃	— —	La Moucherolle près de Grenoble.	—
	Var. *elongatum*	♃	— —	Mont Séuse près de Gap.	—
2305	— *glabratum*	♃	août	Haut-Jura, Pont-de-Roide et mont d'Or (Doubs), la Dôle et le Reculet ; Alpes du Dauphiné, Lautaret, col de l'Arc, la Grangette et mont Séuse près de Gap, mont Viso, Alpes de Colmars, etc.	Hautes montagnes.
2306	— *speciosum*	♃	—	Villars-d'Arène et Lautaret (Hautes-Alpes).	—
2307	— *saxatile*	♃	juin, juillet	Alpes du Dauphiné ; Grde-Chartreuse, Grenoble, Lautaret, vallées de Serrières, mont Aurouse près de Gap, etc. ; partie alpine des Pyrénées : Mont-Louis aux Eaux-Bonnes ; montagnes de la Lozère.	—

Nos des Espèces	NOMS de GENRE ET D'ESPÈCE	Durée des Plantes	ÉPOQUE de FLEURAISON	LOCALITÉS OÙ CES ESPÈCES ONT ÉTÉ TROUVÉES EN FRANCE.	HABITATION de CES PLANTES.
	(Suite.) HIERACIUM				
2308	— sericeum	♃	juin	Basses-Pyrénées : Mt Laid près des Eaux-Bonnes ; chaos de Gavarnie.	Hautes montagnes.
2309	— mixtum	♃	juin, juillet	Vallée d'Aspe.	—
2310	— cerinthoides	♃	juillet	Pyrénées : Eaux-Bonnes, col d'Arbas, pic de Gère et mont Laid ; l'Hiéris ; vallée d'Aspe ; Corse.	—
2311	— vogesiacum	♃	août	Hohneck (Vosges) ; Jura : la Dôle et le Reculet ; monts Dore (Auvergne) et plomb du Cantal ; Pyrénées : la Maladette ; vallée d'Aspe.	—
2312	— olivaceum	♃	mai	Pyrénées-Orientales : Collioures, au-dessous de Consolation.	
2313	— neo-cerinthe	♃	juin, juillet	Pyrénées : Prats-de-Mollo, pic de Gard, Bac-de-Bolcaire, Esquierry, Llaurenti, Paillières, mont Auxis, Orlu, Mail-du-Cristal, Cagire, pic de l'Hiéris, Tramesaigues, pic d'Eyré, Casau-d'Estiba, Pen-du-Brada, Saleix, Sissoy, Crabère, Houle-de-Marboré, citadelle de Mont-Louis.	
2314	— compositum	♃	juillet	Pyrénées : Prats-de-Mollo, mont Laid près des Eaux-Bonnes.	—
2315	— alatum	♃	août	Val d'Eynes, mont de Cagire, Très-Seignous.	—
2316	— alpinum	♃	juillet	Alpes du Dauphiné : Taillefer, Prémol, montagnes de Gavet ; Revel au-dessus de Grenoble ; la Pra.	—
2317	— pseudo-cerinthe	♃	juillet, août	Alpes du Dauphiné : l'Oisans et le Briançonnais ; mont Genèvre et Lautaret ; Corse : bergerie de Morce.	—
2318	— amplexicaule	♃	juillet	Jura ; Auvergne ; Alpes ; Pyrénées.	—
2319	— pulmonarioides	♃	—	Dauphiné, Villars-d'Arène, Voreppe, vallée de la Bérarde ; Pyrénées-Orientales : Mont-Louis.	—
2320	— lanatum	♃	juillet, août	Alpes du Dauphiné : Grenoble, Lautaret, mont Ge-	

Nos des Espèces	NOMS de GENRE ET D'ESPÈCE	Durée des Plantes	ÉPOQUE de FLEURAISON	LOCALITÉS OÙ CES ESPÈCES ONT ÉTÉ TROUVÉES EN FRANCE.	HABITATION de CES PLANTES.
	(Suite). HIERACIUM			nèvre, Briançon, mont Viso, Gap.	
2321	— andryaloides	♃	juillet, août	Alpes du Dauphiné : Grenoble, Gap, Digne ; Toulon à la Sainte-Baume.	Hautes montagnes.
2322	— kochianum	♃	juin, juillet	Alpes du Dauphiné : Saint-Eynard et col de l'Arc près de Grenoble, Grande-Chartreuse.	—
2323	— Liottardi	♃	août	Col de l'Echauda du côté de la Vallouise (Alpes du Dauphiné).	—
2324	— farinulentum	♃	juin, juillet	Bugey ; Roussillon dans l'Ain ; Gap.	Montagnes calcaires.
2325	— rupestre	♃	juillet	Guillestre (Hautes Alpes).	Hautes montagnes.
2326	— chloropsis	♃	août	Pied du mont Viso.	—
2327	— gougetianum	♃	juin, juillet	Pyrénées-Orientales : les Albères.	—
2328	— restitum	♃	juillet, août	Pyrénées-Orientales : environs de Mont-Louis; Prats-de-Mollo ; Lautaret.	—
2329	— stelligerum	♃	juin, juillet	Pic St-Loup près de Montpellier, Saint-Guillen-le-Désert (Hérault).	—
2330	— cinerascens	♃	mai-sept.	Dijon ; Mâcon ; Lyon ; Avignon ; Marseille ; les Cévennes, Narbonne.	Lieux secs.
2331	— lævicaule	♃	juin	Environs de Lyon.	—
2332	— porrectum	♃	juillet, août	Au-dessous du Reculet, du côté de la Suisse; vallon d'Andran ; Pyrénées ; port de Saleix (Ariège).	Vallées des hautes montagnes.
2333	— arnicoides	♃	mai, juin	Pyrénées : Oléron et toute la vallée d'Aspe.	— —
2334	— cæsium	♃	juin-août	Alpes du Dauphiné ; Pyrénées-Orientales ; Jura, mont d'Or, Suchet, la Dôle.	Montagnes.
2335	— murorum	♃	juin-sept.	Partout.	Lieux incultes.
2336	— fragile	♃	mai, juin	Lyon ; Toulon ; Montpellier; Auvergne.	Lieux arides.
2337	— umbrosum	♃	juin, juillet	Rabou près de Gap.	Bois.
2338	— commixtum	♃	— —	Lyon : Vivarais, Saint-Bonnet-le-Froid, mont Pilat ; Champ-Raphaël et mont Mezenc (Ardèche) ; tourbières du Jura, Pontarlier.	Bois et prés des montagnes granitiques.
2339	— sylvaticum	♃	— —	Toute la France.	Contrées montagneuses.

Nos des Espèces	NOMS de GENRE ET D'ESPÈCE	Durée des Plantes	ÉPOQUE de FLEURAISON	LOCALITÉS OÙ CES ESPÈCES ONT ÉTÉ TROUVÉES EN FRANCE.	HABITATION de CES PLANTES.
	HIERACIUM *(Suite.)*				
2340	— *nobile*	♃	juillet	Pyréns-Occidentales : Eaux-Bonnes, chemin horizontal.	Rochers des montagnes.
2341	— *rupicola*	♃	mai, juin	Sisteron.	Rochers et lieux pierreux.
2342	— *Jacquini*	♃	juin	Alpes ; Pyrénées ; Jura ; Beaune (Côte-d'Or).	Montagnes, etc.
2343	— *albidum*	♃	août	Alpes du Dauphiné : Allevard, Aut-du-Pont, Revel, la Cochette, col d'Arcine, au-dessus du Casset, sous les glaciers de la Bérarde, Colmars et mont Monnier (Basses-Alpes) ; Pyrénées : Mœrens, Ax, Paillières, Rabot, Très-Seignous ; Vosges : Hohneck.	Montagnes.
2344	— *picroides*	♃	août, sept.	Hautes-Alpes du Dauphiné : col du Lautaret, col de l'Arche.	Hautes montagnes.
2345	— *cydoniæfolium*	♃	août	Alpes du Dauphiné : Lautaret, l'Oisans, le Vercors, Mont-de-Lans ; Hohneck (Alsace).	—
2346	— *prenanthoides*	♃	—	Alpes du Dauphiné : montagnes des environs de Gap, de Grenoble, du Lautaret, du mont Pelvoux, de Briançon, du mont Viso, etc. ; Pyrénées-Orientales : Prades, Prats-de-Mollo, forêt de Comps ; Vosges.	—
2347	— *elatum*	♃	juillet, août	Le creux du Van, le Suchet, le mont d'Or, la Dôle, le Reculet ; montagne de Revel près Grenoble, mont Séuse près de Gap.	Haute région des sapins de la chaîne jurassique.
2348	— *valdepilosum*	♃	août	Mont-de-Lans, Lautaret, l'Oisans.	Hautes montagnes.
2349	— *pyrenaicum*	♃	septembre	Pyrénées centrales : Saint-Sauveur, Bagnères-de-Bigorre, Eaux-Bonnes.	—
2350	— *lycopifolium*	♃	août	Environs de Lyon, Francheville ; Anduze (Gard).	Lieux arides.
2351	— *tridentatum*	♃	juillet, août	Alsace : Bitche, Haguenau, Nancy ; environs de Paris : bois de Boulogne et de Meudon ; Cauterets (Pyrénées).	Bois.
2352	— *obliquum*	♃	septembre	Environs de Lyon.	Terrains granitiq.

Nos des Espèces	NOMS de GENRE ET D'ESPÈCE	Durée des Plantes	ÉPOQUE de FLEURAISON	LOCALITÉS OÙ CES ESPÈCES ONT ÉTÉ TROUVÉES EN FRANCE.	HABITATION de CES PLANTES.
	HIERACIUM (Suite.)				
2353	— *provinciale*	♃	sept.-octob.	Var : Chartreuse de la Verne ; Corse : couvent de Vico.	Lieux élevés.
2354	— *boreale* — *sabaudum* DC.	♃	août, sept.	Bitche ; Nancy ; Haguenau ; Beaune, Lyon ; Lardy (environs de Paris) ; Limagne ; Pyrénées-Orientales, Mont-Louis ; Corse : Corté.	Bois, lieux incultes, etc.
2355	— *sabaudum*	♃	septembre	Pyrénées-Orientales ; Briançon ; Falaise, Vire? Corse : bords du Tavigniano près de Corté.	Montagnes, etc.
2356	— *hirsutum*	♃	—	Pyrénées-Orientales : environs de Prats-de-Mollo.	Hautes montagnes.
2357	— *virosum*	♃	août	Bords du Tavigniano près de Corté (Corse).	Rives fluviales.
2358	— *umbellatum*	♃	août, sept.	Toute la Franée.	Bois et lieux secs.
2359	— *æstivum*	♃	août	Lautaret (Hautes-Alpes).	Hautes montagnes.
2060	— *eriophorum*	♃	septembre	De Bayonne à la Teste-de-Buch près de Bordeaux.	Bords de la mer.
	ANDRYALA				
2361	— *sinuata*	☉	juillet, août	L'Ouest et le centre de la France ; tout le Midi de Fréjus à Perpignan ; Corse.	Lieux pierreux.
2362	— *ragusina*	♃	juin, juillet	Pyrénées-Orientales : environs de Perpignan ; Avignon ?	Bords des torrents.
	SCOLYMUS				
2363	— *maculatus*	☉	juillet, août	De Nice à Perpignan.	Champs de la région méditerranéenne.
2364	— *hispanicus*	♂	— —	De la Méditerranée à Lyon ; des Pyrénées à l'embouchure de la Loire et aux environs de Romorantin (Loir-et-Cher).	Région des oliviers, etc.; bords des chemins.
2365	— *grandiflorus*	♃	juin	Roussillon, environs de Bagnols, à Collioure sur la côte dominant la ville du côté de Perpignan.	Champs.
	XANTHIUM				
2366	— *strumarium*	☉	juin-sept.	Presque toute la France.	Décombres, bords des eaux.
2367	— *macrocarpum*	☉	août, sept.	Région méditerranéenne ; vallée du Rhône jusqu'à Lyon ; vallée de l'Allier, de la Garonne, de la Loire ; Blagnac (bords du canal).	Champs, bords des routes.

Nos des Espèces	NOMS de GENRE ET D'ESPÈCE	Durée des Plantes	ÉPOQUE de FLEURAISON	LOCALITÉS OÙ CES ESPÈCES ONT ÉTÉ TROUVÉES EN FRANCE.	HABITATION de CES PLANTES.
	XANTHIUM (Suite.)				
2368	— spinosum	☉	juillet, août	Tout le Midi ; rare dans le Nord ; Elbeuf ; Lisieux ; Rouen ; non spontanée.	Décombres, bords des routes.
2369	AMBROSIA — tenuifolia	♃	sept.-nov.	Naturalisée près de Cette.	Champs.
2370	LOBELIA — urens	♃	juillet, août	Ouest : Paris ; presqu'île de la Manche ; Cherbourg ; Caen ; Blois ; Alençon, Vimoutiers (Orne) ; Rouen ; Falaise ; Saint-Lô ; Marais-Vernier ; Vire ; Angers ; Tours ; Nantes ; Napoléon-Vendée ; Arlac, Bruges ; la Teste-de-Buch (Gironde) ; Dax ; Bayonne ; Pau ; Moularès (Tarn) ; Foix (Ariège) ; Genolhac (Gard) ; Allier ; Creuse ; Yonne ; Ancenis.	Bois humides.
2371	— Dortmanna	♃	juillet	Etang de Cazau (Gironde).	Eaux stagnantes.
2372	LAURENTIA — Michelii	☉	mai, juin	Fréjus, îles d'Hyères ; Corse : Ajaccio, Bonifacio, Calvi.	Lieux humides.
2373	— tenella	♃	juin-août	Corse : Zicavo, monts Coscione et Sartène, Tolano, Ajaccio, Bogoniano.	Lieux humides des montagnes.
2374	JASIONE — montana	☉ ♂	juin-octob.	Presque toute la France.	Lieux secs et stériles.
	Var. nana	☉ ♂	— —	La Teste ; le Morbihan ; Lardy près de Paris ; presqu'île de la Manche.	Terrains crayeux ou siliceux.
2375	— perennis	♃	juin-août	Creuse ; Hte-Vienne ; Gard ; Puy-de-Dôme ; Lyon, Nièvre ; Saône-et-Loire ; Côte-d'Or ; Hautes-Vosges ; Bas-Rhin ; Bitche ; Pyrénées ; Mont-Louis.	Lieux montagneux.
	Var. Pygmea	♃	— —	Hautes-Pyrénées : Esquierry, Tourmalet, Eaux-Bonnes, monts Dore.	Montagnes élevées.
2376	— humilis	♃	août, sept.	Pyrénées-Orientales : Prats-de-Mollo, Canigou, col de Nourri au sommet de la vallée d'Eynes, Carança ; Castanèze ; Carlitte au Llosel.	—
2377	PHYTEUMA — pauciflorum	♃	août	Hautes-Alpes du Dauphiné :	—

Nos des Espèces	NOMS de GENRE ET D'ESPÈCE	Durée des Plantes	ÉPOQUE de FLEURAISON	LOCALITÉS OÙ CES ESPÈCES ONT ÉTÉ TROUVÉES EN FRANCE.	HABITATION de CES PLANTES.
	PHYTEUMA (Suite.)			Lautaret, monts de Brian-çon et de Guillestre, mont Viso, col de l'Arche et mont Monnier (Basses-Al-pes) ; Hautes-Pyrénées : le Boulou, Canigou, Madres, Tourmalet.	
2378	— *hemisphæricum*	♃	juillet, août	Alpes du Dauphiné : Saint-Nizier et la Pra au-dessus de Revel près de Grenoble, Lautaret, la Bérarde ; mont Aigual (Lozère) ; Auvergne : monts Dore, Cantal, Me-zenc ; Hautes-Pyrénées.	Montagnes élevées.
2379	— *serratum*	♃	— —	Corse : mont Renoso, mont d'Oro, mont Rotondo et lac de Nino, mont Grosso, au-dessus des bains de Guagno.	Montagnes.
2380	— *Charmelii*	♃	juillet	Hautes-Alpes du Dauphiné : mont Dauphin ; mont Séuse et mont Aurouse près de Gap ; le Champsaur ; le Quayras ; mont Viso ; la Bérarde ; Alpes de Gre-noble, l'Oisans, etc ; Châ-teau-Double (Var) ; Pyré-nées centrales : Houle-de-Marboré.	Hautes montagnes.
2381	— *orbiculare*	♃	juin-août	Partout ; assez rare dans la région méditerranéenne.	Lieux montueux.
2382	— *scorzoneræfo-lium*	♃	juillet, août	Alpes du Dauphiné.	Prairies des mon-tagnes élevées.
2383	— *betonicæfolium*	♃	— —	Alpes de Grenoble, du Brian-çonnais ; Lautaret, mont Viso, etc.; Pyrénées · Es-quierry, Gavarnie.	Hautes montagnes.
2384	— *spicatum*	♃	juin, juillet	Toute la France.	Lieux montagneux ombragés.
2385	— *nigrum*	♃	juin	Lozère ; Besançon ; Vigan ; Puy-de-Dôme ; Cantal ; Py-rénées-Orientales : Mont-Louis.	Montagnes ; sables siliceux de l'O-gnon, granit.
2386	— *halleri*	♃	juillet, août	Alpes du Dauphiné, Lauta-ret, Valgaudémar ; mont Viso ; Cantal ; mont Me-zenc ; Pyrénées : mont Sacon près de Mauléon.	Prés élevés des montagnes.
2387	**SPECULARIA** — *speculum*	☉	juin, juillet	Partout.	Moissons.

Nos des Espèces	NOMS de GENRE ET D'ESPÈCE	Durée des Plantes	ÉPOQUE de FLEURAISON	LOCALITÉS OÙ CES ESPÈCES ONT ÉTÉ TROUVÉES EN FRANCE.	HABITATION de CES PLANTES.
	(Suite.) SPECULARIA				
2388	— hybrida	⊙	mai	Nord, Ouest et centre de la France ; Midi : Marseille, Narbonne, Collioure, etc. ; rare dans l'Est ; Corse : Bonifacio.	Champs.
2389	— falcata	⊙	—	Collioure ; Cubières (Corbières) ; Toulon ; Hyères ; Grasse ; Corse : Ajaccio, Bastia, Bonifacio, etc.	—
2390	— pentagonia	⊙	—	Environs de Marseille.	Champs de blé.
	CAMPANULA				
2391	— medium	⊙	juin, juillet	Grenoble ; Couzon près de Lyon ; Roquemaure près de Saint-Esprit ; vallée de Reyran.	Voisinage des habitations.
2392	— barbata	2⅃	juillet, août	Alpes du Dauphiné.	Prairies élevées des montagnes.
2393	— speciosa	2⅃	juin, juillet	Pyrénées-Orientales et centrales : vallée de Vic-Dessos, Prats-de-Mollo, Villefranche, pic de l'Hiéris, Fond-de-Comps, Saint-Sauveur, Foix, montagne de Rancié, de Cagire, de Noëdes, Trancade-d'Ambouilla, Saint-Béat, Bordalla-de-la-Manéra ; bords de l'Ariège ; vallée de la Têt ; Cévennes ; Corbières ; Capouladoux près de Montpellier ; bois de la Vabre près de Mende.	Montagnes élevées.
2394	— allionii	2⅃	juillet, août	Hautes-Alpes du Dauphiné, mont Aurouse près de Gap, Lautaret, col de l'Echauda, mont Morgon, mont Monnier, mont Viso, mont Aiguille, mont Ventoux.	—
2395	— petræa	2⅃	août	Escalles-d'Aiglun (Var).	Lieux arides, montueux.
2396	— glomerata	2⅃	juin-sept.	Nord, Est et centre de la France ; Alpes et Pyrénées ; montagne de l'Etoile près de Marseille ; Thorenc (Var) ; rare dans la région méditerranéenne ; Ouest : Calvados ; Orne ; Seine-Inférieure.	Terrains calcaires, prairies sèches et montagneuses.

Nos des Espèces	NOMS de GENRE ET D'ESPÈCE	Durée des Plantes	ÉPOQUE de FLEURAISON	LOCALITÉS OÙ CES ESPÈCES ONT ÉTÉ TROUVÉES EN FRANCE.	HABITATION de CES PLANTES.
	CAMPANULA (Suite.)				
2397	— *cervicaria*	♃	juin-août	Pont-à-Mousson ; Paris : Melun ; forêts d'Oger, et de Vertus en face de Chaltrait (Marne) ; Chavannes, bois de Fleuret (Cher) ; Puy-de-Dôme ; Lyon ; Alpes ; Pyrénées.	Terrains granitiques, bois, etc.
2398	— *spicata*	♂	juillet, août	Hautes-Alpes : Lautaret, col de l'Arche, mont Viso ; Colmars (Basses-Alpes).	Prairies des hautes montagnes.
2399	— *thyrsoides*	♂	— —	Jura : le Chasseron, la Dôle, le Mont-Tendre, le Reculet ; Alpes de Gap, du Champsaur, Lautaret, etc.	Hautes sommités des montagnes.
2400	— *latifolia*	♃	juin, juillet	Hautes-Vosges : ballon de Soultz, Hohneck ; Haut-Jura : mont d'Or, etc. ; monts Dore, Cantal ; Dauphiné : Grande-Chartreuse, Saint-Eynard, le Melezet au-dessus de Guillestre, mont Aurouse, Premol, Saint-Nizier, la Moucherolle ; Pyrénées, mont de Lys, Bagnères, Labatsec, Esquierry.	Escarpements des htes montagnes.
2401	— *Trachelium*	♃	juillet, août	Toute la France.	Bois.
2402	— *rapunculoides*	♃	— —	Toute la France, jusqu'au sommet de la vallée de la Bérarde (Dauphiné).	Bois, champs, jardins.
2403	— *bononiensis*	♃	— —	Vallée du Quayras (Dauphiné) ; Gap ; Saint-Vallier (Var).	Hautes vallées.
2404	— *Erinus*	☉	avril-juin	Région des oliviers et s'étendant à l'Est jusqu'à Lyon et à l'Ouest jusqu'à Angers ; Corse.	Lieux pierreux.
2405	— *rhomboidalis*	♃	juin, juillet	Dauphiné ; Hte Provence ; Auvergne ; Ht-Jura ; Pyrénées ?	Prés et coteaux.
2406	— *lanceolata*	♃	— —	Pyrénées : monts de Mijanès, d'Engauduc, d'Orlu, de Rabat, d'Asparagon, de Paillières, de Cagire, de Crabère, de Gisole, d'Oo, d'Esquierry, de Très-Seignoux, pic de Gard, vallée d'Astos, Pla-des-Aballons, près Mont-Louis, col d'Ordino, Llaurenti.	Hautes montagnes.

Nos des Espèces	NOMS de GENRE ET D'ESPÈCE	Durée des Plantes	ÉPOQUE de FLEURAISON	LOCALITÉS OÙ CES ESPÈCES ONT ÉTÉ TROUVÉES EN FRANCE.	HABITATION de CES PLANTES.
	CAMPANULA (Suite.)				
2407	— *linifolia*	♃	juin-août	Mont Pilat près de Lyon ; montagnes de l'Ardèche, de l'Auvergne, M^{ts} Dore ; montagnes de la Lozère ; Dauphiné, Lautaret, Alpes de Grenoble, Revel.	Montagnes.
2408	— *Baumgartenii*	♃	— —	Bitche ; vallée de Jægerthal près de Niederbronn ; Nancy ; Mt Chaberton (Alpes).	Grès vosgien.
2409	— *rotundifolia*	♃	— —	Toute la France.	Bois, rochers, pâturages.
2410	— *Scheuchzerii*	♃	juillet, août	Alpes du Dauphiné ; région alpine des Pyrénées.	Hautes montagnes.
2411	— *cæspitosa*	♃	— —	Hautes-Alpes du Dauphiné : Lautaret, mont Genèvre.	—
2412	— *pusilla*	♃	juillet	Alpes du Dauphiné : de Grenoble au mont Viso ; Pyrénées : région des sapins ; Auvergne ; Jura ; Vosges.	—
2413	— *tenella*	♃	juin	Hautes-Alpes du Dauphiné : Grande-Chartreuse.	Rochers calcaires.
2414	— *Mathoneti*	♃	août	Alpes du Dauphiné : col du Lautaret.	Rochers et lieux humides des hautes montagnes.
2415	— *subramulosa*	♃	juin	La Tête-d'Or près de Lyon ; le Séchenat près de Bussang ; Porentruy (Jura suisse), presque sur la frontière de France.	Bords du Rhône.
2416	— *gracilis*	♃	juin, juillet	Bords du Rhône, près de Lyon ; Alpes.	Montagnes, bord des fleuves.
2417	— *Rapunculus*	♂	mai-août	Toute la France.	Pâturages, bois, chemins.
2418	— *patula*	♂	mai-juillet	Centre et Ouest de la France ; Auvergne ; Pyrénées ; Dauphiné ; Lorraine ; Lyon ; Jura occidental.	Haies, lisières des champs, etc.
2419	— *persicifolia*	♃	juin, juillet	Toute la France.	Prairies montagneuses.
2420	— *Cenisia*	♃	juillet, août	Hautes-Alpes du Dauphiné : le Galibier, au-dessus du Lautaret, le fond du Champoléon, entre Vallouise et l'Argentière.	Hautes montagnes, rochers.
2421	— *hederacea* DC.	♃	juin, juillet	Lorraine ; Auvergne ; Côted'Or ; Beaujolais ; Bretagne ; Normandie ; presqu'île de la Manche ; Vire, Falaise, Cherbourg ; Alen-	Lieux humides et ombragés.

Nos des Espèces	NOMS de GENRE ET D'ESPÈCE	Durée des Plantes	ÉPOQUE de FLEURAISON	LOCALITÉS OÙ CES ESPÈCES ONT ÉTÉ TROUVÉES EN FRANCE.	HABITATION de CES PLANTES.
	(Suite.) CAMPANULA			çon, Argentan; Nantes; Gironde; Dax, etc.; Pyrénées : Pau, Tarbes, Bagnères.	
2422	— nutabunda DC.	☉	mars, avril	Corse : Ajaccio.	Champs.
	VACCINIUM				
2423	— Myrtillus	♄	mai	Pyrénées; Alpes; Auvergne; Jura; Vosges; Côte-d'Or; Saône-et-Loire; tout l'Ouest de Nantes à Paris; le Nord.	Montagnes et collines froides et humides.
2424	— uliginosum	♄	mai, juin	Vosges; Haguenau; Jura; Alpes; Auvergne; Pyrénées.	Marais tourbeux.
2425	— Vitis-Idæa	♄	— —	Hautes-Vosges; Jura; Mts Dore; Cantal; Lozère; Alpes; forêt du Haguenau à 140 mètres au-dessus du niveau de la mer; forêt de Saint-Sever près de Vire; forêt de Brezolette (Orne).	Bois et pâturages des montagnes; forêts.
2426	— oxycoccos DC.	♄	juin-août	Vosges; Basse-Alsace, Ramberviller à 300 mètres d'élévation; Haguenau; Haut-Jura; Côte-d'Or; Auvergne; centre de la France; Nantes (marais de l'Erdre); Nord-Ouest : Paris; Parigné près de Fougères; Sourdeval, la Ferté-Macé; Lessay (Manche); Bernesque près Bayeux; pays de de Bray; marais de Loigné près Siué.	Marais tourbeux.
	ARBUTUS				
2427	— Unedo	♄	octob.-févr.	Cannes, Hyères, Toulon, Alais, Nîmes; Montpellier, Saint-Guilhem-le-Désert; Narbonne; Saint-Paul-de-Fenouillèdes; Céret; Perpignan; Bayonne, la Teste-de-Buch; la Rochelle, Rochefort, forêt d'Arvert; Ouest : environs de Saint-Palais; Corse : Ajaccio, Calvi, etc.	Littoral de l'Océan et de la Méditerranée.
2428	— alpina DC.	♄	mai	Jura : la Dôle, le Reculet; Alpes du Dauphiné : Grenoble, etc.	Hautes sommités des montagnes.
2429	— Uva-ursi DC.	♄	avril, mai	Chaîne jurassique : Chasseral, mont d'Or, la Dôle, Reculet; Alpes du Dau-	— —

Nos des Espèces	NOMS de GENRE ET D'ESPÈCE	Durée des Plantes	ÉPOQUE de FLEURAISON	LOCALITÉS OÙ CES ESPÈCES ONT ÉTÉ TROUVÉES EN FRANCE.	HABITATION de CES PLANTES.
2430	ANDROMEDA — *polifolia*	♄	mai, juin	phiné : Grenoble, etc.; région subalpine des Pyrénées ; mont Mezinc (Haute-Loire) ; les Corbières ; Lozère ; Anduze (Gard). Alpes; Auvergne; Jura; Pyrénées; Vosges; Heurtauville près Rouen; marais de Gorges près Perriers (Manche).	Marais tourbeux.
2431	CALLUNA — *vulgaris*	♄	juillet-sept.	Presque partout.	Lieux arides ; sol siliceux.
	Var. *tomentosa*	♄	— —	Mouen et Baron près de Caen.	Bois, landes.
2432	ERICA — *mediterranea*	♄	janvier	Ruisseau de Carnade, commune de Cissac, canton de Pouilliac (Gironde).	Landes sablonneuses.
2433	— *multiflora*	♄	sept., octob.	Provence : Aix, Marseille, Montpellier, Perpignan ? Toulon.	Bruyères.
2434	— *cinerea*	♄	mai, juin	Nord et Ouest de la France : Pont-Audemer, Colomiers (Haute-Garonne),Toulouse; Angers ; Auxerre ; Agen ; Bayonne ; Bordeaux ; Nantes ; grande île de Chaussey, pointe méridionale ; Bouclon et Saint-Samson près le marais Vernier ; Paris ; centre de la France, Narbonne, Montpellier ; Fontfroide ; Montfalcon près de Roybons (Isère) ; Pyrénées ; Nice.	Coteaux arides.
2435	— *vagans*	♄	— —	Ouest de la France : Avranches, Cherbourg, Domfront, Mortain, pointe méridionale de la grande île de Chaussey ; bruyères de Saint-Samson et de Bouquelon près le marais Vernier ; de Paris à Bayonne ; Pau, Toulouse, Bagnères-de-Bigorre ; bois de Chamboran entre Roybons et la Verne (Isère) ; Grande-Chartreuse.	Bois.

14

Nos des Espèces	NOMS de GENRE ET D'ESPÈCE	Durée des Plantes	ÉPOQUE de FLEURAISON	LOCALITÉS OÙ CES ESPÈCES ONT ÉTÉ TROUVÉES EN FRANCE.	HABITATION de CES PLANTES.
	ERICA *(Suite.)*				
2436	— *ciliaris*	♄	juillet-sept.	Ouest de la France, de Dunkerque à Bayonne ; environs de Paris ; Alpes : mont Ventoux, la Moucherolle ; Grande-Chartreuse.	Landes et friches sablonneuses.
	Var. *Watsoni*	♄	— —	Ergoulet près de Falaise ; Lassey (Mayenne).	Terrains en friche.
2437	— *tetralix*	♄	juin-sept.	Paris ; Ouest et centre de la France ; Pyrénées centrales : Bagnères-de-Bigorre, Canet près de Perpignan ? Nord : Bar-le-Duc, Sampigny.	Bois humides.
2438	— *stricta*	♄	juillet, août	Corse : mont Cagne, bains de Guagno, Corté, Bonifacio, Quenza, Pont-de-Golo, environs du lac Créno en montant à Campolite ; Alpes : la Mure.	Montagnes.
2439	— *arborea*	♄	mai	Cannes, Fréjus, Hyères, Toulon ; Montpellier, Narbonne, Perpignan, Port-Vendres, Pratz-de-Mollo, et toute la région méditerranéenne ; Alpes : la Mure ; Corse.	Lieux arides.
2440	— *lusitanica*	♄	janvier	La Teste-de-Buch près de Bordeaux.	Landes marécageuses.
2441	— *scoparia*	♄	mai, juin	Nord : Paris, etc. ; Ouest ; manque à l'Est de la Loire ; Auch, Toulouse, Perpignan, Marseille, Montpellier, Narbonne, Toulon, Fréjus et tout le littoral de la Méditerranée ; Corse.	Lieux arides et stériles.
2442	PHYLLODOCE — *cœrulea* *Andromeda cœrulea* L.	♄	juin	Pyrénées centrales : Bagnères-de-Luchon, gorge au pied du pic Sacroust par le port d'Estaouats ou de la Glère ; pic de la Mine.	Hautes montagnes.
2443	DABOECIA — *polifolia* *Andromeda Dabœcii* L.	♄	juin-octob.	Maine-et-Loire : forêt de Brissac ; Tarn-et-Garonne : près de Moissac ; Saint-Jean-pied-de-Port ; mont de Béost et Bagès (Basses-Pyrénées) ; près de la vallée d'Asson, au-dessus des Ferrières (Htes-Pyrénées) ;	Bois, forêts, etc.

Nos des Espèces	NOMS de GENRE ET D'ESPÈCE	Durée des Plantes	ÉPOQUE de FLEURAISON	LOCALITÉS OÙ CES ESPÈCES ONT ÉTÉ TROUVÉES EN FRANCE.	HABITATION de CES PLANTES.
				mont Harza entre Itsatsou et le pas de Roland, près Cambo; Lahruns, Bégoura; Gensac près de Libourne.	
2444	LOISELEURIA — *procumbens* *Azalea procumbens* DC.	♄	juillet, août	Pyrénées : Canigou et Cambredaze près de Mont-Louis, Madres, Costa-Bona, port de Rat, de la Picade, de l'Hiéris, mont de Crabère ; Hautes-Alpes : Taillefer, Combe-de-la-Lance, Belledone et Revel près de Grenoble, Villard-d'Arène, sous les glaciers du Bec.	Sommités des Hautes-Alpes et des Pyrénées.
2445	RHODODENDRON — *ferrugineum*	♄	juillet	Jura : le Reculet, la Dôle, monts Tendre, le Creux-du-Vent; Alpes et Pyrénées.	Hautes régions des montagnes.
2446	— *hirsutum*	♄	—	Le Reculet (Jura) ? Fond du Val-Gaudemar (Dauphiné)? Pyrénées : mont de Sisoy à la passade de Bassiouhé ?	Hautes cimes des montagnes.
2447	PYROLA — *rotundifolia*	♃	juin, juillet	Paris et le Nord-Ouest; Pays de Bray ; Gisors ; forêt de la Londe près d'Elbeuf; bois de Sourdeval-sur-Laigle ; le Tronquay près de Bayeux ; Beaucample-Vieux près d'Aumale ; Lorraine ; Jura ; Côte-d'Or ; Saône-et-Loire ; Mᵗˢ Dores ; Cantal ; le Forez ; Alpes : Lautaret, etc. ; Pyrénées.	Terres calcaires.
	Var. *arenaria*	♃	— —	Dunes de Saint-Quentin, Béthune.	Embouchure de la Somme et de la Brette.
2448	— *minor*	♃	— —	Paris et le Nord-Ouest ; Rouen, le Havre ; Treperel près de Falaise, Lisieux, Villers-Bocage, Bayeux, forêt de Cinglais ; Evreux ; Camembert, Crouptes (Orne) ; Vosges : Bussang, Haguenau, etc. ; Haut-Jura ; Allier ; Creuse ; Cantal ; Puy-de-Dôme ; Alpes ; mont Ventoux, l'Espérou (Cévennes) ; Pyrénées.	Lieux montueux.

Nos des Espèces	NOMS de GENRE ET D'ESPÈCE	Durée des Plantes.	ÉPOQUE de FLEURAISON	LOCALITÉS OÙ CES ESPÈCES ONT ÉTÉ TROUVÉES EN FRANCE.	HABITATION de CES PLANTES.
	(Suite.) **PYROLA**				
2449	— *chlorantha*	♃	juin, juillet	Environs de Gap ; Haute-Loire ; l'Espérou ; Guillestre (Hautes-Alpes) ; St-Nizier près de Grenoble ; port de Glère ; Pyrénées.	Montagnes.
2450	— *secunda*	♃	— —	Alpes ; Auvergne ; Jura ; Pyrénées ; Vosges.	—
2451	— *uniflora*	♃	— —	Hautes-Vosges; Haute-Loire; l'Espérou ; Pyrénées : la Pesouil, Orlu, Llaurenti, Port-de-Vieille, Houle-du-Marboré, Font-de-Comps, le Capsir, Mont-Louis ; Alpes : Quayras, col d'Isoard ; bois du Noyer ; bois de la Combe-Chauve près Guillestre, Ceillac ; Corse : au-dessus de Corté.	Hautes montagnes boisées.
2452	— *umbellata*	♃	— —	Ban-de-la-Roche (Vosges) ? forêt de Haguenau ; Pyrénées (rare).	Bois.
2453	**MONOTROPA** — *hypopitys*	♃	juillet, août	Presque toute la France.	—

COROLLIFLORES.

Nos des Espèces	NOMS de GENRE ET D'ESPÈCE	Durée des Plantes.	ÉPOQUE de FLEURAISON	LOCALITÉS OÙ CES ESPÈCES ONT ÉTÉ TROUVÉES EN FRANCE.	HABITATION de CES PLANTES.
2454	**PINGUICULA** — *vulgaris*	♃	mai - juillet	Vosges ; Jura ; Côte-d'Or ; Alpes ; Auvergne ; Pyrénées ; Paris ; etc.; Argentan, Bayeux, Gisors.	Lieux tourbeux et humides.
2455	— *leptoceras*	♃	juin-août	Jura ; la Dôle au Reculet ; Hautes-Alpes ; Pyrénées.	Sommités des hautes montagnes.
2456	— *grandiflora*	♃	juin, juillet	Jura, la Dôle au Reculet ; Alpes : Revel près de Grenoble, Briançon, le Glandas, Lautaret ; Pyrénées : Barèges, val d'Eynes, Pratz-de-Mollo, Bac de la Plana, port de Paillères, Mærens ; monts Dores et Cantal.	— —
	Var. *longifolia* DC.	♃	— —	Vallée de Sin, port de Pinède (Pyrénées) ; Lozère.	— —
2457	— *corsica*	♃	juin	Corse : monts Cagno, Cintro, d'Oro, Rotundo, etc.	Hautes montagnes.
2458	— *alpina*	♃	juillet	Jura : la Dôle au Reculet ; Alpes du Dauphiné : Chamechaude, Saint-Nizier, la Pra au-dessus de Re-	Hautes cimes des montagnes.

Nos des Espèces	NOMS de GENRE ET D'ESPÈCE	Durée des Plantes	ÉPOQUE de FLEURAISON	LOCALITÉS OÙ CES ESPÈCES ONT ÉTÉ TROUVÉES EN FRANCE.	HABITATION de CES PLANTES.
	PINGUICULA (Suite.)			vel, la Moucherolle, Gondeau, Allevard, l'Aut-du-Pont, Saint-Hugon, Lautaret, etc.; Pyrénées : val d'Eynes, Llaurenti, port de la Valette, glaciers d'Oo, Houle-du-Marboré.	
2459	— lusitanica	♃	mai-juillet	Ouest de la France de Bayonne à Dunkerque.	Bords de l'Océan, landes et bords des étangs.
	UTRICULARIA				
2460	— vulgaris	♃	juin-août	Partout.	Tourbières, mares, eaux stagnantes.
2461	— neglecta	♃	juillet, août	Environs de Nantes; presqu'île de la Manche; Montlieu ; Charente-Inférieure ; l'Erdre, marais de la Loire et presque tout le N.-O.	— —
2462	— intermedia	♃	— —	Marais de l'Erdre près de Nantes; Remiremont (Vosges); étang Saint-Jacquil.	Bords de l'eau.
2463	— minor	♃	juin-août	Partout, mais peu commune.	Tourbières, mares, eaux stagnantes.
	HOTTONIA				
2464	— palustris	♃	mai, juin	Presque toute la France, excepté la région des oliviers (rare).	Mares, fossés, eaux stagnantes.
	PRIMULA				
2465	— grandiflora	♃	mars-mai	Nord ; Meurthe : Nancy, etc.; Marne ; Paris ; Angers ; Sarthe ; Mayenne ; Manche ; centre de la France ; Indre ; Loire ; Loir-et-Cher ; Ouest : Agen, Bayonne, Bordeaux, Landes, Nantes, Napoléonville ; Vannes ; Lozère ; Gard ; Dauphiné.	Bois herbeux, fossés, pâturages.
2466	— officinalis	♃	— —	Presque partout ; rare dans la région méditerranéenne.	Bois et pâturages.
	Var. suaveolens	♃	— —	Montpellier, Toulon ; Mont-Louis (Pyrénées-Orientles).	— —
2467	— variabilis	♃	mars, avril	Nancy ; Tours ; le Mans ; Angers ; Indre ; Manche ; Vendée ; Loire-Inférieure ; Calvados ; Eure ; Orne.	Prés, bois humides.
2468	— intricata	♃	juillet	Pyrénées : vallée d'Eynes, le Canigou, environs de Mont-Louis, port d'Oo.	Hautes montagnes.
2469	— Thomasinii	♃	juin, juillet	Pic de l'Hiéris.	—
2470	— elatior	♃	mars-mai	Nord et Nord-Ouest de la France jusqu'à Nantes ;	Prés et pâturages.

Nᵒˢ des Espèces	NOMS de GENRE ET D'ESPÈCE	Durée des Plantes	ÉPOQUE de FLEURAISON	LOCALITÉS OÙ CES ESPÈCES ONT ÉTÉ TROUVÉES EN FRANCE.	HABITATION de CES PLANTES.
	PRIMULA (Suite.)			centre de la France, jusqu'à Agen et Montauban ; tout l'Est : Vosges, Jura, Alpes ; Pyrénées ?	
2471	— farinosa	♃	mai-août	Alpes ; Pyrénées centrales ; commune au Jura dans la région des sapins.	Hautes montagnes.
2472	— auricula	♃	mai, juin	Jura ; Baume près de Besançon ; commune dans les Alpes de Grenoble.	Montagnes.
2473	— marginata	♃	juin, juillet	Alpes du mont Viso et du Quayras (Dauphiné), vallon de la Taillant, col Malrief, col d'Isoard, col de l'Arche.	—
2474	— viscosa	♃	mai, juin	Alpes de Gap, Champsaur, Lautaret, Galibier, etc.; Pyrénées : Cauterets, pic de l'Hiéris, Costa-Bona, Cambredase, val d'Eynes, Llaurenti, Dent-d'Orlu, Port d'Oo et de Plan, pic d'Eyré, les Cougous, Endretlis, port d'Uston.	—
2475	— latifolia	♃	juin, juillet	Alpes du Dauphiné : Lautaret, Galibier, Charousse, combe de la Lance, la Pra au-dessus de Revel, Chaillot-le-Vieil, bords de la Romanche ; Pyrénées : Cambredase, pic de Gard, Cagire.	—
2476	— integrifolia	♃	juillet, août	Pyrénées : de Lollat à la Coume-del-Tech, monts de Madres, la Roquette, port d'Ustou, de Bénasque, de Peyrsourde, de Plan, pic du Midi, Labatsec, Bagnères-de-Bigorre, Néouville, les Cougous, Eaux-Bonnes, col d'Enfer, Endretlis.	Hautes montagnes.
2477	GREGORIA — vitaliana Primula vital. DC.	♃	— —	Alpes de Gap, d'Embrun, de Briançon, de l'Oisans, Lautaret, Galibier, mont Genèvre, mont Aurouse, Boscodon, mont Ventoux ; Pyrénées : la Galinasse, Sept-Hommes, val d'Eynes, Cambredase, Pale-de-Crabère, monts de Quen-	—

Nos des Espèces	NOMS de GENRE ET D'ESPÈCE	Durée des Plantes	ÉPOQUE de FLEURAISON	LOCALITÉS OÙ CES ESPÈCES ONT ÉTÉ TROUVÉES EN FRANCE.	HABITATION de CES PLANTES.
				ques, Port-d'Oo, de Plan, de Bénasque, pic du Midi, de Bigorre et d'Ossau, Piquette-d'Entretlis, Tucqueroy.	
2478	ANDROSACE — *helvetica*	♃	juillet	Alpes du Dauphiné : mont Aurouse, mont Viso à la Traversette, Brande-en-Oisans, Pourel-en-Champsaur, le Dévoluy, Orcières, le Valgaudemar.	Hautes montagnes.
2479	— *pubescens*	♃	juillet, août	Alpes du Dauphiné : sous les glaciers de la Grave, Lautaret aux glaciers du Bec et sur les rochers des Trois-Evêchés, le petit Galibier, la Moucherolle, cols entre la vallée de Cervières et celle de Quayras, mont Viso à la Traversette ; Pyrénées : mont Perdu, pic du Midi, la Maladetta, Port-d'Oo, Tucqueroy.	—
2480	— *imbricata*	♃	juin, juillet	Pyrénées : de la vallée d'Eynes au port de Bénasque ; Alpes du Dauphiné : mont Viso à la Traversette, Revel près de Grenoble, l'Oisans, Allevard, Sept-Laus.	—
2481	— *pyrenaica*	♃	sept., octob.	Pyrénées : mont d'Avran, port de Bénasque, lac d'Oo, mont Saint-Mamet, Esquierry, Bond-de-Séculejo, lac d'Espingo, pied de Caumale.	Sommités des montagnes.
2482	— *villosa*	♃	juin, juillet	Pyrénées : Cambredases, vallée d'Eynes, Costa-Bona, Tabe, pic de Gard, pic du Midi, les Cougous, port de Pinède, Tucqueroy, Houle-du-Marboré ; Alpes du Dauphiné ; Grande-Chartreuse, de Grenoble à Die ; mont Ventoux ; Ht-Jura : la Dôle.	Hautes montagnes : gazons et rochers calcaires.
2483	— *lactea*	♃	— —	Alpes du Dauphiné : le Vercors, le Glandas, la Moucherolle ; Jura septentrional, Mt d'Or (Doubs).	Sommités des montagnes ; terrains calcaires.

Nos des Espèces	NOMS de GENRE ET D'ESPÈCE	Durée des Plantes	ÉPOQUE de FLEURAISON	LOCALITÉS OÙ CES ESPÈCES ONT ÉTÉ TROUVÉES EN FRANCE.	HABITATION de CES PLANTES.
	ANDROSACE (Suite).				
2484	— *carnea*	♃	juillet, août	Alpes et Pyrénées ; monts Dore et Cantal ; Vosges : au sommet du ballon de Soultz.	Sommités des montagnes.
2485	— *obtusifolia*	♃	juin, juillet	Alpes du Dauphiné : Lautaret, Mont-Saint-Michel près de la Mure, mont Viso, Mont-de-Lans, l'Oisans, le Dévoluy, le Briançonnais, mont Genèvre.	Hautes montagnes.
2486	— *septentrionalis*	☉ ♂	mai, juin	Lautaret, au-dessous de la Cabane, Mt Genèvre (très-commune aux lieux indiqués).	—
2487	— *Chaixi*	☉ ♂	avril, mai	Forêt de Loubet, sous le Mt Aurouse près de Gap ; la Baume-sur-Sisteron ; mont Ventoux ; Castellane (Var).	Montagnes boisées, etc.
2488	— *maxima*	☉	— —	Toulon ; Montpellier ; Alzon (Gard) ; Pyrénées-Orientales : Collioure, Bagnols, Mont-Louis ; Dauphiné, Gap, le Champsaur, Die, la Mure, Guillestre ; Puy-de-Dôme ; Allier ; Lozère ; bords de la Loire ; la Vienne ; Maine-et-Loire ; Bourgogne : Dijon, etc. ; Troyes ; Lorraine.	Lieux cultivés.
	CYCLAMEN				
2489	— *europœum*	♃	août-octob.	Chaîne du Jura : Morteau, la Billaude, etc. ; lisières de la Provence et du Dauphiné : Regnier, Ribiers ; la Loire et la Vienne.	Montagnes, etc.
2490	— *neapolitanum*	♃	septembre	Corse : Corté, Vico ; Marseille ; Gironde ; Auch (Gers) : forêt d'Orléans.	Lieux montueux.
2491	— *repandum*	♃	avril, mai	Anduze (Gard) ; les Capouladoux près de Montpellier ; bois près de Draguignan ; montagnes de Corse.	—
	SOLDANELLA				
2492	— *alpina*	♃	juillet, août	Jura : la Dôle, le Reculet ; monts Dore et Cantal ; Alpes ; Pyrénées.	Sommités des hautes montagnes
2493	— *montana*	♃	avril, mai	Mont Harza près Itsatson ; Basses-Pyrénées : Pas-de-Roland près de Cambo.	Hautes montagnes.

Nos des Espèces	NOMS de GENRE ET D'ESPÈCE	Durée des Plantes	ÉPOQUE de FLEURAISON	LOCALITÉS OÙ CES ESPÈCES ONT ÉTÉ TROUVÉES EN FRANCE.	HABITATION de CES PLANTES.
2494	**GLAUX** — *maritima*	♃	juin	Salines près de Clermont-Ferrand ; bords de l'Océan et de la Méditerranée.	Littoral maritime.
2495	**ASTEROLINUM** — *stellatum*	⊙	avril, mai	De Nice à Perpignan ; de Bayonne à Nantes ; Vendée, Noirmoutiers, Belle-Isle.	Région des oliviers, bords de l'Océan.
2496	**LYSIMACHIA** — *thyrsifolia*	♃	juin, juillet	Abbeville (Somme) ; entre Deux-Ponts et Sarrebruck (frontière du Nord) ; Lyon.	Marais.
2497	— *ephemerum*	♃	août	Pyrénées-Orientales : Perpignan, Villefranche, Olette, etc. ; Bagnères-de-Luchon.	Montagnes.
2498	— *vulgaris*	♃	juin, juillet	Toute la France.	Bord des ruisseaux, lieux humides.
2499	— *nummularia*	♃	— —	Toute la France.	Prés humides, bord des fossés.
2500	— *nemorum*	♃	— —	Vosges ; Jura ; Alpes ; Auvergne ; Pyrénées ; Ouest et centre de la France ; région méditerranéenne ?	Bois montueux.
2501	**TRIENTALIS** — *europœa*	♃	mai, juin	Bois de la Mure près de Grenoble ; forêt des Ardennes près de St-Hubert.	Forêts et bois.
2502	**CORIS** — *monspeliensis*	♂	avril, mai	De Nice à Perpignan.	Région méditerranéenne.
2503	**CENTUNCULUS** — *minimus*	⊙	juin, juillet	Alsace ; Lorraine ; Paris ; Normandie ; Bretagne ; Ouest et centre de la France ; Bresse ; vallée du Rhône et de la Saône ; Pyrénées-Orientales : Prats-de-Mollo ; Toulouse ; Agen.	Marais, sables et bois humides.
2504	**ANAGALLIS** — *crassifolia*	♃	— —	Landes ; la Teste-de-Buch, Dax, Saint-Sever.	Lieux humides, marécageux.
2505	— *arvensis*	⊙	juin - octob.	Partout.	Lieux cultivés.
	Var. *micrantha*	⊙	— —	Corse.	
2506	— *tenella*	⊙	juin-août	Ramberviller (Vosges) ; forêt d'Argonne ; Paris ; Ouest et centre de la France ; Dijon ; Marseille ; Montpellier.	Lieux humides, marécageux.
2507	**SAMOLUS** — *valerandi*	♃	— —	Lorraine ; Vosges ; Jura ;	Marais, prés hum.

Nos des Espèces	NOMS de GENRE ET D'ESPÈCE	Durée des Plantes	ÉPOQUE de FLEURAISON	LOCALITÉS OÙ CES ESPÈCES ONT ÉTÉ TROUVÉES EN FRANCE.	HABITATION de CES PLANTES.
				Alpes ; Pyrénées ; Auvergne ; Ouest et centre de la France ; rare dans le Midi : Béziers.	
2508	DIOSPYROS — lotus	♄	mai, juin	Cultivée et presque spontanée dans le Midi.	
2509	STYRAX — officinale	♄	mai	Forêts du Var, autour de Toulon ; Grasse ; Nice ; forêt de Sainte-Baume et de la Chartreuse de Montrieux.	Forêts, etc. de la région méditerranéenne.
2510	FRAXINUS — excelsior	♄	avril, mai	Partout.	Bois, fossés, etc.
	Var. monophylla	♄	— —	Route de Gap aux Bayards.	— —
2511	— oxyphylla	♄	mars, avril	Avignon ; Marseille ; Montpellier ; Perpignan ; Toulon.	— —
2512	— biloba	♄	— —	Les Arcs près de Saint-Martin-de-Londres (Hérault).	Rochers.
2513	— parvifolia	♄	— —	Bords du Lez près de Montpellier.	Bords des rivières.
2514	— ornus	♄	avril, mai	Cultivée et presque spontanée dans le Midi de la France ; Corse : Vico.	Collines.
2515	LILAC — vulgaris	♄	— —	Cultivée et naturalisée.	Jardins.
2516	OLEA — europœa	♄	mai	Midi et Sud-Est de la France ; Corse.	Champs.
2517	PHILLYREA — angustifolia	♄	avril, mai	De Nice à Perpignan ; Gironde : Landes ; Vendée : la Rochelle.	Région des oliviers et Ouest de la France.
2518	— media	♄	— —	De Nice à Perpignan ; Nantes ; Gironde : Landes ; Ouest : Vendée, rochers de la Dive, la Rochelle, Saint-Palais.	— —
2519	— stricta	♄	— —	Corse : Bonifacio, Calvi.	— —
2520	LIGUSTRUM — vulgare	♄	mai, juin	Partout.	Haies, buissons.
2521	JASMINUM — fructicans	♄	mai	Tout le Midi de la France jusqu'à Lyon, Mâcon, Gap.	Le long du Rhône et de la Durance.
2522	VINCA — minor	♃	mars-juin	Toute la France.	Bois et haies.
2523	— major	♃	— —	Région méditerranéenne ; Lyon ; presque tout le cen-	Haies, buissons, bord des ruisseaux

Nos des Espèces	NOMS de GENRE ET D'ESPÈCE	Durée des Plantes	ÉPOQUE de FLEURAISON	LOCALITÉS OÙ CES ESPÈCES ONT ÉTÉ TROUVÉES EN FRANCE.	HABITATION de CES PLANTES.
	VINCA *(Suite.)*			tre de la France ; çà et là de Bayonne à Paris ; Caen, Cherbourg, Elbeuf, Falaise, Pont-Audemer ; Saint-Lô, Valognes.	
2524	— *media*	♃	avril, mai	Région méditerranéenne : Port-Vendres, Baniuls, Narbonne ; Montpellier, Hyères.	Lieux frais ou ombragés.
2525	NERIUM — *oleander*	♄	juin, juillet	Var : Fréjus, Hyères, Toulon ; Corse.	Champs, bois.
2526	CYNANCHUM — *acutum*	♃	juillet, août	D'Arles et de Montpellier à Perpignan ; Ouest : Pouras, Oléron, Ré.	Bords de la Méditerranée.
2527	VINCETOXICUM — *officinale*	♃	juin-août	Toute la France.	Lieux incultes et pierreux.
2528	— *laxum*	♃	— —	Polygone de Grenoble ; Beaumont-le-Roger (Eure) ; Magny-en-Vexin, etc. (rare).	Lieux incultes.
2529	— *contiguum*	♃	mai - juillet	Région méditerranéenne.	—
2530	— *nigrum*	♃	— —	De Montpellier à Perpignan ; Nice, bords de la Durance, Grammont, Castelnau.	Littoral de la Méditerranée.
2531	ASCLEPIAS — *cornuti*	♃	juin-août	Exotique.	Cultivée dans les jardins.
2532	GOMPHOCARPUS — *fruticosus*	♄	— —	Corse : Bastia, St-Florent.	Bord des ruisseaux.
2533	ERYTHRÆA — *pulchella*	☉ ♂	juin-sept.	Toute la France.	Lieux humides ; pâturages, etc.
2534	— *centaurium*	♂	juillet, août	Toute la France.	Lieux humides ; champs, prairies.
2535	— *latifolia*	☉ ♂	août	Avignon, Hyères, Montpellier, Narbonne, Bayonne.	Bords de la Méditerranée.
2536	— *chloodes*	☉	juillet, août	Golfe de Gascogne : Biaritz, près de Bayonne, la Teste-de-Buch.	Plage de l'Océan.
2537	— *tenuifolia*	☉	— —	Avignon, bords de la Durance ; les Cabannes près de Montpellier.	Lieux frais et humides.
2538	— *diffusa*	☉ ♂	août	Morlaix ; Beaumont, Cherbourg, la Hague, Jobourg ; Saint-Germain-des-Veaux, Omonville, falaises de Gréville et presque toute la Manche.	— —

Nos des Espèces	NOMS de GENRE ET D'ESPÈCE	Durée des Plantes	ÉPOQUE de FLEURAISON	LOCALITÉS OÙ CES ESPÈCES ONT ÉTÉ TROUVÉES EN FRANCE.	HABITATION de CES PLANTES.
	(Suite.) **ERYTHRÆA**				
2539	— *spicata*	⊙ ♂	août	Bords de la mer.	Littoral de la Méditerranée et de l'Océan.
2540	— *maritima*	⊙	juin, juillet	De Bayonne à Dunkerque ; de Nice à Perpignan ; Corse.	— —
2541	**CICENDIA** — *filiformis* Exacum filiforme	⊙	juin-sept.	Presque toute la France.	Bois humides, bord des étangs et bords de l'Erdre près Nantes.
2542	— *pusilla* Exacum candollii	⊙	— —	Paris et centre de la France ; Ouest : Alençon, Domfront, Nantes, etc. ; Vauvert (Gard) ; bords de la Méditerranée ; Fréjus ; Montpellier ; bords de l'étang de Saint-Nicolas (Anjou).	Lieux inondés pendant l'hiver.
2543	**CHLORA** — *perfoliata*	⊙	juin-août	Presque toute la France.	Lieux humides, coteaux incultes.
2544	— *serotina*	⊙	— —	Strasbourg ; Lyon ; Grenoble ; Uzès, Montpellier ; Bayonne ; Corse : Ajaccio.	Lieux humides ; prairies tourbeuses.
2545	— *imperfoliata*	⊙	juillet	De Bayonne à Cherbourg ; rivage de la Méditerranée ; Corse : Ajaccio, etc.	Littoral maritime.
2546	**GENTIANA** — *lutea*	♃	juillet, août	Alpes ; Auvergne ; Jura ; Pyrénées ; Vosges.	Région des sapins et un peu au-dessous.
2547	— *luteo-punctata*	♃	août	Hautes-Alpes du Dauphiné : Valbelle, au-dessus de Guillestre.	Hautes montagnes.
2548	— *Burseri*	♃	—	Chaîne des Pyrénées : de la vallée d'Eynes aux Eaux-Bonnes, la Massive, Médassole, pic du Midi, Aiguecluse, Peu-du-Branda, Gavarnie ; Hautes-Alpes : col de Vars, mont Viso, mont Monnier, Lautaret.	—
2549	— *punctata*	♃	—	Mont Aurouse près de Gap, Champ-Rousse près de Grenoble ; Lautaret, Saint-Hugon, Grande-Chartreuse, Bourg-d'Oisans.	—
2550	— *purpurea*	♃	—	Alpes de Savoie.	—

Nos des Espèces	NOMS de GENRE ET D'ESPÈCE	Durée des Plantes	ÉPOQUE de FLEURAISON	LOCALITÉS OÙ CES ESPÈCES ONT ÉTÉ TROUVÉES EN FRANCE.	HABITATION de CES PLANTES.
	GENTIANA (Suite.)				
2551	— *cruciata*	♃	juillet-sept.	Tout le Nord de la France ; Lorraine ; Jura ; Alpes ; centre de la France.	Coteaux pierreux.
2552	— *asclepiadea*	♃	août, sept.	Alpes du Dauphiné : Orcière en Champsaur, en Valgaudemar, à Saint-Hugon, Lautaret, l'Arche, etc.; Corse : Corté.	Prés humides des htes montagnes.
2553	— *Pneumonanthe*	♃	juill.-octob.	Alsace : Bitche, Strasbourg, etc.; Besançon ; centre de la France ; Paris ; l'Ouest de Paris à Dunkerque ; Dauphiné ; Auvergne ; Pyrénées : du Capsir à Biaritz.	Prairies humides et tourbeuses.
2554	— *acaulis*	♃	mai, juin	Jura ; Alpes ; Pyrénées.	Région des sapins.
	Var. *parviflora*	♃	— —	Alpes du Dauphiné : Sept-Laus, Charousse près de Grenoble ; Pyrénées : port d'Oo, Tourmalet, Canigou, val d'Eynes.	Hautes montagnes.
2555	— *pyrenaica*	♃	juin; sept. ?	Pyrénées-Orientales : du Canigou au Salut : Coum-del-Tech, Salvanaire, mont Llaurenti près de l'Etang, Mont-Louis, Très-Seignous, Fraichinède, Pis-de-la-Tronque, Houle-du-Marboré.	—
2556	— *lavarica*	♃	août	Hautes-Alpes du Dauphiné : Lautaret, le Valbonnais, col de l'Echauda, mont Chaillol près de Gap.	—
2557	— *verna*	♃	mai-août	Auvergne ; Alpes ; Jura ; Pyrénées.	—
	Var. *alata*	♃	— —	Région alpine.	—
	Var. *brachyphylla*	♃	— —	Sommets des Alpes du Dauphiné : Lautaret, col de l'Echauda, la Bérarde, col de l'Arche ; Pyrénées-Orientales : Mont-Louis.	—
2558	— *germanica*	☉	août, sept.	Nord de la France ; Ouest : Caen ; Chicheboville, Livarot : forêt du Moutier-Hubert, Montpinson, Villers-sur-Mer Calvados ; St-Pierre-Louviers et Tilly Eure ; Vimoutiers, Alençon, Pré-d'Auge, Champo-	Lieux arides.

Nos des Espèces	NOMS de GENRE ET D'ESPÈCE	Durée des Plantes	ÉPOQUE de FLEURAISON	LOCALITÉS OÙ CES ESPÈCES ONT ÉTÉ TROUVÉES EN FRANCE.	HABITATION de CES PLANTES.
	GENTIANA (Suite.)			soult, Séez, Camembert, Trun (Orne) ; Rouen.	
2559	— *amarella*	⊙	septembre	Ouest : Cherbourg, Falaise, Pont-l'Evêque, etc.	Lieux arides.
2560	— *campestris*	⊙	juillet, août	Alpes ; Auvergne ; Jura ; Pyrénées ; Vosges ; Carsis (Eure) ; Falaise ; Lisieux ; Lillebonne ; Chailloué, Champosoult (Orne).	Pelouses de la région des sapins.
2561	— *tenella*	⊙	août	Pyrénées : Pierres-Saint-Martin, port de Boucharo, Houle-du-Marboré, port de Salden, pic du Midi ; Alpes du Dauphiné : Lautaret, mont Viso, sous le Chalet-de-Ruines, Mont-de-Lans, col de l'Arche.	Hautes montagnes.
2562	— *nivalis*	⊙	juillet, août	Région alpine et subalpine des Alpes, du Jura et des Pyrénées.	—
2563	— *utriculosa*	⊙	mai	Alsace : Benfeld, Colmar, Strasbourg, etc.	Prairies humides.
2564	— *ciliata*	⊙	août, sept.	Alsace ; Alpes ; Auvergne ; Pyréns ; Provence ; Champsaur ; la Vérola (Savoie) ; Mont-Cenis ; Saint-Bernard, Usina, Ussey au-dessus de Magon ; environs du Peré (Piémont) ; Rouen ; Tilly (Eure).	Terrains humides des montagnes.
2565	**SWERTIA** — *perennis*	♃	juillet-sept.	Alpes ; Pyrénées ; Auvergne ; Jura.	Marais tourbeux des régions subalpines.
2566	**MENYANTHES** — *trifoliata*	♃	avril, mai	Toute la France.	Marais tourbeux.
2567	**LIMNANTHEMUM** — *nymphoides* MENYANTHES *nymphoides*	♃	juillet, août	Metz ; Paris ; le Nord-Ouest et presque tout le centre de la France ; Bresse ; Orne ; Seine-Inférieure ; Manche ; Carantan, Saint-Sauveur-le-Vicomte, Tribehout (Manche) ; Rouen ; St-Léonard-des-Bois près d'Alençon.	Cours d'eau marécageux.
2568	**POLEMONIUM** — *cœruleum*	♃	mai, juin	Jura : Morteau ; sous le château de Joux ; Pyrénées : Cagire, pic de Gard ; cultivée.	Montagnes.

Nos des Espèces	NOMS de GENRE ET D'ESPÈCE	Durée des Plantes	ÉPOQUE de FLEURAISON	LOCALITÉS OÙ CES ESPÈCES ONT ÉTÉ TROUVÉES EN FRANCE.	HABITATION de CES PLANTES.
	CONVOLVULUS				
2369	— *sepium*	♃	juin-octob.	Partout.	Haies et buissons.
2370	— *soldanella*	♃	juillet	Corse ; littoral de la Méditerranée et de l'Océan.	Sables maritimes.
2371	— *arvensis*	♃	juin, juillet	Partout.	Champs.
2372	— *tomentosus*	♃	juin	Entre Toulon et Hyères.	— haies, chemins.
2373	— *althæoides*	♃	—	Provence : Grasse, Hyères, Port-Vendres, Toulon ; Nice.	Littoral maritime.
2374	— *lanuginosus*	♃	juin, juillet	Elne en Roussillon ; Estagel et Notre-Dame-de-Pena près Perpignan ; Provence.	Rochers.
	Var. *argenteus*	♃	— —	Cujes près de Toulon.	—
2375	— *Cantabrica*	♃	juin	Grenoble ; Lyon ; Beaune ; Côte-d'Or, Yonne, Limagne ; le Sud-Ouest : la Gironde ; Agen, Toulouse ; Corse.	Région méditerranéenne et des oliviers.
2376	— *lineatus*	♃	juin, juillet	Aix, Avignon, Marseille, Montpellier, Narbonne, Nîmes, Perpignan, Puy-Long (Auvergne), Toulon.	— —
2377	— *tricolor*	⊙	mai, juin	Environs de Toulon ; le Champsaur (Alpes).	Montagnes.
2378	— *siculus*	⊙	mai	Corse : Ajaccio, etc.; Toulon.	—
	CRESSA				
2379	— *cretica*	⊙	août, sept.	Cannes, Hyères, Toulon ; Bellegarde (Gard), Montpellier ; Arles, Aigues-Mortes ; Nice ; Corse.	Littoral de la Méditerranée.
	CUSCUTA				
2380	— *densiflora*	⊙	juillet, août	Nord de la France ; Ouest : Falaise, Vassy.	Parasite sur le *Linum usitatissim.*
2381	— *europæa*	⊙	juin-août	Partout.	Lieux incultes et buissons ; parasite sr l'*Urtica dioica,* le *Cannabis sativ.*
2382	— *epithymum* — *minor* DC.	⊙	juillet, août	Le Midi et presque toute la France.	Coteaux secs ; parasite sur le *Thymus serpyll.,* le *Medicago sativ.,* le *Trifolium prat.,* etc.
2383	— *trifolii*	⊙	juillet	Toute la France, à l'exception du Midi.	Parasite sur les *Trifolium.*
2384	— *alba*	⊙	—	Région méditerranéenne ; Noron près de Falaise.	Champs, rochers ; sur le *Teucrium scorodonia.*
2385	— *corymbosa*	⊙	août, sept.	Région méditerranéenne ; Caen, Saint-Pierre-sur-Dives.	Parasite sur le *Medicago sativa* et autres plantes

Nos des Espèces	NOMS de GENRE ET D'ESPÈCE	Durée des Plantes	ÉPOQUE de FLEURAISON	LOCALITÉS OÙ CES ESPÈCES ONT ÉTÉ TROUVÉES EN FRANCE.	HABITATION de CES PLANTES.
	CUSCUTA (Suite.)				
2586	— *monogyna*	⊙	juillet, août	Languedoc : Avignon, Beaucaire, Béziers, Montpellier.	Champs de vignes.
2587	**RAMONDIA** — *pyrenaica*	♃	juin, juillet	Pyrénées-Orientales et centrales : Prats-de-Mollo, Arles, Rocca-Galiniera, Saint-Sauveur, Esquierry, Bagnères-de-Luchon, Houle-de-Marboré.	Rochers ombragés et escarpés des htes montagnes.
2588	**CERINTHE** — *aspera*	⊙	— —	Antibes, Fréjus, Grasse, Hyères, Agde, Aigues-Mortes, Narbonne, Toulon ; Pezenas ; Corse : Bonifacio.	Région méditerranéenne ; champs et bords des routes.
2589	— *alpina*	♃	juin-août	Pyrénées : pic de l'Hiéris.	Hautes montagnes.
2590	— *minor*	♃	mai - juillet	Hautes-Alpes du Dauphiné ; Grande-Chartreuse, Gap, vallée du mont Viso, mont Genèvre, Briançon, Thorenc (Var).	—
2591	— *tenuiflora*	♃	juillet ?	Corse : monts Pino et Fiumorbo, entre Talano et Quenza, Corté, Mt Cervione.	Montagnes.
2592	**BORRAGO** — *officinalis*	⊙	juin, juillet	Naturalisée.	Terres cultivées.
2593	— *laxiflora*	⊙	— —	Corse : Ajaccio, Bastia, Bonifacio, Calvi.	Lieux humides.
2594	**SYMPHITUM** — *officinale*	♃	mai, juin	Commune dans le Nord et le centre de la France.	Prairies humides.
2595	— *tuberosum*	♃	avril-juin	Lyon ; Montbrison ; Grenoble, Gap ; Grasse, Fréjus, Toulon, Roquefavour, près de Marseille, Montpellier, Alais, Anduze, Mende, Florac, Albi, Toulouse, bords du Touch (Haute-Garonne), bords de la Vienne, Montauban, Moissac, Figeac, Cahors, Agen, Panassac (Gers), Saint-Jean-Pied-de-Port, Pau, Bayonne, Dax, St-Sever, Bordeaux, Lanquais (Dordogne), Poitiers, Montmorillon et Ile Jourdain (Vienne), Saint-Gervais près de Blois.	Bois et prés couverts.
2596	— *mediterraneum*	♃	avril, mai	Toulon.	—
2597	— *bulbosum*	♃	— —	Corse : Calvi.	Lieux incultes.

Nᵒˢ des Espèces	NOMS de GENRE ET D'ESPÈCE	Durée des Plantes	ÉPOQUE de FLEURAISON	LOCALITÉS OÙ CES ESPÈCES ONT ÉTÉ TROUVÉES EN FRANCE.	HABITATION de CES PLANTES.
	ANCHUSA				
2598	— *officinalis*	♂	juin-août	Haguenau ; Briançon ; îles d'Hyères ; Marseille ; Sables-d'Olonne ; Couëron (Loire-Inférieure).	Décombres, lieux incultes.
2599	— *undulata*	♂	juin, juillet	Toulon, Marseille, Cannes ; cap Corse.	Champs.
2600	— *orispa*	♂	avril	Corse.	Sables maritimes.
2601	— *italica*	♂	mai-juillet	Commune dans le Midi et le centre de la France ; rare dans le Nord ; Ouest : Avranches ; Caen ; Elbeuf, Rouen.	Champs, lieux pierreux.
2602	— *sempervirens*	♃	mai, juin	Dax, Libourne et presque tout l'Ouest ; Cherbourg, Pontaven (Loire-Inférieureᵉ), Saint-Malo, Vannes, Avranches, Ploërmel, Rennes, Valognes, Falaise, Dinan ; Vigan ; Sᵗ-Lô ; le Havre, Jumiéges.	Champs cultivés.
2603	— *arvensis*	☉	juin-sept.	Toute la France.	Moissons, terres cultivées.
	NONEA				
2604	— *alba*	☉	mai, juin	Avignon, Agde, Beaucaire, Narbonne, Perpignan, Pézenas, Tarascon.	— —
	ALKANNA				
2605	— *lutea*	☉	— —	Iles d'Hyères, Marseille ; pont du Gard ; Banyuls-sur-Mer ; Corse : Bonifacio, Galeria, embouchure du Solanzara.	Champs.
2606	— *tinctoria*	♃	— —	Lyon, Romans ; Avignon, Montaud près de Salon, Marseille ; pont du Gard, Nîmes, Montpellier ; Carcassonne, Collioures, Perpignan.	Lieux arides du Midi.
	ONOSMA				
2607	— *echioides*	♃	juin, juillet	Alpes du Dauphiné : Allos, Gap, Guillestre, Digne, entre Mélezet et Tournous ; Alais, Anduze, Saint-Ambroix, Florac, Mende ; Pyrénées-Orientales : Prats-de-Mollo, Coustonges.	Montagnes.
2608	— *arenarium*	♃	— —	Lyon ; le Bugey, Pont-Saint-Esprit, Avignon, Aigues-Mortes.	Lieux sablonneux.

15

Nos des Espèces	NOMS de GENRE ET D'ESPÈCE	Durée des Plantes	ÉPOQUE de FLEURAISON	LOCALITÉS OÙ CES ESPÈCES ONT ÉTÉ TROUVÉES EN FRANCE.	HABITATION de CES PLANTES.
	LITHOSPERMUM				
2609	— *fruticosum*	♄	mai, juin	Aix, Avignon, Marseille ; Anduze, Montpellier, Nîmes ; Narbonne, Prades, Olette.	Lieux arides de la région des oliviers.
2610	— *prostratrum*	♄	— —	Bayonne, Dax, Saint-Sever ; Finistère : Brest, Quimper.	Champs.
2611	— *oleæfolium*	♄	— —	Pyrénées-Orientales : Prats-de-Mollo, route de la Muga à Saint-Aniol et Can Mouratou de Ribeil.	Montagnes.
2612	— *Gastoni*	♃	juillet	Pyrénées-Occident. : Eaux-Bonnes, Col-de-Tartès, pic de Ger, pic d'Anie, vallée d'Ossau.	—
2613	— *purpureo-cœruleum*	♃	mai, juin	Presque toute la France ; Amenucourt près la Roche-Guyon.	Bois, terrains calcaires.
2614	— *officinale*	♃	mai-juillet	Partout.	Bois, coteaux calcaires.
2615	— *arvense*	☉	avril-juin	Toute la France.	Moissons.
2616	— *incrassatum*	☉	juin	Provence et Dauphiné méridional ; Lyon, Montbrison.	Lieux incultes.
2617	— *apulum*	☉	mai, juin	Fréjus, Toulon, Marseille, la Crau, Montaud près de Salon, Avignon, Montpellier, Cette, Agde, Narbonne, Perpignan.	Région méditerranéenne.
2618	**ECHIUM** — *italicum*	♂	mai-juillet	Vienne, Montélimart, Avignon, îles d'Hyères, Toulon, Marseille, Anduze, Saint-Ambroix, Nîmes, Montpellier, Sijean, Narbonne, Perpignan ; Corse : Bastia, Calvi ; Toulouse, Agen ; Biaritz ; Angaulin près de la Rochelle, rochers de la Dive, Saint-Michel-en-l'Herme (Vendée) ; Rouen.	Lieux arides du Midi, côtes de l'Ouest, etc.
2619	— *vulgare*	♂	— —	Commune partout, excepté dans le Midi ; bords de l'Ariège.	Champs arides, chemins.
2620	— *pustulatum*	♂	— —	Toulon ; Montaud près de Salon ; Montpellier, Narbonne.	Lieux arides.
2621	— *maritimum*	♂	mai, juin	Iles d'Hyères ; Corse : Ajaccio, Bonifacio.	Sables maritimes.
2622	— *creticum*	☉	juin, juillet	Provence : Fréjus, Beaucaire et Boulboy.	Champs.

Nos des Espèces	NOMS de GENRE ET D'ESPÈCE	Durée des Plantes	ÉPOQUE de FLEURAISON	LOCALITÉS OÙ CES ESPÈCES ONT ÉTÉ TROUVÉES EN FRANCE.	HABITATION de CES PLANTES.
	ECHIUM (Suite).				
2623	— *plantagineum*	♂	juin, juillet	Cannes, Fréjus, Hyères, Toulon, Marseille, Salon, Aix, Nîmes, Montpellier, Béziers, Narbonne, Perpignan, Banyuls-sur-Mer, Collioures, Villemagne (Aube) ; Corse : Ajaccio, Bastia, Bonifacio ; vallées de l'Arriège et de la Garonne ; Saint-Sever, la Bastide près de Bordeaux.	Lieux stériles du Midi.
2624	— *calycinum*	⊙	avril, mai	Fréjus, Toulon, île Sainte-Marguerite, la Ciotat, Marseille ; Corse : Bonifacio.	Rochers et sables maritimes.
2625	— *arenarium*	♂	— —	Corse : Ajaccio.	Lieux arides.
	PULMONARIA				
2626	— *angustifolia*	♃	mai, juin	Auvergne : Puy-de-Dôme, Puy-de-Côme ; Pierre-sur-Haute (Forez) ; Argentan, roche d'Oitre (Orne) ; Brucourt, Caen, Falaise (Calvados) ; Rouen.	Pelouses.
2627	— *tuberosa*	♃	avril, mai	Presque toute la France.	Bois humides et ombragés.
2628	— *saccharata*	♃	— —	Assez commune dans le centre de la France ; Angers, Lyon, Villars-d'Arène, en Dauphiné.	— —
2629	— *officinalis*	♃	— —	Domfront, Falaise, Lisieux ; tout l'Est de la France.	Bois montagneux.
2630	— *mollis*	♃	— —	Pyrénées : mont Llaurenti, mont Darin.	Montagnes élevées.
	MYOSOTIS				
2631	— *palustris*	♃	mai-juillet	Toute la France.	Marais, prés tourbeux, bords des eaux.
2632	— *lingulata*	♂	juin, juillet	Presque toute la France.	Fossés, lieux inondés en hiver.
2633	— *sicula*	⊙	mai, juin	Angers, Nantes.	Champs.
2634	— *pusilla*	⊙	avril, mai	Fréjus, Marseille ; Corse : Ajaccio, Calvi, montagnes du Niolo, torrent Abbatesco, Bonifacio. Mts Coscione, Fiumorbo, Grosso.	Champs, montagnes, etc.
2635	— *stricta*	⊙	— —	Toute la France.	Champs sablonneux.
2636	— *versicolor*	⊙	mai, juin	Toute la France.	— —
2637	— *balbisiana*	⊙	mai	Lyon ; Mende ; haute vallée de l'Aveyron ; le Vigan et	Lieux montueux.

Nos des Espèces	NOMS de GENRE ET D'ESPÈCE	Durée des Plantes	ÉPOQUE de FLEURAISON	LOCALITÉS OÙ CES ESPÈCES ONT ÉTÉ TROUVÉES EN FRANCE.	HABITATION de CES PLANTES.
	MYOSOTIS (Suite.)			Aumessas, la Teste-de-Buch.	
2638	— hispida	⊙	mai, juin	Toute la France.	Lieux arides et incultes.
2639	— Lebelii	⊙	juin, juillet	Presqu'île de la Manche, Fermauville, Saint-Germain-des-Vaux, Yvetot.	— —
2640	— intermedia	♂	avril-sept.	Toute la France.	Lieux incultes.
2641	— sylvatica	♂	mai-juillet	Jura et presque toute la France.	Lieux humides des forêts ; prairies tourbeuses ; coteaux.
2642	— alpestris	♂	juillet, août	Hautes-Vosges : ballon de Soultz, Hohneck ; Jura : le Reculet ; Dauphiné : Lautaret, mont Aurouse ; Colmars ; monts Dore ; Puy-Mary (Cantal) ; Pyrénées : Eaux-Bonnes, Mont-Louis, col de Tortès, Mont-Laid.	Pâturages des hautes montagnes.
2643	— pyrenaica	♃	— —	Pyrénées : vallée d'Eynes, Cambredase, Canigou, Castanèze, port de Bénasque ; Corse : monts Cagnione, Cervione, d'Oro et Rotundo.	Hautes montagnes.
2644	ERITRICHIUM — nanum	♃	— —	Sommet des Hautes-Alpes du Dauphiné ; pic de Belledone près de Grenoble, col du Lautaret, Taillefer, Saint-Christophe, mont Chaillot près de Gap, mont Pelvoux, la Bérarde, mont Viso.	Rochers des hautes montagnes.
2645	ECHINOSPERMUM — Lappula	♂	— —	Presque toute la France.	Champs arides, lieux secs.
2646	CYNOGLOSSUM — cheirifolium	⊙	mai, juin	Grasse, Fréjus, Toulon, Aix, Avignon, fontaine de Vaucluse, Orange, Pont-du-Gard, Anduze, Montpellier, Narbonne ; Domfront (Orne) ; Rennes.	Région des oliviers
2647	— pictum	⊙	— —	Midi et Ouest jusqu'à Rennes.	Lieux arides.
2648	— officinale	♂	— —	Toute la France.	Lieux stériles.
2649	— montanum	♂	juin, juillet	Vosges : cascade du Nidek, Rosberg, ballon de Soultz.	Forêts des montagnes.

Nos des Espèces	NOMS de GENRE ET D'ESPÈCE	Durée des Plantes	ÉPOQUE de FLEURAISON	LOCALITÉS OÙ CES ESPÈCES ONT ÉTÉ TROUVÉES EN FRANCE.	HABITATION de CES PLANTES.
	(Suite.) CYNOGLOSSUM			Côte-d'Or, Combe-de-Fla-vignerot, Trohaut, Lugny, cascade de Vauchignon ; Jura : Mouthier (val de la Loue), Salins, Suchet ; Dauphiné : St-Eynard, etc.; Pyrénées : St-Béat, Casta-nèse ; Compiègne ; la Bouille près Rouen.	
2650	— Dioscoridis	♂	juin, juillet	Côte-d'Or : coteau de Gou-ville près Dijon, Nuits ; Dauphiné : Saint-Eynard, Sassenage près de Greno-ble, val de l'Arche, la Grave, entre Mélezet et Tournous, Gap, etc.; Py-rénées : Prats-de-Mollo.	Montagnes et co-teaux.
2651	OMPHALODES — verna	♃	avril, mai	Environs de Lyon ; Russy-Montigny près de Villers-Cotterets.	Champs arides.
2652	— littoralis	☉	mai, juin	Quiberon, îles de Glenans, île d'Houat, Hœdic ; Ole-ron, Fouras et Angaulin près de la Rochelle, Belle-Isle, île de Noirmoutiers.	Sables maritimes.
2653	— linifolia	☉	mars-juillet	Pied du mont Ventoux ; Nice.	Lieux stériles.
2654	ASPERUGO — procumbens	☉	mai, juin	Commune, surtout dans le Midi.	Décombres, bords des routes.
2655	HELIOTROPIUM — europæum	☉	juillet-sept.	Presque toute la France.	Champs arides, vi-gnes.
2656	— supinum	☉	juillet, août	Jonquières, Montpellier, Agde, Perpignan.	Lieux sablonneux.
2657	— curassavicum	♃	juillet	Ile Sainte-Lucie près de Narbonne, Grau-de-Pales-tra près de Montpellier.	Sables maritimes.
2658	LYCIUM — barbarum	♄	juin-août	Commune dans le Midi, surtout à Montpellier ; as-sez rare dans le centre et le Nord de la France ; Ouest : Aubry (Orne) ; Caen ; Evreux ; Roche-Guyon ; Granville ; Villers-Bocage ; Rouen.	Buissons, haies, vignes.
2659	— sinense	♄	— —	Comme l'espèce précédente, mais plus rare.	— —

Nos des Espèces	NOMS de GENRE ET D'ESPÈCE	Durée des Plantes	ÉPOQUE de FLEURAISON	LOCALITÉS OÙ CES ESPÈCES ONT ÉTÉ TROUVÉES EN FRANCE.	HABITATION de CES PLANTES.
	(Suite.) LYCIUM				
2660	— *mediterraneum*	♄	mai, juin	Bords de la mer.	Littoral méditerranéen.
2661	— *afrum*	♄	— —	Perpignan.	Haies.
	SOLANUM				
2662	— *villosum*	☉	juillet-sept.	Montaud près de Salon, Montpellier, Nîmes, Narbonne ; Lyon.	Lieux cultivés du Midi.
2663	— *nigrum*	☉	juin-sept.	Toute la France.	Lieux cultivés, décombres.
	Var. *miniatum*	☉	— —	Midi ; Villefranche (Pyrénées-Orient.) ; Montpellier.	— —
2664	— *tuberosum*	☉	— —	Cultivée partout.	Champs, jardins.
2665	— *sodomeum*	♄	mai-août	Corse : Bastia.	Lieux arides.
2666	— *Dulcamara*	♄	juin-août	Partout.	Bois humides, bord des ruisseaux, fossés.
	PHYSALIS				
2667	— *Alkekengi*	♃	juin, juillet	Toute la France.	Terrains calcaires, vignes, haies.
	ATROPA				
2668	— *Belladona*	♃	— —	Toute la France.	Bois.
	DATURA				
2669	— *stramonium*	☉	juillet, août	Toute la France.	Décombres, bords des chemins, champs incultes.
	HYOSCIAMUS				
2670	— *niger*	☉ ♂	mai, juin	Toute la France.	— —
2671	— *albus*	☉	mai-août	Région méditerranéenne ; de Nice à Perpignan.	— —
2672	— *major*	♃	— —	Aix, Cette, Montpellier.	— —
2673	— *aureus*	♂	— —	Nice ; Narbonne ; Auvergne ; Montpellier.	— —
	VERBASCUM				
2674	— *thapsus*	♂	juillet, août	Toute la France.	Bois-taillis, lieux incultes.
2675	— *montanum*	♂	juin-août	Lyon ; Dauphiné ; Vaucluse ; Montpellier ; Olette (Pyrénées) ; Agen.	Lieux incultes.
2676	— *thapsiforme*	♂	juillet, août	Toute la France : Caen ; Louviers, Passy ; Quillebeuf, Rouen.	—
2677	— *crassifolium*	♂	— —	Paris ; Orléans ; Soissons ; Allier ; Nièvre.	Lieux arides.
2678	— *phlomoides*	♂	— —	Midi et centre de la France ; Lyon, Besançon, Guebwiller (Alsace) ; Haguenau ; Ouest : Caen ; Falaise ; Rouen.	Lieux incultes.

Nos des Espèces	NOMS de GENRE ET D'ESPÈCE	Durée des Plantes	ÉPOQUE de FLEURAISON	LOCALITES OÙ CES ESPÈCES ONT ÉTÉ TROUVÉES EN FRANCE.	HABITATION de CES PLANTES.
	(Suite.) **VERBASCUM**				
2679	— *australe*	♂	juillet, août.	Midi de la France ; rare dans le centre.	Lieux incultes.
2680	— *sinuatum*	♂	— —	Dauphiné méridional ; Tain (Drôme) ; Aix, Avignon, Fréjus, Toulon, Marseille, Salon, Saint-Ambroix, Anduze, Narbonne, Nîmes, Montpellier, Perpignan, chaîne des Pyrénées ; vallée de la Garonne ; Pau, Bayonne, la Teste, Bordeaux ; Croisic près de Nantes ; Corse : Calvi.	Lieux incultes, routes.
2681	— *Boerhavii*	♂	— —	Midi ; Roche-des-Arnauds (Dauphiné), Montaud près de Salon, Fréjus, Toulon, Anduze, Narbonne, Olette ; Corse : Saint-Florent.	Lieux incultes.
2682	— *pulverulentum*	♂	juin-août	Presque toute la France : Caen ; Rouen ; Vire, etc.	Lieux incultes, routes.
2683	— *lychnitis*	♂	— —	Presque toute la France.	Bois ; coteaux incultes.
	Var. *album*	♂	— —	Sous le château de Domfront, Falaise, Rouen.	Lieux incultes.
	Var. *parvulum*	♂	— —	Chamboy (Orne).	Champs arides.
2684	— *nigrum*	♂	juillet-sept.	Presque toute la France.	Bois ; bords des chemins.
2685	— *Chaixii*	♃	juin-août	Pyrénées-Orientales : Arles, Prats-de-Mollo ; Montpellier, pic Saint-Loup ; Lodève ; Anduze (Gard) ; Toulon, Sainte-Baume ; Aix ; Entraigues (Ardèche); la Garde près de Gap, Grenoble, Seyssins ; Guebwiller (Alsace).	Montagnes.
2686	— *blattaria*	♂	juin-sept.	Toute la France.	Chemins, lieux incultes.
	Var. *alba*	♂	— —	Bayeux.	— —
2687	— *virgatum*	♂	— —	Lyon ; Montpellier ; Montauban ; Moissac ; Agen ; Bayonne ; Auvergne : Arlanc, Gannat ; Ahun (Creuse) ; Châtellerault ; Napoléon-Vendée ; Poitiers ; Tours, Angers, Nantes, le Croisic, île d'Houat ; le Pecq près de Paris.	Lieux incultes, bords des routes.

Nos des Espèces	NOMS de GENRE ET D'ESPÈCE	Durée des Plantes	ÉPOQUE de FLEURAISON	LOCALITÉS OÙ CES ESPÈCES ONT ÉTÉ TROUVÉES EN FRANCE.	HABITATION de CES PLANTES.
	(Suite.) VERBASCUM				
2688	— *nigro-thapsus*	♂	juin-août	Gascogne ; Briouze, Cherbourg, Domfront, Saint-Lô : Mantes ; Mortain, Vire ; Aulnay, Castillon, St-Paul-du-Vernay (Calvados) ; Avranches, Sourdeval (Manche).	Lieux incultes.
2689	— *thapso-nigrum*	♂	— —	Pont de Chezalet près Ahun (Creuse) ; Falaise ; Friardel près de Lisieux.	—
2690	— *thapsiformi-nigrum*	♂	— —	Alsace : Guebwiller ; Nancy.	—
2691	— *nigro-thapsiforme*	♂	juin-sept.	Rouen ; Putanges (Orne).	—
2692	— *thapsiformi-blattaria*	♂	— —	Angers ; Chalonnes, Nevers.	—
2693	— *phlomo-blattaria*	♂	juillet	Montpellier.	—
2694	— *sinuato-phlomoides*	♂	juin-août	Montpellier.	—
2695	— *thapso-sinuatum*	♂	— —	Montpellier.	—
2696	— *sinuato-pulverulentum*	♂	— —	Saint-Jean-de-Vedas près de Montpellier.	—
2697	— *nigro-lychnitis*	♂	— —	Nancy ; Guebwiller (Alsace) ; Pontarlier ; Ahun (Creuse) ; Pontgibaud (Auvergne) ; bois de Boulogne (Paris) ; Villers-Cauterets ; Cossesseville, Falaise (Calvados) ; Putanges (Orne).	—
2698	— *nigro-pulverulentum*	♂	— —	Bois de Boulogne (Paris) ; Montmorillon ; Ahun (Creuse) ; Clermont-Ferrand ; Tarbes.	—
2699	— *lychnitidi-blattaria*	♂	juin-sept.	Charenton (îles de la Seine) ; Blois ; Nevers ; forêt de Durtal près d'Angers ; Montpellier ; Lyon ; Cernay et Guebwiller (Alsace).	—
2700	— *sinuato-blattaria*	♂	juin	Montpellier.	—
2701	— *thapso-floccosum*	♂	juin-août	Provins.	—
2702	— *thapso-lychnitis*	♂	— —	Paris : bois de Boulogne ; Angers ; Ahun (Creuse) ; Nancy ; Orbec (Calvados).	—
2703	— *thapsiformi-lychnitis*	♂	— —	Bitche ; Clermont-Ferrand ; Mâcon ; Nancy, Sarrebourg.	—

Nos des Espèces	NOMS de GENRE ET D'ESPÈCE	Durée des Plantes	ÉPOQUE de FLEURAISON	LOCALITÉS OÙ CES ESPÈCES ONT ÉTÉ TROUVÉES EN FRANCE.	HABITATION de CES PLANTES.
	(Suite.) **VERBASCUM**				
2704	— *floccoso-thapsiforme*	♂	juin-août	Ahun (Creuse) ; Angers ; Clermont-Ferrand ; Provins.	Lieux incultes.
2705	— *lychnitidi-floccosum*	♂	— —	Ahun (Creuse) ; Besançon ; Colmar ; Montbrison ; Bréville près de Troarn (Calvados).	—
	CELSIA				
2706	— *glandulosa*	♂	— —	Toulon : Six-Fours.	—
	SCROPHULARIA				
2707	— *vernalis*	♂	mai-juillet	Bitche ; Nancy ; ballon de Soultz (versant oriental) ; Paris ; Dauphiné : montagnes du Valgaudemar, Seichier, Lubac, Chichilienne (Oisans) ; Mᵗ Morgon près de Briançon ; Bernay et Pont-Audemer (Eure) ; Bayeux ; Fresnay-le-Puceux près de Caen ; Rouen.	Montagnes et lieux ombragés.
2708	— *peregrina*	♂	mai, juin	Région méditerranéenne; de Bayonne à Vannes.	Bords de la mer.
2709	— *pyrenaica*	♃	juin, juillet	L'Estagneau à Saint-Béat, Esquierry, Eaux-Bonnes.	Rochers.
2710	— *trifoliata*	♃	— —	Corse : Bastia, bains de Guagno.	Lieux humides.
2711	— *scorodonia*	♃	juin-août	Nantes, Pornic, Cherbourg, Quimper, Vannes et tout l'Ouest.	—
2712	— *alpestris*	♃	juin, juillet	Pyrénées : Prats-de-Mollo, Mont-Louis, Llaurenti, Barrèges, pic de Gard, Eaux-Bonnes, Cauterets.	Sommités des montagnes.
2713	— *nodosa*	♃	juin-août	Partout.	Lieux humides.
2714	— *Ehrharti*	♃	juillet-sept.	Pontarlier (Doubs) ; Dieuze (Meurthe) ; Sarrebourg et chaîne des Vosges ; marais de Saint-Laurent-du-Pont (Isère) ; route de Châlons à Mâcon, etc.	Région des sapins ; marais, chemins.
2715	— *aquatica*	♃	juin, juillet	Partout.	Bords des cours d'eau.
2716	— *lucida*	♃	juillet, août	Marseille, etc.	Littoral méditerranéen.
2717	— *canina*	♃	juin-août	Paris ; Bourgogne ; vallées du Rhône, du Rhin, de l'Allier, de la Loire ; sa-	Lieux sablonneux et pierreux.

Nos des Espèces	NOMS de GENRE ET D'ESPÈCE	Durée des Plantes	ÉPOQUE de FLEURAISON	LOCALITÉS OÙ CES ESPÈCES ONT ÉTÉ TROUVÉES EN FRANCE.	HABITATION de CES PLANTES.
	SCROPHULARIA (Suite.)			bles de la Haute-Garonne, Alpes ; Jura ; Pyrénées.	
2718	— hoppii	♃	juillet, août	Alpes ; Auvergne ; Bourgogne ; Jura ; Pyrénées.	Hautes vallées des montagnes.
2719	— ramosissima	♃	avril-juin	Fréjus, Toulon ; Corse : Ajaccio, Bastia, Bonifacio, Casamaccioli.	Sables maritimes et lieux élevés.
	ANTIRRHINUM				
2720	— orontium	⊙	juillet, août	Partout.	Moissons.
2721	— majus	♃	juin-sept.	Partout.	Vieux murs, lieux secs et arides.
2722	— tortuosum	♃	juin-août	Fréjus.	— —
2723	— latifolium	♃	juin-sept.	Alpes maritimes ; montagnes de Toulon ; Hautes-Alpes jusqu'à Mont-Dauphin ; Pyrénées-Orientales.	Hautes montagnes.
2724	— sempervirens	♄	juin, juillet	Pyrénées : Luz, Gèdre, vallée du Lavaudan, Esquierry, Clot-du-Toro, port de Bénasque, Bond-de-Seculejo, pont de Mayabat, vallée de Gave, pic du Midi de Bigorre.	—
2725	— asarina	♃	— —	Pyrénées-Orientales et centrales : Perpignan, Bagnères-de-Luchon ; Mt-Louis, Ax, Tabe, Saleix, pic de Gard, cascade de Montauban, montagne de Lapège (Ariège), Narbonne ; Lozère : Mende, etc.; le Gard : Anduze, l'Espérou ; Saint-Pons, St-Geniès-le-Haut, Saint-Guilhem-le-Désert (Hérault) ; château de Caylus (Tarn) ; vallée de l'Ardèche.	—
	ANARRHINUM				
2726	— bellidifolium	♂	juin-août	Midi, centre et Ouest de la France.	Lieux stériles.
	LINARIA				
2727	— cymballaria	♃	mai-octob.	Partout.	Vieux murs.
2728	— hepaticæfolia	♃	août	Corse : monts Rotondo, Cagno, Renoso, cap Corse, Vezzabone, Guagno.	Montagnes.
2729	— æquitriloba	♃	mai-octob.	Corse : Bastilica, cap Corse, Bonifacio, Lavezzi.	Rochers des montagnes.
2730	— spuria	⊙	juin-octob.	Toute la France.	Champs cultivés.
2731	— Elatine	⊙	— —	Toute la France ; Corse.	—
2732	— græca	♃	juin-août	Iles d'Hyères ; Toulon ; Mont-	Littoral maritime.

Nos des Espèces	NOMS de GENRE ET D'ESPÈCE	Durée des Plantes	ÉPOQUE de FLEURAISON	LOCALITÉS OÙ CES ESPÈCES ONT ÉTÉ TROUVÉES EN FRANCE.	HABITATION de CES PLANTES.
	LINARIA *(Suite.)*			pellier, la Verune, Aigues-Mortes ; Narbonne ; Corse : Bonifacio ; Toulouse ; Belle-Isle-en-Mer.	
2733	— *cirrhosa*	☉	juin-août	Aigues-Mortes, îles d'Hyères, Toulon ; Corse : Ajaccio.	Sables maritimes.
2734	— *vulgaris*	♃	juillet-sept.	Partout.	Champs arides et pierreux.
2735	— *italica*	♃	juin-sept.	Alpes du Dauphiné : Lauret, la Bérarde, vallées de Cervières et de Briançon, la Vallouise ; Pyrénées-Orient. : Collioures, Port-Vendres, Perpignan.	Hautes montagnes.
2736	— *pelisseriana*	☉	mai-sept.	Ouest, centre et Midi de la France.	Lieux pierreux.
2737	— *arvensis*	☉	juin-août	Presque toute la France, excepté le Nord.	Champs, moissons.
2738	— *simplex*	☉	— —	Région méridionale.	Champs.
2739	— *micrantha*	☉	juin	Narbonne.	—
2740	— *spartea*	☉	juin-août	Landes de Bordeaux à Bayonne.	Moissons, terrains arides et sablonneux.
2741	— *chalepensis*	☉	avril, mai	Hyères ; Montpellier, Nîmes ; Toulon.	Lieux cultivés.
2742	— *striata*	♃	juillet, août	Presque toute la France.	Lieux stéril., vieux murs, bords des chemins.
	Var. *ochroleuca*	♃	— —	Saint-Lô ; Fresnay-le-Puceux, Clécy, Harcourt (Calvados).	Champs arides.
2743	— *triphylla*	☉	mai	Toulon ; Corse : Bonifacio.	—
2744	— *thymifolia*	☉	juin, juillet	De Bayonne à la Rochelle.	Sables maritimes.
2745	— *alpina*	♂	août	Haut-Jura : lac de Joux, la Dôle, le Reculet ; Côte-d'Or : source de la Coquille ; Lyon : îles du Rhône ; Alpes ; Pyrénées.	Montagnes.
2746	— *supina*	☉	juin-sept.	Ouest : Calvados ; Eure ; Seine-Inférieure ; centre de la France ; Lorraine : St-Mihiel ; Alpes ; Cévennes ; Pyrénées.	Lieux arides.
2747	— *arenaria*	☉	juin-août	De Nantes à Dunkerque.	Sables maritimes.
2748	— *flava*	☉	mars, avril	Corse : Ajaccio, Campo-de-Loro, Gravone.	Sables.
2749	— *minor*	☉	juill.-octob.	Toute la France.	Champs ; lieux stériles.
2750	— *prætermissa*	☉	juin-octob.	Adon (Loiret) ; vallée de	Lieux frais.

Nos des Espèces	NOMS de GENRE ET D'ESPÈCE	Durée des Plantes	ÉPOQUE de FLEURAISON	LOCALITÉS OÙ CES ESPÈCES ONT ÉTÉ TROUVÉES EN FRANCE.	HABITATION de CES PLANTES.
	LINARIA (Suite.)			Fontjoize (Vienne) ; Côte-d'Or ; graviers du Vidourle entre Sauve et Quissac (Gard).	
2751	— *rubrifolia*	☉	juin	Bédarieux, Campouladoux, Fréjus, Saint-Guilhem-le-Désert, Marseille, Montpellier, Perpignan.	Collines rocailleuses.
2752	— *origanifolia*	♃	avril-juillet	Pyrénées méridionales ; Narbonne ; Montpellier ; Capouladoux ; Aix, mont Sainte-Victoire ; Grenoble, Pont-en-Royans ; Auvergne ; Lozère ; Gard ; Lautaret, le Vassivier, Chaillot-le-Vieil.	Roches.
2753	— *villosa*	♃	juin	Les Corbières près Albières.	Montagnes.
	GRATIOLA				
2754	— *officinalis*	♃	juin, juillet	Toute la France.	Lieux aquatiques.
	LINDERNIA				
2755	— *pyxidaria*	☉	juin-août	Lorraine ; Dieuze, Sarrebourg ; Alsace : Strasbourg, Colmar ; Côte-d'Or, Citeaux ; Lyon ; Saône-et-Loire ; Nièvre ; Allier ; Landes, Dax ; Loire-Inférieure ; Orléans.	Marais spongieux.
	VERONICA				
2756	— *spicata*	♃	juillet, août	Paris ; Andelys, Tony (Eure) ; presqu'île de la Manche ; Jura ; bords du Rhin, Strasbourg ; Alpes, jusqu'au sommet du Lautaret ; Pyrénées ; centre de la France : Côte-d'Or ; Saône-et-Loire ; Cher ; Loiret ; Allier ; Lozère ; Ardèche ; Puy-de-Dôme.	Coteaux herbus et terres sablonneuses.
	Var. *minor*	♃	— —	Biville et Vauville près de Cherbourg.	Sables.
2757	— *spuria*	♃	— —	La Genzau près de Strasbourg, Hilsheim, Mauerhof, Schlestad.	Bois, coteaux.
2758	— *Teucrium*	♃	juillet	Toute la France.	Pelouses sèches, coteaux pierreux.
2759	— *prostrata*	♃	juin	Toute la France.	— —
2760	— *Chamædrys*	♃	avril, mai	Presque partout.	Haies, bois, prés, champs, etc.
2761	— *urticæfolia*	♃	juin, juillet	Chaîne du Jura ; Lyon : Tête-d'Or ; Alpes ; Sasse-	Montagnes.

Nos des Espèces	NOMS de GENRE ET D'ESPÈCE	Durée des Plantes	ÉPOQUE de FLEURAISON	LOCALITÉS OÙ CES ESPÈCES ONT ÉTÉ TROUVÉES EN FRANCE.	HABITATION de CES PLANTES.
	VERONICA (Suite.)			nage, Grande-Chartreuse ; Pyrénées : Canigou, Salvanaire, Mont-Louis, Saleix, Madres.	
2762	— *Beccabunga*	♃	mai-sept.	Toute la France	Lieux aquatiques.
2763	— *anagallis*	♃	— —	Toute la France.	—
2764	— *anagalloides*	♃	— —	Montpellier ; Narbonne ; Gap ; Corse : Bonifacio ; Nevers : bords de la Nièvre ; Vierzon.	Région méditerranéenne.
2765	— *scutellata*	♃	juin-sept.	Toute la France.	Lieux marécageux.
2766	— *montana*	♃	mai, juin	Toute la France.	Bois, lieux ombragés.
2767	— *aphylla*	♃	juillet, août	Jura, la Dôle, le Reculet ; Alpes ; Pyrénées.	Sommités des montagnes.
2768	— *Allioni*	♃	— —	Alpes du Dauphiné : montagnes de Brande-en-Oysans, de Gondran près du mont Genèvre, Orcière dans le Champsaur, Lautaret, mont Viso ; Mont-de-Lans.	— —
2769	— *officinalis*	♃	juin, juillet	Toute la France.	Bois, bords des chemins, etc.
2770	— *nummularia*	♃	— —	Chaîne des Pyrénées depuis le Cambredase près de Mt-Louis jusqu'aux Eaux-Bonnes dans les Pyrénées-Occidentales.	Hautes montagnes.
2771	— *fruticulosa*	♃	juillet-sept.	Haut-Jura : les Rousses, la Dôle, Nantua ; Alpes ; Pyrénées.	—
2772	— *bellidioides*	♃	juin-août	Alpes ; Pyrénées.	Prairies des montagnes.
2773	— *alpina*	♃	août	Jura : la Dôle, le Reculet, etc. ; Auvergne ; Alpes ; Pyrénées ; Corse : monte d'Oro.	Sommités des montagnes.
2774	— *serpyllifolia*	♃	mai-octob.	Partout.	Chemins, prairies, etc.
	Var. *tenella*	♃	— —	Alpes ; Jura ; Pyrénées.	Sommités humides des montagnes.
2775	— *repens*	♃	juillet	Corse : monts Coscione, Rotundo, d'Oro, Cinto, Renoso.	Hautes montagnes.
2776	— *Ponæ*	♃	juin, juillet	Pyrénées : de Mont-Louis aux Eaux-Bonnes ; Corse.	Sommets de toute la chaîne.
2777	— *peregrina*	☉	avril-juin	Montpellier ; Rennes ; Roussillon ; Versailles.	Champs cultivés.
2778	— *arvensis*	☉	avril-octob.	Partout.	Champs.

Nos des Espèces	NOMS de GENRE ET D'ESPÈCE	Durée des Plantes	ÉPOQUE de FLEURAISON	LOCALITÉS OÙ CES ESPÈCES ONT ÉTÉ TROUVÉES EN FRANCE.	HABITATION de CES PLANTES.
	VERONICA (Suite.)				
2779	— *verna*	☉	avril, mai	Alsace ; Lorraine ; Paris ; Normandie : Dieppe ; E-vreux, Passy-sur-Eure ; Bretagne ; Nièvre ; Loire ; Yonne ; Creuse ; Lyon ; Saône-et-Loire ; Dauphiné : Gap ; Corse.	Pelouses sèches, sables.
2780	— *acinifolia*	☉	— —	Toute la France.	Moissons.
2781	— *brevistyla*	☉	mai, juin	Corse : bergerie de Casa-vrosoulet.	Pâturages.
2782	— *triphyllos*	☉	mars-mai	Toute la France.	Champs sablon-neux et siliceux.
2783	— *præcox*	☉	— —	Toute la France.	Champs sablonn., coteaux pierreux.
2784	— *persica* — *filiformis* DC.	☉	avril, mai	Presque toute la France ; assez rare dans le Nord ; Ouest : Avranches, Caen, Fervaques près Lisieux ; Formilly, Grandcamp près de Bayeux.	Champs cultivés, bords des che-mins.
2785	— *agrestis*	☉	mars-octob.	Nord et centre de la France.	Champs cultivés.
2786	— *didyma*	☉	— —	Midi de la France ; Caen, Lisieux ; Rouen.	Lieux cultivés.
2787	— *hederæfolia*	☉	mars-juin	Partout.	Terres cultivées.
2788	— *cymbalaria*	☉	févr.-avril	Midi de la France.	Littoral de la Mé-diterranée.
	SIBTHORPIA				
2789	— *europæa*	♃	juin-sept.	Ouest de la France : Mont-de-Marsan, Dax, Nantes, Vannes, Auray, Vire, pres-qu'île de la Manche : Lo-rient, Cherbourg ; Briouze (Orne), Domfront, Saint-Lô ; Mantes ; Mortain, Vire ; Aulnay, Castillon, Saint-Paul-du-Vernay (Calva-dos) ; Avranches, Sourde-val (Manche).	Lieux humides, bords de l'eau courante ou sta-gnante.
	LIMOSELLA				
2790	— *aquatica*	☉	juillet, août	Partout.	Lieux humides.
	ERINUS				
2791	— *alpinus*	♃	juin-août	Jura ; Alpes ; Lozère : Mende, Florac, etc. ; Pyrénées.	Hautes montagnes.
	DIGITALIS				
2792	— *purpurea*	♂	— —	Alpes ; Auvergne ; Pyré-nées ; Vosges.	Montagnes.
2793	— *purpurascens*	♂ ♃	— —	Chaîne des Vosges ; Ahun (Creuse) ; centre de la France ; Pyrénées : au-delà	Terrains gréseux, siliceux, granitiq. ; collines rocaill^{ses}.

Nos des Espèces	NOMS de GENRE ET D'ESPÈCE	Durée des Plantes	ÉPOQUE de FLEURAISON	LOCALITÉS OÙ CES ESPÈCES ONT ÉTÉ TROUVÉES EN FRANCE.	HABITATION de CES PLANTES.
	DIGITALIS (Suite.)			du port de Bénasque ; Cherbourg.	
2794	— *lutea*	♂	juin-août	Presque toute la France ; rare sur les bords de l'Océan et de la Méditerranée ; Fréjus, Toulon ; St-Guilhem-le-Désert, Bédarieux, Lodève ; pays de Bray, Rouen, le Havre ; Dreux ; Evreux, Vernon, Pont-Audemer.	Bois montagneux et coteaux pierreux.
2795	— *grandiflora*	♃	— —	Vosges ; Jura ; Côte-d'Or ; région des vignes ; centre de la France.	Hautes montagnes ; vignobles, etc.
2796	**EUPHRASIA** — *officinalis*	☉	— —	Toute la France.	Prés, pâturages, pelouses, bord des bois, lieux tourbeux desséchés.
2797	— *nemorosa*	☉	juillet, août	Toute la France.	Pelouses, prés secs.
	Var. *alpina* et *parviflora*	☉	— —	Alpes ; Pyrénées ; le Vigan.	— —
	ODONTITES				
2798	— *rubra*	☉	juin	Toute la France.	Moissons, pâturag[s]
2799	— *serotina*	☉	juillet, août	Toute la France.	Moissons.
2800	— *Jaubertiana*	☉	septembre	Centre de la France : Paris, Orléans ; Ouest : Dive, Ouistreham (Calvados).	—
	Var. *chrysantha*	☉	—	Cher ; Indre ; Nièvre.	Coteaux calcaires, bois-taillis.
2801	— *corsica*	☉	juillet, août	Corse : le Niolo, lac de Nino, mont Cagne.	Montagnes.
2802	— *viscosa*	☉	août, sept.	Pyrénées-Orientales : Villefranche, bains du Vernet ; Murtres (Haute-Garonne) ; Narbonne ; Avignon ; Aix ; Marseille ; Briançon ; Guillestre.	Lieux stériles.
2803	— *lutea*	☉	juillet-sept.	Toute la France.	Coteaux arides.
2804	— *lanceolata*	☉	juin-août	Avignon ; Gap, Briançon ; Barcelonnette.	Lieux arides.
2805	**BARTSIA** — *alpina*	♃	juin, juillet	Hautes-Vosges : Hohneck ; Haut-Jura, mont d'Or, la Dôle, le Reculet ; Auvergne ; Alpes ; Pyrénées.	Hautes montagnes.
2806	— *spicata*	♃	août	Pyrénées centrales : Cauterets, l'Hiéris, fond de la vallée d'Asté, Saint-Béat (montagne de Rie).	—

Nos des Espèces	NOMS de GENRE ET D'ESPÈCE	Durée des Plantes	ÉPOQUE de FLEURAISON	LOCALITÉS OÙ CES ESPÈCES ONT ÉTÉ TROUVÉES EN FRANCE.	HABITATION de CES PLANTES.
2807	**TRIXAGO** — *apula*	⊙	juin, juillet	Belle-Isle, Île de Ré, Mor-bihan et presque tout l'Ouest ; bords de la Mé-diterranée : Port-Vendres, Narbonne, Provence, Mar-seille, Toulon, Hyères, An-tibes, Fréjus ; Corse.	Bords de l'Océan et de la Méditer-ranée ; sables ma-ritimes.
2808	**EUFRAGIA** — *viscosa* *Bartsia viscosa* DC.	⊙	mai, juin	Ouest de la France de Cher-bourg à Bayonne ; région méditerranéenne ; bords de l'Hers, Saint-Martin-de-Lasborde (Haute-Garonne) ; Bernay (Eure) ; Corse.	Lieux stériles et humides.
2809	— *latifolia*	⊙	avril, mai	Sud-Ouest de la France : Saint-Sever, Quiberon ; Carcassonne ; Manduel (Gard) ; Marseille, Fréjus ; bords de l'Ariège : sables de Porté ; Corse.	Pâturages, bords des eaux.
2810	**RHINANTHUS** — *major*	⊙	mai-juillet	Toute la France.	Moissons, prairies humides.
2811	— *minor*	⊙	mai, juin	Toute la France.	Prairies humides, surtout des mon-tagnes.
2812	— *angustifolius*	⊙	juillet, août	Vosges : Gérardmer et Bru-yères, Bitche ; Weiterswei-ler (Bas-Rhin) ; très-rare dans le Jura.	Région des sapins.
2813	**PEDICULARIS** — *verticillata*	♃	juillet	Alpes ; Pyrénées ; Cantal : Puy-Mary, etc.	Lieux humides des sommités élevées.
2814	— *foliosa*	♃	juin-août	Hautes-Vosges : ballon de Soultz, Hohneck ; Rotabac ; Haut-Jura : mont Chasse-ral, vallon d'Ardran sous le Reculet ; Alpes du Dau-phiné : Grande-Chartreuse, Allevard, Uriage, Lauta-ret, etc. ; Pyrénées : Prats-de-Mollo, Pla-Guilhem, val d'Eynes, Saleix, Saumède, Avron, Esquierry, port de Bénasque, l'Hiéris, Tour-malet, monts Dore ; Cantal.	Hautes montagnes.
2815	— *rosea*	♃	août	Col-Vieux (Quayras ; col de Paga (vallée de Cervières) : vallon des Vaches,	—

Nos des Espèces	NOMS de GENRE ET D'ESPÈCE	Durée des Plantes	ÉPOQUE de FLEURAISON	LOCALITÉS OÙ CES ESPÈCES ONT ÉTÉ TROUVÉES EN FRANCE.	HABITATION de CES PLANTES.
	(Suite.) PEDICULARIS			autour des Lacs, sous le mont Viso et sous le chalet des Ruines près le col du Viso.	
2816	— *palustris*	♂ ♃	mai - juillet	Toute la France.	Prairies humides et tourbeuses.
2817	— *sylvatica*	♂ ♃	— —	Toute la France.	Bois humides, pâturages ombragés.
2818	— *comosa*	♃	juillet, août	Alpes ; Pyrénées ; Cantal ; Haute-Loire ; Lozère.	Sommités des hautes montagnes.
	Var. *erythræa*	♃	— —	Pyrénées-Orient[les] : Cincle-de-Comps, Jasse-de-Cady (Canigou), monts de Mérial et de Crabère, environs de Prats-de-Mollo, Canali-de-Lecca.	— —
2819	— *incarnata*	♃	août	Alpes du Dauphiné : l'Oysans, Alpe de Vénos, Lautaret, Col-Vieux et Col-de-Paga (Quayras), mont Viso.	Hauts prés des montagnes.
2820	— *pyrenaica*	♃	juillet, août	Pyrénées-Orientales et centrales : Canigou, tour de Mir près de Prats-de-Mollo, val d'Eynes, Cambredasse, mont de Paillères, de Casau-d'Estiba, de Luz, à la Soulane, à la Dent-d'Orlu, Saleiz, Castelet, Esquierry, pic d'Eyré, aux Coujons, pâturages au-dessus de Luchon.	Pâturages des montagnes.
	Var. *Lasiocalyx*	♃	— —	Mont-Louis, Castanèse, port de Bénasque.	— —
2821	— *gyroflexa*	♃	— —	Alpes du Dauphiné : col de l'Arc, Lans, Grande-Chartreuse, Prémol, l'Oysans, Sept-Laus, Lautaret, mont Genèvre, le Quayras, le Gapensais.	Hautes montagnes.
2822	— *fasciculata*	♃	— —	Hautes-Alpes du Dauphiné ; Alpes de Grenoble, de Gap : Mt Aurouse, Chaillot, Lautaret, montagnes de Briançon, jusqu'au mont Viso et à Guillestre.	—
2823	— *rostrata*	♃	— —	Alpes du Dauphiné : l'Oysans, le Quayras, vallée d'Orcière, la Bérarde, et les chaînes qui du mont	

Nos des Espèces	NOMS de GENRE ET D'ESPÈCE	Durée des Plantes	ÉPOQUE de FLEURAISON	LOCALITÉS OÙ CES ESPÈCES ONT ÉTÉ TROUVÉES EN FRANCE.	HABITATION de CES PLANTES.
	PEDICULARIS (Suite.)			Viso se dirigent vers Briançon, Guillestre, etc.; Hautes-Pyrénées : Prats-de-Mollo, val d'Eynes, Cambredases, port de Paillères, de Coumebière, de la Picade, du Midi, Cagire, Estagnous-Cau-d'Espade, etc.	
2824	— tuberosa	♃	juillet, août	Hautes-Alpes du Dauphiné : Grenoble, Lautaret, mont Viso, etc.; Pyrénées : Capsir, Castabona, Prats-de-Mollo.	Hautes montagnes.
2825	— Barrelieri	♃	— —	Alpes entre Grenoble et Chambéry ?	—
	MELAMPYRUM				
2826	— cristatum	☉	juin-août	Toute la France.	Bois, coteaux incultes.
2827	— arvense	☉	juin, juillet	Toute la France.	Moissons.
2828	— nemorosum	☉	juillet, août	Mont Colombier (Ain); bois près de Gap et de Grenoble, Grande-Chartreuse, St-Eynard, le Sapey, etc.; Haute-Loire; Lozère; Pyrénées : Saumède-Latechède à Melles.	Montagnes, etc.
2829	— pratense	☉	juin, juillet	Toute la France.	Prés élevés, bois.
2830	— sylvaticum	☉	juillet, août	Alpes; Auvergne; Jura; Pyrénées.	Forêts.
	TOZZIA				
2831	— alpina	♃	juin, juillet	Haut-Jura : au-dessous de la Dôle et de la Faucille ; Alpes : Allevard, Aut-du-Pont, Grande-Chartreuse, au Collet, à la Grande-Vache, etc.; Pyrénées : bois de Cazau à Vieille, Castelet, Esquierry, Port-de-Plan, Cascade-de-Grip, Endretlis.	Bois.
	PHELIPÆA				
2832	— cœrulea	♃	— —	Alsace; Lorraine, Bitche, etc.; Jura : Lons-le-Saulnier ; Loire ; Loire-Inférieure ; Avranches, Dives; Valognes, St-Lô, Falaise; Rouen ; Gironde ; Puy-de-Dôme; Haute-Loire; Pyrénées; Alpes du Dauphiné; Crest, Engin, Guillestre.	Sur les racines de l'*Achillea millefolium*.

Nos des Espèces	NOMS de GENRE ET D'ESPÈCE	Durée des Plantes	ÉPOQUE de FLEURAISON	LOCALITÉS OÙ CES ESPÈCES ONT ÉTÉ TROUVÉES EN FRANCE.	HABITATION de CES PLANTES.
	PHELIPÆA *(Suite.)*				
2833	— *cœsia*	2	juin	Marseille ; Banyuls (Pyrénées-Orientales).	Sr l'*Artemisia gallica* ; sables de la Méditerranée.
2834	— *arenaria*	2	juin, juillet	Lauterbourg (Alsace) ; Paris ; Nièvre ; Loire ; Loir-et-Cher ; Montpellier, Aigues-Mortes, Cette ; Lyon ; Haute-Garonne : Pech-David, deuxième coteau.	Sr l'*Artemisia campestris* ; sables du Rhin.
2835	— *olbiensis*	2	mai	Iles d'Hyères : Porquerolles.	Sur l'*Helychrysum stœchas*.
2836	— *lavandulacea*	2	mai, juin	Mont Sainte-Victoire ; le Luc et Saint-Vallier (Var).	Sur le *Psoralea bituminosa*, etc.
2837	— *Muteli*	⊙	mai	Région méditerranéenne ; Hyères, le Luc, Aix, Toulon, Cette, Montpellier, Narbonne ; Haute-Garonne : Pech-David, premier coteau.	Sur les *Composées* et les *Légumineuses* ; champs, collines.
2838	— *ramosa*	⊙	août	Nord de la France ; Ouest : Argentan ; Caen, Falaise.	Sur le *Cannabis sativa* et le *Nicotiana tabacum*.
2839	— *albiflora*	⊙	mai-juillet	Montpellier.	Sur le *Roripa rusticana*.
	OROBANCHE				
2840	— *rapum*	2	mai, juin	Alsace ; Lorraine ; Vosges ; Paris, Angers ; Vire ; Bordeaux ; Nantes et tout l'Ouest ; Toulouse ; centre de la France.	Sur les *Sarothamnus scoparius* et *purgans*.
	Var. *bracteosa*	2	— —	Pyrénées-Orientales : Collioure ; Corse : Cervione.	— —
2841	— *variegata*	2	— —	Provence : Fréjus.	Sr les *Genista cinerea* et *Sarothamnus scoparius*.
2842	— *crinita*	2	mai	Corse : Bonifacio, Calvi, presqu'île de Gien ; îles d'Hyères ; Falaise, Lisieux.	Sur le *Lotus cytisoides*.
2843	— *cruenta*	2	juin, juillet	Tout l'Ouest de Paris à Bayonne ; centre de la France ; Jura ; Alpes ; Pyrénées ; Provence : Fréjus, Hyères.	Sr les *Genista tinctoria* et *pilosa*, le *Lotus corniculatus* et autres *Légumineuses*.
2844	— *speciosa*	2	juin	Pyrénées-Orientales : Prats-de-Mollo ; Port-Vendres ; Toulon ; Corse : Bastia, etc.	Sur le *Vicia Faba*.
2845	— *Galii*	2	juin, juillet	Partout.	Sur les *Caille-lait* et l'*Achillée*.
	Var. *Ligustri*	2	— —	Partout.	Sur le *Troène*.

Nos des Espèces	NOMS de GENRE ET D'ESPÈCE	Durée des Plantes	ÉPOQUE de FLEURAISON	LOCALITÉS OÙ CES ESPÈCES ONT ÉTÉ TROUVÉES EN FRANCE.	HABITATION de CES PLANTES.
	(Suite.) OROBANCHE				
2846	— *epithymum*	♃	juin, juillet	Partout.	Sur les *Thyms* et la *Sarriette.*
2847	— *scabiosa*	♃	juillet, août	Hautes-Alpes : mont Séuse près de Gap ; Lautaret ; sommets de la Dôle et du Reculet (Jura).	Sr le *Carduus defloratus* et le *Scabiosa columbaria.* Pâturages élevés.
2848	— *fuliginosa*	♃	juin	Iles d'Hyères.	Sur le *Cineraria maritima.*
2849	— *hyalina*	♃	mai	Corse : Ajaccio, Bonifacio.	Sur le *Chrysanthemum myconis,*
2850	— *columbariæ*	♃	juin	Provence : Cannes, Fréjus, Hyères.	Sr le *Scabiosa columbaria,* le *Chœrophyllum sylvestre,* le *Mentha arvensis,* etc.
2851	— *Teucrii*	♃	—	Partout.	Sur les *Teucrium chamœdrys, montanum, scorodonia, pyrenaicum;* le *Thymus serpyllum* et le *Bromus erectus.*
2852	— *Ritro*	♃	juillet	Environs de Gap ; de Rabou à la Grangette, Guillestre.	Sr l'*Echinops ritro.*
2853	— *rubens*	♃	mai, juin	Partout.	Sur les *Medicago falcata* et *sativa.*
2854	— *Laserpitii-Sileris*	♃	juillet, août	Sommets du Jura : la Dôle, le Colombier, etc. ; Alpes de Grenoble : St-Eynard, mont Rachet.	Sur le *Laserpitium siler.*
2855	— *major*	♃	juin	Metz ; Nancy ; Bitche, Besançon et tout le Jura ; Pyréns-Orientles : Mt-Louis ; Marseille, Toulon, Fréjus, etc.	Sur le *Centaurea scabiosa.*
2856	— *Cervariæ*	♃	—	Besançon ; Nancy ; Dorlisbeim, Turkheim.	Sr le *Peucedanum cervaria;* coteaux calcaires.
2857	— *Picridis*	☉	—	Sarrebourg, Liverdun, Metz, Bitche, Grenoble ; Montrésor et Touchan près de Loche (Indre-et-Loire) ; Lisieux, Camembert, Querquesalle près Vimoutiers.	Coteaux calcaires ; sur le *Picris hieracioides.*
2858	— *artemisiæ*	♃	—	Toulouse ; sables de l'Ariège ; Brignoles (Var).	Sr l'*Artemisia campestris.*
2859	— *Salviæ*	♃	juin, juillet	Pyrénées : cascades des Demoiselles ; Gap.	Sur le *Salvia glutinosa.*
2860	— *pubescens*	♃	juin	Montredon près de Marseille.	Bois de pins ; sur le *Crepis bulbosa.*

Nos des Espèces	NOMS de GENRE ET D'ESPÈCE	Durée des Plantes	ÉPOQUE de FLEURAISON	LOCALITÉS OÙ CES ESPÈCES ONT ÉTÉ TROUVÉES EN FRANCE.	HABITATION de CES PLANTES.
	OROBANCHE (Suite.)				
2861	— *laurina*	♃	mai, juin	Montpellier.	Sur le *Laurus nobilis.*
2862	— *hederæ*	♃	juin	Sud-Ouest de la France : Angers ; Vendée ; Loir-et-Cher (château de Lavardin), Chambord; rochers de Fontgombeau (Indre) ; St-Jean-le-Thomas près d'Avranches ; Havre ; Bordeaux ; Libourne, Lanquais, Toulouse ; Toulon ; Lyon.	Sur l'*Hedera helix.*
2863	— *minor*	☉	juin, juillet	Ouest, centre et Midi de la France ; rare dans le Nord-Est.	Sur les *Trifolium repens, sativum* et *pratense.*
	Var. *flavescens*	☉	— —	(Fleurs jaunâtres et concolores.) Ouest, centre et Midi de la France ; rare dans le Nord-Est ; Dordogne ; Cette, Montpellier.	Sur le *Daucus carota* et l'*Orlaya maritima.*
2864	— *Crithmi*	♃	mai, juin	Sables de Montpellier et de Maguelone.	Sur le *Crithmum maritimum*, le *Rubia peregrina,* l'*Eryngium maritimum* et le *Carlina corymbosa.*
2865	— *amethystea*	♃	juin, juillet	Tout l'Ouest de la France de Paris à Bayonne ; une grande partie du centre ; les Andelys ; Barfleur ; Bonnières ; Cherbourg, Granville ; Vernon ; Agde, Montpellier, Aigues-Mortes; Provence : Marseille, etc. ; Alpes : Vallouise ; Corse.	Sur les *Eryngium campestre* et *maritimum,* le *Chrysanthemum Myconis.*
2866	— *cernua*	♃	juin	Avignon, Cette, Gap, Montpellier.	Sr l'*Artemisia gallica, campestris* et *Arragonensis,* le *Lactuca viminea.*
	LATHRÆA				
2867	— *squammaria*	♃	mars, avril	Toute la France.	Sur les racines des arbres: vignes, etc.
	CLANDESTINA				
2868	— *rectiflora* **LATHRÆA** *clandestina*	♃	mars-mai	Ouest de la France : Saint-Hilaire-du-Harcourt (Eure); bords du Touch et de l'Hers.	Ruisseaux, lieux ombragés.
	LAVANDULA				
2869	— *stæchas*	♄	mai, juin	Région méditerranéenne ;	Champs du Midi.

Nos des Espèces	NOMS de GENRE ET D'ESPÈCE	Durée des Plantes	ÉPOQUE de FLEURAISON	LOCALITÉS OÙ CES ESPÈCES ONT ÉTÉ TROUVÉES EN FRANCE.	HABITATION de CES PLANTES.
	(Suite.) LAVANDULA			Îles d'Hyères, la Ciotat, Toulon, Marseille ; Montpellier, Narbonne ; Port-Vendres et Cornelia (Pyrénées-Orientales) ; Corse : Bastia, Calvi, Ajaccio.	
2870	— *spica*	♄	juillet, août	Grasse, Fréjus, Toulon, Aix, mont Sainte-Victoire, Avignon, mont Ventoux ; Sisteron, Bourg-d'Oisans, Gap, Embrun ; Lyon ; Mende ; Alzon (Vigan), la Sérane, Nîmes ; Pyrénées : Villefranche, Canigou, Fond-de-Comps, vallon de Conat, Vénasque, Castanès.	Lieux arides de la région des oliviers
2871	— *latifolia*	♄	juin, juillet	Fréjus, Marseille, Montaud près Salon, Nîmes, Montpellier, Narbonne.	— —
	MENTHA				
2872	— *rotundifolia*	♃	juillet, août	Toute la France.	Bord des ruisseaux.
2873	— *insularis*	♃	août	Bastia, Bonifacio, Corté, couvent de Vico.	Lieux humides.
2874	— *sylvestris*	♃	juillet, août	Toute la France.	—
2875	— *viridis*	♃	août, sept.	Vosges ; Pyrénées ; Ouest et presque toute la France ; Camembert (Orne) ; Condé ; Evreux ; Falaise, Lisieux, Livarot.	
	Var. *pubescens*	♃	— —	Vosges ; Bordeaux.	Lieux secs.
	Var. *canescens*	♃	— —	Alpes ; Creuse ; Caroux (rochers de) ; Jura ; Pyrénées ; Vigan ; Vosges.	Ruisseaux, haies, routes.
2876	— *suavis*	♃	juillet, août	Alsace : Thann ; Avignon ; Poitiers.	Champs.
2877	— *nepetoides*	♃	— —	Besançon.	Rives des cours d'eau.
2877*	— *piperita*	♃	— —	Evreux ; Falaise, Mortain.	Bords de l'eau.
2878	— *aquatica*	♃	— —	Toute la France.	Ruisseaux et rivières.
2879	— *citrata*	♃	— —	Sarrebourg ; vallée de Guebwiller (Vosges), le Saulcy près de Metz.	Lieux ombragés.
2880	— *pyramidalis*	♃	août, sept.	Nantes : marais de l'Erdre.	Marais.
2881	— *rubra*	♃	— —	Metz : Corny ; Angers ; Chalonnes.	Lieux humides.
2882	— *sativa*	♃	— —	Dieuze, Sarrebourg ; Gray ; Besançon, Salins ; Lyon ; Montbrison, le Puy ; Napoléon-Vendée ; Montreuil-	Bord des eaux.

Nos des Espèces	NOMS de GENRE ET D'ESPÈCE	Durée des Plantes	ÉPOQUE de FLEURAISON	LOCALITÉS OÙ CES ESPÈCES ONT ÉTÉ TROUVÉES EN FRANCE.	HABITATION de CES PLANTES.
	MENTHA (Suite.)			Belfroi (Maine-et-Loire) ; Paris ; le Mans (assez rare).	
2883	— *gentilis*	♃	juillet, août	Toute la France.	Bord des eaux ; lieux humides.
2884	— *arvensis*	♃	— —	Toute la France.	Champs humides.
2885	— *Requienii*	♃	août	Corse : Tavignano près le lac d'Inn, lac de Nino, lac de Crano, mont Cagno, Campolitte.	Montagnes.
2886	— *Pulegium*	♃	juillet, août	Partout.	Prés humides.
	PRESLIA				
2887	— *cervina*	♃	— —	Avignon, Arles ; Mandeuil près de Nîmes ; Grammont près de Montpellier, Agde ; Narbonne, Perpignan.	Prés humides de la région méditerranéenne.
	LYCOPUS				
2888	— *europæus*	♃	— —	Toute la France.	Bord des ruisseaux.
	ORIGANUM				
2889	— *vulgare*	♃	— —	Toute la France.	Bois, lieux incultes
2890	— *virens*	♃	— —	Barri près de Beaulieu.	Rochers.
	THYMUS				
2891	— *vulgaris*	♄	juin	Valence, Gap ; Avignon ; Aix, Fréjus, Toulon, Marseille ; Tournon (Ardèche); Florac ; Alais, Anduze, Saint-Ambroix, Nîmes ; Agde, Cette, Montpellier ; Narbonne ; Pyrénées-Orientales ; rives de la Garonne et de l'Ariège ; Corse.	Lieux secs des provinces méridionales.
2892	— *herba-barona*	♄	juillet	Corse : Coscione, M^ts d'Oro, Cagnone, Rotundo, Tretore, Campolitte, Guagno, cap Corse, gorges de la Rostonica, bergeries de Mello, Bastia, Saint-Florent, etc.	Montagnes.
2893	— *serpillum*	♃	juillet-sept.	Presque toute la France.	Lieux secs, stériles.
	Var. *angustifolius*	♃	— —	Haguenau ; Montbrison ; Mont-Louis ; Malesherbes ; côtes de l'Ouest.	Montagnes, dunes, etc.
	Var. *confertus*	♃	— —	Mont Ventoux, Aix, Sainte-Beaume près de Toulon ; Pyrénées-Orientales : Canigou, col de Nouri, Cambredases.	Hautes montagnes.
2894	— *Chamædrys*	♃	— —	Toute la France.	Lieux secs et sablonneux.
	Var. *villosa*	♃	— —	Environs de Lyon, Mende, Mont-Louis.	Lieux secs.

Nos des Espèces	NOMS de GENRE ET D'ESPÈCE	Durée des Plantes	ÉPOQUE de FLEURAISON	LOCALITÉS OÙ CES ESPÈCES ONT ÉTÉ TROUVÉES EN FRANCE.	HABITATION de CES PLANTES.
2895	HYSSOPUS — *officinalis*	♃	juillet, août	Grenoble, Sisteron, Grasse, Toulon, Florac (Lozère) ; Saint-Ambroix, Anduze (Gard) ; Saint-Béat (Pyrénées) ; Bayonne (environs de) ; Pau ; quelquefois au centre et au Nord de la France, Beaumont-le-Roger (Eure), Mantes, Vernon.	Rochers et lieux secs du Midi ; coteaux arides de l'Ouest ; sur les vieux murs.
2896	— *aristatus*	♃	juin, juillet	Pyrénées-Orientales : rives du Tech au-dessous de la Cassagne.	Bords des rivières.
2897	SATUREIA — *hortensis*	☉	juillet-sept.	Gap, Sisteron, Saint-Martin-d'Ardèche ; Avignon, Fréjus, Sainte-Baume près de Toulon, Marseille ; Saint-Ambroix (Gard) ; Saint-Préjet (Lozère) ; Bas-Languedoc, Montpellier, graviers de l'Ariège et de la Garonne, près Toulouse et Agen ; Montauban, Moissac, Sainte-Urcisse.	Moissons du Midi ; bords des rivières.
2898	— *montana*	♄	juillet, août	Rabou près de Gap ; Avignon ; Mont-Major, Grasse, Fréjus, Toulon, Marseille ; Mende, Nîmes, Montpellier ; Pyrénées-Orientales et centrales ; Pau.	Rochers et coteaux arides du Midi.
2899	MICROMERIA — *græca*	♄	juin, juillet	Toulon ; Corse : Bastia, Bonifacio.	Rochers et coteaux arides.
2900	— *juliana*	♄	juillet, août	Avignon.	Coteaux arides.
2901	— *filiformis*	♄	juin	Corse : Ponte-di-Golo.	Lieux secs.
2902	CALAMINTHA — *grandiflora*	♃	juillet, août	Dauphiné méridional : Alpes de Provence ; mont Pilat près de Lyon ; chaîne du Forez ; mont Mézin et mont Gerbier ; Haute-Loire ; Lozère ; Cantal ; Aubrac ; Pyrénées : Espérou.	Bois montagneux.
2903	— *officinalis*	♃	— —	Presque toute la France ; Corse.	Bois ombragés ; coteaux calcaires.
2904	— *menthæfolia*	♃	juin-sept.	Lyon ; Villefranche, le Vernet (Pyrénées-Orientales) ; Clermont ; Dordogne ; Angers, Chalonnes, Thouaré ;	Coteaux, lieux secs.

Nos des Espèces	NOMS de GENRE ET D'ESPÈCE	Durée des Plantes	ÉPOQUE de FLEURAISON	LOCALITÉS OÙ CES ESPÈCES ONT ÉTÉ TROUVÉES EN FRANCE.	HABITATION de CES PLANTES.
	CALAMINTHA *(Suite).*			Cherbourg, St-Lô, Avranches ; Rouen, Elbeuf, et presque tout l'Ouest.	
2905	— *Nepeta*	♃	juillet, août	Lyon ; Joyeuse (Ardèche) ; Dauphiné méridional ; région méditerranéenne ; Cévennes ; Pyrénées ; vallées de l'Ariège et de la Garonne ; Thouars, Saumur et tout l'Ouest ; Poitiers, Tours ; Angers ; Orléans ; Senlis ; Villers-Cauterets, la Ferté-sous-Jouarre ; Rouen ; Corse : Bastia, Calvi, Corté. Vico.	Lieux secs et pierreux, terrains calcaires.
2906	— *nepetoides*	♃	août, sept.	Dauphiné méridional ; Alpes de Provence ; Rabou près de Gap, Guillestre, la Grave, Sisteron, Digne, Castellane, Serres ; Mende.	Lieux secs et pierreux, bords des routes.
2907	— *glandulosa*	♄	août	Corse : Calvi, Niolo.	Lieux secs.
2908	— *alpina*	♃	juillet, août	Alpes du Dauphiné ; Jura ; Pyrénées.	Sommités des montagnes.
2909	— *acynos*	☉	juin-août	Toute la France.	Champs, lieux incultes.
2910	— *corsica*	♄	juillet, août	Corse : Cagnone, Coscione, Renoso.	Hautes montagnes.
2911	— *clinopodium*	♃	— —	Toute la France.	Buissons, lieux incultes.
2912	MELISSA — *officinalis*	♃	juin-août	Mont Ventoux ; Corse : Bastia, Bonifacio.	Buissons, bois.
2913	HORMINUM — *pyrenaicum*	♃	juin, juillet	Pyrénées : mont Cagire, St-Sauveur, Cauterets, vallée de Cambasque, mont Balour près des Eaux-Bonnes, vallée d'Aspe, pic de l'Hiéris.	Pelouses des montagnes.
2914	ROSMARINUS — *officinalis*	♄	mars-mai	Fréjus, Grasse, Marseille, Toulon ; Orange, Montélimart, Tournon, Villeneuve près d'Avignon ; Romans (Drôme) ; Languedoc ; Roussillon ; Pyrénées-Orientales et centrales ; rare sur les graviers de l'Ariège, de la Garonne et du Gers ; Pau ; Corse : Bastia, Calvi.	Lieux montagneux

Nos des Espèces	NOMS de GENRE ET D'ESPÈCE	Durée des Plantes	ÉPOQUE de FLEURAISON	LOCALITÉS OÙ CES ESPÈCES ONT ÉTÉ TROUVÉES EN FRANCE.	HABITATION de CES PLANTES.
	SALVIA				
2915	— *officinalis*	♄	juin, juillet	Vallée du Rhône jusqu'à Ampuis près de Vienne ; vallées des Pyrénées-Orientales jusqu'à Fond-de-Comps ; Corse.	Collines stériles de la région des oliviers.
2916	— *verticillata*	♃	juillet, août	Fortsfelden (Alsace) ; Arceuil (Paris) ; Toulon ; Cévennes.	Bords des routes.
2917	— *sclarea*	♃	juin, juillet	Presque toute la France, mais surtout le Midi.	Coteaux secs et calcaires.
2918	— *Æthiopis*	♃	— —	Dauphiné méridional : Gap, Briançon, Guillestre ; Corsac, Florac, Mende (Lozère) ; bois de Sallebouse (Vigan) ; Auvergne : pied du Puy-de-Crouel, Cœur, Saint-Nectaire.	Bords des chemins, collines incultes.
2919	— *glutinosa*	♃	— —	Chaîne du Jura ; Lyon : à la Tête-d'Or ; montagnes de l'Ardèche et du Dauphiné.	Lieux ombragés des forêts, montagnes.
2920	— *pratensis*	♃	mai - juillet	Toute la France.	Prés.
2921	— *verbenaca*	♃	mai-août	Ouest de la France ; vallées de la Loire et de ses affluents en remontant jusqu'à Tours ; vallée de la Garonne, etc.; Cluny (Saône-et-Loire) ; assez rare en Provence ; Corse : Bonifacio, Saint-Florent.	Coteaux calcaires.
2922	— *horminoides*	♃	mai et sept.	Sisteron ; Avignon ; Marseille ; Montaud près de Salon ; Alais, Anduze, Manduel, Montpellier, Pont-du-Gard, Saint-Ambroix, Saint-Jean-du-Gard ; Narbonne ; Mende ; commune à Moissac, Toulouse, Agen, Bordeaux, Socatz, Saint-Sever, Mont-de-Marsan ; Auvergne : au pied du Puy-de-Corent ; Corse : Calvi, Sartène.	Collines sèches.
	NEPETA				
2923	— *lanceolata*	♃	juillet, août	Alpes du Dauphiné et de la Provence ; Grenoble : Coranson et Champs, Rabou près de Gap, Mont-de-Lans, Briançon, Sisteron, Die, mont Ventoux, Mourière et la Sainte-Baume près de	Montagnes.

Nos des Espèces	NOMS de GENRE ET D'ESPÈCE	Durée des Plantes	ÉPOQUE de FLEURAISON	LOCALITÉS où ces espèces ont été trouvées en France.	HABITATION de ces plantes.
	NEPETA _(Suite.)_			Toulon ; Pyrénées : Bénasque, vallée d'Astos, Béost.	
2924	— _Nepetella_	♃	juillet, août	Provence : Gemenos ; Sainte-Baume près Toulon ; Pyrénées : vallée d'Astos, Bénasque, Béost.	Montagnes.
2925	— _agrestis_	♃	— —	Corse : monts d'Oro, Campolitte, Casamaccioli, bergeries d'Ascoutzela (Niolo).	—
2926	— _cataria_	♃	juin-août	Presque toute la France.	Chemins, décombres.
2927	— _latifolia_	♃	août, sept.	Pyrénées-Orientales : Mont-Louis, la Cabanas, vallée d'Eynes, Formiguères (Capsir).	Montagnes.
2928	— _nuda_	♃	août	Alpes du Dauphiné : bois de Loubet et de la Grangette près de Gap, Suze, le Valgaudemard, Mt Séuse, Champoléon ; Pyrénées.	—
	DRACOCEPHALUM				
2929	— _Ruyschiana_	♃	juillet, août	Hautes-Alpes du Dauphiné : Lautaret, col de l'Arche, mont Bayard près de Gap ; Pyrénées : fond de la vallée de Luttours, au-dessus de Cascadie-de-Pisse-de-Rose.	Hautes montagnes.
2930	— _austriacum_	♃	mai	Hautes-Alpes du Dauphiné : montagne des Bourbes près de Digne, chemin de Gap à la Mure ; montagne du Reguier (Provence) ; Pyrénées-Orientales : Fond-de-Comps.	—
	GLECHOMA				
2931	— _hederacea_	♃	avril, mai	Toute la France.	Prés, haies, etc.
	LAMIUM				
2932	— _longiflorum_	♃	juin, juillet	Alpes de la Provence, Saint-Auban, Coulebrousse près de Seyne, Colmars, mont Ventoux ; Corse : monte di Cagno, Coscione.	Montagnes.
2933	— _corsicum_	♃	— —	Corse : mont Cinto (Niolo).	Sommités des montagnes.
2934	— _amplexicaule_	☉	avril-octob.	Toute la France.	Lieux cultivés.
2935	— _bifidum_	☉	mars, avril	Corse : Bastia, Bonifacio, Buchoniano, Porto-Vecchio, Vico.	Champs.
2936	— _hybridum_	☉	avril, mai	Toute la France, mais peu commune.	Lieux cultivés.

Nos des Espèces	NOMS de GENRE ET D'ESPÈCE	Durée des Plantes	ÉPOQUE de FLEURAISON	LOCALITÉS OÙ CES ESPÈCES ONT ÉTÉ TROUVÉES EN FRANCE.	HABITATION de CES PLANTES.
	LAMIUM (Suite.)				
2937	— *purpureum*	⊙	avril-octob.	Toute la France.	Lieux cultivés.
2938	— *maculatum*	♃	avril-sept.	Toute la France.	Haies, fossés.
2939	— *album*	♃	avril, mai	Toute la France.	Haies, bords des chemins.
2940	— *flexuosum*	♃	avril-juin	Pyrénées-Orientales : Prats-de-Mollo, Perpignan et toute la plaine du Roussillon.	Haies.
2941	— *Galeobdolon*	♃	mai, juin	Toute la France.	Bois montagneux.
	LEONURUS				
2942	— *Cardiaca*	♃	juin-août	Presque toute la France, excepté la région méditerranéenne.	Haies, chemins, décombres.
2943	— *marrubiastrum*	♃	juillet, août	Alsace : Colmar, Schlestadt, Ostheim, Guémar, Novéant et Corny près de Metz ; Seurre (Côte-d'Or); Angers, Bourges, Chalonnes, Nantes, Saumur.	Décombres, bords des rivières.
	GALEOPSIS				
2944	— *angustifolia*	⊙	juillet-sept.	Toute la France (plante verte).	Champs cultivés, calcaires.
	— *Ladanum* DC.			Var. *arenaria* (plante blanchâtre).	Lieux sablonneux.
2945	— *intermedia*	⊙	— —	Alpes du Dauphiné : Revel près de Grenoble, Rabou, Menteyer, Lans, etc.; Coulebrousse (Basses-Alpes) ; Espérou ; Pyrénées : Mont-Louis.	Montagnes.
2946	— *dubia* — *ochroleuca* DC.	⊙	juillet, août	Toute la France (fleurs jaunes ou purpurines panachées de jaune).	Champs : moissons des terrains siliceux.
2947	— *pyrenaica*	⊙	août, sept.	Pyrénées-Orientales : Port-Vendres, Cospérous, Banyuls-sur-Mer, Vernet, Olette, Mont-Louis; col de Nourri.	Terrains siliceux et rocailles.
2948	— *Tetrahit*	⊙	juillet, août	Toute la France.	Haies, bois, champs.
2949	— *sulfurea*	⊙	août, sept.	Lyon : la Tête-d'Or, Charpennes ; Dauphiné : Morestel, Saint-Laurent-du-Pont; Grande-Chartreuse.	Fossés, lisières des bois.
	STACHYS				
2950	— *germanica*	♂	juillet, août	Presque toute la France ; Corse : Bogomano.	Coteaux secs et calcaires.
2951	— *heraclea*	♃	juin, juillet	Provence : Fréjus, Grasse ; Pyrénées-Orientales: Prats-de-Mollo ; Auvergne : Puy-	Coteaux secs.

Nos des Espèces	NOMS de GENRE ET D'ESPÈCE	Durée des Plantes	ÉPOQUE de FLEURAISON	LOCALITÉS OÙ CES ESPÈCES ONT ÉTÉ TROUVÉES EN FRANCE.	HABITATION de CES PLANTES.
	STACHYS (Suite.)			Long, Cournon, Gannat; Issoudun; Chavannes (Cher); Angoulin, la Rochelle, le Pin ; Gaïx (montagne Noire); Charente-Inférieure, le Chai, l'Arpentis, Courson.	
2952	— alpina	♃	juillet, août	Presque toute la France.	Bois des coteaux calcaires.
2953	— sylvatica	♃	juin-août	Toute la France.	Haies, bois humides, etc.
2954	— palustri-syvatica	♃	— —	Alsace : Bouxweiller, Rouffach ; Nancy ; Bellerive, Gondolle (bords de l'Allier); Pau ; Bernay (Eure); Vire (Calvados).	— —
2955	— palustris	♃	— —	Toute la France.	Prés, champs humides, ruisseaux.
2956	— arvensis	☉	juin-octob.	Presque toute la France; Corse.	Champs sablonneux.
2957	— marrubiifolia	☉	mai, juin	Corse.	— —
2958	— corsica	♃	juillet, août	Corse.	Montagnes.
	Var. genuina	♃	— —	Monts d'Oro, Renoso, Coscione, Cagna, Grosso, dans le Niolo, vallée de Mollo, Campolite, Tretore, Ajaccio.	—
	Var. micrantha	♃	— —	Cap Corse, mont de la Trinité (Bonifacio); île Rousse.	Montagnes, etc.
2959	— hirta	☉	mai	Provence: Cannes, îles d'Hyères, île Sainte-Marguerite.	Collines rocheuses.
2960	— annua	☉	juill.-octob.	Toute la France ; Nice.	Champs calcaires et argileux.
2961	— maritima	♃	mai, juin	Région méditerranéenne : Cannes, Fréjus, îles d'Hyères, Marseille, Toulon ; Montpellier ; Perpignan, Collioures ; Corse : Fiumorbo, Bravoni, étang de Biguglia près de Bastia.	Lieux maritimes.
2962	— recta	♃	juin-août	Toute la France.	Lieux arides et pierreux.
	Var. angustifolia	♃	— —	Littoral.	Lieux maritimes.
	Var. alpina	♃	— —	Hautes-Alpes du Dauphiné Lautaret, mont Viso; Pyrénées : col de Tortès; Calvados ; Eure ; Orne.	Hautes montagnes et bois couverts.
2963	— glutinosa	♃	— —	Corse : Ajaccio, Bastia, Bonifacio, Calvi, Corté.	Champs.
	BETONICA				
2964	— alopecuros	♃	juillet, août	Hautes-Alpes du Dauphiné :	Hautes montagnes.

Nos des Espèces	NOMS de GENRE ET D'ESPÈCE	Durée des Plantes	ÉPOQUE de FLEURAISON	LOCALITÉS OÙ CES ESPÈCES ONT ÉTÉ TROUVÉES EN FRANCE.	HABITATION de CES PLANTES.
	(Suite.) **BETONICA**			Grande-Chartreuse, Grandson, Lautaret ; Pyrénées : pic de Monné, Cagire, l'Hiéris, Esquierry, Luchon, Goust, pic de Gère.	
2965	— *hirsuta*	♃	juillet, août	Alpes du Dauphiné : Lautaret, Revel près de Grenoble, Mont-de-Lans, mont Aurouse, Gap, mont Viso, mont Monnier ; Pyrénées : Bagnères, Barèges.	Hautes montagnes.
2966	— *officinalis*	♃	juin-août	Toute la France.	Prés, bois.
	Var. *grandiflora*	♃	— —	Eure ; Calvados ; Orne ; Manche.	Coteaux calcaires.
2967	**BALLOTA** — *fœtida*	♃	- —	Toute la France ; Corse.	Bords des chemins.
2968	— *spinosa*	♄	juin, juillet	St-Arnoux près de Grasse ; Entrevaux (Basses-Alpes).	Roches.
2969	**PHLOMIS** — *Lychnitis*	♄	mai, juin	Toulon, Marseille, Montaud, Aix ; Avignon, Orange, Anduze, Cette, Montpellier ; Narbonne, Perpignan.	Coteaux calcaires de la région méditerranéenne.
2970	— *herba-venti*	♃	— —	Montélimart, Nyons ; Aix, Fréjus, Marseille, Toulon ; Alais, Anduze, Manduel, Montpellier, Saint-Ambroix ; le Boulou, Narbonne, île Sainte-Lucie, Sijean.	Lieux incultes du Midi.
2971	**SIDERITIS** — *romana*	☉	juillet, août	Montélimart, Valence ; Avignon ; Aix, Fréjus, Grasse, Marseille, Salon, Toulon ; Alais, Anduze, Saint-Ambroix, Montpellier ; Collioures, Narbonne, Port-Vendres ; Corse : Ajaccio, Bastia, Calvi, Corté.	Champs de la région des oliviers.
2972	— *hirsuta*	♄	— —	Avignon, Marseille, Montpellier, Salon, Toulon ; les Alpines ; Banyuls, Collioures, Narbonne, Port-Vendres, Perpignan, Sijean.	Lieux stériles de la région méditerranéenne.
2973	— *scordioides*	♄	juin, juillet	Montpellier ; Sijean, Narbonne, Prats-de-Mollo.	Coteaux du Midi.
2974	— *hyssopifolia*	♄	juillet, août	Jura ; Lyon : la Tète-d'Or ; Alpes du Dauphiné ; chaîne des Pyrénées.	Pics élevés des montagnes.

Nos des Espèces	NOMS de GENRE ET D'ESPÈCE	Durée des Plantes	ÉPOQUE de FLEURAISON	LOCALITÉS OÙ CES ESPÈCES ONT ÉTÉ TROUVÉES EN FRANCE.	HABITATION de CES PLANTES
	MARRUBIUM				
2975	— *vulgare*	♃	juillet-sept.	Toute la France.	Bords des routes.
2976	— *Vaillantii*	♃	— —	Etrechy près d'Etampes.	Chemins, lieux incultes.
	MELITTIS				
2977	— *melissophyllum*	♃	juin-août	Presque toute la France.	Coteaux boisés.
	SCUTELLARIA				
2978	— *alpina*	♃	juillet, août	Dijon; Plombières, Mt Afrique, carrière des Chartreux, Pommard, Beaune, Meursault ; Alpes du Dauphiné ; Grande-Chartreuse, la Grave, l'Echauda, l'Oisans, Gap, Embrun ; chaîne des Pyrénées.	Coteaux calcaires, montagnes élevées.
2979	— *columnœ*	♃	juin, juillet	Naturalisée ; environs de Paris ; Boulogne, Meudon, Vincennes ; Dreux.	Bois, forêts.
2980	— *hastifolia*	♃	juillet, août	Vallée de la Loire : Blois, Orléans. Tours, Angers, Saumur, Saint-Maur, Chalonnes, Nantes ; Chambard, Gien, Nevers ; vallée du Rhône : Couzon, Irrout, Perrache, Pierre-Bénite près de Lyon.	Lieux marécageux.
2981	— *galericulata*	♃	— —	Toute la France, excepté la région méditerranéenne.	Bords des eaux, lieux humides.
2982	— *minor*	♃	— —	Comme l'espèce précédente, mais plus rare.	Lieux tourbeux.
	BRUNELLA				
2983	— *hyssopifolia*	♃	mai-août	Digne, Gap, Sisteron ; Cannes, Fréjus, Grasse, Hyères, Marseille, Toulon ; Avignon ; Aubenas, Joyeuse (Ardèche) ; Alais. Anduze, St-Ambroix (Gard,) ; Montpellier ; Narbonne ; Corse : Bastia.	Pâturages humides.
2984	— *vulgaris*	♃	juin-août	Toute la France.	Bois, prés.
2985	— *alba*	♃	— —	Toute la France, mais plus rare.	Coteaux calcaires.
2986	— *grandiflora*	♃	— —	Toute la France.	Lieux secs.
	Var. *pyrenaica*	♃	— —	Pyrénées : l'Hiéris. Pau, vallée du Lys, Vernet, etc.	Montagnes.
	PRASIUM				
2987	— *majus*	♄	mai-août	Corse : Ajaccio, Bonifacio.	Champs.
	AJUGA				
2988	— *reptans*	♃	mai, juin	Partout.	Bois, fossés, prairies.

Nos des Espèces	NOMS de GENRE ET D'ESPÈCE	Durée des Plantes	ÉPOQUE de FLEURAISON	LOCALITÉS OÙ CES ESPÈCES ONT ÉTÉ TROUVÉES EN FRANCE.	HABITATION de CES PLANTES.
	(Suite.) **AJUGA**				
2989	— *pyramidalis*	♃	mai, juin	Alpes du Dauphiné ; Gap, Plomb-du-Cantal, Puy-Mary ; mont Dore ; Pyrénées : Canigou, Mont-Louis, Saint-Sauveur, mont Lisey, Piquette-d'Endretlis.	Hautes montagnes.
2990	— *genevensis*	♃	— —	Toute la France.	Coteaux secs.
2991	— *Chamæpitys*	☉	juin – octob.	Toute la France.	Coteaux calcaires.
2992	— *Iva*	♃	mai – juillet	Fréjus, Grasse, Hyères ; Aix, Istres, Marseille, Montaud, Toulon ; Avignon ; Cette, Montpellier, Nîmes, Uzès ; Narbonne, île Sainte-Lucie ; Corse : Saint-Florent, Ostriconi, île Rousse, Bonifacio, Torre-della-Lossa.	Coteaux de la région méditerranéenne.
	TEUCRIUM				
2993	— *fruticans*	♄	mai, juin	Banyuls-sur-Mer, Canhonorat près le cap Cerbère ; Corse.	Champs.
2994	— *pseudochamæpithys*	♄	mai	Fréjus, Saint-Louis près de Marseille.	Lieux maritimes stériles.
2995	— *Botrys*	☉	juill.-octob.	Toute la France.	Champs calcaires et pierreux.
2996	— *scordium*	♃	juin-août	Toute la France.	Fossés, prés humid.
2997	— *scordioides*	♃	juin-sept.	Narbonne ; Corse : Bastia.	Lieux humides et maritimes.
2998	— *scorodonia*	♃	— —	Toute la France.	Bois.
2999	— *massiliense*	♃	juin, juillet	Iles d'Hyères ; Corse : Calvi, Bonifacio, cap Corse, Galésia, Patriciale, Premelli, Sartène, Vico.	Champs.
3000	— *chamædrys*	♃	juin-sept.	Toute la France ; Corse : mont Grosso.	Bois, coteaux calcaires.
3001	— *lucidum*	♃	juillet, août	Dauphiné et Alpes de Provence, vallée de l'Arche, Barcelonnette, Colmars, Digne, Entrevaux, Marseille, Saint-Paul.	Montagnes.
3002	— *flavum*	♄	— —	Aix, Montredon près de Marseille, îles Sainte-Marguerite, Toulon ; Manduel, bords du Gardon, Saint-Guilhem-le-Désert, la Paillade, Ganges et pic Saint-Loup près de Montpellier ; Narbonne ; Corse : Ajaccio, Bonifacio, Bastia, Calenzana, Sartène.	Rochers et coteaux de la région méditerranéenne.

Nᵒˢ des Espèces	NOMS de GENRE ET D'ESPÈCE	Durée des Plantes	ÉPOQUE de FLEURAISON	LOCALITÉS OÙ CES ESPÈCES ONT ÉTÉ TROUVÉES EN FRANCE.	HABITATION de CES PLANTES.
	TEUCRIUM (Suite.)				
3003	— *Marum*	♃	juin, juillet	Montpellier ; îles d'Hyères ; Corse : Ajaccio, Bastia, Bonifacio, Calvi, monte di Cagno, Corté, Guagno, Sartène, Vico.	Région méditerranéenne.
3004	— *pyrenaicum*	♃	— —	Pyrénées ; Arles, Ussat, St-Sauveur, l'Hiéris, Bagnères-de-Luchon, Esquierry, Eaux-Bonnes, Mauléon-Barousse ; Alpes du Dauphiné : Grenoble, la Moucherolle.	Rochers.
3005	— *montanum*	♃	juin-août	Presque toute la France.	Coteaux calcaires ; lieux secs.
3006	— *aureum* — *flavicans* DC.	♃	— —	Dauphiné méridional ; Alpes de la Provence : rochers des Arnauds, Saint-Géniès, sources de Vaucluse, mont Sainte-Victoire, Saint-Cyr, Sainte-Baume, Marseille ; Mende ; Ganges, Madières, Saint-Guilhem-le-Désert près de Montpellier ; Corbières ; Pyrénées : Prats-de-Mollo, Villefranche, Prades, Ussat, Saint-Béat.	Rochers.
3007	— *polium*	♃	— —	Marseille, Montaud près de Salon ; Montpellier.	Région méditerranéenne.
3008	— *capitatum*	♃	— —	Corse : Bastia, Bonifacio, Corté, Guissani, Niolo, Valdanielo.	Champs.
3009	**ACANTHUS** — *mollis*	♃	mai, juin	Hyères, Perpignan, Toulouse ; Var ; Corse.	Lieux humides et ombragés.
3010	**VERBENA** — *officinalis*	♃	juin-octob.	Presque toute la France.	Chemins, décombres.
3011	**VITEX** — *agnus-castus*	♃	juin, juillet	Banyuls-sur-Mer, Narbonne, Port-Vendres, Toulon et côtes du Var.	Lieux humides.
3012	**PLANTAGO** — *major*	♃	juill.-octob.	Nord, centre et Nord-Ouest de la France ; rare dans le Midi.	Chemins, lieux incultes.
	Var. *minima*	♃	— —	Midi, Ouest et Nord-Ouest de la France.	Lieux humides sablonneux.
3013	— *intermedia*	♃	juin-octob.	Midi de la France ; Corse ; rare dans le reste de la France.	— —

17

Nos des Espèces	NOMS de GENRE ET D'ESPÈCE	Durée des Plantes	ÉPOQUE de FLEURAISON	LOCALITÉS OÙ CES ESPÈCES ONT ÉTÉ TROUVÉES EN FRANCE.	HABITATION de CES PLANTES.
	PLANTAGO (Suite.)				
3014	— *Cornuti*	♃	juillet, août	D'Aigues-Mortes à Agde.	Lieux humides et salés des côtes de la Méditerranée.
3015	— *media*	♃	mai, juin	Toute la France, excepté le littoral méditerranéen.	Prairies.
3016	— *brutia*	♃	juin	Hautes-Alpes du Dauphiné : Lautaret.	Hautes montagnes.
3017	— *coronopus*	♃	juin-août	Presque toute la France, mais surtout le Midi et l'Ouest.	Lieux sablonneux.
3018	— *crassifolia*	♃	juillet, août	Aigues-Mortes, Cette, Collioures, Banyuls-sur-Mer, Maguelone, Marseille, Narbonne, Pérols, Toulon ; Corse : Ajaccio.	Plage de la Méditerranée.
3019	— *maritima*	♃	juin-sept.	Côtes de l'Océan ; Auvergne.	Terrains salins.
3020	— *serpentina*	♃	juillet, août	Cévennes, Espérou, Mende ; Chartreuse-de-Valborne, butte St-Pencrasse, St-Véran, Quissac, Sauve, Fontange et St-Chelé (Gard) ; Saint-Mathieu, Fondfroide et Montarnaud (Montpellier) ; Narbonne ; Avignon, Istres, Roquefavour, Aix, Digne, Torenc ; Dauphiné : Gap, Chaillot-le-Vieil, Mt Dauphin, Grenoble ; Lyon ; Ornans et Tarcenay (Doubs); Aurillac.	Rochers et galets des rivières.
3021	— *alpina*	♃	— —	Hautes-Alpes du Dauphiné et de la Provence : Lautaret, Gap, le Granson, Embrun, Seyne ; Cantal, le Plomb, Puy-Mary ; pic de Sancy (monts Dores) ; Pyrénées : pic du Midi, port de Bénasque, col de Tortès, port de la Picade, mont Lisey, port du Plan.	Pâturages des montagnes.
3022	— *subulata*	♃	mai, juin	Port-Vendres, Collioures ; la Crau, Montaud, Marseille, Toulon.	Rochers maritimes
	Var. *insularis*	♃	— —	Corse : Pozzi du monte Renoso, monte d'Oro, chaîne du Niolo, monte Rotundo.	Montagnes.
3023	— *carinata*	♃	juillet-sept.	Pyrénées-Orientales : Argelès, Perpignan, Prades, Vernet, Mont-Louis, Olette;	Rochers.

Nos des Espèces	NOMS de GENRE ET D'ESPÈCE	Durée des Plantes	ÉPOQUE de FLEURAISON	LOCALITÉS OÙ CES ESPÈCES ONT ÉTÉ TROUVÉES EN FRANCE.	HABITATION de CES PLANTES.
	PLANTAGO (Suite.)			Cévennes : Mende, l'Espérou, Hort-Diou, le Born, le Vigan, Alais, la Grande-Combe; Anduze, Saint-Ambroix ; Marseille, Lyon ; Montélimart, Tain ; Montbrison ; Ouest : Arlac et Bayel, Angers, Belle-Isle, Thouars, Chateaudun.	
3024	— *Lagopus*	☉	mai, juin	Agde, Aix, Avignon, Cette. Marseille, Montpellier, Narbonne, Perpignan, Toulon ; rives du Rhône, jusqu'à Lyon ; Corse : Saint-Florent.	Région méditerranéenne et cours du Rhône.
3025	— *lanceolata*	♃	avril-octob.	Toute la France.	Prairies.
	Var. *maritima*	♃	— —	Agde, Montpellier.	Plage.
	Var. *montana*	♃	— —	Mont Dore ; mont Sainte-Victoire, Canigou.	Hautes montagnes.
	Var. *lanuginosa*	♃	— —	Sables d'Olonne et du Rhin.	Sables humides.
3026	— *argentea*	♃	juin-août	Alpes de la Provence et du Dauphiné ; mont Sainte-Victoire ; les Baux, Rabou, la Garde et mont Séuze près de Gap ; Cévennes : Campestre ; Salvi, la Sérane.	Rochers et broussailles.
3027	— *albicans*	♃	mai, juin	Hyères, Marseille, Toulon, Roquefavour ; pic Saint-Loup, Saint-Guilhem-le-Désert, Béziers, Sainte-Lucie, Narbonne, Sijean, Perpignan, Casas-de-Pena.	Lieux stériles.
3028	— *Bellardi*	☉	— —	Céret, Collioures, Narbonne, Port-Vendres ; Cannes, Fréjus, Hyères, Marseille, Toulon ; Corse : Ajaccio, Bastia, Bonifacio, Calvi.	Lieux sablonneux de la région méditerranéenne.
3029	— *fuscescens*	♃	juillet, août	Hautes-Alpes du Dauphiné : Larche, mont Viso, Rabou près de Gap, mont Sainte-Victoire.	Pâturages secs des htes montagnes.
3030	— *montana*	♃	— —	Alpes du Dauphiné : Saint-Eynard et Grande-Chartreuse près de Grenoble, mont Séuze, Gap, Briançon, Embrun ; Jura : la Dôle, le Reculet ; Cévennes : la Sérane ; Pyrénées : Castanèze.	— —

Nos des Espèces	NOMS de GENRE ET D'ESPÈCE	Durée des Plantes	ÉPOQUE de FLEURAISON	LOCALITÉS OÙ CES ESPÈCES ONT ÉTÉ TROUVÉES EN FRANCE.	HABITATION de CES PLANTES.
	PLANTAGO (Suite.)				
3031	— *monosperma*	♃	juillet, août	Pyrénées : Canigou, vallée d'Eynes et Serra-de-Bol-quera près de Mont-Louis, Bénasque, Castanèze.	Lieux humides des montagns élevées.
3032	— *Psyllium*	☉	— —	Banyuls-sur-Mer, Narbonne, Cette, Aix, Montpellier, Marseille, Toulon, Fréjus, Cannes, Grasse ; Corse : Aléria, Ajaccio, Bastia, Calvi.	Région méditerra-néenne.
3033	— *arenaria*	☉	juin-août	Commune dans l'Ouest et le Midi de la France ; as-sez rare dans l'Est et le Nord.	Lieux sablonneux.
3034	— *Cynops*	♄	juin, juillet	Pyrénées - Orientales jus-qu'au-dessus de Villefran-che et du Vernet ; bassin de la Garonne ; Est de la France : Valence, Greno-ble, Doulcier (Jura) ; Lyon ; Mende ; Beaune, Meursault ; Saint-Aubin et Santhenay (Côte-d'Or) ; Dauphiné : montée de Visil.	Lieux incultes de la région méditerra-néenne, etc., etc.
	LITTORELLA				
3035	— *lacustris*	♃	mai - juillet	Presque toute la France.	Lacs et étangs.
	ARMERIA				
3036	— *maritima*	♃	juin	Côtes de l'Océan et pres-qu'île de la Manche.	Rochers maritimes
	STATICE DC. Var. *Linkii*	♃	—	Manche : Gayac ; Calais ; Calvados ; Bayonne ; la Teste.	—
3037	— *ruscinonensis*	♃	mai, juin	Banyuls-sur-Mer, Colliou-res, Port-Vendres.	—
3038	— *multiceps*	♃	juin	Corse : monts Campolite, Coscione, d'Oro, Renoso, Rotundo.	Hautes montagnes.
3039	— *juncea*	♃	juin, juillet	Vigan ; Lozère : St-Guilhem-le-Désert, Viols-le-Fort, Saint-Martin-de-Londres ; Milhau.	Montagnes.
3040	— *majellensis*	♃	juin	Pyrénées : vallée d'Astos, Perpignan.	—
3041	— *plantaginea*	♃	juillet-sept.	Ouest de la France jusqu'à Paris ; Auvergne ; Pyré-nées-Orientales : Mt-Louis, Olette, Collioures, Nar-bonne ; Escandorgue près de Lodève ; Cévennes :	Lieux sablonneux.

Nos des Espèces	NOMS de GENRE ET D'ESPÈCE	Durée des Plantes	ÉPOQUE de FLEURAISON	LOCALITÉS OÙ CES ESPÈCES ONT ÉTÉ TROUVÉES EN FRANCE.	HABITATION de CES PLANTES.
	ARMERIA (Suite.) — *plantaginea*			Mende, l'Espérou ; Lyon ; Montbrison ; Saint-Laurent (Ain) ; Dauphiné.	
3042	Var. *longibracteata*	♃	juillet-sept.	Andelys.	Lieux sablonneux.
	— *bupleuroides*	♃	— —	Fréjus, Toulon, Marseille, mont Ventoux ; Gap ; Collioures.	Lieux secs.
3043	— *alpina*	♃	juillet, août	Hautes-Alpes du Dauphiné : Revel et Belledone près de Grenoble, Lautaret, Galibier, col de l'Arche, col de la Coche, mont Viso ; Pyrénées : val d'Eynes, Canigou, mont Laid, pic de Triquemales, port d'Oo, Venasques, pic du Midi de Bigorre, Eaux-Bonnes.	Hautes montagnes.
3044	— *pubinervis*	♃	juin	Basses-Pyrénées : vallées d'Aspe et d'Ossau, lac de Yons ; environs de Bayonne.	Vallées des hautes montagnes.
3045	— *leucocephala*	♃	juillet	Corse.	Montagnes.
3046	— *soleirolii*	♃	—	Corse : Calvi et fort de Rivesalte.	Lieux escarpés.
3047	— *fasciculata*	♃	juin	Corse : Bonifacio, Ajaccio, île de Cavallo.	Lieux sablonneux.
	STATICE				
3048	— *sinuata*	♃	mai, juin	Iles d'Hyères.	Littoral maritime.
3049	— *Limonium*	♃	juillet, août	De Dunkerque à Bayonne.	Rives de l'Océan.
3050	— *serotina*	♃	août, sept.	Bords de la Méditerranée, et de l'Océan à Bayonne.	Côtes maritimes, marais et prés salés.
3051	— *bahusiensis*	♃	juillet, août	Brest, Vannes.	—
3052	— *ovalifolia*	♃	juillet	Falaises de Carteret (presqu'île de la Manche) ; Vannes ; presqu'île de Gâvres près de Lorient ; bourg de Batz et le Croisic près de Nantes ; île de Ré ; Sables-d'Olonne.	Côtes de l'Océan.
3053	— *lychnidifolia*	♃	juillet-sept.	Ile Sainte-Lucie près de Narbonne ; la Teste, Sables-d'Olonne, île d'Oléron ; Carcil, le Croisic, Poulinguen, Lorient, St-Malo, Mont-Saint-Michel, Gâvres, falaise de Carteret ; havre de Saint-Germain (Manche).	Côtes de la Méditerranée et de l'Océan.
3054	— *Dodartii*	♃	juillet, août	Quiberon, St-Gildas, Vannes, bords de la Selune	Côtes de l'Océan.

Nos des Espèces	NOMS de GENRE ET D'ESPÈCE	Durée des Plantes	ÉPOQUE de FLEURAISON	LOCALITÉS OÙ CES ESPÈCES ONT ÉTÉ TROUVÉES EN FRANCE.	HABITATION de CES PLANTES.
	STATICE (Suite.)			près d'Avranches, Brest, Lorient, Cherbourg, Belle-Isle, le Croisic, Pornic et Poulinguen, près de Nantes ; île de Noirmoutiers, Sables-d'Olonne, île de Ré, la Rochelle, Rochefort, Mortagne.	
3055	— occidentalis	♃	juillet–sept.	Pontbail, Carteret, Jobourg, Flamanville, Auderville, Cherbourg, St-Malo, Brest, le Conguet ; Loire-Infre ; Poulinguen, Pornic, Belle-Isle, île de Noirmoutiers, île de Ré, île d'Yeu ; Bayonne, Biaritz.	Côtes de l'Océan et presqu'île de la Manche.
3056	— confusa	♃	juillet, août	Arles et la Camargue ; île Sainte-Lucie près de Narbonne ; Corse : Mecinaggio.	Sables maritimes.
3057	— densiflora	♃	— —	Corse.	—
3058	— girardiana	♃	— —	Hyères, Aigues-Mortes, Arles, Cette, île Ste-Lucie, Maguelone près de Montpellier, Toulon, Perpignan.	Côtes de la Méditerranée.
3059	— duriuscula	♃	— —	Istres et Martigues en Provence, Toulon, Maguelone près de Montpellier, Cette, Narbonne, île Sainte-Lucie.	— —
3060	— minuta	♃	juillet	Montredon près de Marseille, Toulon.	— —
3061	— rupicola	♃	—	Corse : Bonifacio.	Rochers de la Méditerranée.
3062	— virgata	♃	juillet–sept.	Tout le littoral du Midi.	Côtes de la Méditerranée.
3063	— cordata	♃	juillet, août	Corse : Ajaccio.	— —
3064	— dictyoclada	♃	— —	Corse : Bastia, Nonza, Santa-Manca, Saint-Florent, cap Corse, îles Sanguinaires.	— —
3065	— pubescens	♃	juin, juillet	Provence : Antibes, Cannes, Fréjus, île de Lerins, île Sainte-Marguerite.	Littoral de la Méditerranée.
3066	— articulata	♃	juillet, août	Ajaccio, Bastia, Bonifacio, Calvi, cap Corse, Sagone, îles Sanguinaires, Saint-Florent.	Littoral de la Corse
3067	— bellidifolia	♃	— —	Aigues-Mortes, Arles ; Bellegarde (Gard), Agde, Cette, Frontignan, Montpellier ; Narbonne, île Sainte-Lucie, Sijean.	Côtes de la Méditerranée.

Nos des Espèces	NOMS de GENRE ET D'ESPÈCE	Durée des Plantes	ÉPOQUE de FLEURAISON	LOCALITÉS OÙ CES ESPÈCES ONT ÉTÉ TROUVÉES EN FRANCE.	HABITATION de CES PLANTES.
	STATICE (Suite.)				
3068	— *Dubyei*	♃	juillet, août	Bayonne, la Teste, Vieux-Boucau.	Sables maritimes.
3069	— *echioides*	♃	mai, juin	Cannes, Fréjus, Marseille, Montaud près de Salon, Toulon ; Arles, Cette, Maguelone et Selleneuve près Montpellier, île Ste-Lucie.	Côtes de la Méditerranée.
3070	— *ferulacea*	♃	août	Ile Ste-Lucie près Narbonne.	Prés salés.
3071	— *diffusa*	♃	juillet, août	Ile Ste-Lucie près Narbonne.	Côtes de la Méditerranée.
	LIMONIASTRUM				
3072	— *monopetalum*	♃	— —	Ile Ste-Lucie près Narbonne.	Sables maritimes.
	PLUMBAGO				
3073	— *europæa*	♃	— —	Avignon, Fréjus, Orange, de Noëdes à Prades, au pied du mont d'Ambouilla ; Nice, etc., etc.	Région méditerranéenne.
	GLOBULARIA				
3074	— *vulgaris*	♃	avril-juin	Presque toute la France.	Coteaux incultes.
3075	— *nudicaulis*	♃	juin-août	Hautes-Alpes du Dauphiné ; Grande-Chartreuse, Saint-Nizier, la Moucherolle, Allevard, Charve au-dessus de Voreppe, col Golvert ; Hautes-Pyrénées : Prats-de-Mollo, Saint-Béat, mont Labatsec, Fond-de-Comps, Cambredases, Llaurenti, Tabe, Gisole, les Cougous, Endretlis, Mendibelsa, Eaux-Bonnes.	Hautes montagnes.
3076	— *cordifolia*	♄	mai-juillet	Jura : mont d'Or, le Reculet, la Dôle ; Hautes-Alpes du Dauphiné près de Gap et de Grenoble.	Sommités des montagnes.
	Var. *nana*	♄	— —	Provence : mont Ventoux, Toulon, etc.; Pyrénées-Orientales et centrales : vallée d'Eynes au Tourmalet et à la vallée d'Aspe.	Hautes montagnes.
3077	— *alypum*	♄	avril-juin	De Nice à Perpignan.	Région méditerranéenne.

MONOCHLAMYDÉES.

Nos des Espèces	NOMS de GENRE ET D'ESPÈCE	Durée des Plantes	ÉPOQUE de FLEURAISON	LOCALITÉS OÙ CES ESPÈCES ONT ÉTÉ TROUVÉES EN FRANCE.	HABITATION de CES PLANTES.
	PHYTOLACCA				
3078	— *decandra*	♄	juillet-sept.	Midi de la France : Basses-Pyrénées.	Naturalisée et cultivée.

Nos des Espèces	NOMS de GENRE ET D'ESPÈCE	Durée des Plantes	ÉPOQUE de FLEURAISON	LOCALITÉS OÙ CES ESPÈCES ONT ÉTÉ TROUVÉES EN FRANCE.	HABITATION de CES PLANTES.
3079	AMARANTHUS — *deflexus*	♃	juillet-sept.	Paris ; Orne ; Maine-et-Loire ; le Mans, Angers, Indre-et-Loire, Nantes, Agen, Bordeaux, Tarn-et-Garonne ; Toulouse ; Languedoc ; Provence ; Saumur (Tours).	Lieux stériles.
3080	— *Blitum*	☉	— —	Toute la France.	Lieux cultivés, chemins, lieux fréquentés, pied des murs.
3081	— *sylvestris*	☉	— —	Çà et là dans toute la France.	Commune dans la région des oliviers
3082	— *patulus*	☉	août-octob.	Lyon ; Pont-de-Cherui (Isère) ; Montpellier ; Narbonne et presque toute la région méditerranéenne.	Lieux stériles.
3083	— *retroflexus*	☉	juillet-sept.	Midi de la France ; rare dans le Nord ; Ouest : Falaise ; Eure ; Rouen ; Dives.	Décombres, bords des chemins, lieux fréquentés, endroits marécageux
3084	— *albus*	☉	août-octob.	Provence ; Languedoc ; Lyon ; Avignon, Marseille, Toulon, Fréjus, Nîmes, Montpellier, Narbonne, Toulouse, Agen, Bordeaux.	Champs, vignes.
3085	ATRIPLEX — *hortensis*	☉	août	Toute la France à l'état subspontané.	Jardins.
3086	— *microtheca*	☉	août, sept.	Briançon : entre la ville et la Citadelle ; Cette près des Salines ; Arles.	Lieux stériles.
3087	— *rosea*	☉	— —	Marseille ; Narbonne ; Clermont-Ferrand ; rives de la Corse.	Littoral maritime de la Méditerranée ; salines.
3088	— *crassifolia*	☉	— —	Carteret, Granville, Olonne, la Teste ; Arles. Marseille, Montpellier, Narbonne, Toulon.	Bords de l'Océan, de la Manche et de la Méditerranée.
3089	— *laciniata*	☉	juillet-sept.	De Nice à Perpignan ; Cabour (Calvados) ; Dieppe, le Havre ; Pirou (Manche) ; Corse.	Bords de l'Océan et de la Méditerranée.
3090	— *halimus*	♄	août, sept.	De Nice à Perpignan.	— —
3091	— *hastata*	☉	juin-août	Presque toute la France.	Chemins, décombres.
	Var. *salina*	☉	— —	Littoral maritime ; marais salans.	Bords de l'Océan et de la Méditerranée.

Nos des Espèces	NOMS de GENRE ET D'ESPÈCE	Durée des Plantes	ÉPOQUE de FLEURAISON	LOCALITÉS OÙ CES ESPÈCES ONT ÉTÉ TROUVÉES EN FRANCE.	HABITATION de CES PLANTES.
	ATRIPLEX (Suite.)				
3092	— *patula*	☉	juillet, août	Toute la France.	Chemins, terres cultivées.
3093	— *littoralis*	☉	— —	Littoral maritime et fluvial : Havre, Rouen, etc., etc.	Bords de l'Océan, de la Manche et de la Méditerranée.
	OBIONE				
3094	— *portulacoides* ATRIPLEX *port.* DC.	♄	— —	Bords de l'Océan et de la Méditerranée.	Littoral maritime.
3095	— *græca*	♄	— —	Corse.	—
3095*	— *pedunculata*	☉	— —	Eu, Tréport (Seine-Infre).	—
	SPINACIA				
3096	— *glabra*	☉	juin-sept.	Cultivée.	Jardins.
3097	— *oleracea*	☉	— —	Cultivée.	—
	BETA				
3098	— *vulgaris*	☉ ♂	juillet-sept.	Cultivée.	—
3099	— *maritima*	♃	— —	Bords de l'Océan et de la Méditerranée.	Littoral maritime.
3100	— *Bourgæi*	♃	août	Avignon.	Champs cultivés.
	CHENOPODIUM				
3101	— *ambrosioides*	♃	—	Tarn ; Bayonne ; Pyrénées ; Montpellier ; Toulon ; Béziers ; Corse : Vico.	Champs.
3102	— *Botrys*	☉	juillet, août	Région méditerranéenne ; Alpes ; Pyrénées.	Rives des cours d'eau.
3103	— *polyspermum*	☉	août, sept.	Toute la France.	Lieux cultivés.
3104	— *vulvaria*	☉	juillet, août	Toute la France.	Murs, décombres, chemins.
3105	— *ficifolium* — *serotinum* (Moquin)	☉	août, sept.	Dieuze, Nancy, Sarrebourg ; Citeaux, Nantes, Montpellier ; Eure ; Calvados.	Bords des étangs, etc.
3106	— *album*	☉	juillet-sept.	Toute la France.	Lieux cultivés; voisinage des habitations, chemins, décombres.
3107	— *opulifolium*	☉	juin-sept.	Toute la France.	Voisinage des habitations, cours d'eau.
3108	— *hybridum*	☉	juillet, août	Toute la France ; remonte jusqu'aux hautes vallées des Alpes du Dauphiné, Ville-Vallouise.	Voisinage des habitations, terrains sablonneux.
3109	— *urbicum*	☉	août, sept.	Toute la France.	Voisinage des habitations.
3110	— *murale*	☉	juillet-sept.	Toute la France.	— —
3111	— *glaucum*	☉	— —	Paris ; Alsace ; Lorraine ; Côte-d'Or, bords de la Loire et de l'Allier ; Ouest : Nantes, etc.	Champs.

Nos des Espèces	NOMS de GENRE ET D'ESPÈCE	Durée des Plantes	ÉPOQUE de FLEURAISON	LOCALITÉS OÙ CES ESPÈCES ONT ÉTÉ TROUVÉES EN FRANCE.	HABITATION de CES PLANTES.
	(Suite.) CHENOPODIUM				
3112	— rubrum	⊙	juillet-sept.	Toute la France.	Décombres ; lieux humides , bords des étangs et des rivières.
	Var. crassifolium	⊙	— —	Littoral maritime ; Salines.	Terrains salés.
3113	— Bonus-Henricus	♄	juin-sept.	Presque toute la France ; remonte les vallées des Alpes : mont Viso ; Pyrénées.	Bords des chemins, voisinage des habitations.
	BLITUM				
3114	— virgatum	⊙	juin-août	Presque toute la France ; remonte jusqu'aux vallées des Alpes du Dauphiné : le Quayras, et des Pyrénées : Mont-Louis.	Bords des chemins, décombres.
3115	— capitatum	⊙	— —	Presque toute la France.	Lieux humides et cultivés.
	ROUBIEVA				
3116	— multifida	♃	août, sept.	Glacis de Toulon ; Sorèze ; Montpellier.	Lieux arides.
	CHENOPODIUM mult. KOCHIA				
3117	— prostrata	♃	— —	Elne, Narbonne, Olette, Perpignan, Tarascon.	Terrains un peu salins.
	SALSOLA prost. DC.				
3118	— arenaria	⊙	— —	Romans (Drôme) ; Carpentras, Avignon ; Tresque (Bagnols-les-Bains).	Champs.
3119	— hirsuta	⊙	— —	Arles, Marseille, Montpellier, Narbonne, Toulon.	Bords de la Méditerranée.
	CAMPHOROSMA				
3120	— monspeliaca	♄	— —	Provence; Languedoc; Cette, Marseille, Montpellier, Narbonne, Port-Vendres; Corse.	Chemins, terrains sablonneux.
	CORISPERMUM				
3121	— hyssopifolium	⊙	juillet, août	Aigues - Mortes, Avignon, Cette, Montpellier, Nîmes, Tresque (Gard).	Champs.
	SALICORNIA				
3122	— herbacea	⊙	août, sept.	Littoral maritime; Lorraine : Dieuze, Marsal, Vic, Château - Salins , Moyenvic, Forbach , Cocheron, Morange.	Bords de la Méditerranée, de la Manche et de l'Océan ; salines et marais salés.
3123	— fruticosa	♄	juillet-sept.	Littoral de l'Océan, de la Manche et de la Méditerranée.	Bords de la mer.
3124	— macrostachya	♄	juillet, août	Voir l'espèce précédente.	—
	SUÆDA				
3125	— fruticosa	♄	mai - juillet	— —	—
3126	— maritima	⊙	juillet, août	— —	—

Nos des Espèces	NOMS de GENRE ET D'ESPÈCE	Durée des Plantes	ÉPOQUE de FLEURAISON	LOCALITÉS OÙ CES ESPÈCES ONT ÉTÉ TROUVÉES EN FRANCE.	HABITATION de CES PLANTES.
	(Suite.)				
3127	SUÆDA — *splendens*	⊙	juillet, août	Cette, Montpellier, Narbonne, Toulon.	Bords de la Méditerranée.
3128	SALSOLA — *Kali*	⊙	août, sept.	Littoral maritime et le long des cours d'eau remontant dans les Alpes et les Pyrénées.	Bords de la Méditerranée et de l'Océan ; cours d'eau.
3129	— *tragus*	⊙	— —	Anduze ; Avignon.	Bords des cours d'eau.
3130	— *soda*	⊙	— —	Littoral maritime.	Bords de l'Océan et de la Méditerranée
3131	OXYRIA — *digyna* RUMEX *digyna* DC.	♃	juillet, août	Pyrénées ; Alpes du Dauphiné.	Régions élevées des montagnes.
3132	RUMEX — *maritimus*	♂	juillet-sept.	Littoral maritime et intérieur des terres.	Bords des eaux stagnantes.
3133	— *palustris*	♂	— —	Ouest et Nord de la France ; Nancy, Crévic, Fléville, Dieuze, Neufchâteau, Sarrebourg ; bords du Rhin à Philipsbourg ; Nièvre : étang de Saint-Pierre-le-Moutier ; Saint-Julien-de-Concelles et marais de Machecoul.	— —
3134	— *pulcher*	♂	juin-août	Presque toute la France.	Chemins, terrains arides et pierreux.
	Var. *hirtus*	♂	— —	Narbonne, Draguignan ; remonte dans les Alpes jusqu'à Sisteron.	Région des oliviers.
3135	— *Friesii*	♃	juillet, août	Presque toute la France.	Lieux humides, chemins, fossés.
3136	— *conglomeratus*	♃	juillet-sept.	Presque toute la France.	Bords des eaux ; mares, fossés et lieux humides.
3137	— *rupestris*	♃	juillet, août	Morbihan : Quiberon, Belle-Isle, Saint-Gildas, Arradon ; Osmonville, falaises de Jobourg (Manche).	Fentes des rochers maritimes.
3138	— *nemorosus*	♃	— —	Toute la France.	Mares, fossés, bois humides.
3139	— *acutus*	♃	— —	Nord et centre de la France ; Sarrebourg, Nancy, entre Bitche et Rohrbach, Ribeauvillé.	Prairies.
3140	— *crispus*	♃	— —	Toute la France.	Prés, chemins, etc.
3141	— *hydrolapathum*	♃	— —	Centre, Nord-Est et Nord-Ouest de la France : Paris,	Bords des rivières et marais.

Nos des Espèces	NOMS de GENRE ET D'ESPÈCE	Durée des Plantes	ÉPOQUE de FLEURAISON	LOCALITÉS OÙ CES ESPÈCES ONT ÉTÉ TROUVÉES EN FRANCE.	HABITATION de CES PLANTES.
	RUMEX (Suite).			Nancy, Bitche, Strasbourg, Montbéliard ; Lyon.	
3142	— *Patientia*	♃	juillet, août	Moutzig ; environs de Paris ?	Lieux fréquentés.
3143	— *domesticus*	♃	— —	Jura : moyennes montagnes de la chaîne.	Près des habitations.
3144	— *aquaticus*	♃	— —	Bords du Doubs de Pontarlier à Morteau ; Forbach (Moselle) ; etc.	Lieux humides.
3145	— *maximus*	♃	— —	Paris ? Alsace, Lorraine.	Lieux fréquentés.
3146	— *alpinus*	♃	août	Hautes-Vosges ; monts Dores, Cantal, chaîne du Forez ; Alpes ; Pyrénées.	Sommités des hautes montagnes.
3147	— *bucephalophorus*	☉	mai, juin	De Nice à Perpignan ; Agen ; Bordeaux ; Dordogne.	Région des oliviers.
3148	— *Tingitanus*	♃	juillet	Aigues-Mortes, Arles, Agde, Narbonne.	Région méditerranéenne.
3149	— *scutatus*	♃	mai-août	Toute la France.	Décombres, cailloux, vieux murs.
3150	— *arifolius*	♃	juillet	Jura ; Vosges ; monts Dores ; Alpes ; Pyrénées ?	Forêts de sapins des montagnes élevées.
3151	— *amplexicaulis*	♃	août, sept.	Pyréns centrales : Llaurenti, Salvanaire ; Bagnères-de-Luchon, port de Bénasque.	Hautes montagnes.
3152	— *acetosa*	♃	mai, juin	Toute la France.	Prés.
3153	— *acetosella*	♃	— —	Toute la France.	Lieux secs ; terres sablonneuses.
3154	— *thyrsoides*	♃	— —	Région méditerranéenne ; Corse.	Lieux secs.
	POLYGONUM				
3155	— *Bistorta*	♃	mai - juillet	Presque toute la France.	Prairies humides et tourbeuses.
3156	— *viviparum*	♃	juin, juillet	Alpes ; monts Dores ; Jura ; Pyrénées.	Hautes régions des montagnes.
3157	— *amphibium*	♃	juillet, août	Toute la France.	Rivières, étangs, lieux humides.
3158	— *Lapathifolium*	☉	juillet-sept.	Toute la France.	— —
3159	— *Persicaria*	☉	juill.-octob.	Toute la France.	— —
3160	— *serrulatum*	☉	juin-sept.	Montpellier, Narbonne, Toulon.	
3161	— *dubium*	☉	juill.-octob.	Toute la France.	Fossés, lieux humides.
3162	— *minus*	☉	juillet-sept.	Toute la France.	Marais, lieux humides.
3163	— *hydropiper*	☉	juill.-octob.	Toute la France.	Rivières, mares, fossés, etc.
3164	— *hydropiperinodosum*	☉	août, sept.	Toute la France.	— —
3165	— *Lapathifolio - Persicaria*	☉	— —	Toute la France.	— —

Nos des Espèces	NOMS de GENRE ET D'ESPÈCE	Durée des Plantes	ÉPOQUE de FLEURAISON	LOCALITÉS OÙ CES ESPÈCES ONT ÉTÉ TROUVÉES EN FRANCE.	HABITATION de CES PLANTES.
	(Suite.) POLYGONUM				
3166	— *Dubio-Persica-ria*	⊙	juillet-sept.	Toute la France.	Rivières , mares, fossés, etc.
3167	— *minori-Persi-caria*	⊙	— —	Toute la France.	Id., id.; terrains siliceux.
3168	— *hydropiperi-du-bium*	⊙	août, sept.	Toute la France.	Rivières , mares, fossés, etc.
3169	— *herniarioides*	♃	juillet, août	Marseille.	Sables du littoral maritime.
3170	— *maritimum*	♃	avril-octob.	Bords de la Méditerranée et de l'Océan.	— —
3171	— *littorale*	⊙	juillet, août	Presqu'île de la Manche ; Aromanches (Calvados).	— —
3172	— *Roberti*	♃	juin-août	Toulon, Montpellier.	Sables humides.
3173	— *flagellare*	♃	août	Toulon.	—
3174	— *equisetiforme*	♄	—	Corse : Belgadère, Calvi.	Chemins et tor-rents.
3175	— *aviculare*	⊙	juin-octob.	Toute la France.	Lieux incultes,che-mins, etc.
3176	— *arenarium*	⊙	août	Toulon.	Sables maritimes.
3177	— *Bellardi*	⊙	août, sept.	Nantes ; Nemours ; Cher ; Tarn-et-Garonne ; Lyon ; Mende ; Montpellier ; Tou-lon.	Champs.
3178	— *convolvulus*	⊙	juill.-octob.	Toute la France.	Lieux cultivés.
3179	— *dumetorum*	⊙	juin-sept.	Toute la France.	Bois, haies, buis-sons.
3180	— *alpinum*	♃	août	Hautes-Alpes du Dauphiné : vallée du Quayras et du mont Viso, col de l'Arche ; Hautes-Pyrénées : Prats-de-Mollo, Canigou, val d'Eynes, Llaurenti, Cra-bère, sources de l'Ariège.	Hautes montagnes.
3181	— *Fagopyrum*	⊙	juillet, août	Cultivée et presque spon-tanée.	Champs.
3182	— *tataricum*	⊙	juin-août	Cultivée et presque spon-tanée.	—
	DAPHNE				
3183	— *Mezereum*	♄	févr.-avril	Presque toute la France.	Bois montueux.
3184	— *Laureola*	♄	— —	Presque toute la France.	Forêts montagneu-ses.
3185	— *Philippi*	♄	avril, mai	Bagnères-de-Bigorre.	Forêts.
3186	— *alpina*	♄	— —	Alpes : Saint-Nizier, le Champsaur, Lautaret, Ra-bou près de Gap ; Pyré-nées ; Jura ; Côte-d'Or ; montagnes du Gard et de l'Hérault ; Auvergne ; au-tour du Vigan.	Montagnes.

Nos des Espèces	NOMS de GENRE ET D'ESPÈCE	Durée des Plantes	ÉPOQUE de FLEURAISON	LOCALITES OÙ CES ESPÈCES ONT ÉTÉ TROUVÉES EN FRANCE.	HABITATION de CES PLANTES.
	DAPHNE (Suite.)				
3187	— *glandulosa*	♄	juin, juillet	Corse : mont Coscione ; forêt du Perche.	Pâturages des montagnes.
3188	— *striata*	♄	juillet	Lautaret.	— —
3189	— *Cneorum*	♄	juin, juillet	Lorraine : Bitche, Commercy ; Jura ; Alpes, Lautaret, Nîmes ; Pyrénées : pic du Midi, Cambredase, Esquierry ; Ouest : Landes de Montlieu ; centre de la France ; Campestre (Gard) ; Dax, près du lac Lagnes ; Saint-Eynard près de Grenoble, Briançon.	Montagnes et lieux arides.
3190	— *Verloti*	♄	— —	Saint-Eynard près de Grenoble ; Alpes calcaires du Dauphiné ?	Montagnes.
3191	— *Gnidium*	♄	juillet-sept.	De Nice à Perpignan ; Gironde ; Saint-Nicolas près de Sard ; Meschers, Oléron, Talmon.	Lieux arides.
3192	**PASSERINA** — *annua* STELLERA *passerina* DC.	☉	— —	Toute la France.	Champs, lieux arides.
3193	— *thymelœa* DAPHNE *thymelœa*	♄	juin, juillet	Provence : Castellane, Montpellier, pic Saint-Loup, Toulon, Narbonne ; Languedoc ; Roussillon ; Pyrénées-Orientales : Villefranche, Bellegarde, Prades, vallée de Conat.	Montagnes et lieux secs.
3194	— *dioica*	♄	mai, juin	Chaîne des Pyrénées ; Alpes du Var : Castellane.	Montagnes.
3195	— *calycina*	♄	juin-sept.	Hautes-Pyrénées : Greoulx-de-Saleix, Bernadouze, Pla-de-Beret près des sources de la Garonne, vallée de Bénasque, Houle-du-Marboré, port de Boucharo, de Pinède, de Gavarnie, mont Perdu, Médassoles, pic de l'Iliéris, Aulus.	—
3196	— *tinctoria*	♄	mars, avril	Chartreuse de Valbonne (Gard).	—
3197	— *Tarton-raira*	♄	avril, mai	Marseille, îles d'Hyères ; de Nice à Arles ; Corse.	Rivages de la Méditerranée.
	Var. *calvescens*	♄	— —	Corse : d'Asco à Ponte-di-Leccia.	— —

Nᵒˢ des Espèces	NOMS de GENRE ET D'ESPÈCE	Durée des Plantes	ÉPOQUE de FLEURAISON	LOCALITÉS OÙ CES ESPÈCES ONT ÉTÉ TROUVÉES EN FRANCE.	HABITATION de CES PLANTES.
	(Suite.) PASSERINA				
3198	— *hirsuta*	♄	octob.-avril	De Nice à Perpignan ; Corse.	Rivages de la Méditerranée.
	Var. *vestita*	♄	— —	Marseille.	— —
3199	LAURUS — *nobilis*	♄	mars, avril	Région méditerranéenne ; l'Ouest jusqu'à Cherbourg.	Lieux maritimes
3200	THESIUM — *alpinum*	♃	juin, juillet	Alpes ; Pyrénées ; Cévennes ; Lozère ; Auvergne ; monts Jura (parties élevées) ; Vosges ; Lorraine : Metz, Nancy, Verdun.	Hautes montagnes.
3201	— *tenuifolium*	♃	— —	Gap, Lautaret, Taillefer, mont Viso.	Montagnes.
3202	— *pratense*	♃	— —	Lorraine ; Vosges ; Jura ; Cantal ; Pyrénées : Castanèze, Esquierry ; Alpes.	Hautes montagnes.
3203	— *humifusum*	♃	— —	Lorraine : Metz, Nancy, etc.; forêt de la Serre (Jura) ; Champagne ; Normandie ; Bretagne : Cherbourg, Nantes ; Bordeaux ; Toulouse ; le Vigan ; Lyon ; centre de la France.	Sables maritimes.
3204	— *divaricatum*	♃	juin-août	Région des oliviers ; vallée du Rhône jusqu'à Beaune et de la Durance jusqu'à Gap ; Morthomier (Cher) ; Pyrénées-Orientales jusqu'à Olette et au Vernet.	Coteaux secs et arides.
3205	— *intermedium*	♃	juillet, août	Gap ; Vosges.	Bruyères, forêts, grès vosgien.
3206	OSYRIS — *alba*	♄	avril, mai	Vallées de l'Isère et de la Durance, du Rhône jusqu'à Belley ; de Toulouse et de la vallée des Eaux-Bonnes à Rochefort ; Oléron.	Région des oliviers
3207	HIPPOPHAE — *rhamnoïdes*	♄	avril	Alpes du Dauphiné : bords de l'Isère et du Drac, suit les cours d'eau jusqu'à la Méditerranée ; Alsace : bords du Rhin ; Dunkerque ; côte de Grâce à Honfleur ; Dives, Trouville, etc.	Montagnes ; cours d'eau ; littoral maritime.
3208	ELÆAGNUS — *angustifolius*	♄	mai	Provence : près de Gardane ; spontanée ?	Lieux humides.

Nos des Espèces	NOMS de GENRE ET D'ESPÈCE	Durée des Plantes	ÉPOQUE de FLEURAISON	LOCALITÉS OÙ CES ESPÈCES ONT ÉTÉ TROUVÉES EN FRANCE.	HABITATION de CES PLANTES.
3209	CYTINUS — *hypocistis*	♃	avril, mai	Région méditerranéenne ; Ouest : Oléron, Meschers.	Racines des *Cistes* ligneux.
3210	ASARUM — *europæum*	♃	— —	Lorraine ; Vosges ; Alpes ; Côte-d'Or; Saône-et-Loire ; Yonne; Puy-de-Dôme; Cantal ; Loire ; Paris ; Eure ; Calvados, etc.	Bois des hautes montagnes ; région des sapins, etc.
3211	ARISTOLOCHIA — *clematitis*	♃	mai, juin	Alsace ; Lorraine ; Champagne ; tout l'Ouest de Paris à Toulouse et de Rouen à Caen, le Havre, etc.; centre ; région méditerranéenne ; Lyon ; Dauphiné.	Lieux stériles et pierreux.
3212	— *Pistolochia*	♃	avril, mai	Vallées des Alpes et des Pyrénées : fort Saral; Gap; Villefranche ; de Fréjus à Montélimart ; Nîmes.	Région des oliviers
3213	— *rotunda*	♃	— —	Vallées des Hautes-Alpes : Gap, etc.; l'Ouest : Agen, Angoulin ; de la Gironde à Mortagne; Bordeaux; Toulouse ; Nîmes.	Région des oliviers ; bords des prés.
3214	— *longa*	♃	— —	Paray-le-Chapt (Deux-Sèvres); Nice ; Fréjus ; Marseille ; Montpellier ; Pyrénées - Orientales : Saint-Martin-du-Canigou; Nîmes; Ouest : Puy-Certo, Beauvais-sur-Matha, forêt d'Aulnay à Paizay-le-Chapt.	Bords des champs.
3215	EMPETRUM — *nigrum*	♄	— —	Hautes-Vosges; Haut-Jura : lac des Rousses ; Hautes-Alpes ; Hautes-Pyrénées ; Auvergne ; Lautaret, mont Viso, Taillefer.	Tourbières des hautes montagnes.
3216	EUPHORBIA — *polygonisperma*	⊙	septembre	Lury (cap Corse).	Lieux stériles.
3217	— *chamæsyce*	⊙	juin	Région méditerranéenne ; s'élève dans les Pyrénées jusqu'à Villefranche, dans les Cévennes jusqu'à Aumessas et Anduze ; Mende (Lozère) ; Alpes jusqu'à Digne ; le cours du Rhône : Vienne ; vallée de la Ga-	Lieux cultivés.

Nos des Espèces	NOMS de GENRE ET D'ESPÈCE	Durée des Plantes	ÉPOQUE de FLEURAISON	LOCALITÉS OÙ CES ESPÈCES ONT ÉTÉ TROUVÉES EN FRANCE.	HABITATION de CES PLANTES.
	EUPHORBIA (Suite.)			ronne de Toulouse à Bordeaux.	
3218	— *peplis*	☉	juillet, août	Littoral de la Méditerranée et de l'Océan.	Sables maritimes.
3219	— *helioscopia*	☉	mai-sept.	Toute la France.	Lieux cultivés.
3220	— *pterococca*	☉	mai	Corse : Ajaccio, Porto-Vecchio, Sartène.	Lieux stériles.
3221	— *cuneifolia*	☉	avril, mai	Corse : Bonifacio, Porto-Vecchio, Sartène.	—
3222	— *platyphylla*	☉	juillet-sept.	Toute la France ; Corse.	Terres cultivées ; fossés, routes.
3223	— *stricta*	☉	mai-sept.	Toute la France ; Corse.	—
3224	— *akenocarpa*	☉	mai, juin	Catalans et chemin de Cassis (Marseille).	Lieux stériles.
3225	— *pubescens*	2	juin, juillet	Région méditerranéenne ; Argelès-sur-Mer, Perpignan, Narbonne, Cette, Montpellier, Aigues-Mortes, Marseille, Aix, Salon, Toulon, Fréjus, golfe Juan, Grasse, Antibes ; Corse : Ajaccio, Bastia, Bonifacio, Calvi.	Prairies, lieux incultes.
3226	— *pilosa*	2	— —	Toulon ; Montaud près de Salon ; Uzès ; Pignan (Hérault) ; Banyuls-sur-Mer, Carcassonne ; Toulouse ; Agen, Auch ; Dax, Bayonne, Pau, Mont-de-Marsan, Bordeaux, cap Ferret ; Surgères (Charente-Inférieure) ; Dordogne ; Puy-de-Dôme ; Aubusson, Tulle ; Châtellerault, Poitiers ; Cher ; Indre ; Uzerche (Corrèze) ; Chinon, Loches ; Angers, Nantes.	Lieux humides des forêts.
3227	— *palustris*	2	mai-juillet	Presque toute la France.	Prés humides, bords des eaux.
3228	— *hyberna*	2	juin	Pyrénées : Canigou, Esquierry, Mont-Louis, vallées du Lys, de l'Illiéris ; Lozère : montagne d'Aubrac ; Sorrèze ; forêt de l'Hermitain (Deux-Sèvres) ; vallée de la Creuse ; chaînes des monts Dômes, monts Dores, montagnes du Cantal et du Forez ; Allier ; Nièvre ; Indre ;	Vallées des hautes montagnes.

18

Nos des Espèces	NOMS de GENRE ET D'ESPÈCE	Durée des Plantes	ÉPOQUE de FLEURAISON	LOCALITÉS OÙ CES ESPÈCES ONT ÉTÉ TROUVÉES EN FRANCE.	HABITATION de CES PLANTES.
	(Suite.) EUPHORBIA			Cher ; Sarthe ; Poitiers ; Lusignan, Châtellerault ; Cholet, Brissac (Maine-et-Loire) ; Napoléon-Vendée ; Mortagne, Dompierre ; Peychorade (Landes) ; Corse : Bastia, monts d'Oro, Rotundo, Coscioné, Pino, vallée de Mélo, etc.	
3229	— dulcis	♃	avril, mai	Presque toute la France.	Bois.
3230	— angulata	♃	mai, juin	Forêts de Moulismes, de Charroux et des Fouillards (Vienne) ; landes de Bordeaux ; vallée d'Aspe (Basses-Pyrénées) ; pic de Gers ; Pau.	Landes, forêts, montagnes.
3231	— papillosa	♃	juin	Bois de Salbouse près d'Alzon (Vigan) ; Bagnols-les-Bains, Mt Vaillant, Caussemejean et Florac (Lozère) ; Blandas (Gard).	Bois, montagnes.
3232	— verrucosa	♃	mai, juin	Est et centre de la France ; rare dans l'Ouest et le Midi.	Bois, prairies ; terrains calcaires.
3233	— flavicoma	♄	— —	Provence : Carpentras, Toulon, Avignon ; Caunelle près de Montpellier ; Basses-Cévennes, Saint-Ambroix, Alais, Anduze, le Vigan, Saint-Guilhem-le-Désert, la Séranne, pic Saint-Loup, Narbonne ; Auch ; Bordeaux ; Dax, Mont-de-Marsan.	Coteaux calcaires.
3234	— spinosa	♄	avril, mai	Provence : Grasse, Draguignan, Fréjus, Toulon, Roquefavour, d'Aix à Gap, Mirabeau, Digne, Gréoux ; Corse : Bastia.	Fentes des rochers.
3235	— gerardiana	♃	juin, juillet	Presque toute la France.	Terres sablonneuses ; routes.
	Var. minor	♃	— —	Mont Ventoux.	Rocailles au sommet des montagnes.
3236	— chamæbuxus	♃	août	Basses-Pyrénées : Eaux-Bonnes, Pas-d'Azun, pic d'Anie et Athas (vallée d'Aspe).	Rocailles.
3237	— Myrsinites	♃	juin-août	Corse : Campolite, montagne du Niolo, Haut-Ta-	Hautes montagnes.

Nos des Espèces	NOMS de GENRE ET D'ESPÈCE	Durée des Plantes	ÉPOQUE de FLEURAISON	LOCALITÉS OÙ CES ESPÈCES ONT ÉTÉ TROUVÉES EN FRANCE.	HABITATION de CES PLANTES.
	(Suite.) EUPHORBIA			vignano, de Corté à Vico, Saint-Florent, Patrimonio.	
3238	— Pithyusa	5	juin-août	Collioures, Port-Vendres, île Sainte-Lucie ; Cette ; Marseille, Toulon, îles d'Hyères, Fréjus ; Corse : Ajaccio, Bastia, Bonifacio, Calvi, Corté, St-Florent.	Sables maritimes des côtes de la Méditerranée.
3239	— Paralias	2	— —	Côtes de la Méditerranée et de l'Océan.	Sables maritimes.
3240	— dendroides	5	mai, juin	Iles d'Hyères, île Sainte-Marguerite, presqu'île de Gien ; Corse : Bonifacio.	Champs.
3241	— nicæensis	2	juin	Cannes, Fréjus, Grasse, Hyères ; Digne ; Nions ; Saint-Ambroix, Alais, Anduze, le Vigan ; Cette, Montpellier; Argelès, Fond-pedrouse, Grau-d'Olette, Narbonne, Perpignan, Prades ; Nice ; entre Cimie et la Trinita.	Coteaux arides de la région des oliviers.
3242	— esula	2	mai. juin	Rives de la Garonne, du Gardon, du Doubs, de la Loire, de la Saône, du Rhône, de la Seine, de la Vienne, du Lez et de la Mosson près de Montpellier ; Rouen ; Saint-Léonard et Sartilly près d'Avranches.	Bords des rivières, surtout dans les saussaies.
	Var. collina	2	— —	Angers, Dijon.	Coteaux secs.
3243	-- tenuifolia	2	— —	Le Buis en Dauphiné, les Martigues, Carpentras.	—
3244	— terracina	2	mai-sept.	Port-Vendres, Collioures, Ile Sainte-Lucie près de Narbonne ; Aigues-Mortes ; Marseille, Hyères, Fréjus ; Corse : Bastia, Bonifacio.	Côtes de la Méditerranée.
3245	— serrata	2	mai-juillet	Région des oliviers.	Champs, routes.
3246	— aleppica	⊙	juin	Toulon.	Champs.
3247	— Cyparissias	2	avril, mai	Toute la France.	Lieux cultivés.
3248	— Gayi	2	mai, juin	Corse : Aléria, Bastia, Fiumorbo, mont Niélo.	Montagnes.
3249	— exigua	⊙	mai-octob.	Toute la France.	Moissons.
3250	— sulcata	⊙	avril, mai	Montpellier.	—
3251	— falcata	⊙	juin-sept.	Midi et centre de la France ; assez rare dans le Nord.	—
3252	— taurinensis	⊙	mai-juillet	Provence : Grasse, Fréjus, Castellane, Draguignan,	Champs pierreux.

Nos des Espèces	NOMS de GENRE ET D'ESPÈCE	Durée des Plantes	ÉPOQUE de FLEURAISON	LOCALITÉS OÙ CES ESPÈCES ONT ÉTÉ TROUVÉES EN FRANCE.	HABITATION de CES PLANTES.
	EUPHORBIA (Suite.)			Salon ; Gap, Guillestre, Sisteron, pied du mont Aurouse ; Alpines (Gard). Marseille.	
3253	— peplus	☉	juin-octob.	Toute la France.	Champs cultivés.
3254	— peploides	☉	mars, avril	Région méridionale et méditerranéenne.	—
3255	— biumbellata	♃	mai, juin	Provence et Roussillon : Port-Vendres, Collioures, Banyuls-sur-Mer, Argelès, Céret ; Avignon, Fréjus, Hyères, Toulon.	Champs.
3256	— segetalis	☉	juin, juillet	Région des oliviers.	Champs cultivés.
3257	— pinea	♃	avril, mai	Fréjus, Hyères, Port-Vendres ; Corse : Ajaccio, Bastia, Bonifacio, Santa-Manza.	Rochers maritimes
3258	— portlandica	♃ ♂	mai-juillet	Côtes de l'Océan : des Sables-d'Olonne à Dunkerque ; île Chaussey.	—
3259	— semiperfoliata	♃	— —	Corse : Ajaccio, Bonifacio, Corté, Niolo, Sartène, la Trinita.	Champs.
3260	— amygdaloides	♃	avril, mai	Presque toute la France.	Bois.
3261	— Characias	♄	— —	Grasse, Fréjus, Hyères, Aix, Marseille, Toulon, Carpentras ; Saint-Paul-trois-Châteaux, Soyon et Crussol (Ardèche) ; Alais, Anduze, St-Ambroix, Saint-Jean-du-Gard, le Vigan, Saint-Guilhem-le-Désert ; Saint-André (Hérault), Béziers, Cette, Montpellier ; Narbonne, Perpignan, Port-Vendres, Prades, Céret ; Bénasque, Cauteret ; Corse : Bastia.	Coteaux arides.
3262	— Lathyris	☉	juin, juillet	Toute la France.	Vignes ; lieux fréquentés.
3263	MERCURIALIS — perennis	♃	avril, mai	Toute la France.	Haies, bois ombragés.
3264	— annua	☉	mai-octob.	Toute la France.	Lieux cultivés.
3265	— ambigua	☉	mai-août	Provence ; Languedoc ; Roussillon ; Corse.	Lieux cultivés du Midi.
3266	— corsica	♄	juillet, août	Corse : Cervioné, Corté, Niolo, Otto, Vico.	Montagnes.
3267	— tomentosa	♄	avril-juin	Argelès, Béziers, Carcassonne, Céret, Banyuls-sur-	Chemins, lieux incultes.

Nos des Espèces	NOMS de GENRE ET D'ESPÈCE	Durée des Plantes	ÉPOQUE de FLEURAISON	LOCALITÉS OÙ CES ESPÈCES ONT ÉTÉ TROUVÉES EN FRANCE.	HABITATION de CES PLANTES.
3268	CROZOPHORA — *tinctoria* CROTON *tinct.* DC.	☉	juin, juillet	Mer, Marseille, Montpellier, Perpignan. Fréjus, Grasse, Hyères, Marseille, Toulon ; Avignon ; Montpellier, Narbonne ; Nice ; Béziers.	Lieux cultivés.
3269	BUXUS — *sempervirens*	♄	mars, avril	Presque toute la France.	Bois, lieux arides, terres calcaires.
3270	MORUS — *alba*	♄	mai	Cultivée.	
3271	— *nigra*	♄	—	Cultivée.	
3272	FICUS — *Carica*	♄	juillet, août	Cultivée et naturalisée.	
3273	CELTIS — *australis*	♄	avril	Région méridionale : Agen ; Bordeaux.	Bois.
3274	ULMUS — *campestris*	♄	mars-août	Cultivée.	Bois, etc.
3275	— *montana*	♄	— —	Toute la France.	—
3276	— *effusa*	♄	— —	Alsace : Haguenau, etc.; Calvados ; Orne ; Seine-Inférieure.	Forêts, chemins, etc.
3277	URTICA — *urens*	☉	mai-octob.	Toute la France.	Décombres, lieux habités, etc.
3278	— *membranacea*	☉	avril, mai	Fréjus, Hyères, Toulon, Perpignan.	Région méditerranéenne.
3279	— *dioica*	♃	juillet-sept.	Toute la France.	Lieux habités.
3280	— *pilulifera*	♂ ♃	juill.-octob.	Paris, Angers, Toulouse, Nantes, au Croisic ; Dives, Falaise, etc.; Agen et presque tout l'Ouest ; tout le Midi ; l'Est jusqu'à Lyon.	Champs.
3281	PARIETARIA — *erecta* — *officinalis* DC.	♃	juin-octob.	Alsace ; Lorraine ; Basses-Vosges ; Thoiri Jura ; Allier ; Cher ; Nièvre ; Paris, etc., etc.. etc.	Vieux murs, haies.
3282	— *diffusa* — *judaica* DC.	♃	juill.-octob.	Tout l'Ouest et le Nord de la France. Nous ne possédons pas le *P. judaica* L.	Décombres, vieux murs.
3283	— *lusitanica*	☉	mai, juin	Corse : Ajaccio, Bastia, etc.; Banyuls-sur-Mer près de Perpignan ; Toulon.	Lieux humides des montagnes.
3284	— *soleirolii*	♃	mai-août	Corse : Bastia, cap Corse.	Lieux humides.
3285	THELIGONUM — *cynocrambe*	☉	mai	Banyuls-sur-Mer, Cannes, Grasse, Montpellier; Corse.	Fissures des rochers ombragés.

Nos des Espèces	NOMS de GENRE ET D'ESPÈCE	Durée des Plantes	ÉPOQUE de FLEURAISON	LOCALITÉS OÙ CES ESPÈCES ONT ÉTÉ TROUVÉES EN FRANCE.	HABITATION de CES PLANTES.
3286	CANNABIS — *sativa*	⊙	juin-sept.	Cultivée.	Champs.
3287	HUMULUS — *Lupulus*	♃	juillet, août	Toute la France.	Haies, buissons.
3288	JUGLANS — *regia*	♄	mai	Cultivée.	
3289	FAGUS — *sylvatica*	♄	avril	Cultivée.	Bois, forêts, etc.
3290	CASTANEA — *vulgaris*	♄	mai, juin	Toute la France.	Bois, forêts, etc.; sol pierreux.
3291	QUERCUS — *sessiliflora*	♄	avril, mai	Toute la France, mais rare dans le Midi.	Bois, forêts.
3292	— *pubescens*	♄	— —	Languedoc ; Provence ; Roussillon ; Vernon (Eure), côte des Pénitents.	— —
3293	— *pedunculata*	♄	— —	Commune dans toute la France, excepté le Midi.	— —
3294	— *apennina*	♄	— —	Midi de la France ; pic Saint-Loup.	Collines arides et pierreuses.
3295	— *fastigiata*	♄	— —	Pyrénées.	Vallées des hautes montagnes.
3296	— *Tozza*	♄	mai, juin	Pyrénées ; landes de l'Ouest ; Mortagne près Mirabeau et Montlieu.	Pied des montagnes ; landes.
3297	— *Cerris*	♄	avril, mai	Ouest de la France ; pied du Jura : Villars-Saint-Georges, près de Besançon.	Pied des montagnes.
3298	— *Fontanesii*	♄	— —	Fréjus, Grasse, Toulon.	Bois, etc.
3299	— *suber*	♄	— —	Bayonne ; rare en Languedoc, en Provence et en Roussillon : Corse.	—
3300	— *Ilex*	♄	— —	Région méditerranéenne ; vallée des Alpes et des Pyrénées ; l'Ouest jusqu'à Angers.	Bois.
3301	— *auzandri*	♄	avril	Toulon.	—
3302	— *coccifera*	♄	avril, mai	Région méditerranéenne ; Corse.	—
3303	CORYLUS — *avellana*	♄	févr.-avril	Toute la France.	Bois, haies, buissons.
3304	CARPINUS — *Betulus*	♄	avril, mai	Toute la France.	Bois.
3305	OSTRYA — *carpinifolia* CARPINUS *ostrya*	♄	— —	Aiglun, Fréjus, Grasse, Saint-Arnoux.	—
3306	SALIX — *pentandra*	♄	mai, juin	Alpes ; Pyrénées ; Haute-Auvergne ; Haut-Jura ; Nièvre ; Creuse ; Hte-Vienne.	Lieux humides et tourbeux.

Nos des Espèces	NOMS de GENRE ET D'ESPÈCE	Durée des Plantes	ÉPOQUE de FLEURAISON	LOCALITÉS OÙ CES ESPÈCES ONT ÉTÉ TROUVÉES EN FRANCE.	HABITATION de CES PLANTES.
	(Suite.) SALIX				
3307	— *fragilis*	♄	avril, mai	Toute la France.	Bords des eaux.
3308	— *alba*	♄	— —	Toute la France.	—
3309	— *Babylonica*	♄	— —	Naturalisée.	—
3310	— *amydalina*	♄	— —	Toute la France.	—
3311	— *undulata*	♄	— —	Rives de la Seine jusqu'au Havre, et rives de la Marne ; vallées de la Loire, du Cher, de la Vienne, du Lay à la Bretonière (Vendée).	—
3312	— *hippophæfolia*	♄	— —	Cours de la Seine, de la Marne, de la Loire, du Rhin, de la Moselle et de la Meurthe.	—
3313	— *mollissima*	♄	mars, avril	Alsace, bords du Rhin ; Loudun, Niré, Puy-Dardane ; Vienne ; Anjou.	Bords des eaux et bois.
3314	— *incana*	♄	— —	Alpes ; Pyrénées ; versant méridional du plateau central de la France ; bords du Rhône et de ses affluents, de l'Ariège, de la Garonne jusqu'à Agen, du Rhin à Strasbourg ; Corse.	Rivières, ruisseaux et torrents.
3315	— *purpurea*	♄	— —	Toute la France.	Bords des eaux ; cultivée.
3316	— *rubra*	♄	— —	Toute la France.	— —
3317	— *Wimmeriana*	♄	— —	Rives du Doubs près de Montbéliard.	Bords des eaux.
3318	— *daphnoides*	♄	— —	Gap ; le Champsaur, le Devoluy, Lautaret, le Valgaudemar, mont Viso.	Montagnes.
3319	— *viminalis*	♄	— —	Toute la France.	Rivières, ruisseaux ; oseraies.
3320	— *Smithiana*	♄	— —	Paris ; Noirmoutier ; Anjou ; Ouillé (Calvados) ; Maine-et-Loire : Pouancé.	Haies, etc.
	Var. *lanceolata* DC.	♄	— —	Nantes ; Armeilles : Vire.	—
3321	— *affinis* — *phylicifolia* TH.	♄	— —	Paris ; Alsace : Fribourg Meurthe ; presqu'île de la Manche ; îles du Rhin.	Bords des eaux.
3322	— *oleifolia*	♄	avril	Gap ; la Vabre près de Mende.	Bois.
3323	— *cinerea*	♄	mars, avril	Toute la France.	Bords des eaux ; lieux humides.
3324	— *grandiflora*	♄	mai, juin	Jura ; Alpes du Dauphiné ? Pyrénées ; Alpes de Savoie.	Sommités des montagnes calcaires.
3325	— *caprea*	♄	mars, avril	Toute la France.	Forêts, bois, bords des eaux.

Nos des Espèces	NOMS de GENRE ET D'ESPÈCE	Durée des Plantes	ÉPOQUE de FLEURAISON	LOCALITÉS OÙ CES ESPÈCES ONT ÉTÉ TROUVÉES EN FRANCE.	HABITATION de CES PLANTES
	SALIX *(Suite.)*				
3326	— *aurita*	♄	mars, avril	Toute la France.	Bois humides, tourbières, bords des eaux.
3327	— *ambigua*	♄	avril, mai	Jura ; Falaise.	Marais tourbeux.
3328	— *repens*	♄	— —	Alpes ; Jura ; Vosges ; Pyrénées ; Ouest et centre de la France.	Montagnes, prés humides et tourbeux.
3329	— *hastata*	♄	juin. juillet	Htes-Alpes : Lautaret, ruisseau du Galibier, Mt Viso, Valgaudemar ; Pyrénées : Paillères, Llaurenti, Castelet, port de Coumebières.	Pâturages élevés et humides.
3330	— *nigricans*	♄	avril, mai	Hautes-Alpes ; Haut-Jura ; Strasbourg ; Alpes du Dauphiné ; Grande-Chartreuse, bois de Taillefer.	Tourbières ; bords des eaux.
3331	— *phylicifolia*	♄	mai-juillet	Mts Dores ; Cantal ; chaîne du Forez ; Pyrénées centrales : Barèges.	Hautes montagnes.
3332	— *Lapponum*	♄	mai, juin	Monts Dores.	Marais, lacs, ruisseaux.
3333	— *cæsia*	♄	juillet, août	Alpes du Dauphiné : Lautaret, mont Viso, ruisseau du Galibier, col de Vars.	Hautes montagnes.
3334	— *glauca*	♄	juillet	Alpes du Dauphiné : Lautaret, ruisseau du Galibier, roches de Pétarel en Valgaudemar, Molline, le Rochas-Roux, Orcières, mont Viso, col Lagnel, col de Vars ; Pyrénées.	Hautes montagnes ; région voisine des neiges.
3335	— *arbuscula*	♄	—	Hautes-Alpes du Dauphiné : Lautaret, mont Viso, ruisseau du Galibier, col d'Arsine, col de l'Arche ; Pyrénées : bond de Seculejo, Ulz, Bassihoué, l'Hospitalet, Très-Seignous, port d'Oo, val d'Eynes, val d'Estaubé, environs de Gèdre ; Felberg du Brisgau.	Hautes montagnes.
3336	— *myrsinites*	♄	—	Hautes-Alpes du Dauphiné : vallée du Quayras, mont Viso, col Lagnel, col Vieux, Vénos en Oysans, Lautaret ; Pyrénées : bois de la Motte.	—
3337	— *pyrenaica*	♄	—	Chaîne des Pyrénées : de la vallée d'Eynes aux Eaux-Bonnes.	—

Nos des Espèces	NOMS de GENRE ET D'ESPÈCE	Durée des Plantes	ÉPOQUE de FLEURAISON	LOCALITÉS OÙ CES ESPÈCES ONT ÉTÉ TROUVÉES EN FRANCE.	HABITATION de CES PLANTES.
	SALIX (Suite.)				
3338	— *reticulata*	♄	juillet, août	Alpes du Dauphiné : le Quayras. mont Viso, l'Arche, Lautaret, le Galibier ; Pyrénées : pic du Midi, col de Tortès, Esquierry, Castelet.	Hautes montagnes.
3339	— *retusa*	♄	— —	Alpes du Dauphiné : la Moucherolle, Mont-de-Lans, Lautaret, l'Oysans, le Champsaur, le Quayras, mont Viso, l'Arche, Grande-Chartreuse, mont Aurouse ; Pyrénées : Cambredases, port d'Oo, pic du Midi, pic de Gère ; le Reculet (Jura) ; Nice.	Hautes montagnes, près des neiges.
3340	— *herbacea*	♄	— —	Alpes du Dauphiné : au-dessus de Revel près Grenoble, le Briançonnais, Embrun, le Quayras, le Gapençais, le Champsaur, mont Viso, l'Arche, la Bérarde, Lautaret ; Pyrénées : Llaurenti, glaciers d'Oo, Campan ; Auvergne : monts Dores.	Hautes montagnes; glaciers.
	POPULUS				
3341	— *Tremula*	♄	mars, avril	Toute la France.	Bois, lieux humides
3342	— *alba*	♄	— —	Toute la France.	— —
3343	— *canescens*	♄	— —	Alsace : Haguenau, bords du Rhin ; centre de la France.	— —
3344	— *virginiana*	♄	— —	Exotique ; cultivée.	Lieux humides.
3345	— *nigra*	♄	— —	Cultivée.	Promenades, etc.
3346	— *pyramidalis*	♄	— —	Cultivée.	Routes, bords des eaux.
	PLATANUS				
3347	— *orientalis*	♄	avril, mai	Exotique ; naturalisée.	Routes, promenad.
3348	— *occidentalis*	♄	— —	Exotique : naturalisée.	— —
	BETULA				
3349	— *alba*	♄	— —	Nord et Ouest de la France ; hautes montagnes.	Bois, forêts humid., régions élevées.
3350	— *pubescens*	♄	— —	Nord et Ouest de la France ; Alpes : Lautaret, Revel près Grenoble.	Bois humides, régions élevées, prairies tourbeuses.
3351	— *intermedia*	♄	mai	Jura : vallées des Rousses et de Joux.	Tourbières élevées.
3352	— *nana*	♄	—	Jura : vallées des Rousses et de Joux.	—

Nos des Espèces	NOMS de GENRE ET D'ESPÈCE	Durée des Plantes	ÉPOQUE de FLEURAISON	LOCALITÉS OÙ CES ESPÈCES ONT ÉTÉ TROUVÉES EN FRANCE.	HABITATION de CES PLANTES.
	ALNUS				
3353	— *viridis*	♄	mai, juin	Hautes-Alpes : mont Viso, la Bérarde, Lautaret, Revel près de Grenoble, glaciers de Valgaudemar, Champsaur, Oysans ; vallées alpines ; îles du Rhin près de Strasbourg.	Hautes montagnes.
3354	— *suaveolens*	♄	avril ?	Corse : monts Coscioné, Grosso, Renoso, Campolite, l'Incudine, montagnes du Niolo, lac de Mélo, forêt de Vuldionello.	Montagnes, forêts, etc.
3355	— *glutinosa*	♄	mars	Toute la France.	Bois humides, bord des eaux.
3356	— *elliptica*	♄	avril-août	Corse : bords de la Salenzara, près son embouchure.	Rives des fleuves.
3357	— *cordata*	♄	février	Corse : bords du Liamone, bains de Guagno.	Rives des fleuves, etc.
3358	— *incana*	♄	févr., mars	Presque toute la France.	Bords des eaux.
	MYRICA				
3359	— *Gale*	♄	avril, mai	Paris ; Rouen, Honfleur, Pont-Audemer ; Ouest de la France : de Montendre à Montlieu, etc.	Marais tourbeux ; sables humides.
	PINUS				
3360	— *sylvestris*	♄	mai	Alpes ; Auvergne ; Cévennes ; Pyrénées ; Vosges.	Bois montagneux.
3361	— *Pumilio*	♄	juin	Gap et mont Genèvre (Dauphiné) ; Bélieu (Jura).	Tourbières des hautes montagnes.
3362	— *uncinata*	♄	juin, juillet	Chaîne des Pyrénées ; mont Ventoux ; Hautes-Alpes du Dauphiné.	Hautes montagnes.
3363	— *Laricio*	♄	mai	Corse.	Montagnes.
	Var. *pyrenaica*	♄	—	Pyrénées centrales.	—
	Var. *cebennensis*	♄	—	Cévennes : Saint-Guilhem-le-Désert, Benèze (Gard).	Forêts des montagnes.
3364	— *halepensis*	♄	—	Région méditerranéenne : Avignon, Fréjus, Marseille, Montpellier.	Bords de la mer.
3365	— *Pinea*	♄	—	Aigues-Mortes, Camargue, Saint-Chamas, Toulon.	Côtes de la Méditerranée.
3366	— *Pinaster*	♄	—	Provence ; Languedoc ; Landes et Ouest de la France ; Corse.	Littoral maritime.
3367	— *Cembra*	♄	juin	Hautes-Alpes du Dauphiné et de la Provence : mont Viso, mont Genèvre, col de Vars, Charousse.	Montagnes.
3368	— *Picea*	♄	mai	Toute la France.	—

Nos des Espèces	NOMS de GENRE ET D'ESPÈCE	Durée des Plantes	ÉPOQUE de FLEURAISON	LOCALITÉS OÙ CES ESPÈCES ONT ÉTÉ TROUVÉES EN FRANCE.	HABITATION de CES PLANTES.
	(Suite.) *PINUS*				
3369	— *abies*	♄	mai	Alpes ; Jura ; Pyrénées ; Vosges, etc., etc.	Hautes montagnes.
	ABIES *excelsa* DC.				
3370	PIN. *Larix*	♄	juin	Hautes-Alpes du Dauphiné ; Vosges. (Naturalisée.)	—
	JUNIPERUS				
3371	— *communis*	♄	avril	Presque toute la France.	Bois, coteaux.
3372	— *alpina*	♄	juillet	Alpes du Dauphiné : mont Viso, mont Genèvre, Saint-Eynard près de Grenoble ; Gerbier-des-Joncs (Ardèche) ; Cantal ; monts Dores ; Jura : au Reculet ; Pyrénées : Canigou.	Hautes montagnes.
3373	— *oxycedra*	♄	mai	Languedoc ; Provence, Roussillon et toute la région méditerranéenne ; Corse.	Champs stériles.
3374	— *phœnicea*	♄	—	Région méditerranéenne ; Pyrénées-Orientales jusqu'à la hauteur de Céret ; Corbières ; Basses-Cévennes ; la Camargue.	Montagnes.
3375	— *sabina*	♄	mai, juin	Hautes-Alpes du Dauphiné ; Pyrénées.	Hautes montagnes.
	TAXUS				
3376	— *baccata*	♄	avril	Cévennes près de Caraux, Bione, etc.; Sainte-Baume près de Toulon ; Jura : sommets du Lomont, rochers dominant la Loue au-dessus de Châtillon ; Vosges : cascade de Nideck, mont Herremberg ; forêt de Moyeurre (Moselle) ; Pyrénées : Luchon.	Bois montagneux.
	EPHEDRA				
3377	— *distachya*	♄	mars-juin	Bords de la Méditerranée et de l'Océan.	Sables et coteaux maritimes.
3378	— *villarsii*	♄	mai	Citadelle de Sisteron.	Murs.

ENDOGÈNES.

Nos des Espèces	NOMS de GENRE ET D'ESPÈCE	Durée des Plantes	ÉPOQUE de FLEURAISON	LOCALITÉS OÙ CES ESPÈCES ONT ÉTÉ TROUVÉES EN FRANCE.	HABITATION de CES PLANTES.
	ALISMA				
3379	— *parnassifolium*	♃	août, sept.	Indre ; Charvieux (Isère).	Marais, étangs fangeux.
3380	— *Plantago*	♃	juillet, août	Toute la France.	Mares, lieux inondés.
3381	— *arcuatum*	♃	juillet-sept.	Chaussin (Bresse) ; Avignon et le Midi.	Ruisseaux, lieux humides.

Nos des Espèces	NOMS de GENRE ET D'ESPÈCE	Durée des Plantes	ÉPOQUE de FLEURAISON	LOCALITÉS OÙ CES ESPÈCES ONT ÉTÉ TROUVÉES EN FRANCE.	HABITATION de CES PLANTES.
	(Suite.) **ALISMA**				
3382	— *ranunculoides*	♃	juin-sept.	Ouest et centre de la France.	Lieux aquatiques.
3383	— *natans*	♃	— —	Côte-d'Or ; Saône-et-Loire ; Rhône ; Nièvre, Allier ; Creuse ; Cher ; Indre ; Loir-et-Cher ; Loire ; Paris ; tout l'Ouest de la France.	—
	DAMASONIUM				
3384	— *stellatum* ALISMA *damason.*	♃	— —	Nord, centre et Ouest de la France ; assez rare dans l'Est ; Lyon.	Eaux stagnantes.
	SAGITTARIA				
3385	— *sagittœfolia*	♃	juin-août	Toute la France.	Bords des eaux, lieux marécageux.
	BUTOMUS				
3386	— *umbellatus*	♃	— —	Toute la France.	— —
	BULBOCODIUM				
3387	— *vernum*	♃	mars, avril	Alpes de Gap ; le Quayras, Briançon ; Nice.	Montagnes.
	MERENDERA				
3388	— *Bulbocodium* BULBOCOD. *autumn.*	♃	août, sept.	Centre de la chaîne des Pyrénées.	Hauts pâturages.
	COLCHICUM				
3389	— *autumnale*	♃	— —	Toute la France.	Prairies humides.
3390	— *arenarium*	♃	sept, octob.	Marseille ; Cannes ; Carpentras ; Corse : Bastia, Bonifacio.	Collines sèches.
3391	— *alpinum*	♃	juillet, août	Alpes du Dauphiné : mont Genèvre, Lautaret, mont Viso, Mont-de-Lans, Chamousnil.	Hautes montagnes.
3392	— *parvulum*	♃	sept., octob.	Corse.	Montagnes.
	VERATRUM				
3393	— *album*	♃	juillet, août	Alpes ; Auvergne ; Jura ; Pyrénées.	—
	Var. *lobelianum*	♃	— —	Haut-Jura ; Hautes-Vosges.	—
	NARTHECIUM				
3394	— *ossifraga* ABAMA *ossifragum*	♃	juillet	Angers ; Vire ; Napoléon-Vendée et presque tout l'Ouest ; Orne ; rives de la Basse-Loire ; la Manche ; forêt de Chansegraie près Caen ; Creuse ; Haute-Vienne ; Sarthe ; Corse : monte d'Oro.	Lieux humides.
	TOFIELDIA				
3395	— *calyculata*	♃	juillet, août	Alpes ; Pyrénées ; Haut-Jura.	Pâturages humides des montagnes.

Nos des Espèces	NOMS de GENRE ET D'ESPÈCE	Durée des Plantes	ÉPOQUE de FLEURAISON	LOCALITÉS OÙ CES ESPÈCES ONT ÉTÉ TROUVÉES EN FRANCE.	HABITATION de CES PLANTES.
	TULIPA				
3396	— *clusiana*	♃	mars, avril	Var : Toulon, Grasse, Cannes ; Castres ; Toulouse : Saint-Simon (Haute-Garonne) ; St-Lambert près Fréjus ; Nice.	Vignes.
3397	— *oculus-solis*	♃	avril	Toulon, Draguignan, Marseille, Montpellier ; bassin de la Garonne, Moissac, Puy-Casquier, Montauban, Agen.	Champs cultivés.
3398	— *præcox*	♃	—	La Garde près Toulon, Cannes, Hyères, Luc et Grasse (Var) ; Vienne (Isère).	—
3399	— *Didieri*	♃	mai	Environs de Guillestre.	—
3400	— *sylvestris*	♃	—	Presque toute la France.	Champs, prés montueux, bois, etc.
3401	— *gallica*	♃	—	Var : Hyères, etc.	— —
3402	— *celsiana*	♃	avril	Collioure, Montpellier, Nîmes, Marseille, Toulon ; Castellane, Sisteron, Gap, le Quayras, Grenoble ; Beaulieu (Maine-et-Loire).	Littoral de la Méditerranée.
	FRITILLARIA				
3403	— *meleagris*	♃	—	Presque toute la France.	Prairies humides.
3404	— *pyrenaica*	♃	juin, juillet	Région alpine des Pyrénées : de Mont-Louis aux Eaux-Bonnes ; Cornus (Aveyron).	Hautes montagnes.
3405	— *delphinensis*	♃	août	Hautes-Alpes du Dauphiné : environs de Gap, Glaise, Séuse ; l'Arche, mont Viso, Lautaret, Lusette-en-Luz, Drôme.	—
3406	— *involucrata*	♃	mai	Alpes du Dauphiné : mont Viso, col de Tendre, Castellane, Digne, Sisteron ; Var : bois de Vérignon.	—
	LILIUM				
3407	— *pomponium*	♃	mai, juin	Var : Grasse, Castellane.	Montagnes.
3408	— *pyrenaicum*	♃	juin, juillet	Pyrénées : de Mont-Louis aux Eaux-Bonnes ; montagne Noire, forêt de Ramondens (Tarn).	Hautes régions des montagnes.
3409	— *Martagon*	♃	— —	Alsace ; Lorraine ; Vosges ; Jura ; Côte-d'Or ; Saône-et-Loire ; Creuse ; Indre ; Allier ; monts Dores ; Alpes et Pyrénées.	Montagnes.
3410	— *croceum*	♃	juin	Dauphiné : Revel et Taillefer près de Grenoble ; forêt	Montagnes subalpines.

Nos des Espèces	NOMS de GENRE ET D'ESPÈCE	Durée des Plantes	ÉPOQUE de FLEURAISON	LOCALITÉS OÙ CES ESPÈCES ONT ÉTÉ TROUVÉES EN FRANCE.	HABITATION de CES PLANTES.
	LILIUM (Suite).			de la Grangette près de Gap ; Seguret près d'Embrun ; Corse : montagnes de Bastia.	
3411	— candidum	♃	juin	Environs de Grenoble ; vignes de Bastia.	Vignobles.
3412	LLOYDIA — serotina PHALANGIUM serot.	♃	août	Hautes-Alpes du Dauphiné ; Alpes de Grenoble : Chamchaúde, Charousse, Villars-d'Arène, Lautaret, mont Viso.	Hautes montagnes.
3413	UROPETALUM — serotinum HYACINTHUS serot.	♃	juillet, août	Pyrénées-Orientales : fort Sarral, Villefranche, Prats-de-Mollo, Port-Vendres, Collioure, Narbonne ; Pyrénées centrales : val d'Eynes, port de Bénasque, Barège, Gèdre ; Roussillon ; Montpellier.	—
3414	URGINEA — Scilla SCIL. maritima DC.	♃	août-octob.	Toulon ; Corse : Bonifacio.	Bords de la mer.
3415	URG. undulata	♃	août, sept.	Corse : Bonifacio.	Lieux secs.
3416	SCILLA — autumnalis	♃	août	Ouest et Midi de la France ; assez rare dans le centre ; Alsace.	—
3417	— obtusifolia	♃	octob., nov.	Corse : Bonifacio.	—
3418	— hyacinthoides	♃	avril, mai	Var : Toulon, Hyères, Fréjus, Grasse.	—
3419	— amœna	♃	mars, avril	Toulon, montagnes près de Nice.	Lieux sablonneux et stériles.
3420	— italica	♃	avril, mai	Sisteron ; Var : Fréjus, Grasse.	— —
3421	— verna	♃	— —	Pyrénées ; de Brest à Bayonne ; centre de la France.	Prairies subalpines ; littoral de l'Océan ; landes, etc.
3422	— lilio-hyacinthus	♃	— —	Chaîne des Pyrénées ; de Bayonne à Bordeaux et une grande partie de l'Ouest ; Auvergne ; centre de la France.	Lieux sablonneux.
3423	ADENOSCILLA — Bifolia SCILLA DC.	♃	— —	Toute la France, excepté la région méditerranéenne.	Taillis, coteaux, etc.
3424	ORNITHOGALUM — narbonense	♃	mai, juin	De Nice à Montpellier.	Région méditerranéenne.

Nos des Espèces	NOMS de GENRE ET D'ESPÈCE	Durée des Plantes	ÉPOQUE de FLEURAISON	LOCALITÉS OÙ CES ESPÈCES ONT ÉTÉ TROUVÉES EN FRANCE.	HABITATION de CES PLANTES.
	(Suite.) ORNITHOGALUM				
3425	— *pyrenaicum*	♃	mai, juin	Tout le Nord et le Nord-Ouest de la France ; Haute-Garonne : bords du Touch.	Régions monta-gneuses.
3426	— *nutans*	♃	mars, avril	Alsace : Rouffach, Mulhouse, Cernay ; Rouen ; Indre ; Indre-et-Loire ; Gap ; Mâcon ; Lyon ; Mende ; Marseille, Toulon.	Prairies.
3427	— *exscapum*	♃	— —	Corse : Bonifacio, Ajaccio.	—
3428	— *pater-familias*	♃	mai	Cette ; Marseille.	Salines.
3429	— *divergens*	♃	avril, mai	Angers ; vallée de la Loire ; Limoges ; Toulouse ; Marseille ; Montpellier.	Champs.
3430	— *umbellatum*	♃	— —	Toute la France.	Champs, vignes, sol pierreux.
3431	— *tenuifolium*	♃	mai - juillet	Collioure, Béziers, Lodève ; bords de l'Ariège ; Montpellier ; Gap, mont Seine, sous la Corniche ; Corse.	Région méditerra-néenne.
3432	— *arabicum*	♃	avril, mai	Cannes, Toulon ; Corse : Bonifacio.	Champs.
	GAGEA				
3433	— *stenopetala* ORNITHOGALUM *stenopetalum* (Fries)	♃	mars, avril	Lorraine : Metz, Sarguemines, Bitche ; Alsace : Haguenau, Colmar, etc. ; Maine-et-Loire ; rives de la Loire.	Sables, etc.
3434	GAG. *lutea* ORNITHOGALUM *luteum* L.	♃	avril, mai	Lorraine ; Alsace ; Puy-de-Dôme ; Haute-Loire ; Lozère ; Aumessas près du Vigan ; Guillestre.	Prés, champs cultivés.
3435	GAG. *Liottardi* ORNITHOGALUM *fistulosum* DC.	♃	juin, juillet	Dauphiné : col de la Balme, Taillefer, Tende, Grande-Chartreuse : chapelle Saint-Bruno, le Sappey, Lautaret, col de l'Echauda, Briançon, mont Viso, Gap ; Pyrénées : Canigou, val d'Eynes, cirque de Troumousse, vallée d'Aspe, St-Sauveur, lac d'Escoubous, sources de la Garonne, Anouillas près les Eaux-Bonnes.	Prairies alpines.
3436	GAG. *arvensis*	♃	mars, avril	Presque toute la France.	Champs.
3437	— *bohemica*	♃	févr., mars	Angers : la Baumette, la roche d'Erigné ; Beaulieu, Chalonnes ; Ancenis (Loire-Inférieure) ; Varades (Bre-	Rochers, etc.

Nos des Espèces	NOMS de GENRE ET D'ESPÈCE	Durée des Plantes	ÉPOQUE de FLEURAISON	LOCALITÉS OÙ CES ESPÈCES ONT ÉTÉ TROUVÉES EN FRANCE.	HABITATION de CES PLANTES.
	GAGEA (Suite.)			tagne) ; Thouars (Deux-Sèvres) ; rochers de Poligny près Nemours.	
3438	— *soleirolii*	♃	mars	Corse : mont Coscioné, chemin de Corté au Niolo.	Montagnes.
	ALLIUM				
3439	— *sativum*	♃	juillet	Cultivée.	
3440	— *Scorodoprasum*	♃	juin, juillet	Paris ; Alsace ; Vosges ; Gap (assez rare).	Lieux sablonneux.
3441	— *vineale*	♃	— —	Presque toute la France.	Champs, vignes, friches.
3442	— *porrum*	♂ ♃	juin-août	Cultivée.	
3443	— *ampeloprasum*	♃	juillet, août	Cultivée.	
3444	— *polyanthum*	♃	juin, juillet	Cher ; Toulouse et tout le Midi.	Lieux sablonneux.
3445	— *rotundum*	♃	juin-août	Semur (Côte-d'Or) ; Alsace ; Nancy ; Gard : Castillon près de Remoulin, etc. ; Gap ; Toulon, Cannes ; Bouches-du-Rhône ; Hérault ; Tarn ; Var.	Lieux arides.
3446	— *acutiflorum*	♃	juin	Cannes, Fréjus, Hyères, Marseille, Toulon.	—
3447	— *sphærocephalon*	♃	juin-août	Toute la France.	Vignes, bois, lieux arides.
3448	— *approximatum*	♃	juin, juillet	Cher ; Angers.	— —
3449	— *descendens*	♃	juin	Hyères, Marseille, Toulon.	— —
3450	— *ascalonicum*	♃	juin, juillet	Cultivée.	
3451	— *cepa*	♃	août	Cultivée.	
3452	— *schœnoprasum*	♃	juin, juillet	Vienne ; Deux-Sèvres ; Loire-Inférieure ; Côte-d'Or ; Lorraine ; Haut-Jura ; Lozère ; Cévennes ; Alpes ; Pyrénées ; Corse.	Montagnes.
3453	— *chamæmoly*	♃	mars, avril	Collioure, Hyères, Marseille ; Corse.	Champs.
3454	— *subhirsutum*	♃	avril, mai	Provence : Cannes, etc. ; Corse : Ajaccio, Bonifacio, etc.	Sables maritimes.
3455	— *triquetrum*	♃	mars-mai	Pyrénées-Orientales : Narbonne, Collioure, Banyuls-sur-Mer ; Provence ; Toulon ; Fréjus, Hyères ; Corse.	Champs.
3456	— *pendulinum*	♃	avril	Corse : au-dessus des bains de Guagno.	Montagnes.
3457	— *roseum*	♃	mai	Corse ; Provence ; Languedoc ; Sud-Ouest de la France.	Champs.
3458	— *neapolitanum*	♃	avril, mai	Cannes ; Hyères ; Toulon ;	—

Nᵒˢ des Espèces	NOMS de GENRE ET D'ESPÈCE	Durée des Plantes	ÉPOQUE de FLEURAISON	LOCALITÉS OÙ CES ESPÈCES ONT ÉTÉ TROUVÉES EN FRANCE.	HABITATION de CES PLANTES.
	ALLIUM (Suite.)			Narbonne ; Banyuls-sur-Mer ; Corse.	
3459	— *nigrum*	♃	mai	Grasse ; Montpellier ; Toulon.	Champs.
	Var. *bulbiferum*	♃	—	Agen.	—
3460	— *ursinum*	♃	avril, mai	Toute la France, à l'exception de la région méditerranéenne.	Prés, haies et lieux ombragés.
3461	— *Victorialis*	♃	juin, juillet	Alpes : Lautaret, Grande-Chartreuse, etc. ; Pyrénées : Mont-Louis, val d'Eynes, Canigou, Madres, Costa-Bona, pic de Gard, Castelet, Ulz, rivière de Vieille, etc. ; monts Dores, Cantal ; chaîne du Forez ; la Mezane ; la Dôle ; mont d'Or (Jura) ; montagnes de la Lozère ; Vosges : Hohnek, Rotabac, ballon de Soultz, Lamalou, l'Espérou près Montpellier.	Hautes montagnes.
3462	— *oleraceum*	♃	juillet, août	Toute la France.	Champs, vignes.
3463	— *complanatum*	♃	— —	Toute la France.	
3464	— *carinatum*	♃	— —	Toute la France.	Coteaux arides, lieux secs.
3465	— *flexifolium*	♃	— —	Lyon.	Champs.
3466	— *pulchellum*	♃	août	Lyon ; Jura : partie moyenne de la chaîne ; Pyrénées.	Hautes montagnes.
3467	— *flavum*	♃	juillet, août	Auvergne ; Pyrénées ; Paris ; Alpes : vallées de Guillestre, du Quayras ; Sisteron ; Puy-de-Dôme ; Lozère.	—
3468	— *paniculatum*	♃	juin-août	Ouest de la France : Alençon, Vannes, Angers et jusqu'à Toulouse ; région méditerranéenne : de Perpignan à Nice ; bords du Rhône : de son embouchure jusqu'à Lyon et le Bugey ; Corse.	Champs et lieux arides.
	Var. *pallens*	♃	— —	Grenoble ; Corse.	— —
3469	— *moschatum*	♃	juillet, août	Région méditerranéenne : Marseille, Montpellier, Narbonne, Toulon, le Vigan.	Lieux secs et élevés
3470	— *pauciflorum*	♃	mars-juillet	Corse : Bonifacio, Calvi, Bastia, Corté.	— —
3471	— *ochroleucum*	♃	juillet, août	De la Teste à Bayonne, Biaritz ; Basses-Pyrénées, Pyrénées centrales, Bagès, Hourat, lac de Seculéjo,	Landes, champs, montagnes, etc.

19

Nos des Espèces	NOMS de GENRE ET D'ESPÈCE	Durée des Plantes	ÉPOQUE de FLEURAISON	LOCALITÉS OÙ CES ESPÈCES ONT ÉTÉ TROUVÉES EN FRANCE.	HABITATION de CES PLANTES.
	ALLIUM (Suite.)			vallée de Barousse, pic de l'Hiéris, Vicdessos ; Lot.	
3472	— *narcissiflorum*	♃	août	Alpes du Dauphiné : Saint-Nizier et la Moucherolle près de Grenoble, mont Aurouse près de Gap, mont Morgon près de Briançon, mont Ventoux.	Hautes montagnes.
3473	— *fallax*	♃	juin-août	Alpes ; Pyrénées ; Jura ; Auvergne ; Lozère ; Gard ; Ouest.	Hautes montagnes et collines.
3474	— *acutangulum*	♃	— —	Strasbourg, Besançon, Grenoble, etc.	Marais.
3475	— *siculum*	♃	mai	Le Malpey près de Fréjus.	Champs.
3476	**NOTHOSCORDUM** — *fragrans*	♃	—	Hyères.	—
3477	**ERYTHRONIUM** — *dens-canis*	♃	mars, avril; mai, juin	Creuse ; Haute-Vienne ; Corrèze ; Puy-de-Dôme ; Lozère ; Lot ; le Vigan ; Dax ; Bayonne, Alpes ; Pyrénées.	Montagnes ; basses régions : 1re fleuraison ; régions alpines : 2e fleuraison.
3478	**ENDYMION** — *nutans* Scilla *nutans* DC.	♃	juin	Paris ; Caen, Gisors ; Vire et tout l'Ouest ; Rheims ; Côte-d'Or ; Lozère.	Prés, bois.
3479	END. *patulus*	♃	—	Bayonne.	— —
3480	**HYACINTHUS** — *orientalis*	♃	mars	Var : Grasse, le Luc, Toulon ; Landes : Dax.	Lieux humides.
3481	— *albulus*	♃	—	Var : Grasse.	—
3482	— *amethystinus*	♃	juin	Pyrénées centrales : Mail-du-Cristal, Esquierry, piquette d'Endretlis, Gavarnie, pied du Vignemale, Anéou, Bious, Pombies, Tramesaigues, l'Hiéris, vallée de Saint-Sauveur.	Hautes montagnes.
3483	— *fastigiatus*	♃	mars, avril	Corse : Bastia, Ajaccio, Bonifacio, Guano, monts Cagno, Grosso.	Montagnes.
3484	**BELLEVALIA** — *romana* Hyacinthus *romanus* DC.	♃	avril, mai	Bassin de la Garonne : St-Béat, Luz, Toulouse ; Perpignan ; Narbonne, Toulon, Cannes.	Prés.
3485	BELL. *trifoliata*	♃	mai	Le Pradet près de Toulon.	Lieux frais.

Nos des Espèces	NOMS de GENRE ET D'ESPÈCE	Durée des Plantes	ÉPOQUE de FLEURAISON	LOCALITÉS OÙ CES ESPÈCES ONT ÉTÉ TROUVÉES EN FRANCE.	HABITATION de CES PLANTES.
	MUSCARI				
3486	— *racemosum*	♃	mars; avril, mai	Ouest : Vendée, etc.; Rheims; Avignon; Cannes.	Lieux cultivés. 1re fleuraison dans le Midi, 2e dans le Nord.
3487	— *neglectum*	♃	mars; avril, mai	Ouest et centre; Puy-Casquier (Gers); Nord; Est : Nancy; Alsace; Jura; Mâcon; région méditerranéenne.	— —
3488	— *botryoides*	♃	mars-juin	Ouest de la France; Nord; Est : Alsace; Jura, etc.; le Vigan; Midi : Grasse.	Lieux humides.
3489	— *Lelievrii*	♃	févr., mars	Maine-et-Loire : Angers, Nyoiseau; Cher : Herry et Fussy; Bergerac.	—
3490	— *comosum*	♃	mai, juin	Presque toute la France.	Champs, vignes.
	HEMEROCALLIS				
3491	— *fulva*	♃	juin	Montbéliard? bords du Gave (Pau), Bayonne (Landes); Bordeaux; Tarbes.	Cultivée.
3492	— *flava*	♃	—	Montbéliard; Bayonne.	—
	PARADISIA				
3493	— *Liliastrum*	♃	juillet	Haut Jura : la Dôle, le Reculet; Alpes; Pyrénées : val d'Eynes, Llaurenti, Tende; Haute-Loire : le Mezenc.	Hautes montagnes.
	PHALANGIUM				
3494	— *Liliago*	♃	mai, juin	Presque toute la France.	Pelouses sèches, coteaux et bois montueux.
3495	— *ramosum*	♃	juin, juillet	Alsace; Lorraine; Vosges; Jura; centre de la France; Alpes; Pyrénées; les Andelys : Château-Gaillard, Louviers; Falaise, Caen; Rouen; Dieppedalle.	Montagnes stériles.
	SIMETHIS				
3496	— *planifolia* PHALANGIUM *bicolor* DC.	♃	avril; mai, juin	Ouest : Landes; de Mortagne à Montlieu, etc.; centre de la France : Cher, Loir-et-Cher; Loire; Indre; bois de la Pannetière près du Mans; Saumur (Tours), etc.; Var : Cannes, Antibes, Toulon, Hyères.	Haies, lieux sablonneux. 1re fleuraison dans le Midi, 2e dans l'Ouest.
	ASPHODELUS				
3497	— *fistulosus*	♃	mai	Var; Marseille; Gard : Arles, la Crau; Hérault : Ma-	Champs.

Nos des Espèces	NOMS de GENRE ET D'ESPÈCE	Durée des Plantes	ÉPOQUE de FLEURAISON	LOCALITÉS OÙ CES ESPÈCES ONT ÉTÉ TROUVÉES EN FRANCE.	HABITATION de CES PLANTES.
	(Suite.) **ASPHODELUS** — *fistulosus*			guelone, etc.; Narbonne; Perpignan.	
	Var. *grandiflora*	♃	mai	Marseille; Corse : Bastia.	Champs.
3498	— *microcarpus*	♃	—	De Nice à Perpignan; Corse.	Bords de la Méditerranée.
3499	— *sphærocarpus*	♃	mai, juin	Bois de l'Hermitain (Deux-Sèvres); embouchure de la rivière de Vannes; forêt de Chœur (Cher)? Issoudun (Indre); Lailly (Sologne).	Forêts, bois.
3500	— *subalpinus*	♃	juillet	Alpes du Dauphiné : Lautaret, au-dessus des Bayards de Gap; régions alpines des Pyrénées centrales et occidentales; Cauterets.	Hautes montagnes.
3501	— *albus*	♃	mai, juin	Région méditerranéenne; Alpes : Lautaret, Chamchaude, mont Rachet, Guillestre; Pyrénées : Pau, St-Béat; Bayonne; Haute-Garonne : Cornebarieu.	Bords de l'Océan; basses montagnes des chaînes citées.
3502	**APHYLLANTHES** — *monspeliensis*	♃	mai	Pyrénées-Orientales; Villefranche, etc.; de Perpignan à Montpellier; Pyrénées centrales : vallée d'Aspe; Provence : Marseille, Grasse, etc., et de là jusqu'à Lyon et Grenoble.	Lieux pierreux.
3503	**PARIS** — *quadrifolia*	♃	—	Presque toute la France.	Bois ombragés.
3504	**STREPTOPUS** — *amplexifolius*	♃	juillet	Hautes-Vosges : Hohneck, Rotabac; chaîne du Forez : Pierre-sur-Haute; monts Dores; Cantal; Alpes du Dauphiné : Gap, Grenoble, mont Monnier, etc.; montagnes d'Aubrac, Lozère, Espérou; Pyrénées : Canigou.	Montagnes escarpées.
3505	**POLYGONATUM** — *vulgare*	♃	mai, juin	Presque toute la France.	Bois à sol calcaire.
3506	— *multiflorum*	♃	— —	Presque toute la France.	Bois montagneux.
	Var. *bracteatum*	♃	— —	Vosges.	—
3507	— *verticillatum*	♃	— —	Vosges; Jura; Forez; Alpes du Dauphiné et de Provence; Vigan; Lozère, Cantal, Auvergne; Saint-Eynard.	Bois des montagnes.

Nos des Espèces	NOMS de GENRE ET D'ESPÈCE	Durée des Plantes	ÉPOQUE de FLEURAISON	LOCALITÉS OÙ CES ESPÈCES ONT ÉTÉ TROUVÉES EN FRANCE.	HABITATION de CES PLANTES.
3508	CONVALLARIA — *majalis*	♃	mai, juin	Cette ; Maguelone, les Cabanes et Pézols près de Montpellier, Aigues-Mortes, la Camargue.	Sables du littoral de la Méditerranée.
3509	MAIANTHEMUM — *bifolium*	♃	— —	Presque toute la France.	Bois montagneux.
3510	ASPARAGUS — *tenuifolius*	♃	— —	Montagnes du Vigan : bois de Salbouze, Alais, Saint-Ambroix ; Meyrueis (Lozère) ; Carpentras ; Gap ; Montbonot près de Grenoble, mont Rachet, mont Fleuri, Claix, Comboire.	Bois, prés montagneux.
3511	— *officinalis*	♃	juin, juillet	Côtes de l'Océan et de la Méditerranée.	Sables maritimes.
	Var. *campestris*	♃	— —	Toute la France.	Prés sablonneux, bois.
3512	— *scaber*	♃	mai, juin	Côtes de la Méditerranée : Cette, Maguelone, les Cabannes, Pézols près de Montpellier, Aigues-Mortes, la Camargue.	Sables maritimes.
3513	— *acutifolius*	♄	août, sept.	Var ; Bouches-du-Rhône ; Vaucluse ; Gard ; Hérault, Aude, Pyrénées-Orientales en remontant jusqu'à Céret et Villefranche ; vallées du Tarn et de la Garonne, St-Pantaléon (Lot) ; Corse : Ajaccio. Calvi, etc.	Lieux pierreux, haies, etc.
3514	— *albus*	♄	sept., octob.	Corse : Ajaccio, Bonifacio, Carghèse, Corté, île de la Trinité.	Champs.
3515	RUSCUS — *aculeatus*	♄	mars, avril	Presque toute la France.	Bois à sol calcaire, lieux stériles.
3516	— *hypoglossum*	♄	— —	Hyères.	Buissons.
3517	SMILAX — *aspera* L.	♄	août, sept.	Région des oliviers ; côtes de l'Océan à Bayonne, etc.; Nice.	Haies, buissons.
	Var. *mauritanica*	♄	août	Grasse ; Marseille ; Narbonne ; Nimes ; Corse : Ajaccio, Calvi.	— —
3518	TAMUS — *communis*	♃	mars, avril	Presque toute la France.	Bois, buissons.
3519	CROCUS — *vernus*	♃	— —	Alpes du Dauphiné : l'Es-	Région des sapins.

Nos des Espèces	NOMS de GENRE ET D'ESPÈCE	Durée des Plantes	ÉPOQUE de FLEURAISON	LOCALITÉS OÙ CES ESPÈCES ONT ÉTÉ TROUVÉES EN FRANCE.	HABITATION de CES PLANTES.
	CROCUS (Suite.)			pérou, Dourlises et Lanujol (Gard) ; Lozère ; Puy-de-Dôme, Cantal, Mezenc ; chaîne du Jura.	
3520	— *minimus*	♃	janv.-mars	Corse : Ajaccio, Bastia, Bonifacio, Calvi, cap Corse, Corté, monts Cintho, Nino et Rotundo.	Champs.
3521	— *versicolor*	♃	févr., mars	Aix ; Draguignan, Fréjus, Grasse, Nice, Toulon.	—
3522	— *nudiflorus*	♃	septembre	Chaîne des Pyrénées, Landes, Bayonne, Apremont, Peyrchorade, Saint-Sever ; Gers : Panassac ; Corbières ; l'Espinouse (Hérault).	Champs, montagnes.
3523	TRICHONEMA — *Bulbocodium*	♃	févr., mars	Cannes, Gap, Montpellier, Toulon ; Landes : Arlac, Bayonne, Bordeaux, Dax, Gujon, Mont-de-Marsan, Saint-Sever, Sos, la Teste ; Jobourg, Cherbourg, roc de Granville ; Corse : Ajaccio, Bonifacio.	Lieux herbeux ; rochers.
3524	— *linaresii*	♃	mars, avril	Corse : Bonifacio.	Champs.
3525	— *columnæ*	♃	— —	Aigues-Mortes, Hyères, Toulon, Cette, Maguelone près de Montpellier ; Collioures, Port-Vendres ; Côtes de l'Océan ; falaises de Carterets, Gatteville (Manche), Cherbourg, Vannes, Quimper, Saint-Trajan, Pornic, île aux Moines, Noirmoutiers, île d'Oléron.	Falaises et prairies du littoral de la Méditerranée et de l'Océan.
3526	IRIS — *chamæiris*	♃	avril	Nîmes, Carpentras, Arles, Montpellier, Narbonne, Perpignan.	Coteaux arides du Midi de la France.
3527	— *lutescens*	♃	mars, avril	Béziers, Nîmes, le Luc.	— —
3528	— *olbiensis*	♃	avril	Anduze, Hyères, le Luc, Toulon.	Lieux stériles.
3529	— *germanica*	♃	mai	Une grande partie de la France.	Coteaux, rochers.
3530	— *florentina*	♃	—	Grasse, Hyères, Marseille, Toulon.	Murs.
3531	— *Pseudacorus*	♃	juin, juillet	Toute la France.	Bords des eaux.
3532	— *fœtidissima*	♃	mai, juin	Presque toute la France, excepté la Lorraine et l'Alsace.	Bois humides.

Nos des Espèces	NOMS de GENRE ET D'ESPÈCE	Durée des Plantes	ÉPOQUE de FLEURAISON	LOCALITÉS OÙ CES ESPÈCES ONT ÉTÉ TROUVÉES EN FRANCE.	HABITATION de CES PLANTES.
	(Suite.) IRIS				
3533	— *spuria*	♃	juin	Hyères, Montpellier, Elne, Narbonne ; Charente-Inférieure, Vendée.	Prairies ; marais salants.
3534	— *graminea*	♃	mai, juin	Bayonne ; Toulouse ; Nîmes. Montpellier ; Narbonne.	Landes.
3535	— *sibirica*	♃	juin	Strasbourg : Ostwald , la Gansau ; Colmar : Benfeld ; Jura : le Lomont de Pierre-fontaine.	Prairies humides.
3536	— *xyphioides*	♃	juillet, août	Pyrénées centrales : Es-quierry, Gavarnie, Venas-que, l'Hiéris, mont Laid, Eaux-Bonnes, Pic-du-Midi, vallée d'Oueil.	Prairies.
3537	— *xyphium*	♃	juin	Rochante entre Agde et Bé-ziers ; Albi.	—
3538	HERMODACTYLUS — *tuberosus* IRIS *tuberosa* DC.	♃	avril	Hyères, Toulon ; Debonayres près de Saint-Maurice (Tarn-et-Garonne) ; Mon-tauban ; Corse.	Champs.
3539	GINANDRIRIS — *sisyrinchium* IRIS *sisyrinchium* L.	♃	avril, mai	Corse : Bonifacio.	—
3540	GLADIOLUS — *palustris*	♃	mai, juin	Alsace : Benfeld, Herbsheim, Rosfeld ; Mont-Bugney près de Nantua.	Prairies humides.
3541	— *illyricus*	♃	mai	Saumur, étang d'Angrie (Maine-et-Loire) ; Ancenis (Loire-Inférieure) ; Nantes ; parc de Chambord, Chinon, Thouars ; Belle-Isle ; Fon-tenay, forêt de Vouvant et Niel-le-Dolent (Vendée) ; Port-Vendres ; Sᵗ-Guilhem-le-Désert (Montpellier).	Bois, landes, bru-yères.
3542	— *communis*	♃	mai, juin	Montpellier, Toulon ; vallée de Campan (Pyrénées) ; bords de l'Ariège, rive droite surtout.	Prairies.
3543	— *segetum*	♃	— —	Région méditerranéenne, d'où elle remonte jusqu'à Grenoble et Lyon ; vallée de la Garonne : Pech-David, bords de l'Ilers ; Montfer-rand (Puy-de-Dôme) ; Cha-rente-Inférieure ; la Ro-chelle, Mortagne ; Noir-	Moissons ; vallées.

Nos des Espèces	NOMS de GENRE ET D'ESPÈCE	Durée des Plantes	ÉPOQUE de FLEURAISON	LOCALITÉS OÙ CES ESPÈCES ONT ÉTÉ TROUVÉES EN FRANCE.	HABITATION de CES PLANTES.
	GLADIOLUS (Suite.)			moutiers ; Angers ; Corse : Ajaccio, Bastia, Bonifacio.	
3544	— *Guepini*	♃	avril, mai	Angers.	Moissons.
3545	GALANTHUS — *nivalis*	♃	févr., mars	Agen ; Cherbourg ; Paris ; Nantes ; Toulouse ; Tours ; Vannes ; Vire ; tout l'Ouest et le Nord-Ouest ; Salbout près du Vigan ; Pyrénées : Mont-Louis, vallée de Barousse, Bagnères-de-Bigorre ; Alpes : Roche-des-Arnauds, près Gap ; Haute-Garonne : rive gauche de l'Hers ; Dieppe.	Lieux ombragés.
3546	LEUCOIUM — *vernum*	♃	— —	Alsace ; Lorraine ; Vosges ; Jura ; Côte-d'Or ; Saône-et-Loire ; Grenoble ; Auvillars (Normandie) ; Villars-en-Auge.	Montagnes.
3547	— *æstivum*	♃	mai, juin	Perpignan ; Tarn-et-Garonne ; Oberbronn près Niederbronn (Bas-Rhin) ; Montpellier ; Beziers ; Loir-et-Cher.	Prés ombragés.
3548	— *roseum*	♃	février	Corse : Ajaccio, Bonifacio, Calvi, îles Sanguinaires.	Rochers.
3549	— *longifolium*	♃	mai, juin	Corse : vallée d'Asco, près du mont d'Oro, rochers près de Vico.	Hautes montagnes.
3550	STERNBERGIA — *lutea* AMARYLLIS *lut*. DC.	♃	septembre	Sixfours près de Toulon ; environs d'Agen.	Prés.
3551	NARCISSUS — *Bulbocodium*	♃	avril	Draguignan et la Teste près de Bordeaux ; environs d'Agen, de Dax, de Bayonne ; Pyrénées : Bagnères-de-Bigorre, Prades, Villefranche, Tarbes, Morlaas.	Landes, etc.
3552	— *Pseudo-narcissus*	♃	mars, avril	Toute la France.	Bois, taillis, pâturages et prairies des coteaux et montagnes.
3553	— *major*	♃	— —	Pyrénées ; Toulon (variété à fleurs doubles).	Montagnes.
3554	— *Pseudo-narcisso-poeticus*	♃	avril, mai	Jura : près Pontarlier ; Nantua ; Belfort ; Pyrénées centrales : Bareilles.	Prairies élevées des montagnes.

Nos des Espèces	NOMS de GENRE ET D'ESPÈCE	Durée des Plantes	ÉPOQUE de FLEURAISON	LOCALITÉS OÙ CES ESPÈCES ONT ÉTÉ TROUVÉES EN FRANCE.	HABITATION de CES PLANTES.
	NARCISSUS *(Suite.)*				
3555	— *incomparabilis*	♃	avril, mai	Ouest de la France : Lisieux; Castelnau (Gers); Mont-de-Marsan, Agen, Toulouse, bords du Touch ; région méditerranéenne : Avignon, Grasse, le Luc, Montpellier, Tarascon, Toulon, Beaucaire; le Toly. Wesserling (Alsace).	Prairies.
3556	— *poeticus*	♃	— —	Toute la France.	Prairies et côtes humides.
3557	— *biflorus*	♃	— —	Saône-et-Loire : Bourbon-Lancy ; Maine-et-Loire : Angers, Bouchemaine, Torigné ; Calvados : Saint-Manvieux près de Vire, Manerbe et Ouillie-le-Vicomte près de Lisieux ; Morbihan : Vannes ; Cherbourg ; Ile-et-Vilaine ; Cancale ; Agen ; Toulouse.	Prairies.
3558	— *Tazetto-poeticus*	♃	mai	Grasse ; Lattes près de Montpellier.	Prés.
3559	— *juncifolius*	♃	avril, mai	Pied du mont Ventoux ; Aix ; Campestre et Blandas (Gard) ; Montpellier ; Saint-Geniez-le-Bas (Hérault) ; Narbonne ; les Albères ; Port-Vendres et Banyuls ; Prats-de-Mollo et Villefranche ; Pyrénées centrales : Gèdre ; Lot : Limogne.	Montagnes, etc.
3560	— *Junquilla*	♃	avril	Mirabeau près de Manosque ; Montbrun près de Cajarc (Lot).	Lieux arides.
3561	— *serotinus*	♃	sept.-octob.	Corse : Bonifacio, cap Rivelata.	—
3562	— *intermedius*	♃	mars, avril	Bayonne, Dax.	Landes.
3563	— *ochroleucus*	♃	avril	Toulon ?	
3564	— *odorus*	♃	mars	Grasse, Toulon ; Bagès (Basses-Pyrénées).	Prés.
3565	— *chrysanthus*	♃	—	Grasse, Toulon.	Champs.
3566	— *aureus*	♃	—	Grasse, Toulon.	—
3567	— *niveus*	♃	mars, avril	Grasse, Toulon ; Bayonne, Dax.	Landes.
3568	— *dubius*	♃	— —	Bione (Hérault) ; pont du Gard : Avignon, Marseille, Toulon, Grasse.	Roches.
3569	— *polyanthos*	♃	avril	Toulon, Grasse.	Prés.

Nos des Espèces	NOMS de GENRE ET D'ESPÈCE	Durée des Plantes	ÉPOQUE de FLEURAISON	LOCALITÉS OÙ CES ESPÈCES ONT ÉTÉ TROUVÉES EN FRANCE.	HABITATION de CES PLANTES.
	(Suite.) NARCISSUS				
3570	— *calathinus*	♃	avril	Iles Glénan (Finistère).	Lieux frais.
3571	— *patulus*	♃	—	Hyères et Iles voisines.	Champs.
3572	— *Tazetta*	♃	mars	Région méditerranéenne ; bords du Touch ; Corse.	Prés.
	PANCRATIUM				
3573	— *maritimum*	♃	juillet-sept.	Charente-Inférieure ; Vendée ; Puynaveau sur la Gironde ; Oléron, Ré, Houat, Hœdic ; Bayonne ; Banyuls et Port-Vendres (Pyrénées-Orientales) ; Narbonne, Montpellier, Cette, Toulon, Cannes ; Corse.	Sables de l'Océan et de la Méditerranée.
3574	— *illyricum*	♃	mai	Corse : Bonifacio, Calvi.	Sables.
	CYPRIPEDIUM				
3575	— *Calceolus*	♃	mai, juin	Dreyspitze près de Mutzig (Bas-Rhin) ; Toul (Meurthe) ; Jura ; Auvergne ? Pyrénées ; Llaurenti, Piquette d'Endretlis ; Dauphiné : au Noyer (Champsaur), Grande-Chartreuse, Die (col de Laut-de-Gras), Rabou près de Gap, Claix près de Grenoble ; montagnes de Seisens.	Prés ombragés, montagnes.
	SPIRANTHES				
3576	— *æstivalis* NEOTTIA *æstiv.* DC.	♃	juillet, août	Presque toute la France.	Prés humides.
3577	SPIR. *autumnalis* NEOTT. *spiralis* DC.	♃	août-octob.	Presque toute la France.	Pelouses, collines gazonnées.
	GOODYERA				
3578	— *repens* NEOTTIA *repens*	♃	juillet, août	Versant oriental des Vosges près de Ribeauvillé ; Haut-Jura ; Puy-de-Dôme ; Landes ; Fontainebleau près le Mail de Henry IV ; Alpes ; Pyrénées : Luchon, Saleix.	Montagnes.
	CEPHALANTHERA				
3579	— *ensifolia* EPIPACTIS *ensif.* DC.	♃	avril-juin	Alsace ; Jura ; Lorraine ; Vosges ; Paris ; Ouest, Nord-Ouest et centre de la France ; région méditerranéenne.	Bois, prés montueux.
3580	CEPH. *grandiflora*	♃	mai, juin	Alsace ; Lorraine ; Jura ; Vosges ; centre et presque tout l'Ouest de la France ; Paris ; Normandie ; Toulouse ; Agen ; bois de l'As-	Forêts.

Nos des Espèces	NOMS de GENRE ET D'ESPÈCE	Durée des Plantes	ÉPOQUE de FLEURAISON	LOCALITÉS OÙ CES ESPÈCES ONT ÉTÉ TROUVÉES EN FRANCE.	HABITATION de CES PLANTES.
	(Suite.) CEPHALANTHERA			paragou (Pyrénées) ; Cévennes ; Alpes du Dauphiné.	
3581	— *rubra*	♃	juin, juillet	Centre de la France ; Côte-d'Or ; Paris ; les Andelys, Eu ; Lorraine ; Normandie ; Gironde ; Agen ; Pyrénées : l'Hiéris , Prats-de-Mollo ; Jura (région des sapins) ; région méditerranéenne : Narbonne, Perpignan, Toulon, le Vigan, Saint-Vallier ; Alpes du Dauphiné : Gap, Lautaret.	Lieux ombragés et montueux.
3582	EPIPACTIS — *latifolia*	♃	juillet, août	Presque toute la France.	Bois arides et pierreux.
3583	— *atrorubens*	♃	juin, juillet	Côte-d'Or ; Yonne ; Nièvre ; Cher ; Loiret ; Loir-et-Cher ; Paris : Lardy ; Aumale ; Ouest de la France ; Alpes ; Jura ; Lorraine ; Pyrénées.	— —
3584	— *microphylla*	♃	— —	Mautand près de Marseille ; Montpellier; Puy-de-Dôme; Saumur.	— —
3585	— *palustris*	♃	— —	Alsace ; Lorraine ; Paris ; centre de la France ; Ouest; Dauphiné : Grenoble, etc.; Pyrénées.	Prairies marécageuses.
3586	LISTERA — *ovata* EPIPACTIS *ov*. DC.	♃	mai - juillet	Alpes ; Jura ; Pyrénées ; Vosges ; centre de la France ; Toulon et presque toute la région méditerranéenne.	Bois et pâturages humides.
3587	LIST. *cordata*	♃	— —	Jura ; Vosges : ballon de Giromagny; monts Dores ; Cantal ; mont Pilat ; Alpes ; Pyrénées.	Montagnes.
3588	NEOTTIA — *nidus-avis*	♃	mai, juin	Toute la France, excepté le Midi.	Bois, lieux ombragés.
3589	LIMODORUM — *abortivum* Var. *abbreviatum*	♃ ♃	mai - juillet — —	Toute la France ; Corse. Corse : Bonifacio.	Clairières des bois. Bois, collines, pelouses.
3590	EPIPOGIUM — *Gmelini* LIMODORUM *epipogium* DC.	♃	juillet, août	Hohneck (Hautes-Vosges) ; Haut-Jura ; Alpes du Dauphiné.	Montagnes.

Nos des Espèces	NOMS de GENRE ET D'ESPÈCE	Durée des Plantes	ÉPOQUE de FLEURAISON	LOCALITÉS OÙ CES ESPÈCES ONT ÉTÉ TROUVÉES EN FRANCE.	HABITATION de CES PLANTES.
3591	CORALLORHIZA — *innata*	♃	juin-août	L'Esperou (Gard) ; **Vagnier** (Vosges) ; Jura (région moyenne) ; Alpes du Dauphiné ; Pyrénées.	Montagnes.
3592	LIPARIS — *Lœselii* MALAXIS *Lœsel*. DC.	♃	juillet, août	Bordeaux : la Teste ; Normandie : Bayeux, Merville près de Caen, Falaise ; Paris ; Alsace : Haguenau ; Pleure (Jura) ; Lyon ; Grenoble.	Lieux marécageux.
3593	MALAXIS — *paludosa*	♃	— —	Loire-Inférieure ; la Trappe (Orne) ; Rambouillet (étang du Serisaye) ; Saint-Quentin (Somme) ; Alsace ; Vosges : Gérardmer, Liézey ; Forbach, Bitche.	Marais tourbeux.
3594	SERAPIAS — *cordigera*	♃	avril-juin	Ouest : Agen, Bayonne, Bordeaux, Nantes, Toulouse, Vannes ; Midi : Cannes, Fréjus, Toulon ; Corse.	Prés.
3595	— *cordigero-laxiflora*	♃	mai, juin	Loire-Inférieure ; Vendée, Morbihan.	—
3596	— *longipetalo-laxiflora*	♃	— —	Entre Auch et Mirande.	Prairies humides.
3597	— *longipetala*	♃	— —	Agen ; Orthez ; Toulouse ; Pyrénées centrales : prairies de l'Escaladieu près de Bagnères-de-Bigorre ; Grasse ; Landes (Tarn-et-Garonne) ; Corse : Ajaccio, Sartène.	—
3598	— *longipetalo-lingua*	♃	— —	Prairies de l'Escaladieu près Bagnères-de-Bigorre ; Pau.	—
3599	— *linguo-longipetala*	♃	— —	Prairies de l'Escaladieu près Bagnères-de-Bigorre.	—
3600	— *Lingua*	♃	— —	Ouest de la France : de Bayonne à Nantes, etc. ; Lot ; Albi ; Pyrénées centrales : vallée d'Aure, Bagnères-de-Bigorre ; Port-Vendres, Collioure ; Montpellier, Hyères ; Corse : Ajaccio, etc.	Prés.
3601	— *occultata*	♃	mai	Toulon.	Champs.

Nos des Espèces	NOMS de GENRE ET D'ESPÈCE	Durée des Plantes	ÉPOQUE de FLEURAISON	LOCALITÉS OÙ CES ESPÈCES ONT ÉTÉ TROUVÉES EN FRANCE.	HABITATION de CES PLANTES.
	ACERAS				
3602	— *anthropophora* OPHRYS *anthr.* DC.	♃	avril-juin	Toute la France.	Prés secs, pâturages arides.
3603	AC. *anthropophoro-militaris*	♃	mai, juin	Paris : forêt de Fontainebleau.	Bois.
3604	— *densiflora*	♃	avril, mai	Pyrénées-Orientales : Collioure, Perpignan ; Marseille, Toulon, Hyères, Fréjus, etc.; Corse : Ajaccio, Sartène.	—
3605	— *longibracteata*	♃	févr., mars	Fréjus, Hyères, Toulon, Marseille ; Corse : Ajaccio.	Collines arides.
3606	— *hircina* ORCHIS *hircina* DC.	♃	mai-juillet	Toute la France ; Corse.	Lieux pierreux et sablonneux.
3607	AC. *pyramidalis* ORCHIS *pyramidalis*	♃	— —	Toute la France.	Côtes arides, pelouses sèches.
3608	AC. *Duquesnii*	♃	juin	Saint-Laurent-du-Mont près Cambremer (Calvados..	Lieux pierreux.
	ORCHIS				
3609	— *papilionacea*	♃	—	Lyon : à la Pape ; Toulouse : rive gauche de la Garonne au-dessous de Portet : Corse : Ajaccio, Bastia, Bonifacio.	Prés, bois.
3610	— *Morio-papilionacea*	♃	—	Toulouse : Portet.	Prairies.
3611	— *Morio*	♃	mai, juin	Toute la France, excepté la région méditerranéenne.	Prairies et clairières des bois.
3612	— *picta*	♃	avril	Région méditerranéenne : Cannes, Hyères, Toulon, Marseille, Montpellier, Narbonne, Port-Vendres.	Prairies.
3613	— *Champagneuxii*	♃	mars	Hyères.	Coteaux shisteux.
3614	— *ustulata*	♃	mai, juin	Toute la France.	Coteaux herbeux.
3615	— *coriophora*	♃	— —	Alsace ; Lorraine ; Champagne ; Bourgogne ; Allier ; Creuse ; Saône-et-Loire ; Cher ; Loir-et-Cher ; Loiret ; Paris ; Eure ; Orne ; Manche ; Seine-Inférieure ; centre de la France ; le Vigan ; Pyrénées : Bagnéres-de-Bigorre, Mont-Louis, etc.; région méditerranéenne ; remonte les Alpes jusqu'à Gap ; Haute-Garonne : Leguevin, Portet.	Prairies.
	Var. *fragrans*	♃	— —	Chamboy Orne.	—
3616	— *tridentata*	♃	mars, avril	Lyon ; Toulouse.	—
	Var. *acuminata*	♃	— —	Luc Var. ; Corse : Bastia, Bonifacio.	—

Nos des Espèces	NOMS de GENRE ET D'ESPÈCE	Durée des Plantes	ÉPOQUE de FLEURAISON	LOCALITÉS OÙ CES ESPÈCES ONT ÉTÉ TROUVÉES EN FRANCE.	HABITATION de CES PLANTES.
	ORCHIS (Suite.)				
3617	— *Simia*	♃	mai, juin	Alsace ; Champagne ; Lorraine ; Paris ; Ouest : Bretagne : à la Grâce-de-Dieu près Courson, bois d'Ecoulandre ; Orne ; Eure ; Seine-Inférieure ; centre de la France ; Alpes du Dauphiné ; Lyon ; Toulouse, Pech-David, bords de l'Ariège, Portet.	Prés et bois secs.
3618	— *militaris*	♃	— —	Presque toute la France.	Prés, montagnes boisées.
3619	— *purpurea*	♃	— —	Ouest, centre et Nord de la France.	Prés, bois ombragés.
3620	— *purpureo-militaris*	♃	— —	Toulouse ; Nancy, etc.	— —
3621	— *simio-militaris*	♃	— —	Toulouse.	— —
3622	— *simio-purpurea*	♃	— —	Mantes.	— —
3623	— *globosa*	♃	juillet	Alpes du Dauphiné : le Sapey, Saint-Nizier, Guillestre ; Pyrénées ; Hautes-Vosges ; Jura (région des sapins) ; Cantal ; Haute-Loire.	Prairies des hautes montagnes.
3624	— *mascula*	♃	mai, juin	Toute la France.	Bois, prairies.
3625	— *parvifolia*	♃	juin	Agen : Durance, Boussé, vallon du pont du Cassé, Naux, rives du Touch ; Saint-Martin près de Toulouse.	Prés humides, bord des rivières.
3626	— *pallens*	♃	avril-juin	Grenoble : Saint-Eynard ; Gap : Rabou, bois Montet, les Bayards.	Montagnes, forêts.
3627	— *provincialis*	♃	avril	Collioure ; Port-Vendres ; Var : l'Estérel, Fréjus, Grasse, Hyères, Toulon ; Corse.	Bois, etc.
3628	— *laxiflora*	♃	mai, juin	Jura : Arbois, etc. ; Auvergne ; le Vigan ; Ouest : Haute-Garonne : Toulouse et Mont-de-Marsan, Napoléon-Vendée, Bordeaux ; Falaise, Lisieux, Argentan, Cherbourg, etc. ; Paris ; Rouen ; Caen ; centre de la France ; Pyrénées-Orientales : Banyuls, Prades, etc. ; Narbonne ; Montpellier ; Hyères ; Lyon.	Bois et prés humides.

Nos des Espèces	NOMS de GENRE ET D'ESPÈCE	Durée des Plantes	ÉPOQUE de FLEURAISON	LOCALITÉS OÙ CES ESPÈCES ONT ÉTÉ TROUVÉES EN FRANCE.	HABITATION de CES PLANTES.
	ORCHIS (Suite).				
3629	— *palustris*	♃	juin, juillet	Colmar; Strasbourg; Maine-et-Loire; Lisieux; Falaise; Paris; centre de la France; Côte-d'Or; Cher; Auvergne; Montpellier; Toulon.	Prés, bois, pâturages.
3630	— *Morio-laxiflora*	♃	mai, juin	Mâcon; Morbihan; Rennes; Beuvilliers près de Lisieux.	Prairies, bois.
3631	— *saccata*	♃	mars	Hyères.	Collines schisteuses
3632	— *sambucina*	♃	mai, juin	Bitche : versant oriental des Vosges ; Poisat près de Nantua (chaîne du Jura) ; Auvergne; le Vigan; centre de la France ; Alpes de Grenoble : Gap, Briançon, Lautaret.	Bois montueux, sur le grès ; hautes montagnes jusqu'à 2,000 mètres d'élévation.
3633	— *latifolia*	♃	— —	Toute la France.	Bois et prés humides.
3634	— *incarnata*	♃	— —	Ouest et Nord. Lorraine; Bitche ; Troyes ; Cantal ; Falaise ; Alençon ; Bayeux, Pont-l'Evêque, Percy, Plainville (Calvados) ; Nantes ; Gers ; Toulouse ; Agen ; Tarn.	Marais tourbeux.
3635	— *maculata*	♃	juin	Toute la France.	Bois, prés élevés.
3636	— *bifolia*	♃	mai, juin	Toute la France.	Bois, prés, etc., etc.
3637	— *montana*	♃	— —	Jura ; Lorraine ; Vosges ; Nièvre ; Côte-d'Or ; Ouest ; Alpes ; Pyrénées.	Bois, prés humides
3638	— *conopsea*	♃	juin, juillet	L'Espérou près du Vigan ; presque toute la France.	Prairies, coteaux, montagnes.
3639	— *odoratissima*	♃	mai, juin	Alsace ; Lorraine ; Haut-Jura ; Bugey ; Paris ; Aumale ; Orival ; Neufchâtel ; Rouen ; Vernon ; centre et Ouest de la France : marais de Surgères, etc.; Alpes ; Pyrénées.	Montagnes, etc.
3640	— *viridis*	♃	juin, juillet	Alsace ; Lorraine ; Hautes-Vosges ; Jura ; Paris ; centre de la France ; Auvergne; Alpes ; Pyrénées.	Prés humides des montagnes.
3641	— *albida*	♃	juin-août	Haut-Jura ; Hautes-Vosges ; Puy-de-Dôme ; monts Dores ; Cantal ; Mezenc; Alpes ; Pyrénées ; Rouen ; Falaise, Montmercy près de Mortrée (Orne).	— —

Nos des Espèces	NOMS de GENRE ET D'ESPÈCE	Durée des Plantes	ÉPOQUE de FLEURAISON	LOCALITÉS où ces espèces ont été trouvées en France.	HABITATION de ces plantes.
3642	HERMINIUM — *clandestinum* OPHRYS *monor-chis* DC.	2	mai - juillet	Alsace ; Jura ; Lorraine ; Paris ; Gisors ; Vernon ; Orbec, Vimoutiers, Lisieux ; Rouen ; Ouest de la France ; Côte-d'Or ; Alpes ; Pyrénées.	Coteaux arides, montagnes herbues.
3643	NIGRITELLA — *angustifolia* ORCHIS *nigra* DC.	2	juin, juillet	Alpes ; Pyrénées ; Jura ; Haute-Loire ; Puy-de-Dôme.	Sommités des montagnes.
3644	NIG. *suaveolens* ORCHIS *suaveol.* DC.	2	juillet, août	Jura : la Dôle, le Reculet, le Colombier ; Alpes du Dauphiné : la Moucherolle près de Grenoble.	— —
3645	OPHRYS — *aranifera*	2	avril-juin	Presque toute la France.	Coteaux herbus.
	Var. *atrata*	2	— —	Région méditerranéenne.	—
3646	— *Bertoloni*	2	avril, mai	Grasse ; Hyères ; Toulon.	Bois, pâturages.
3647	— *tenthredinifera*	2	— —	Corse : Bonifacio.	— —
3648	— *arachnites*	2	mai, juin	Presque toute la France.	Pâturages, collines incultes.
3649	— *apifera*	2	— —	Presque toute la France.	— —
3650	— *bombiliflora*	2	mars, avril	Corse : Bonifacio.	Pâturages.
3651	— *scolopax*	2	mars-mai	Sud-Ouest de la France : Toulouse, Agen, vallée de la Garonne, Dax, Montauban, etc. ; région méditerranéenne : source du Lez, Montpellier, Toulon.	Lieux frais.
3652	— *muscifera* — *myodes* DC.	2	mai, juin	Toute la France.	Coteaux incultes et terrains calcaires.
3653	— *fusca*	2	mai	Ouest : Charente : Cognac, Jarnac ; Gers : Puy-Casquier ; Toulouse ; Agen ; Provence : Hyères, Marseille, Toulon.	Bois, prés ombragés.
3654	— *lutea*	2	avril, mai	Ouest : Gers : Dax, Toulouse ; région méditerranéenne : Hyères, Marseille, Fontfroide près de Montpellier ; Corse : Bonifacio.	Prés.
3655	HYDROCHARIS — *Morsus-ranæ*	2	juillet, août	Ouest et Nord de la France ; Paris ; vallées de la Loire ; Bas-Allier ; Lorraine ; Alsace.	Mares, fossés et étangs.
3656	STRATIOTES — *aloïdes*	2	juin, juillet	Nord de la France · Lille.	Fossés.

Nos des Espèces	NOMS de GENRE ET D'ESPÈCE	Durée des Plantes	ÉPOQUE de FLEURAISON	LOCALITÉS OÙ CES ESPÈCES ONT ÉTÉ TROUVÉES EN FRANCE.	HABITATION de CES PLANTES.
3657	**VALLISNERIA** — *spiralis*	♃	août-octob.	Canal du Midi : de Toulouse à Arles et à Agde ; dans l'Hérault ; Bellegarde (Gard) ; Narbonne ; Orange ; remonte le Rhône jusqu'à Lyon ; Paris.	Fleuves, rivières, canaux.
3658	**TRIGLOCHIN** — *palustre*	♃	juin, juillet	Presque toute la France, à l'exception de la région méditerranéenne.	Prairies, marais tourbeux.
3659	— *Barrelieri*	♃	avril, mai	Bayonne, Lorient, la Teste-de-Buch, Vannes, Ouistreham ; côtes de la Méditerranée ; Corse.	Bords de l'Océan et de la Méditerranée.
3660	— *maritimum*	♃	juin, juillet	Littoral maritime ; marais salés de Dieuze, Vic, etc.	— —
3661	**SCHEUCHZERIA** — *palustris*	♃	mai, juin	Vosges ; Haut-Jura ; monts Dores ; Côte-d'Or ; Alpes ; Pyrénées.	Lacs, marais tourbeux.
3662	**POTAMOGETON** — *natans*	♃	juillet, août	Toute la France ; Corse.	Eaux stagnantes.
3663	— *fluitans*	♃	juillet-sept.	Toute la France.	Eaux stagnantes et courantes.
3664	— *polygonifolium*	♃	juin-août	Nord, Ouest et centre de la France.	Eaux stagnantes.
3665	— *spathulatum*	♃	juillet, août	Frontière de l'Alsace.	—
3666	— *rufescens*	♃	juin-août	Toute la France.	—
3667	— *gramineum*	♃	— —	Nord, Ouest et centre de la France.	—
3668	— *nitens*	♃	juillet, août	Haute-Vienne ; Orne ; Calvados.	—
3669	— *plantagineum*	♃	juin-août	Paris ; Calvados ; Manche ; Loire-Inférieure ; Bordeaux ; centre de la France ; Lyon ; Alpes ; Gap, etc.	—
3670	— *lucens*	♃	— —	Toute la France.	Eaux stagnantes et courantes.
3671	— *prælongum*	♃	juillet, août	Rives de l'Orne ; Pont-des-Verts, Pont-d'Ouilly.	Cours d'eau.
3672	— *perfoliatum*	♃	— —	Toute la France.	Rivières et étangs.
3673	— *crispum*	♃	juin-août	Toute la France.	Rivières, marais et étangs.
3674	— *compressum*	♃	juillet, août	Paris ; Loiret ; Caen ; St-Lô ; Nancy ; Verdun ; Strasbourg.	— —
3675	— *acutifolium*	♃	juin-août	Paris ; Haute-Vienne ; Loir-et-Cher ; Bordeaux ; Est et Nord-Ouest de la France ; Seine-Inférieure ; Calvados ;	Eaux stagnantes.

20

Nos des Espèces	NOMS de GENRE ET D'ESPÈCE	Durée des Plantes	ÉPOQUE de FLEURAISON	LOCALITÉS OÙ CES ESPÈCES ONT ÉTÉ TROUVÉES EN FRANCE.	HABITATION de CES PLANTES.
	(Suite.) POTAMOGETON			Lorraine; Alsace : Strasbourg, Belfort; Charvieux près de Lyon; Montbéliard (Doubs).	
3676	— obtusifolius	♃	juin-août	Haut et Bas-Rhin; Bordeaux; Nantes, Rennes; Caen, Vire, Falaise, et presque tout l'Ouest.	Eaux stagnantes.
3677	— pusillus	♃	— —	Presque toute la France.	Eaux courantes et stagnantes.
3678	— trichoides — monogynum (Gay)	♃	juillet, août	Paris ; Bordeaux ; Sarthe ; Ile-et-Vilaine ; Loire-Inférieure ; Maine-et-Loire ; Vendée ; Manche.	— —
3679	— pectinatum	♃	— —	Toute la France.	— —
3680	— marinum	♃	— —	Lac de Ligny près de Colmar (Basses-Alpes).	Eaux stagnantes.
3681	— densum	♃	juillet-sept.	Toute la France.	—
	ZANICHELLIA				
3682	— palustris	♃	mai, juin	Paris ; Ouest de la France ; Narbonne.	—
3683	— dentata	♃	mai-juillet	Presque toute la France ; canal du Midi (banquettes submergées).	—
	ATHENIA				
3684	— filiformis	♃	— —	Pérols, Mauguio, près de Montpellier.	Eaux saumâtres.
	CAULINIA				
3685	— fragilis	☉	juillet-sept.	Toute la France.	Rivières et eaux limpides.
	Najas minor DC. NAJAS				
3686	— major	☉	— —	Toute la France.	Eaux courantes et stagnantes.
	POSIDONIA				
3687	— caulini	♃	avril, mai	Rade de Toulon.	Bas-fonds de la Méditerranée.
	RUPPIA				
3688	— maritima	♃	août, sept.	Agde, Béziers, Marseille, Montpellier, Toulon; Nantes, la Teste, etc.; l'Heure près du Havre.	Rivages de la Méditerranée et de l'Océan ; mares.
3689	— rostellata	♃	août-octob.	Bords de l'Océan ; Caen ; Cherbourg ; Lessay ; Burthecourt, Marsal (Meurthe).	Eaux salées.
3690	— brachypus	♃	août	Castignaux près de Toulon.	—
	ZOSTERA				
3691	— marina	♃	juin, juillet	Bords de l'Océan et de la Méditerranée.	Côtes vaseuses.
	Var. angustifolia	♃	— —	La Teste près de Bordeaux; Cette.	—

Nos des Espèces	NOMS de GENRE ET D'ESPÈCE	Durée des Plantes	ÉPOQUE de FLEURAISON	LOCALITÉS où CES ESPÈCES ONT ÉTÉ TROUVÉES EN FRANCE.	HABITATION de CES PLANTES.
	ZOSTERA (Suite.)				
3692	— *nana*	♃	juin, juillet	Golfe du Morbihan ; bassin d'Arcachon ; Montpellier.	Plages de l'Océan et de la Méditerranée.
	LEMNA				
3693	— *trisulca*	☉	avril, mai	Toute la France.	Mares, eaux stagnantes.
3694	— *minor*	☉	avril-juin	Toute la France.	— —
3695	— *gibba*	☉	— —	Toute la France.	— —
3696	— *polyrhiza*	☉	mai, juin	Toute la France.	— —
3697	— *arhiza*	☉	— —	Angers ; Nantes ; Tours ; Paris.	— —
	ARUM				
3698	— *Dracunculus*	♃	— —	Ouest de la France? Midi : Toulon ; Corse.	Lieux ombragés et incultes.
3699	— *muscivorum*	♃	— —	Corse, îles Sanguinaires, île Lavezzia, Tavignano.	Lieux frais.
3700	— *maculatum* — *vulgare* DC.	♃	avril, mai	Toute la France.	Bois, haies.
3701	— *italicum*	♃	— —	De Cherbourg à Bayonne ; région méditerranéenne.	— —
3702	— *pictum*	♃	octobre	Corse : Ajaccio, Bonifacio, etc.	Lieux ombragés.
3703	— *arisarum*	♃	avril; octob.	Région méditerranéenne ; Corse.	Lieux ombragés et pierreux.
	CALLA				
3704	— *palustris*	♃	juin, juillet	Alsace et Lorraine : Bitche, Haspelscheidt, Reverswiller, Sturzelbronn, Zinswiller ; Vosges : Gerardmer, Grange.	Marais.
	ACORUS				
3705	— *calamus*	♃	— —	Alsace ; Lorraine ; Alpes ; Jura : Pont-de-Beauvoisin ; Pyrénées ; Ouest de la France : Rennes, etc.; Prunier : étang du Grand-Tertre (Loir-et-Cher).	Rivières, ruisseaux, eaux stagnantes.
	TYPHA				
3706	— *latifolia*	♃	juin-août	Toute la France.	Eaux stagnantes.
3707	— *Suttlworthii*	♃	juillet, août	Lyon ; Var.	—
3708	— *angustifolia*	♃	juin-août	Midi et Nord de la France.	—
3709	— *glauca*	♃	juillet	Villers-lès-Nancy.	Mares.
3710	— *minima*	♃	mai, juin	Strasbourg (bords du Rhin); Grenoble ; Rémoléon près de Gap ; Lyon ; Avignon ; Var.	Bords des eaux.
3711	— *gracilis*	♃	août, sept.	Lyon.	Iles du Rhône.
	SPARGANIUM				
3712	— *ramosum*	♃	juin-août	Toute la France.	Eaux stagnantes.

Nos des Espèces	NOMS de GENRE ET D'ESPÈCE	Durée des Plantes	ÉPOQUE de FLEURAISON	LOCALITÉS OÙ CES ESPÈCES ONT ÉTÉ TROUVÉES EN FRANCE.	HABITATION de CES PLANTES.
	(Suite.) **SPARGANIUM**				
3713	— *simplex*	♃	juin-août	Toute la France.	Eaux stagnantes.
3714	— *natans*	♃	août	Vosges : Gérardmer, etc. ; Nantes ; Vannes.	Lacs.
3715	— *minimum*	♃	—	Alsace : Strasbourg, Haguenau, etc. ; Bitche ; Côte-d'Or ; Charvieux (Isère) ; Paris ; Nantes ; Deux-Sèvres ; Bordeaux ; Pyrénées : Mt-Louis, lac de Carlitte, pied de la Maladette, ports de Bénasque, de Pinède, pic du Midi de Bigorre.	Marais des plaines, lacs des montagnes.
	JUNCUS				
3716	— *conglomeratus*	♃	juin-août	Toute la France.	Lieux humides.
3717	— *diffusus*	♃	— —	Lyon ; Mont-Louis, etc.	—
3718	— *effusus*	♃	— —	Toute la France ; Corse.	—
3719	— *glaucus*	♃	— —	Toute la France.	—
3720	— *paniculatus*	♃	— —	Cannes, Montpellier, Narbonne ?	Région méditerranéenne.
3721	— *arcticus*	♃	août, sept.	Alpes du Dauphiné : mont Viso, col de l'Echauda.	Hautes montagnes.
3722	— *filiformis*	♃	juin, juillet	Hautes-Vosges ; Haute-Auvergne : monts Dores, Cantal ; chaîne du Forez ; le Pilat ; le Mezenc ; sources de la Loire et de l'Allier ; Alpes ; Pyrénées.	—
3723	— *acutus*	♃	mai, juin	Littoral de l'Océan et de la Méditerranée.	Rivages de la mer.
3724	— *maritimus*	♃	juin-août	Littoral de l'Océan et de la Méditerranée.	— —
3725	— *Jacquini*	♃	août, sept.	Hautes-Alpes du Dauphiné : mont Viso au vallon des Vaches, à la Traversette, col de Péas, col Agnel.	Hautes montagnes.
3726	— *triglumis*	♃	— —	Hautes-Alpes du Dauphiné : Lautaret, mont Viso, mont Genèvre, montagnes de l'Arche et de Briançon ; Hautes-Pyrénées : montagnes de Castanèze.	—
3727	— *trifidus*	♃	août	Hautes-Alpes du Dauphiné : Lautaret, mont Viso, la Bérarde, Villars-d'Arène, mont Gondran, glaciers du Bec ; Hautes-Pyrénées : val d'Eynes, Canigou, Mont-Louis, Esquierry, Eaux-Bonnes.	—

Nos des Espèces	NOMS de GENRE ET D'ESPÈCE	Durée des Plantes	ÉPOQUE de FLEURAISON	LOCALITÉS OÙ CES ESPÈCES ONT ÉTÉ TROUVÉES EN FRANCE.	HABITATION de CES PLANTES.
	JUNCUS (Suite.)				
3728	— *pygmeus*	⊙	mai - juillet	Tout l'Ouest de la France de Dunkerque à Bayonne ; centre de la France ; région méditerranéenne : Nîmes ; Cette, etc. ; Toulon ; Narbonne ; Corse : Ajaccio, Bonifacio.	Mares, étangs.
3729	— *capitatus*	⊙	— —	Ouest et centre de la France ; région méditerranéenne ; Corse.	Lieux humides.
3730	— *supinus*	♃	juin-août	Nord, Ouest et centre de la France.	—
3731	— *heterophyllus*	♃	juin-sept.	La Brenne et Mézières (Indre) ; Cour-Cheverni (Loir-et-Cher) ; Sologne ; Maine-et-Loire ; Vendée ; Nantes ; Bordeaux ; la Teste ; Saint-Sever ; Corse : Bonifacio.	—
3732	— *lampocarpus*	♃	juin-août	Toute la France.	—
3733	— *lagenarius*	♃	mai, juin	Région méditerranéenne : Avignon ; Manduel près de Nîmes ; Narbonne, Toulon.	—
3734	— *striatus*	♃	— —	Narbonne.	—
3735	— *sylvaticus*	♃	juin-août	Toute la France.	Lieux humides et marécageux.
3736	— *anceps*	♃	— —	Cher ; Loir-et-Cher ; Maine-et-Loire ; Montpellier ; Nièvre ; Sarthe.	— —
3737	— *alpinus*	♃	juillet, août	Alpes ; Pyrénées ; Auvergne ; Jura ; Vosges ; Lyon ; Strasbourg.	Marais.
3738	— *obtusiflorus*	♃	juin-août	Toute la France.	Lieux humides et marécageux.
3739	— *squarrosus*	♃	juin, juillet	Toute la France.	Lieux humides et sablonneux.
3740	— *tenuis*	♃	juillet, août	Loire-Inférieure : Orvault ; Port-Dusand.	Lieux humides.
3741	— *multiflorus*	♃	mai, juin	Montpellier ; Narbonne ; Toulon ; Corse : Ajaccio, Bonifacio.	—
3742	— *compressus* — *bulbosus* DC.	♃	juin-sept.	Toute la France. (Voir le *Species*, de Linné, 1re et 2e édition.)	—
3742	— *Gerardi*	♃	juin-août	Auvergne ; le Vigan ; Pyrénées-Orientales : Mont-Louis, etc.	Id. et marais salés de l'Ouest et du Midi.
3744	— *bicephalus*	⊙	avril, mai	Corse : en face de l'île Cavaille, Saint-Manza près de Bonifacio.	Marais salés.

Nos des Espèces	NOMS de GENRE ET D'ESPÈCE	Durée des Plantes	ÉPOQUE de FLEURAISON	LOCALITÉS OÙ CES ESPÈCES ONT ÉTÉ TROUVÉES EN FRANCE.	HABITATION de CES PLANTES.
	(Suite.) **JUNCUS**				
3745	— *tenageya*	⊙	juin-août	Toute la France.	Lieux humides et sablonneux.
3746	— *bufonius*	⊙	mai-août	Toute la France.	Lieux humides.
	LUZULA				
3747	— *pilosa*	♃	mars, avril	Toute la France.	Bois montueux.
3748	— *Forsteri*	♃	avril, mai	Toute la France.	Bois.
3749	— *flavescens*	♃	juin, juillet	Jura ; Pyrénées-Orientales : Canigou ; Pyrénées-Occidentales : pic de Gère, etc.; Alpes calcaires du Dauphiné.	Hautes montagnes.
3750	— *sylvatica*	♃	mai, juin	Presque toute la France.	Bois.
3751	— *Desvauxii*	♃	juillet, août	Monts Dores ; Cantal ; mont Mezenc (Ardèche) ; Prats-de-Mollo.	Hautes montagnes.
3752	— *spadicea*	♃	— —	Alpes ; Hautes-Vosges ; Pyrénées.	—
3753	— *albida*	♃	juin, juillet	Alsace ; Vosges ; Lorraine ; Jura ; Côte-d'Or ; Pyrénées ; Corse ?	Hautes montagnes; bois.
3754	— *nivea*	♃	juin-août	Alpes ; Auvergne ; Cantal ; Lozère ; Puy-de-Dôme ; Pyrénées ; Revigny près de Lons-le-Saunier (région des vignes) ; Corse.	Hautes montagnes.
3755	— *lutea*	♃	juillet, août	Alpes du Dauphiné ; Pyrénées : val d'Eynes, etc.	—
3756	— *campestris*	♃	mars-mai	Toute la France.	Pâturages secs, lieux incultes.
3757	— *multiflora*	♃	mai, juin	Toute la France.	Bois et prairies des montagnes.
	Var. *congesta* DC.	♃	— —	Régions alpines.	Pâturages élevés.
3758	— *spicata*	♃	juin-août	Hautes-Alpes du Dauphiné ; Hautes-Pyrénées ; la Dôle (Jura) ; montagnes du Vigan ; monts Dores ; Cantal ; Lozère ; Corse : monte Rotundo.	Sommets des montagnes.
3759	— *pediformis*	♃	août	Alpes du Dauphiné ; Hautes-Pyrénées.	Hautes montagnes.
	CYPERUS				
3760	— *longus*	♃	juillet, août	Région méditerranéenne ; Ouest de la France de Bayonne au Havre ; vallée de la Loire et de ses affluents ; vallée du Rhône jusqu'à Lyon, de l'Ardèche, du Gardon, de la Garonne ;	Fossés, prés humides, etc.

Nos des Espèces	NOMS de GENRE ET D'ESPÈCE	Durée des Plantes	ÉPOQUE de FLEURAISON	LOCALITÉS OÙ CES ESPÈCES ONT ÉTÉ TROUVÉES EN FRANCE.	HABITATION de CES PLANTES.
	CYPERUS (Suite.)			Paris : Gentilly, Mennecy, Nemours, Dreux ; Saulon et Premaux (Côte-d'Or).	
3761	— *badius*	♉	juillet, août	Narbonne, Argelès ; Corse : Ajaccio.	Lieux humides.
3762	— *olivaris*	♉	août, sept.	Toulon, Perpignan ; Aléria, Bastia, Corté.	Pâturages maritim.
3763	— *aureus*	♉	août-octob.	Toulon ; Corse : Bastia, Bonifacio, Corté.	—
3764	— *fuscus*	☉	juillet, août	Presque toute la France.	Lieux sablonneux humides.
3765	— *schœnoides*	♉	juin, juillet	Agde, Aigues-Mortes, Cannes, Cette, Collioure, Fréjus, Grasse, Marseille, Montpellier, Toulon; Corse: Balistra, Bastia.	Sables maritimes des bords de la Méditerranée.
3766	— *Monti*	♉	juillet, août	Arles, Avignon, Fréjus, Toulon : Montpellier ; Sylveréal (Gard) ; Grenoble et Villette-d'Anthon (Isère) ; Lyon ; Bayonne ; Dax, Mont-de-Marsan, Peycherades (Landes) : Blaye, Lassourges (Gironde).	Marais, lieux humides de la région méditerranéenne.
3767	— *flavescens*	♉	— —	Presque toute la France.	Lieux humides et sablonneux.
3768	— *globosus* — *fascicularis* DC.	♉	juill.-octob.	Cannes, bords du Var.	Rivières.
3769	— *distachyos*	♉	juin-sept.	Pont du Var.	Bord des rivières.
3770	SCHOENUS — *ferrugineus*	♉	mai, juin	Chaîne du Jura ; Voulaines (Côte-d'Or) ; Alpes du Dauphiné : Gap, Grenoble.	Lieux tourbeux des montagnes.
3771	— *nigricans*	♉	— —	Côtes de l'Océan et de la Méditerranée ; Corse ; intérieur des terres ; Alpes ; Hautes-Pyrénées.	Sables maritimes ; marais tourbeux.
3772	CLADIUM — *mariscus* SCHOENUS *mariscus* Brown.	♉	juillet, août	Côtes de la Méditerranée et de l'Océan ; Corse ; vallée du Rhône jusqu'à Lyon ; Poligny, Vancy près d'Arbois ; Saulon, Limpré et Arcelot (Côte-d'Or) ; Strasbourg, Wissembourg; Ramberviller ; forêt d'Argonne ; Rheims ; Paris ; Lille ; vallée de la Loire et affluents ; Auvergne ; Auch.	Marais.

Nos des Espèces	NOMS de GENRE ET D'ESPÈCE	Durée des Plantes	ÉPOQUE de FLEURAISON	LOCALITÉS OÙ CES ESPÈCES ONT ÉTÉ TROUVÉES EN FRANCE.	HABITATION de CES PLANTES.
3773	ERIOPHORUM — *alpinum*	♃	avril, mai	Pontarlier, lac des Rousses, le Reculet, Colliard près de Nantua ; M^{ts} Dores ; Prade-Bouc, Plomb-de-Cantal, sources de l'Allagnon.	Lieux tourbeux des montagnes.
3774	— *scheuchzeri*	♃	juillet, août	Hautes-Alpes ; la Pra et Revel près de Grenoble, Lautaret, Villars-d'Arène, Galibier, col de Vars, mont Viso, lac du Lauzonnier.	Tourbières des hautes montagnes.
3775	— *vaginatum*	♃	avril, mai	Vosges ; Alsace et Lorraine : Haguenau, Schlelstad, Sarrebourg, Bruyères ; Autun ; chaîne du Jura à Pontarlier, Bélieu, les Rousses, Colliard près de Nantua ; montagnes du Forez ; monts Dores ; Cantal ; Lozère : à l'Espérou ; Paris : forêt de Sénart, Saint-Léger, Montfort-L'Amaury ; Rouen : Forges, Sourdeval, Jurques ; le Mans ; Nantes ; Blain, marais de Loigné près Sucé, Chaloché, Pouancé et Landes de Seiches (Maine-et-Loire).	Tourbièr. des montagnes.
3776	— *gracile*	♃	mai, juin	Huningue, Strasbourg ; vallées des Vosges ; marais de la Bisten, bois de Woippy près de Metz ; Saulieu ; Autun ; Paris : Rambouillet, Saint-Léger, Montfort-l'Amaury, Melun, Moret, Nemours, etc.; Emmerin près de Lille ; Forges-les-Eaux (Seine-Inférieure); le Mans; Nantes ; Naye, la Verrière, Séverac ; Angers, Chaumont, Combrée, le Louroux, la Breille, Juigné-sur-Loire, Saint-Augustin ; Vendée : Saint-Florent-des-Bois, marais de Billy et de la Bauduère ; lacs des monts Dores, Narse-d'Espinasse ; Ahun et Vierzon (Creuse) ; montagnes d'Aubrac ; mont Genèvre.	Marais tourbeux.

Nos des Espèces	NOMS de GENRE ET D'ESPÈCE	Durée des Plantes	ÉPOQUE de FLEURAISON	LOCALITÉS OÙ CES ESPÈCES ONT ÉTÉ TROUVÉES EN FRANCE.	HABITATION de CES PLANTES.
	(Suite.) *ERIOPHORUM*				
3777	— *angustifolium*	♃	avril, mai	Presque toute la France.	Prairies tourbeuses
3778	— *latifolium*	♃	— —	Presque toute la France.	Prairies maréca- geuses.
	FUIRENA				
3779	— *pubescens* Scirpus *pubesc.* DC.	♃	mai, juin	Corse : entre Ajaccio et Bo- cognano.	Rochers humides.
	SCIRPUS				
3780	— *sylvaticus*	♃	juin, juillet	Toute la France.	Lieux humides.
3781	— *radicans*	♃	juillet, août	Bitche, Haspelscheidt.	Lieux marécageux et tourbeux.
3782	— *Michelianus*	☉	— —	Iles et rives de la Loire de son embouchure à Decize ; sables du Cher à Saint- Florent ; St-Didier (Saône- et-Loire) ; Dijon : Arnay, Boncourt, étangs de Ci- teaux ; Lyon, Mâcon (bords de la Saône) , Landes : Dax, Peyrehohade, Mont- de-Marsan.	Lieux humides.
3783	— *maritimus*	♃	— —	Toute la France.	Bords de la mer et intérieur des terres.
	Var. *digynus*	♃	— —	Environs de Nancy.	Champs inondés pendant l'hiver.
3784	— *compressus* — *caricis* DC.	♃	— —	Presque toute la France.	Prairies humides.
3785	— *holoschœnus*	♃	— —	Côtes de la Méditerranée ; vallée du Rhône jusqu'à Montélimart ; vallées des Alpes jusqu'à Gap et Gre- noble, des Pyrénées-Orien- tales jusqu'à Olette ; riva- ges de la Corse ; vallée de la Garonne, dans les Lan- des et la Gironde ; côtes de l'Océan jusqu'à l'embou- chure de la Loire.	Lieux humides.
3786	— *lacustris*	♃	juin, juillet	Toute la France.	Lieux marécageux.
3787	— *Duvalii*	♃	— —	Strasbourg, Benfeld, Rhi- nau ; Lyon ; rives de la Loire au-dessous de Nantes.	Bords des eaux.
3788	— *triqueter*	♃	— —	Aigues-Mortes, Cette, Hyé- res, Montpellier, Narbonne ; Corse : Bonifacio.	Marais des côtes de la Méditerra- née.
3789	— *Pollichii* — *triqueter* DC.	♃	juillet, août	Iles du Rhin près de Stras- bourg, Rhinau, Benfeld, Gertheim , Neufbrisach ; Mâcon ; Lyon ; Grenoble,	Marais, iles, bords des cours d'eau.

Nos des Espèces	NOMS de GENRE ET D'ESPÈCE	Durée des Plantes	ÉPOQUE de FLEURAISON	LOCALITÉS OÙ CES ESPÈCES ONT ÉTÉ TROUVÉES EN FRANCE.	HABITATION de CES PLANTES.
	SCIRPUS (Suite.)			Avignon ; marais de Saint-Louis et canal de Bridaire (Charente-Inf^re) ; bords et îles de la Loire au-dessous de Nantes ; Caen, Rouen, Bayeux.	
3790	— *Rothii* — *tenuifolius* DC.	♃	juillet, août	Bords de l'Océan ; marais maritimes de la Somme, du Calvados et de la Manche ; Lorient et marais d'Intel (Morbihan) ; Nantes et la vallée de la Loire jusque dans Maine-et-Loire ; Sables-d'Olonne ; littoral de la Charente-Inf^re et bords de la Charente ; la Teste, étang de Cazan et Panillac (Landes) ; Agen, Lyon ; Huningue (bords du Rhin).	Marais des côtes de l'Océan et de la Manche ; bords des rivières et des étangs.
3791	— *mucronatus*	♃	— —	Champ-Rougier (Jura) ; Lyon ; Charvieux (Isère) ; Camargue ; Bayonne et Peyrehorade (Landes) ; la Teste, Coutras, Gujan, etc. (Gironde).	Eaux stagnantes.
3792	— *supinus*	○	— —	Colmar, Strasbourg ; Citeaux, Nuits et Boncour (Côte-d'Or) ; Gergy (Saône-et-Loire) ; Bourgoin (Isère) ; Ligueil (Indre-et-Loire) ; Lyon ; Montbrison ; étang aux Dames, lac de Sing, Saint-Firmin-sur-Loire ; Versailles et étangs de Saint-Hubert.	Sables et gravier au bord des eaux.
3793	— *setaceus*	♃ ○	— —	Toute la France.	— —
3794	— *Savii*	○	mai-juillet	Bords de l'Océan et de la Méditerranée de Bayonne à Boulogne et de Narbonne à Hyères ; forêt des Maures et hameau des Mayons (Var) ; Antibes ; Corse : Ajaccio, Bastia, Bonifacio, Saint-Florent, Tizzano.	Marais et rochers humides au bord de la mer.
3795	— *fluitans*	♃	juillet-sept.	Tout l'Ouest de la France, de Bayonne à l'embouchure de la Seine ; marais de Santes près de Lille ; Paris : Lardy, Saint-Léger, Saint-	Marais, eaux stagnantes.

Nos des Espèces	NOMS de GENRE ET D'ESPÈCE	Durée des Plantes	ÉPOQUE de FLEURAISON	LOCALITÉS OÙ CES ESPÈCES ONT ÉTÉ TROUVÉES EN FRANCE.	HABITATION de CES PLANTES.
	SCIRPUS (Suite.)			Germain, Fontainebleau; Orléans; le Mans; Poitiers; Châtellerault; Limoges; Ahun, Aubusson et Chambrant (Creuse); Moulins, Lapalisse; Rein-du-Bois (Cher); Saulieu (Côte-d'Or); Sampigny (Meuse).	
3796	— *parvulus*	2	juillet-sept.	Bayonne, Biaritz, Saint-Jean-de-Luz, la Teste, Arcachon; Auray, Brest, Vannes; Penestin (Morbihan); Banyuls-sur-Mer (Pyrénées-Orientales).	Plages maritimes, eaux saumâtres.
3797	— *pauciflorus* — *Bœothryon* DC.	2	juin, juillet	De Bayonne à l'embouchure de la Seine; Angers; le Mans; Tours; Paris; Sarthe; Loir-et-Cher; Nièvre; Cher; Indre; Clermont-Ferrand; Florac (Lozère); Lyon; Marbotte et Saint-Agnan près de Saint-Mihiel (Lorraine); Colmar, Strasbourg; Alpes; Pyrénées.	Marais; côtes de l'Océan.
3798	— *cæspitosus*	2	mai, juin	Presque toute la France; Corse.	Lieux tourbeux.
3799	ELEOCHARIS — *palustris* SCIRPUS *palust.* DC.	2	juin-août	Toute la France.	Marais, prés humides.
3800	ELEOC. *uniglumis* SCIRPUS *uniglumis*	2	— —	Strasbourg; Lorraine: Bisten, Bitche, Bruyères, Château-Salins, Grandrupt, Pont-à-Mousson et Saint-Mihiel; marais de Saint-Brice (Marne); Paris: Enghein, Saint-Germain, forêt de Sénart, Mennecy, Saint-Léger, Dreux, Nemours, la Ferté-Milon, Villers-Cauterets, Crépy-en-Valois; Falaise, Gatteville (Manche); Nantes; Anjou; Nièvre; Creuse; Cher; Indre; Loir-et-Cher; Saône-et-Loire; marais de Saône (Doubs); Barcelonnette, Gap, Grenoble; Auvergne; Mont-Louis.	Marais, prairies tourbeuses.
3801	EL. *multicaulis* SCIRPUS *multic.* DC.	2	— —	Tout l'Ouest de Bayonne à Dunkerque; vallées de la	Prairies tourbeuses

Nos des Espèces	NOMS de GENRE ET D'ESPÈCE	Durée des Plantes	ÉPOQUE de FLEURAISON	LOCALITÉS OÙ CES ESPÈCES ONT ÉTÉ TROUVÉES EN FRANCE.	HABITATION de CES PLANTES.
	(Suite.) ELEOCHARIS			Loire et de ses affluents ; Falaise, Vire, Rouen, Yvetot ; Amiens ; Paris ; Verdun, Lunéville ; Lyon ; Grenoble ; Lozère ; Tulle.	
3802	— *ovata* SCIRPUS *ovatus* DC.	☉	juin, juillet	Strasbourg, Ostheim, Eckboscheim , Niederbronn ; Bitche, Sarrebourg, Ramberviller, Bruyères, Lunéville, Metz, forêt d'Argonne ; Paris : Meudon, Saint-Léger, Charly, Marcoussis ; Sologne ; Alençon ; le Mans ; Tours ; Maine-et-Loire : Pouancé, Challain, la Breille , Saint-Léger-des-Bois ; Napoléon-Vendée ; Romorantin (Loir-et-Cher) ; Mézières , Ségry, forêt de Chœurs (Indre) ; Neuvy-le-Barrois (Cher) ; Nièvre ; Autun , Cluny, Igornay, Gergy, Issy-l'Evêque (Saône-et-Loire) ; Saulieu, Nuits, Citeaux (Côte-d'Or) ; Frahier (Haute-Saône) ; Jura ; Bresse ; Lyon.	Bords des étangs, tourbières, lieux inondés pendant l'hiver.
3803	EL. *acicularis* SCIRPUS *acicul.* DC.	☉	juin-août	Toute la France.	Marais, bords des cours d'eau.
3804	FIMBRISTYLIS — *laxa* SCIRP. *annuus* DC.	☉	juillet, août	Rives du Var près de son embouchure.	Prairies.
3805	RHYNCHOSPORA — *alba* SCHÆNUS *albus* DC.	♃	juin, juillet	Presque toute la France.	Prairies tourbeuses
3806	RHYNCH. *fusca* SCHÆN. *fuscus* DC.	♃	— —	Bitche, Sampigny (Lorraine) ; Paris : Rambouillet, Saint-Léger ; Sologne ; le Mans ; Lille ; Laisney, marais de Brianze ; Nantes ; Chaloché, Angers ; Rein-du-Bois (Cher) ; Limoges, Surgères (Charente-Infre) ; Landes ; Hautes-Pyrénées : lac de Lourdes.	Marais tourbeux.
3807	ELYNA — *spicata* CAREX *bellardi* DC.	♃	juin-août	Alpes : col de l'Arche près Grenoble, Lautaret, Revel, Galibier, mont Viso.	Sommités des hautes montagnes.

Nos des Espèces	NOMS de GENRE ET D'ESPÈCE	Durée des Plantes	ÉPOQUE de FLEURAISON	LOCALITÉS OÙ CES ESPÈCES ONT ÉTÉ TROUVÉES EN FRANCE.	HABITATION de CES PLANTES.
	CAREX				
3808	— *dioica*	♃	avril, mai	Vallées de l'Oise, de l'Ourcq, de l'Anthonne, du Loing, de l'Essonne, de l'Ivette ; Chambord ; Saulieu et la Roche-en-Breuil ; tourbières de Pontarlier, de Bélieu, des Guinots (Doubs) ; Lyon ; marais de Billy (Vendée).	Prés tourbeux.
3809	— *Davalliana*	♃	— —	Alsace, chaîne des Vosges, Lunéville, Nancy ; Livry, Troyes, Rheims (Champagne) ; vallée de l'Ourq : Mareuil, Silly-la-Poterie ; Montigny-Lallier (Aisne) ; Dijon ; Lyon ; chaîne du Jura ; Alpes du Dauphiné et de la Provence ; Pyrénées centrales et occidentales.	—
3810	— *pulicaris*	♃	mai, juin	Presque toute la France.	—
3811	— *decipiens*	♃	juillet-sept.	Pyrénées : au-dessus de Cauterets, port de Marcadau, port de la Picade, port de Bénasque, Eaux-Bonnes, lac du Maine, lac de Gaube, mont Laid, mont de Béost, col de Tortos, pic de Cagyre.	Lieux secs.
3812	— *pyrenaica*	♃	juillet, août	Canigou : à la Jace de Cady, Cambredase, vallée d'Eynes, Llaurènti, portell de la Noux, Carlitte, col de Tortos, Gavarnie, ports d'Oo et de Bénasque, Esquierry, pic du Midi, lac Bleu, vallée de Galbe, port de la Picade, mont de Béost.	Pelouses des hautes montagnes.
3813	— *pauciflora*	♃	juin, juillet	Vosges : Hohneck, chaumes de Périr, Gaz-Martin, Firschmss, Retournemer, Lispach, Gerardmer ; Jura : Pontarlier, le Bélieu, Montbéliard, le Russey, Bonnétage, Saint-Julien, montagnes du Forez ; monts Dores ; montagnes d'Aubrac ; Alpes du Dauphiné : Prémol, Villars-de-Lans.	Prairies tourbeuses des montagnes.
3814	— *rupestris*	♃	juillet, août	Hautes-Alpes du Dauphiné : Lautaret, col de l'Arc près Grenoble, Villars-d'Arène,	Fissur. des rochers, glaciers, sommets des montagnes.

Nos des Espèces	NOMS de GENRE ET D'ESPÈCE	Durée des Plantes	ÉPOQUE de FLEURAISON	LOCALITÉS OÙ CES ESPÈCES ONT ÉTÉ TROUVÉES EN FRANCE.	HABITATION de CES PLANTES.
	CAREX (Suite).			glaciers de la Grave, sommet du Galibier, mont Aurouse, mont Ventoux ; Pyrénées : Castanèze, Esquierry, Llaurenti, pic de Gers.	
3815	— *chordorrhiza*	♃	mai, juin	Sources du Doubs, Bélieu, Pontarlier (Jura) ; monts Dores ; montagnes d'Aubrac (Lozère).	Tourbièr. des montagnes.
3816	— *fœtida*	♃	juillet, août	Alpes du Dauphiné : Lautaret, Revel près de Grenoble, Sept-Laus, Villars-d'Arène, Galibier, la Bérarde, Briançon, mont Viso ; Pyrénées : Esquierry.	Lieux humides des montagnes.
3817	— *divisa*	♃	mai, juin	Toute la France.	Lieux humides.
3818	— *setifolia*	♃	avril, mai	Cette, Pérols près Montpellier, Maguelone ; Aix ; Marseille ; Toulon ; Céret.	Lieux secs et sablonneux.
3819	— *disticha*	♃	mai, juin	Toute la France.	Prés humides.
3820	— *arenaria*	♃	mai – juillet	De Bayonne à Dunkerque ; Paris ; Rouen ; Marne.	Sables, côtes de l'Océan, etc.
3821	— *ligerica*	♃	avril, mai	Nevers, Blois, Orléans, Nantes ; coteau de Levy près de Dampierre (Paris).	Bords de la Loire, etc.
3822	— *schreberi*	♃	— —	Ouest de la France : vallée de la Loire de Paimbeuf à Orléans ; Paris ; Colmar, Strasbourg ; Lyon ; Moulins ; Auvergne ; Lozère ; Gard ; Avignon, Hyères.	Terrains herbeux et sablonneux.
3823	— *brizoides*	♃	mai, juin	Strasbourg, Brumath, Haguenau ; Metz, Lunéville, Chamagne (Vosges) ; Besançon, Dole, Arc-les-Salines ; Auxonne, Citeaux (Côte-d'Or) ; Grenoble ; Montmorillon (Vienne) ; Cervan et Montreillan (Nièvre) ; Mt-de-Marsan, St-Jean-Pied-de-Port ; Eaux-Bonnes, Bagnères-de-Bigorre.	Bois humides.
3824	— *vulpina*	♃	— —	Toute la France.	Marais, prés humides et tourbeux, fossés, etc.
3825	— *muricata*	♃	— —	Toute la France.	Prés, bois.
3826	— *divulsa*	♃	— —	Toute la France.	Bois.
3827	— *paniculata*	♃	— —	Toute la France.	Prairies spongieuses.

Nos des Espèces	NOMS de GENRE ET D'ESPÈCE	Durée des Plantes	ÉPOQUE de FLEURAISON	LOCALITÉS OÙ CES ESPÈCES ONT ÉTÉ TROUVÉES EN FRANCE.	HABITATION de CES PLANTES.
	CAREX (Suite.)				
3828	— *paradoxa*	♃	mai, juin	Paris : Malesherbes, Lardy, Mennecy, Nemours ; la Ferté-Milon, Duison, Marines ; Haubourdin près Lille ; Vire, Falaise, Mortain ; Rheims, Troyes ; Strasbourg, Mulhouse ; Besançon, Pontarlier, Audincourt, marais de Saône ; Lyon ; Saint-Urcisse près de Monclar ; St-Aignan (Loir-et-Cher).	Prairies tourbeuses
3829	— *teretiuscula*	♃	— —	Paris : Melun, Nemours, Dampierre, la Ferté-Milon, Villers-Cauterets, Russy, Malesherbes ; Annequin, Beuvry près de Béthune ; Vire, Bayeux ; marais des Bourbes en Olonne et Charente-Inférieure ; Auvergne ; Ahun (Creuse) ; Lyon ; Autun ; Besançon. marais de Saône, tourbières de Bélieu, Pontarlier, Saulieu (Côte-d'Or) ; Strasbourg, Mutziq, Haguenau ; Bitche.	Marais tourbeux.
3830	— *heleonastes*	♃	— —	Saint-Julien-des-Rousses. Bélieu, Pontarlier (Doubs).	Tourbières.
3831	— *elongata*	♃	— —	Colmar, Haguenau ; Bitche, Sarrebourg, Cirey ; Flavigny près de Nancy, Metz, Mirecourt, Chamagne ; Champey (Haute-Saône) ; Saulieu, Saulon, Limpré (Côte-d'Or) ; Vaucy près d'Arbois, forêt de la Serre près de Dôle ; Autun ; forêt du Rein-du-Bois (Cher) ; Limoges, Ahun, St-Sulpice (Creuse) ; Paris : Bondy, Saint-Léger, Dampierre ; Nantes ; Rennes ; Falaise.	Lieux marécageux.
3832	— *leporina*	♃	juin, juillet	Toute la France.	Lieux humides.
	Var. *pallescens*	♃	— —	Bitche, Haspelscheidt, Sturzelbronn, Haguenau.	—
3833	— *echinata*	♃	mai, juin	Toute la France.	Prés tourbeux.
3834	— *canescens*	♃	— —	Toute la France.	
3835	— *vitilis*	♃	juin, juillet	Alpes : Dauphiné, Combe-de-Lancey, Revel près de Grenoble.	Rochers des montagnes.

Nos des Espèces	NOMS de GENRE ET D'ESPÈCE	Durée des Plantes	ÉPOQUE de FLEURAISON	LOCALITÉS OÙ CES ESPÈCES ONT ÉTÉ TROUVÉES EN FRANCE.	HABITATION de CES PLANTES.
	CAREX (Suite.)				
3836	— *remota*	♃	mai, juin	Presque toute la France.	Lieux humides.
3837	— *Linkii*	♃	avril, mai	Collioure, Port-Vendres, Argelès, Perpignan, Narbonne ; Beziers, Cette, Agde, Montpellier ; Nîmes, vallée du Gardon ; Cévennes ; Marseille, Toulon, Hyères, Fréjus, Cannes ; Corse : Ajaccio, Bastia, Bonifacio, Corté, St-Florent.	Lieux stériles.
3838	— *curvula*	♃	juillet, août	Alpes du Dauphiné : Taillefer, Sept-Laus, Champrousse, Lautaret, Galibier, Briançon, mont Viso ; Pyrénées : Canigou, Carança, Cambredase, vallée d'Eynes, Llaurenti, pic de l'Hiéris, pic du Midi, ports d'Oo et de Bénasque.	Hautes montagnes.
3839	— *cyperoides*	☉	août, sept.	Lunéville (étang de Spada) ; Grandvillars (Haut-Rhin) ; Montbéliard ; Saulon et Citeaux (Côte-d'Or) ; Gergy près de Chalons-sur-Saône ; étangs des Baumes près d'Antully (Saône-et-Loire) ; Sézanne, Armenvillers près de Tournans (Seine-et-Marne).	Étangs et marais.
3840	— *bicolor*	♃	mai	Hautes-Alpes du Dauphiné : Villars-d'Arène, Petit-Galibier, mont Viso ; lac de Ligny (Basses-Alpes).	Lacs, cours d'eau.
3841	— *Goodenowii*	♃	avril, mai	Toute la France.	Bords des eaux, prés humides.
3842	— *stricta*	♃	— —	Paris ; Ouest et une grande partie de la France ; Alpes : col de Vars.	Marais.
3843	— *trinervis*	♃	juin-août	Bayonne, Biaritz, cap Féret, la Teste, Mont-de-Marsan, Charente-Inférieure, Oléron ; Pirou (Manche) ; Boulogne et Saint-Quentin en Tourmont.	Sables maritim. des côtes de l'Ouest.
3844	— *acuta*	♃	mai	Toute la France.	Marais, bords des eaux.
3845	— *glauca*	♃	avril, mai	Toute la France.	Bois, prés, etc.
	Var. *erytrostachys*	♃	— —	Aix, Toulon ; Corse : Bonifacio.	— —

Nºs des Espèces	NOMS de GENRE ET D'ESPÈCE	Durée des Plantes	ÉPOQUE de FLEURAISON	LOCALITÉS OÙ CES ESPÈCES ONT ÉTÉ TROUVÉES EN FRANCE.	HABITATION de CES PLANTES.
	CAREX (Suite.)				
3846	— *microcarpa*	♃	juin, juillet	Grasse, Toulon ; Corse : Ajaccio, Sartène, Corté, Bastia.	Pâturages montueux.
3847	— *maxima*	♃	juin	Presque toute la France.	Ruisseaux.
3848	— *strigosa*	♃	mai	Forêts de Compiègne et de Villers-Cauterets ; le Mans ; Anjou ; Manges, Châteaupane, forêt de Chenebier, Nantes ; Rennes ; Valognes ; Lisieux ; Falaise ; Alençon ; Pont-à-Mousson.	Bois humides.
3849	— *alba*	♃	avril, mai	Mulhouse, Huningue ; Bremoncourt, côte de Dessambre, Champagnoles et les Rousses (Doubs) ; Dijon ; bois entre Rully et Chamilly (Saône-et-Loire) ; Nantua ; Lyon ; Alpes du Dauphiné ; Cremieux, Grenoble : Saint-Imier, Lautaret, les Baux, Gap, Seyne ; Aix ; Toulon ; bois de Salbouze (Gard) ; l'Espérou.	Forêts.
3850	— *capillaris*	♃	juin, juillet	Lautaret près de Grenoble, Briançon, col de l'Echauda, mont Viso, lac d'Allos.	Lieux humides et rocailleux des hautes montagnes.
3851	— *pallescens*	♃	mai	Toute la France.	Bois humides, prés.
3852	— *olbiensis*	♃	—	Bois des Maures près d'Hyères.	Bois.
3853	— *pilosa*	♃	avril, mai	Pont-à-Mousson : bois d'Atton ; Arbois, Pont-d'Héry près de Salins ; Paruressières ; Parve près Belley.	—
3854	— *panicea*	♃	mai, juin	Toute la France.	Prés humides, marais.
3855	— *obœsa*	♃	— —	Dauphiné ; Provence ; Ardèche ; Cévennes ; Lyon ; Alais, Anduze, Saint-Ambroix ; Fouras, Angoulins, la Rochelle (Charente-Inférieure) ; Saint-Jean-de-Mont-Vendée ; St-Gilles ; Nantes, Quiberon ; Bourgueil (Indre-et-Loire) ; Chinon ; Fontainebleau.	Pelouses sèches.
3856	— *ustulata*	♃	juillet	Mont Viso.	Montagnes.
3857	— *atrata*	♃	juillet, août	Alpes du Dauphiné : Lautaret, Revel, mont Viso, Barcelonnette ; Pyrénées : Es-	Pâturages des montagnes.

Nos des Espèces	NOMS de GENRE ET D'ESPÈCE	Durée des Plantes	ÉPOQUE de FLEURAISON	LOCALITÉS OÙ CES ESPÈCES ONT ÉTÉ TROUVÉES EN FRANCE.	HABITATION de CES PLANTES.
	CAREX (Suite.)			quierry, Cambredase, Capsir.	
3858	— nigra	♃	juillet, août	Alpes du Dauphiné : Lautaret, Revel, Taillefer, col de l'Arche, mont Viso ; Pyrénées : Canigou, Esquierry, Mont-Louis, ports d'Oo et de Bénasque, Llaurenti, pic du Midi.	Pâturages des montagnes.
3859	— limosa	♃	mai, juin	Vosges : ballon de Giromagny et ballon de Soulz, Rotabac, Hohneck, gazon Martin, vallées de Munster et de la Valogne, Granges, Rambervillers ; Remiremont, Champ-du-Feu, Bitche, Haguenau, chaîne du Jura ; Bélieu, Pontarlier, Chapelle-des-Bois ; Lyon ; Alpes du Dauphiné ; Lozère, la Margéride, montagnes d'Aubrac ; monts Dores et de la Creuse ; Saulieu, Saint-Léger, Limpré (Côte-d'Or).	Marais tourbeux des montagnes.
3860	— Buxbaumii	♃	avril, mai	Entre l'Ill et le Rhin : Benfeld, Herbsheim, Rosfeld ; mont Bayard près de Gap.	Prairies marécageuses.
3861	— hispida	♃	— —	Mirval et Mauguio près de Montpellier ; Toulon, Hyères, Fréjus, Cannes, Grasse ; Corse : Bonifacio.	Marais.
3862	— precox	♃	mars, avril	Toute la France.	Pâturages secs.
3863	— polyrhiza	♃	— —	Presque toute la France.	Bois humides.
3864	— tomentosa	♃	mai, juin	Toute la France.	Bois des terres calcaires.
3865	— pilulifera	♃	avril, mai	Presque toute la France.	Bois.
3866	— ericetorum	♃	— —	Guebwiller (Haut-Rhin) ; Bitche ; bois de Chenay (Marne) ; Paris : Crépy, Compiègne, la Ferté-Aleps, Malesherbes, Villers-Cauterets, Fontainebleau, Beauvais, Dreux ; Beaurieux (Aisne) ; Limagne-d'Auvergne ; Canigou, vallée d'Eynes, Mont-Louis.	Pelouses sèches.
3867	— montana	♃	— —	Presque toute la France.	Bois des terres calcaires.

Nos des Espèces	NOMS de GENRE ET D'ESPÈCE	Durée des Plantes	ÉPOQUE de FLEURAISON	LOCALITÉS OÙ CES ESPÈCES ONT ÉTÉ TROUVÉES EN FRANCE.	HABITATION de CES PLANTES.
	CAREX (Suite.)				
3868	— *basilaris*	♃	avril	Cannes : cap de la Croisette ; Castellane.	Lieux humides.
3869	— *halleriana*	♃	mars, avril	Nancy : Malzéville, Pompey, Liverdun ; montagnes de la Côte-d'Or et de Saône-et-Loire ; chaîne du Jura ; Lyon ; Alpes du Dauphiné et de Provence ; Draguignan, Cannes, Fréjus, Toulon, Marseille, Carpentras, Aix ; Nîmes, Montpellier : Fondfroide, pic St-Loup, Saint-Guilhem-le-Désert ; Lozère ; Escandorgues près de Lodève ; Narbonne ; Pyrénées : Gèdre ; Montauban, Moissac, Agen, Auch ; Dordogne ; Auvergne : Puy-Long, Montaudoux, Puy-d'Auzelle ; Poitiers ; vallée de la Loire ; Corse : Ajaccio.	Coteaux calcaires, boisés.
3870	— *brevicollis*	♃	juin	Mont Parve près de Belley ; vallée du Rhône près de Pierre-Châtel.	Rochers, etc.
3871	— *humilis*	♃	mars, avril	Haut-Rhin ; Lorraine ; Champagne ; Paris : bois de Boulogne, Compiègne, Crepy-en-Valois, Malesherbes, Fontainebleau, Villers-Cauterets, Dreux ; Rouen ; Caen, Falaise ; Bourges, Morthomier ; Décize, Lussac Vienne) ; Jonsac (Charente-Infre) ; Pyrénées-Orientales : Mende, Florac ; Alais, Anduze, Saint-Ambroix ; la Néjol ; Gap, mont Rachel près de Grenoble ; Lyon ; Beaune ; Pont-de-Roide, Salins, Besançon ; Dijon.	Coteaux calcaires.
3872	— *digitata*	♃	avril, mai	Presque toute la France.	Coteaux calcaires, boisés.
3873	— *ornithopoda*	♃	— —	Presque toute la France.	Coteaux calcaires.
3874	— *mucronata*	♃	juillet, août	Hautes-Alpes du Dauphiné : col de l'Arc près de Grenoble, Lautaret, Villars-de-Lans.	Hautes montagnes.
3875	— *frigida*	♃	— —	Hautes-Vosges : Hohneck ; Hautes-Alpes du Dau-	—

Nos des Espèces	NOMS de GENRE ET D'ESPÈCE	Durée des Plantes	ÉPOQUE de FLEURAISON	LOCALITÉS OÙ CES ESPÈCES ONT ÉTÉ TROUVÉES EN FRANCE.	HABITATION de CES PLANTES.
	CAREX *(Suite.)*			phiné : Lautaret, Galibier, Villars-d'Arène, Briançon, la Bérarde, col de Vars, mont Viso, l'Arche ; Pyrénées : val d'Oo, port de Bénasque, Esquierry, piquette d'Entretlis, Pas-d'Azun, Gèdre ; Hort-de-Diou près de l'Espérou ; Corse : monte Rotundo.	
3876	— *hispidula*	♃	juillet, août	Hautes-Alpes du Dauphiné : Villars-d'Arène, glaciers du Bec.	Sous les glaciers des hautes montagnes.
3877	— *ferruginea*	♃	juin, juillet	Hautes-Alpes du Dauphiné : Lautaret, Grande-Chartreuse, Villars-d'Arène, mont Genèvre, mont Viso, Guillestre, forêt de Darbon ; la Dôle, le Reculet.	Hautes montagnes.
3878	— *sempervirens*	♃	juillet, août	Alpes du Dauphiné : Lautaret, col de l'Arche près de Grenoble, mont Séuze près de Gap, Briançon, l'Arche ; mont Colombier (Ain) ; Jura : le Reculet, le Suchet, la Dôle, Saint-Julien et M^t-d'Or (Doubs); Pyrénées : vallée d'Eynes, port de la Picade, Llaurenti, port de Bénasque, Esquierry, Castanès, port d'Oo, pic de Gar, col de Tortos, Cauterets, monts de Béost.	—
3879	— *firma*	♃	— —	Alpes du Dauphiné et de Provence : Lautaret, Champrousse près de Grenoble, mont Ventoux.	—
3880	— *tenuis*	♃	juin	Chaîne du Jura : source du Dessombre, vallée de la Birse, Mont-d'Or, la Dôle, le Suchet, entre Saint-Cergues et la Faucille, mont Colombier (Ain) ; Alpes du Dauphiné : Saint-Nizier près de Grenoble, la Moucherolle ; Mende ; Pyrénées : Marboré, roche de Saint-Bernard près de Gavarnie.	Rochers des montagnes.

Nos des Espèces	NOMS de GENRE ET D'ESPÈCE	Durée des Plantes	ÉPOQUE de FLEURAISON	LOCALITÉS où ces espèces ont été trouvées en France.	HABITATION de ces plantes.
	CAREX (Suite.)				
3881	— *sylvatica*	♃	juin	Toute la France.	Bois.
3882	— *depauperata*	♃	mai, juin	Paris : Vincennes, Bondy, St-Germain, Sénard, Longjumeau, Compiègne, Noyon, Fontainebleau ; Orléans ; Dreux ; Rouen ; Alençon ; le Mans ; Angers ; Nantes ; Châtillon près de Saint-Florent (Cher) ; Chambrille près de Lamothe-Saint-Heray (Deux-Sèvres) ; Charente-Inférieure ; pic St-Loup près de Montpellier ; bois de Salzbouse près du Vigan ; Montbéliard ; Neufbrisach, Kastelwald près Colmar ; Corse : Bastia.	—
3883	— *hordeistichos*	♃	— —	Lorraine : Nancy, Pont-à-Mousson, Lunéville, Girivillers, Dieuze, Moyenvic, côte d'Essey, Haroué, Rambervillers ; Paris : forêt de Bondy ; Auvergne : Montferrand, Buré-de-Crouel Aulnat, Saint-Beauzire ; Gap ; Lozère.	Prairies humides.
3884	— *flava*	♃	— —	Toute la France.	Prés humides.
3885	— *OEderi*	♃	mai-août	Toute la France.	Lieux tourbeux et sablonneux.
3886	— *Mairii*	♃	mai, juin	Paris : Saint-Maur, Meudon, Enghien, Montmorency, Mortefontaine, Luzarches, Grandchamps, Marines, Compiègne, Chantilly, Villers-Cauterets, Crépy ; Rheims : vallée de la Vesle, forêt d'Alençon, Mortrée ; Ligugé, Smarve (Vienne).	Lieux humides.
3887	— *hornschuchiana*	♃	mai	Presque toute la France.	Prés tourbeux.
3888	— *distans*	♃	mai, juin	Toute la France.	Prairies humides.
3889	— *binervis*	♃	— —	Vire, Alençon, Falaise, Lisieux, Mortain ; Valognes, Cherbourg ; Nantes ; Saumur, Angri et Saint-Sylvain (Maine-et-Loire) ; le Mans ; Sologne ; Haute-Vienne ; la Teste ; Corse : Bonifacio.	Landes de l'Ouest.

Nos des Espèces	NOMS de GENRE ET D'ESPÈCE	Durée des Plantes	ÉPOQUE de FLEURAISON	LOCALITÉS OÙ CES ESPÈCES ONT ÉTÉ TROUVÉES EN FRANCE.	HABITATION de CES PLANTES.
	CAREX (Suite.)				
3890	— *extensa*	♃	juin, juillet	Trouville (Calvados ; Manche : Lessay, Quineville, Avranches, Pirou ; Vannes, Cherbourg, île d'Houat, le Croisic ; la Teste ; île Ste-Lucie, Agde, Cette, Montpellier, Aigues-Mortes, St-Chamas, Hyères, Fréjus ; Corse : Ajaccio, Bastia, Bonifacio, Saint-Florent.	Sables maritimes.
3891	— *punctata*	♃	avril, mai	Fermanville (Manche) ; Belle-Ile ; Loire-Inférieure : Pornic, Machecoul ; île d'Oléron ; forêt d'Allogny (Cher) ; côtes de la Gironde ; Toulon ; îles d'Hyères ; Corse : Ajaccio, Bonifacio, Corté, bains de Guagno.	Coteaux maritimes
3892	— *lævigata*	♃	mai, juin	Saulieu, Ménessaire (Côte-d'Or) ; Paris : Rambouillet, Planet près St-Léger ; Caen, Falaise, Vire, Mortain ; Valognes, Rennes, Cherbourg, Laillé, Vannes, Nantes ; le Mans ; Angers, Ségré, Cholet, Chalonnes ; Cher : St-Florent, etc.; Napoléon-Vendée ; Ahun (Creuse) ; Limoges ; Loir-et-Cher ; Nièvre ; Charente-Inf^{re} ; Orthez, Dax ; Corse : Bastia.	Prairies humides et ombragées.
3893	— *pseudocyperus*	♃	juin, juillet	Presque toute la France.	Marais tourbeux.
3894	— *ampullacea*	♃	mai, juin	Presque toute la France.	Ruisseaux, étangs.
3895	— *vesicaria*	♃	— —	Presque toute la France.	Bords des eaux.
3896	— *paludosa*	♃	mai	Presque toute la France.	—
3897	— *riparia*	♃	mai, juin	Presque toute la France.	—
3898	— *nutans*	♃	avril, mai	Lyon ; Villefranche ; Nantes.	Lieux marécageux.
3899	— *filiformis*	♃	juin.	Haguenau, Soufflenheim ; Bitche, Vosges : lac de Longemer ; vallée de la Vesle ; Paris : Saint-Léger, Malesherbes, Mennecy, Château-Landon ; Nantes ; Landes-d'Angrie (Maine-et-Loire) ; Lille ; Puy-de-Dôme, Cantal, lacs des monts Dores ; Napoléon-Vendée ; Surgères (Charente-Inférieure) ; monta-	Marais, étangs.

Nos des Espèces	NOMS de GENRE ET D'ESPÈCE	Durée des Plantes	ÉPOQUE de FLEURAISON	LOCALITÉS OÙ CES ESPÈCES ONT ÉTÉ TROUVÉES EN FRANCE.	HABITATION de CES PLANTES.
	CAREX (Suite.)			gnes d'Aubrac ; Lyon ; Autun ; Pontarlier, Bélieu, Montbéliard, Besançon.	
3900	— hirta	♃	mai, juin	Toute la France.	Sables humides.
	LEERSIA				
3901	— oryzoides	♃	août, sept.	Toute la France et la Corse.	Bords des eaux.
	PHALARIS				
3902	— canariensis	☉	avril, mai	Hyères ; Corse.	Presque naturalisée.
3903	— brachystachys	☉	mai, juin	Grasse, Cannes. Fréjus.	Lieux stériles.
3904	— minor	☉	— —	Hyères, Marseille, Arles ; Montpellier, Cette ; Narbonne, Perpignan ; Bordeaux ; la Tranche-Vendée ; îles d'Ouessant et de Batz, Belle-Isle. île d'Hoëdic, Vannes, Nantes, Gavres ; Barfleur ; Corse : Ajaccio, Bonifacio.	Lieux herbeux.
3905	— crypsoides	☉	— —	Toulon ?	—
3906	— truncata	♃	mai	Marseille.	Lieux humides.
3907	— paradoxa	☉	avril, mai	Grasse, Fréjus, Hyères, Toulon ; Narbonne ; Mondammiergues (Lot) ; Bordeaux, Blaye ; Corse.	Moissons.
3908	— cærulescens	♃	— —	Grasse, Cannes, Fréjus, Hyères, Toulon, Marseille ; Corse : Ajaccio, Bonifacio.	Lieux humides.
3909	— nodosa	♃	mai, juin	Antibes, Cannes, Grasse, Hyères, Toulon, Marseille, Montpellier ; Nice ; Narbonne ; Corse : Calvi, Ajaccio, Bonifacio.	Champs.
3910	— arundinacea	♃	juin, juillet	Toute la France.	Bords des eaux.
	HIEROCHLOA				
3911	— borealis	♃	mai, juin	Barcelonnette (Basses-Alpes) ; Montpellier, etc.	Fossés, prés humides.
	AVENA odorata DC. ANTHOXANTHUM				
3912	— odoratum	♃	— —	Toute la France.	Prés, bois.
3913	— puelii	☉	juin, juillet	Tours, Angers ; Nantes, Vannes. Quiberon, Belle-Isle, île de Groaix, îles de Glénans, d'Yeu, d'Houat ; Lorient ; Napoléon-Vendée ; Sables-d'Olonne ; Allogny (Cher) ; Charente-Inférieure ; Bordeaux ; Cessas, Caville (Gironde) ; Agen ; Lodève ; centre de la France ; Autun.	Champs sablonneux.

Nos des Espèces	NOMS de GENRE ET D'ESPÈCE	Durée des Plantes	ÉPOQUE de FLEURAISON	LOCALITÉS OÙ CES ESPÈCES ONT ÉTÉ TROUVÉES EN FRANCE.	HABITATION de CES PLANTES.
3914	MIBORA — *verna* CHAMAGROSTIS *minima* DC.	☉	mars, avril	Toute la France, à cela près du Nord-Est.	Champs sablonneux.
3915	CRYPSIS — *alopecuroides*	☉	août, sept.	Nancy, Pont-à-Mousson, Metz, Dieuze ; Rheims ; Paris ; Dijon, étangs de Cîteaux et de Cluny ; Lyon ; Dauphiné ; Moulins ; Nièvre ; Cher ; Indre ; Deux-Sèvres ; Orléans ; Angers ; sables de la Loire ; Ancenis, Nantes ; Vendée ; Corse : Aléria.	Champs et bords sablonneux des rivières.
3916	— *schœnoides*	☉	juillet, août	Fréjus, Toulon ; Nîmes ; Montpellier, Balarue, Cette, Agde ; Narbonne ; Bordeaux ; Sables-d'Olonne ; île d'Oléron.	Lieux humides.
3917	— *aculeata*	☉	— —	Grasse, Fréjus, Toulon ; Aigues-Mortes, Nîmes, Montpellier ; Narbonne ; Sables-d'Olonne, Rochefort, île d'Oléron, Moutoir près de Nantes, Brest.	—
3918	PHLEUM — *pratense*	♃	juin, juillet	Toute la France.	Prairies.
3919	— *Bœhmeri* PHALARIS *phleoides* DC.	♃	— —	Lorraine ; chaîne du Jura ; Colmar, Strasbourg ; Paris : Villers-Cauterets ; Rouen ; Falaise ; Caen ; Blois, Tours, Saumur, Thouars, Angers, Beaulieu ; Arthou (Loire-Inférieure) ; Poitiers ; Vendée ; Auvergne ; Dordogne ; vallée de la Garonne ; Deux-Sèvres ; Cher ; Nièvre ; Lyon ; Montbrison ; Dauphiné : Alpes jusqu'à la Bérarde ; Carpentras ; Nîmes ; Montpellier ; Narbonne ; Pyrénées jusqu'à Mont-Louis, Cauterets ; Corse : Bonifacio, Calenzana.	Coteaux calcaires.
3920	PHLEUM *asperum*	☉	avril, mai	Alsace : Niederbronn, Haguenau, Rosheim, Mutzig, Colmar, Rouffach ; Lorraine : Châtel-sur-Moselle ; Montbéliard ; Lyon ; Gre-	Lieux secs, sables.

Nos des Espèces	NOMS de GENRE ET D'ESPÈCE	Durée des Plantes	ÉPOQUE de FLEURAISON	LOCALITÉS OÙ CES ESPÈCES ONT ÉTÉ TROUVÉES EN FRANCE.	HABITATION de CES PLANTES.
	PHLEUM (Suite.)			noble; Provence; Gard; Lozère; Toulouse; Allier.	
3921	— *alpinum*	2	juin–août	Hautes-Alpes du Dauphiné : Grenoble, Grande-Chartreuse, Lautaret, Mont-de-Lans, Gap, vallée de l'Arche; Jura : la Dôle, le Reculet; monts Dores; Cantal; Pyrénées : Canigou, val d'Eynes, Cagire, Ossat, Esquierry, Bénasque, St-Béat; Corse : mont Grosso.	Hautes montagnes.
3922	— *Michelii*	2	juillet. août	Alpes : Chamechaude, Saint-Nizier près de Grenoble.	Pâturages des hautes montagnes.
3923	— *arenarium*	⊙	mai, juin	Côtes de l'Océan et de la Méditerranée; Senlis; Lyon; Carpentras, Alais, Anduze, Mende, Florac, Moissac, Agen.	Sables.
3924	— *tenue*	⊙	juin	Fréjus, Hyères, Toulon, Marseille, Vaucluse, Toulouse.	Lieux herbeux de la région méditerranéenne.
	ALOPECURUS				
3925	— *pratensis*	2	mai, juin	Toute la France.	Prairies.
3926	— *agrestis*	⊙	juin, juillet	Toute la France.	Champs.
3927	— *geniculatus*	⊙	mai–août	Toute la France.	Marais, lieux humides.
3928	— *fulvus*	⊙	— —	Nancy, Lunéville, Sarrebourg, chaîne des Vosges; Strasbourg, Haguenau; Besançon; Lyon; Montbrison, Rheims; centre et Ouest de la France; Mont-Louis (Pyrénées-Orientales).	— —
3929	— *bulbosus*	2	mai – juillet	Abbeville; Boulogne; le Havre; Falaise; Caen; Quineville (Manche); Vannes, Lorient; Nantes; vallée de la Loire jusqu'à Saumur; Napoléon-Vendée, Sables-d'Olonne; Poitiers; Limoges; Lamothe-Saint-Héray (Deux-Sèvres); Bordeaux, vallée de la Garonne; Toulouse; Fréjus, Hyères, Toulon; Nîmes; Montpellier; Béziers; Narbonne; Banyuls-sur-Mer, Perpignan; Pyrénées : Mt-Louis; Corse : Bastia, Saint-Florent.	Lieux humides.

Nos des Espèces	NOMS de GENRE ET D'ESPÈCE	Durée des Plantes	ÉPOQUE de FLEURAISON	LOCALITÉS OÙ CES ESPÈCES ONT ÉTÉ TROUVÉES EN FRANCE.	HABITATION de CES PLANTES.
	ALOPECURUS (Suite.)				
3930	— *utriculatus*	☉	mai, juin	Est de la France : Metz, Nancy, Toul, Bar-le-Duc, Commercy. Mirecourt, Lunéville, Sarrebourg, Sarguemines ; Schelestadt ; Montbéliard ; Vesoul ; Bourbonne-les-Bains, Langres ; Troyes ; Dijon, Semur, Saulieu, Beaune ; Autun, Cluny ; Auxerre, Avallon ; Lyon ; Heiltz-le-Hutier (Marne) ; Paris : Meudon ; Bordeaux ; Saint-Jean-Pied-de-Port ; Mont-Louis.	Prairies.
3931	— *Gerardi*	♃	juillet, août	Hautes-Alpes : Briançon, Mᵗ Genèvre, mont Viso, Galibier, col de Vars, col de l'Echauda, vallée de l'Arche, mont Monnier, Gap ; Pyrénées : Porteil-de-Lanoux près de Mont-Louis, val d'Eynes, Bénasque, port de la Picade, port de Salden, piquette d'Endretlis.	Hautes montagnes.
	SESLERIA				
3932	— *cærulea*	♃	mars, avril	Presque toute la France.	Coteaux secs.
3933	— *argentea*	♃	juin, juillet	Grasse.	—
	OREOCHLOA				
3934	— *disticha*	♃	juillet, août	Chaîne des Pyrénées : Dent-d'Orlu, mont de Paillères, Mail-du-Cristal, port d'Oo, pic du Midi, Fenestrel.	Sommités élevées.
3935	— *pedemontana*	♃	août	Hautes-Alpes du Dauphiné ; vallon des Vaches au mont Viso.	Hautes montagnes.
	ECHINARIA				
3936	— *capitata*	☉	mai, juin	Corse ; Provence ; Gap ; Languedoc ; Roussillon ; Mende ; vallée de la Garonne et ses tributaires ; Landes ; Périgord ; Vendée ; Deux-Sèvres ; Cher ; Poitou ; Nantes.	Collines sèches.
	TRAGUS				
3937	— *racemosus*	☉	juin, juillet	Grenoble ; Lyon ; Olette (Pyrénées-Orientales) ; Toulouse, Castel-Sarrasin, Moissac ; vallée de la Dordogne ; Fauras, Royan (Cha-	Lieux sablonneux ; région méditerranéenne, etc.

Nos des Espèces	NOMS de GENRE ET D'ESPÈCE	Durée des Plantes	ÉPOQUE de FLEURAISON	LOCALITÉS OÙ CES ESPÈCES ONT ÉTÉ TROUVÉES EN FRANCE.	HABITATION de CES PLANTES.
				rente-Inférieure) ; Notre-Dame-des-Monts (Vendée); vallée de la Loire : Saumur, Tours, Montbrison ; bords de l'Allier ; Paris : Etampes, Malesherbes.	
	SETARIA				
3938	— *glauca*	☉	juin, juillet	Presque toute la France.	Champs.
3939	— *viridis*	☉	— —	Partout.	Champs cultivés.
3940	— *ambigua*	☉	juin-août	Narbonne.	—
3941	— *verticillata*	☉	— —	Presque partout.	Champs cultivés, décombres, etc.
	PANICUM *verticill.*				
3942	**SETARIA** *italica*	☉	juillet, août	Toulon. (Naturalisée.)	Champs cultivés.
	PANICUM				
3943	— *capillare*	☉	— —	Toulon, Saint-Laurent-du-Var.	Champs.
3944	— *repens*	♃	juin-octob.	Toulon, Hyères ; Corse.	Littoral maritime.
3945	— *miliaceum*	☉	juillet, août	Le Luc , Hyères , Toulon ; Marseille ; Avignon. (Naturalisée.)	Terres cultivées.
3946	— *crus-galli*	☉	— —	Toute la France.	Sables humides.
3947	— *sanguinale*	☉	juillet-sept.	Presque toute la France.	Lieux cultivés.
	Var. *ciliare*	☉	juin-sept.	Haguenau, Strasbourg; Branges (Saône-et-Loire); Lyon; Agen ; Savoie.	—
3948	— *glabrum*	☉	juill.-octob.	Toute la France.	Terres sablonneuses.
3919	— *vaginatum*	♃	août-nov.	Vallées de la Gironde et de la Garonne de Blaye à Toulouse ; Bayonne, Biaritz.	Lieux humides. (Naturalisée.)
	CYNODON				
3950	— **Dactylon**	♃	juin-sept.	Presque toute la France.	Lieux incultes.
	SPARTINA				
3951	— *versicolor*	♃	nov.-mars	Embouchure de l'Hérault, entre Cette et Montpellier; Fréjus.	Prairies et sables maritimes.
	— **Duriæi**, fl. ital.				
3952	— *stricta*	♃	août, sept.	Guyan, la Teste ; embouchure de la Charente : Fauras, la Rochelle ; iles d'Aix, d'Oléron, de Ré ; Sables-d'Olonne, île de Noirmoutiers ; Planhamel près de Carnac, Vannes ; St-Vaast-la-Hougue ; Isigny.	Lieux marécageux du littoral de l'Océan.
	TRACHYNOTIA *stricta* DC..				
3953	**SPART.** *alterniflora*	♃	juin, juillet	Bayonne.	Prairies du littoral maritime.
	ANDROPOGON				
3954	— *Ischemum*	♃	juin-août	Presque toute la France.	Coteaux calcaires.
3955	— *provinciale*	♃	— —	Provence : Aix, bois de Garduel près Rians (Var); Nice.	Lieux montueux.

Nos des Espèces	NOMS de GENRE ET D'ESPÈCE	Durée des Plantes	ÉPOQUE de FLEURAISON	LOCALITÉS OÙ CES ESPÈCES ONT ÉTÉ TROUVÉES EN FRANCE.	HABITATION de CES PLANTES.
	(Suite.) **ANDROPOGON**				
3956	— *distachyon*	♃	juin-sept.	Draguignan, Cannes, Grasse, Fréjus, Toulon ; Port-Vendres, Banyuls-sur-Mer.	Région méditerra-néenne.
3957	— *allioni*	♃	août, sept.	Côtes du Roussillon : Port-Vendres, Collioures, Ba-nyuls-sur-Mer.	Collines pierreuses
3958	— *gryllus*	♃	juin, juillet	Provence ; Languedoc : Gras-se, Fréjus, Toulon, Mar-seille, Aix, Arles, Avignon, Carpentras; Aigues-Mortes, Nîmes, Alais, Anduze ; Gramont près Montpellier ; vallée du Rhône, de son embouchure jusqu'à Lyon.	Lieux stériles.
3959	— *hirtum*	♃	juin-août	Pyréns-Orientales jusqu'au Vernet et à Olette ; Mar-seille; Toulon, Grasse, Hyè-res, Cannes; Narbonne; Col-lioures ; Corse : Bastia, Corté.	Coteaux stériles.
3960	— *pubescens*	♃	juin-sept.	Pyrénées-Orientales : Arles-sur-Tech, Villefranche, Port-Vendres ; Narbonne ; Marseille, Hyères, Cannes, Bormes ; Corse : Ajaccio, Bonifacio, monte Santo-Angelo.	Montagnes.
	SORGHUM				
3961	— *alepense*	♃	juillet-sept.	Région méditerranéenne ; Pyrénées - Orientales en montant jusqu'à Olette ; Toulouse; Castel-Sarrasin.	Champs, etc.
	ERIANTHUS				
3962	— *Ravennæ* **Saccharum** *Ra-vennæ* DC.	♃	sept., octob.	Fréjus, Hyères, Toulon ; Avignon : bords de la Du-rance ; Aigues - Mortes ; Agde.	Sables.
	IMPERATA				
3963	— *cylindrica* **Saccharum** *cylin-dricum* DC.	♃	juillet, août	Antibes, Fréjus, Toulon ; Marseille ; Avignon ; Ai-gues-Mortes ; Montpellier, Cette, Agde ; Narbonne ; Perpignan ; Nice ; Corse : Bastia, Calvi, Porto-Vec-chio.	Lieux sablonneux.
	ARUNDO				
3964	— *Donax*	♃	sept, octob.	Région méditerranéenne.	Coteaux.
3965	— *Pliniana*	♃	— —	Antibes, Fréjus ; Ile Ste-Lu-cie ; Corse : Porto-Vecchio.	Lieux aquatiques.

Nos des Espèces	NOMS de GENRE ET D'ESPÈCE	Durée des Plantes	ÉPOQUE de FLEURAISON	LOCALITÉS OÙ CES ESPÈCES ONT ÉTÉ TROUVÉES EN FRANCE.	HABITATION de CES PLANTES.
	PHRAGMITES				
3966	— *communis*	♃	août, sept.	Toute la France.	Marais, rivières.
	ARUNDO *phrag.*				
3967	PHRAG. *gigantea*	♃	octobre	Fontaine de Salces entre Narbonne et Perpignan.	Lieux humides.
	CALAMAGROSTIS				
3968	— *epigeios*	♃	juillet, août	Toute la France.	Bois humides.
3969	— *littorea*	♃	— —	Bords du Rhône : de Lyon à Beaucaire et de Lozon à Carpentras ; bords de la Durance à Avignon ; Dauphiné ; bords du Rhin : Strasbourg, Neufbrissac, Huningue.	Bords des rivières, etc.
3970	— *lanceolata*	♃	— —	Strasbourg, Haguenau, Colmar ; Nancy ; Ardennes ; Paris ; Rouen, le Havre ; marais d'Auge (Calvados) ; Angers ; Nantes ; Lyon.	Prairies humides.
3971	— *villosa*	♃	— —	Hautes-Alpes : Briançon, Vallouise.	Hautes montagnes.
3972	— *tenella*	♃	— —	Hautes-Alpes du Dauphiné : la Pra, Revel près Grenoble, la Bérarde, mont Viso.	—
3973	— *varia*	♃	— —	Hautes-Vosges : les Ballons, Hohneck, Donnon ; chaîne du Jura : Suchet, Mont-d'Or, Mandeure, Nantua, le Reculet ; Hautes-Alpes ; Saint-Nizier près de Grenoble, la Moucherolle, la Grave, la Bérarde, Villars-d'Arène, mont Séuse. Seyne, Digue, vallée de l'Arche.	—
3974	— *montana*	♃	juin, juillet	Corse : monte Rotondo, monte d'Oro, bains de Guagno.	Montagnes.
3975	— *arundinacea*	♃	juillet, août	Chaîne des Vosges ; mont Pilat près de Lyon ; Pierre-sur-Haute (Forez) ; Mende ; Aumessas près du Vigan ; Pyrénées : Canigou, Mont-Louis, vallée d'Eynes, Bagnères-de-Luchon, Luz ; Moulinnes (Vienne).	Forêts des montagnes.
	AMPELODESMOS				
3976	— *tenax*	♃	mai, juin	Corse.	Lieux herbeux.
	PSAMMA				
3977	— *arenaria*	♃	mai-juillet	Côtes de la Méditerranée et de l'Océan ; Corse.	Sables maritimes.

Nos des Espèces	NOMS de GENRE ET D'ESPÈCE	Durée des Plantes	ÉPOQUE de FLEURAISON	LOCALITÉS OÙ CES ESPÈCES ONT ÉTÉ TROUVÉES EN FRANCE.	HABITATION de CES PLANTES.
	AGROSTIS				
3978	— *alba*	♏	juin, juillet	Toute la France.	Prairies humides.
3979	— *verticillata*	♏	juin-sept.	Région méditerranéenne : Fréjus, îles d'Hyères, Toulon, Marseille, Avignon, Nîmes, Saint-Ambroix, Anduze, Montpellier, Ganges, Agde, Béziers ; Narbonne ; Perpignan, le Vernet, Olette, etc. (Pyrénées-Orientales) ; Corse : Ajaccio, Aléria, Bonifacio, embouchure de la Bravoue.	Murs, rochers humides.
3980	— *vulgaris*	♏	juin, juillet	Toute la France.	Prés secs, bois.
3981	— *olivetorum*	♏	juin	Région des oliviers : Grasse, le Luc, Toulon, Montpellier, Béziers, Agde ; Narbonne, Port-Vendres.	Lieux secs.
3982	— *canina*	♏	juillet, août	Toute la France.	Prés, bois humides
3983	— *setacea*	♏	— —	De Dax à Saint-Malo ; cours de la Loire de son embouchure à Tours.	Landes, etc.
3984	— *alpina*	♏	— —	Alpes : Saint-Nizier près de Grenoble, Lautaret, mont Aurouse près de Gap, mont Viso, vallée de l'Arche ; Jura : le Reculet ; Mt Ventoux ; montagnes près de Mende ; Pyrén. centr. : Gavarnie, port d'Oo, Bagnères-de-Bigorre, pic de l'Hyéris.	Pâturages des hautes montagnes.
3985	— *rupestris*	♏	— —	Hautes-Alpes et Pyrénées ; monts Dores ; Corse : monts Rotundo, d'Oro, Grosso.	Hautes montagnes.
3986	— *elegans*	☉	mai, juin	Dax, Mont-de-Marsan ; Gujan près de la Teste ; Fréjus, Hyères, Toulon.	Landes.
3987	— *pallida*	☉	avril, mai	Cannes, Fréjus ; Corse : Ajaccio, Bonifacio, Porto-Vecchio.	Lieux humides, ruisseaux desséchés.
3988	— *spica-venti*	☉	juin, juillet	Presque toute la France.	Moissons.
3989	— *interrupta*	☉	— —	Paris ; Rouen ; Caen ; Evreux ; Saumur ; Orléans ; Tours ; Nevers ; Moulins ; Poitiers, Châtellerault, Loudun ; Charente-Inférieure ; Toulouse, Moissac ; Florac ; Mende, Saint-Ambroix, Alais ; Grenoble ; Valence ; Pont-en-Royan ; Pézenas.	Moissons ; lieux sablonneux.

Nᵒˢ des Espèces	NOMS de GENRE ET D'ESPÈCE	Durée des Plantes	ÉPOQUE de FLEURAISON	LOCALITÉS OÙ CES ESPÈCES ONT ÉTÉ TROUVÉES EN FRANCE.	HABITATION de CES PLANTES.
3990	SPOROBOLUS — *pungens* AGROSTIS *pung.* DC.	♃	juillet, août	Cannes, Fréjus, Hyères, Marseille, Toulon, Aigues-Mortes, Maguelone, Cette ; Corse : Ajaccio, Bastia, Bonifacio.	Sables des côtes de la Méditerranée.
3991	GASTRIDIUM — *lindigerum* AGR. *lindigera* DC.	☉	mai – juillet	Vallée du Rhône en remontant jusqu'à Lyon ; vallée de la Saône jusqu'à Cluny; vallée de la Garonne et de ses affluents ; côtes de l'Ouest ; Caen, St-Pierre-sur-Dive, Falaise; Harfleur; Harcourt, Pont-Audemer ; vallée de la Loire et de ses affluents ; Nice ; Montpellier.	Région des oliviers.
3992	GASTR. *scabrum*	☉	avril, mai	Fréjus, île Sainte-Marguerite, Toulon.	Lieux arides.
3993	POLYPOGON — *monspeliense*	☉	mai, juin	Littoral de la Méditerranée et de l'Océan ; Pont-du-Château (Auvergne).	Lieux sablonneux.
3994	— *maritimum*	☉	mai	Littoral de l'Océan et de la Méditerranée ; Grammont et Saint-Georges près de Montpellier.	Lieux humides.
3995	— *subspathaceum*	☉	avril, mai	Iles d'Hyères ; côtes de la Corse : Ajaccio, Bonifacio, île de Cavallo, île de Lavezzi.	Littoral maritime.
3996	— *littorale*	♃	juin, juillet	Côtes de l'Océan et de la Méditerranée : Vannes, Auray, la Roche-Bernard, Bourganeuf ; Vendée : Aiguillon-sur-Mer, Talmont, Jard ; Brouage, Moëze ; Bayonne ; Narbonne ; Maguelone près Montpellier.	Marais salés.
3997	LAGURUS — *ovatus*	☉	mai, juin	Provence; Languedoc; Roussillon ; Corse ; îles d'Oléron, d'Houat et d'Hœdic ; Cherbourg, Orché, Tour-la-Ville.	Bords de la mer.
3998	STIPA — *tortilis*	☉	avril, mai	Région méditerranéenne : Marseille, Aix, Nîmes, Montpellier, Perpignan,	Lieux arides et incultes.

Nos des Espèces	NOMS de GENRE ET D'ESPÈCE	Durée des Plantes	ÉPOQUE de FLEURAISON	LOCALITÉS OÙ CES ESPÈCES ONT ÉTÉ TROUVÉES EN FRANCE.	HABITATION de CES PLANTES.
	STIPA (Suite.)			Collioures, Banyuls-sur-Mer, Argelès ; Corse : Calvi, Ajaccio, Corté, Ostriconi, Bastia, Bonifacio, îles Sanguinaires.	
3999	— *juncea*	♃	mai, juin	Région méditerranéenne : Grasse, Fréjus, Hyères, Toulon, Marseille, Aix, Avignon, Carpentras, Montpellier, Saint-Guilhem-le-Désert, Agde, Narbonne, Donos, Perpignan.	Lieux stériles.
4000	— *capillata*	♃	juillet, août	Marseille, la Crau, Aix ; Carpentras, Avignon ; Sisteron ; Briançon ; Grenoble ; Montpellier, Cette ; Perpignan.	Lieux arides du Midi.
4001	— *pennata*	♃	— —	Midi et Est de la France ; rare dans le centre et l'Ouest ; les Andelys, roche Jacques ; Evreux ; Cauville.	Lieux arides et incultes.
4002	**ARISTELLA** — *bromoides*	♃	juin	Région méditerranéenne : Grasse, Fréjus, Toulon, Arles ; Aigues-Mortes, Nîmes, Uzès, Montpellier, Saint-Guilhem-le-Désert, Narbonne, Perpignan ; Pyrénées : Ille, Saint-Aniat ; Villefranche ; Balaruc près Montpellier ; Nice.	Lieux stériles.
4003	**LASIAGROSTIS** — *calamagrostis* AGROSTIS *calamagrostis* DC.	♃	juin-août	Jura : Saint-Hippolyte, Pont-de-Roide, Ornans, Mouthier (sur la Loue), Arbois, Nantua ; Lyon ; Alpes du Dauphiné et de Provence : Grenoble ; Gap, Mt Genèvre, col de Vars, Digne, Tournous, Barcelonnette, mont Ventoux, St-Arnoux, Espérou ; Pyrénées : col de Tortos, l'Hiéris ; Montpellier.	Montagnes arides.
4004	**PIPTATHERUM** — *cærulescens* MILIUM *cærulescens* DC.	♃	avril, mai	Provence : Saint-Arnoux, Grasse, Fréjus, Toulon, Hyères ; Roussillon : Narbonne, Banyuls-sur-Mer, Collioures, Villefranche ; Orange ; Montélimart ;	Lieux incultes.

Nos des Espèces	NOMS de GENRE ET D'ESPÈCE	Durée des Plantes	ÉPOQUE de FLEURAISON	LOCALITÉS OÙ CES ESPÈCES ONT ÉTÉ TROUVÉES EN FRANCE.	HABITATION de CES PLANTES.
	(Suite). PIPTATHERUM			Montpellier ; Nice ; Corse : Ajaccio.	
4005	— *paradoxum*	2	mai	Nîmes, Anduze, Aumessas, Saint-Hippolyte ; Montpellier, Saint-Guilhem-le-Désert, Ganges, Béziers, Bédarieux ; Narbonne ; fort d'Urdos (Basses-Pyrénées).	Lieux stériles.
4006	— *multiflorum*	2	juin-sept.	Région méditerranéenne ; Pyrén.-Orient. : Olette, etc.; Corse.	Bois, lieux arides.
	MILIUM				
4007	— *effusum*	2	mai-juillet	Presque toute la France.	Bois.
4008	— *scabrum*	☉	avril, mai	Toulon ; Mérillac et Caudran près Bordeaux ; Thouars, Bourgueil près Chinon.	Bois humides.
	AIROPSIS				
4009	— *globosa*	☉	— —	Ile de Ré ; la Teste, Gujan, Saint-Sever, Dax, Mont-de-Marsan, Bayonne; Montpellier ; Toulon, le Luc, Fréjus, Grasse.	Lieux sablonneux.
4010	ANTINORIA — *agrostidea* AIROPSIS *agr.* DC.	2	juin, juillet	Rennes ; Nantes ; Chalonnes, Juigné-sur-Loire, Vierzon, Landes de Bécon et d'Asnières (Maine-et-Loire), Angers ; marais de Mortheau-en-Dampierre (Vendée) ; étang du Grand-Douhé (Cher) ; Sologne ; Fontainebleau.	Marais, prés humides ; landes ; étangs.
4011	MOLINERIA — *minuta*	☉	mars, avril	Corse : Calvi.	Lieux secs.
4012	CORYNEPHORUS — *canescens*	2	juillet, août	Toute la France.	Lieux sablonneux.
4013	— *articulatus*	☉	avril, mai	Cannes, Hyères, Toulon, Aigues-Mortes ; Narbonne, Collioures ; Corse : Bastia, Ajaccio, Calvi.	Sables maritimes.
4014	— *fasciculatus*	☉	juin	Fréjus, Hyères, Toulon ; Montpellier, Escandorgues près de Lodève, Aniane, Agde ; Narbonne, Perpignan, Banyuls-sur-Mer, Collioures, Port-Vendres, Trancade-de-Villefranche.	Lieux cultivés.
4015	AIRA — *caryophyllea*	☉	mai, juin	Toute la France.	Lieux sablonneux.
4016	— *Tenorii*	☉	avril, mai	Cannes, Bormes, le Luc,	—

22

Nos des Espèces	NOMS de GENRE ET D'ESPÈCE	Durée des Plantes	ÉPOQUE de FLEURAISON	LOCALITÉS OÙ CES ESPÈCES ONT ÉTÉ TROUVÉES EN FRANCE.	HABITATION de CES PLANTES.
	AIRA (Suite.)			Îles d'Hyères; Corse : Bastia, Bonifacio, Ajaccio, bains de Guagno.	
4017	— *elegans*	☉	mai, juin	Fréjus, forêt des Maures, îles d'Hyères, Toulon; Montpellier; vallée du Rhône : Lyon; Valence.	Lieux sablonneux.
4018	— *provincialis*	☉	— —	Cannes, Luc, Fréjus, Toulon.	—
4019	— *cupaniana*	☉	avril, mai	Cannes, Fréjus, Hyères; Aigues-Mortes, Montpellier, Agde; Narbonne; Corse : Ajaccio, Calvi, Corté, Bonifacio, Sartène.	—
	— *intermedia* Mutel.				
4020	— *multiculmis*	☉	juin, juillet	Nord et Ouest de la France de Dunkerque à l'embouchure de la Gironde; vallées de la Garonne jusqu'à Toulouse, de la Loire jusqu'à Tours, de la Seine jusqu'à Rouen; Abbeville; Auvergne; centre de la France; Romans (Drôme); Lyon; Montbrison; Autun; Chaussin (Jura).	Vallées; champs incultes, pelouses sèches.
4021	— *præcox*	☉	avril, mai	Presque toute la France.	Lieux sablonneux.
	DESCHAMPIA				
4022	— *cæspitosa*	♃	juin, juillet	Toute la France.	Prés, bois.
	AIRA *cæspitosa* DC.				
4023	DESCH. *media*	♃	— —	Région des oliviers : vallée du Rhône de son embouchure jusqu'à Lyon; Crémieu (Isère); Gap, Sisteron, Castellane; Dijon; Surgères, forêt de Benon, St-Georges-du-Bois (Charente-Infre); St-Cyr en Talmondais; le Champ-St-Père (Vendée); Bourges, St-Thorette, bois de Chavannes (Cher).	Bois, lieux incultes
	AIRA *media* DC.				
4024	DESCH. *Thuillieri*	♃	août, sept.	Paris : Saint-Léger, Rambouillet; Vire; Lande-de-Lessay (Manche); Vannes, Erdeven (Morbihan); Nantes; Angers, Cholet, Pouancé; Poitiers, Montmorillon; étangs de Mézières (Indre); Samblançais (Indre-et-Loire).	Lieux humides et tourbeux, étangs.
	AIR. *uliginosa* Koch.				
4025	DESCH. *flexuosa*	♃	juin-août	Toute la France.	Bois.
	AIRA *flexuosa*				

Nos des Espèces	NOMS de GENRE ET D'ESPÈCE	Durée des Plantes	ÉPOQUE de FLEURAISON	LOCALITÉS OÙ CES ESPÈCES ONT ÉTÉ TROUVÉES EN FRANCE.	HABITATION de CES PLANTES.
4026	**VENTENATA** — *avenacea* AVENA *tenuis* DC.	⊙	juin	Provence ; Dauphiné méridional ; Espérou ; Mende ; Lyon ; Montbrison ; Autun, Cluny ; Auvergne ; Cantal ; Limoges ; îles de la Loire.	Coteaux stériles.
4027	**AVENA** — *sativa*	⊙	juillet, août	Cultivée.	Champs.
4028	— *orientalis*	⊙	— —	Cultivée.	—
4029	— *strigosa*	⊙	— —	Cultivée.	—
4030	— *brevis*	⊙	— —	Cultivée. Vire ; Tarascon ; Bayonne.	Moissons.
4031	— *barbata*	⊙	juin-août	Région des oliviers ; vallée de la Garonne et de ses affluents ; Landes et littoral de l'Océan jusqu'en Vendée.	Lieux stériles.
4032	— *fatua*	⊙	— —	Presque toute la France.	Moissons.
4033	— *ludoviciana*	⊙	— —	Bordeaux ; Mouzac, Riberac Dordogne; Agen, Toulouse.	Champs.
4034	— *sterilis*	⊙	juillet, août	Midi de la France ; vallée du Rhône jusqu'à Lyon.	Champs, vallées.
4035	— *setacea*	♃	— —	Alpes du Dauphiné et de Provence : Saint-Nizier, col de l'Arche, Lautaret, Glandaz près Die, mont Aiguille, Mt Séuse, Mt Aurouse. Mt Viso, Mt Ventoux, Champsaur ; Mt Embel (Drôme).	Hautes montagnes.
4036	— *filifolia*	♃	juin	Elne (Pyrénées-Orientales).	Montagnes.
4037	— *sempervirens*	♃	juillet, août	Alpes du Dauphiné : la Garde, mont Séuse, pic de Glaize, Charousse et mont Aurouse près de Gap : Pyrénées-Occidentales.	Hautes montagnes.
4038	— *montana*	♃	— —	Alpes du Dauphiné et de la Provence : Grenoble, Lautaret, Chaillot, Mont-de-Lans, mont Aurouse, col de l'Echauda, mont Genèvre, mont Viso, vallée de l'Arche, col de la Madeleine, Mt Ventoux ; Plomb-du-Cantal ; Pyrénées : Canigou, val d'Eynes, Labassère, pic du Midi, Esquierry, Venasque, Gavarnie, pic de l'Hiéris, col de Lurdé, port de la Picade, mont Laid, Eaux-Bonnes, Mt-de-Béost, Llaurenti.	—

Nos des Espèces	NOMS de GENRE ET D'ESPÈCE	Durée des Plantes	ÉPOQUE de FLEURAISON	LOCALITÉS OÙ CES ESPÈCES ONT ÉTÉ TROUVÉES EN FRANCE.	HABITATION de CES PLANTES.
	AVENA (Suite.)				
4039	— *hostii*	♃	août	Alpes : vallée du Lauzonnier ; Pyrénées.	Hautes montagnes.
4040	— *sulcata*	♃	mai, juin	Tarbes, Bagnères-de-Bigorre, Bagnères-de-Luchon, vallée de l'Esponne, Gerde ; Saint-Jean-Pied-de-Port, Saint-Sever, Mont-de-Marsan ; Mérignac (Gironde) ; Charente-Inférieure : Angoulême, Poitiers ; Loudun ; Charentilly (Indre-et-Loire) ; Saumur, Brésé ; Lande-de-Poulaillers près de Tours ; Pyrénées : Canigou.	Lieux sablonneux.
4041	— *scheuchzerii*	♃	juillet, août	Hautes-Alpes : la Pra, Revel, Lautaret, Sept-Lans, col de l'Echauda, pied du Mont-Blanc ; monts Dores ; Pyrénées : Canigou, Fonds-de-Comps, Bagnères-de-Luchon, Esquierry.	Hautes montagnes.
4042	— *pubescens*	♃	mai, juin	Toute la France.	Prairies, bois.
4043	— *sesquitertia*	♃	juin, juillet	Luz, Mont-Louis, Narbonne ; pic Saint-Loup près de Montpellier ; Mende ; mont Ventoux ; Larche, mont Viso ; Hohneck (Vosges).	Coteaux arides ; montagnes escarpées.
4044	— *australis*	♃	juin	Provence : Montaud près de Salon.	Lieux stériles.
4045	— *bromoides*	♃	—	Région des oliviers.	—
4046	— *pratensis*	♃	juin, juillet	Presque toute la France.	Prés secs, bois.
4047	**ARRHENATHERUM** — *elatius*	♃	— —	Toute la France.	Bois, prairies.
4048	AVENA *elatior* DC. ARRHEN. *Thorei* AVENA *Thorei* Dub.	♃	— —	Ouest de la France : Orthez, Bayonne, Pau, Vieux-Boucau, la Teste, Dax, Mont-de-Marsan et toutes les Landes ; Gironde ; Agenais ; Charente-Inférieure ; Segonzac (Dordogne) ; Vienne : Montmorillon, Landes-de-Moulines, étang de Montarban ; Vire, Lisieux, Falaise.	Lieux sablonneux.
4049	**TRISETUM** — *subspicatum* AVENA *airoides* DC.	♃	juillet, août	Hautes-Alpes du Dauphiné : Lautaret, Villars-d'Arène, mont Viso ; Hautes-Pyré-	Hautes montagnes.

Nos des Espèces	NOMS de GENRE ET D'ESPÈCE	Durée des Plantes	ÉPOQUE de FLEURAISON	LOCALITÉS OÙ CES ESPÈCES ONT ÉTÉ TROUVÉES EN FRANCE.	HABITATION de CES PLANTES.
	TRISETUM (Suite.)			nées : pic du Midi-de-Bigorre ; mont Cenis, mont Saint-Bernard.	
4050	— *condensatum*	☉	mai, juin	Marseille.	Champs.
4051	— *neglectum*	☉	avril, mai	Narbonne ; Marseille ; Corse : Saint-Florent, Ajaccio.	—
4052	— *flavescens*	2	juin, juillet	Toute la France.	Bois, prairies.
4053	— *distichophyllum* AVENA *districho-phylla*	2	août	Alpes du Dauphiné et de Provence : la Moucherolle près de Grenoble, Lautaret, Villars-d'Arène, mont Aurouse, mont Genèvre, Briançon, mont Viso, col de l'Echauda, Barcelonnette, mont Ventoux ; Alpes de Savoie.	Montagnes.
4054	HOLCUS — *lanatus* AVENA *lanata* DC.	2	juin-août	Toute la France.	Bois, prairies.
4055	HOLC. *mollis* AVENA *mollis* DC.	2	juillet, août	Toute la France.	Bois sablonneux.
4056	KOELERIA — *cristata*	2	juin, juillet	Toute la France.	Prairies.
4057	— *grandiflora*	2	— —	Marseille, Grasse.	Champs.
4058	— *albescens*	2	juin	Biaritz, Bayonne ; la Teste, Arlac (Gironde) ; Rayan (Charente-Inférieure) ; Sables-d'Olonne, Saint-Jean-de-Mont et Saint-Vincent-sur-Jard (Vendée) ; Dive, Cherbourg ; Piriac, Guérande (environs de) (Loire-Infre) ; Quiberon (Morbihan) ; falaise de Carteret (Manche).	Côtes de l'Océan et de la Manche.
	Var. *gracilis*	2	juin, juillet	Mont-de-Marsan ; la Teste.	Landes.
4059	— *alpicola*	2	juillet	Alpes du Dauphiné : Lautaret.	Montagnes.
4060	— *setacea*	2	juin-août	Dijon ; Saint-Moré (Yonne) ; Auvergne ; Mende ; Seyne ; Carpentras ; Lyon ; Pyrénées : Esquierry, col d'Estaubé, Eaux-Bonnes, Gavarnie.	Coteaux stériles.
	Var. *ciliata*	2	— —	Grasse, Toulon ; Marseille, Mt Ventoux, Alais, Mende, Nîmes, Montpellier, Béziers, Narbonne ; Pyrénées : Canigou, val d'Eynes, mont Laid, l'Hiéris, Luz ; la Roche-l'Abeille (Hte-Vienne ;	

Nos des Espèces	NOMS de GENRE ET D'ESPÈCE	Durée des Plantes	ÉPOQUE de FLEURAISON	LOCALITÉS OÙ CES ESPÈCES ONT ÉTÉ TROUVÉES EN FRANCE.	HABITATION de CES PLANTES.
	KOELERIA (Suite.) — *setacea*			Mortomier (Cher) ; Episy près de Moet (Seine-et-Marne) ; St-Florent (Dordogne).	
	Var. *pubescens*	♃	juin-août	Alpes du Dauphiné : Lautaret, mont Aurouse.	Coteaux stériles.
4061	— *villosa*	☉	mai, juin	Région méditerranéenne : Cannes, îles d'Hyères, Toulon, Marseille, Avignon, Aigues-Mortes, Montpellier, Cette, Narbonne ; Nice ; Beaucaire ; Corse : Ajaccio.	Lieux humides du littoral maritime.
4062	— *phleoides*	☉	— —	Région des oliviers ; Grenoble, Beauregard (Dauphiné); Lyon ; vallées de la Garonne et de ses affluents ; Beaucaire (Montpellier) ; Landes ; Dordogne ; la Rochelle, île de Ré ; Pornic ; Châtellerault ; Corse : Bastia, Calvi.	Lieux sablonneux cultivés.
4063	**CATABROSA** — *aquatica* Poa *airoides* DC.	♃	juin, juillet	Toute la France ; s'élève jusque sur les Alpes.	Marais, fossés.
4064	**GLYCERIA** — *fluitans* Festuca *fluit.* DC.	♃	mai-juillet	Toute la France.	— —
4065	GLYC. *plicata*	♃	— —	Toute la France ; s'élève jusque sur les Alpes.	— —
4066	— *spicata*	♃	juin, juillet	Corse : Bonifacio.	Marais.
4067	— *loliacea* Festuca *loliac.* DC.	♃	mai, juin	Presque toute la France.	Prairies.
4068	GLYC. *aquatica* Poa *aquatica* DC.	♃	juin-août	Presque toute la France.	Marais, cours d'eau
4069	GLYC. *nervata*	♃	juin	Naturalisée à Meudon.	Marais.
4070	— *festucæformis*	♃	juin, juillet	Côtes de la Méditerranée : Toulon, Narbonne, Montpellier.	Marais salés.
4071	— *convoluta*	♃	— —	Côtes de la Méditerranée : Marseille, Aigues-Mortes, Montpellier, Narbonne.	Littoral maritime.
4072	— *maritima*	♃	— —	De Dunkerque à la Teste-de-Buch.	— —
4073	— *distans* Poa *distans* DC.	♃	mai, juin	Côtes de l'Océan et de la Méditerranée ; Salines-de-Dieuze, Marsal, Moyenvic, Vic, Rosbruck et Kocheren Lorraine ; Grozon près d'Arbois, Montmorot près Lons-	Terrains salés.

Nos des Espèces	NOMS de GENRE ET D'ESPÈCE	Durée des Plantes	ÉPOQUE de FLEURAISON	LOCALITÉS OÙ CES ESPÈCES ONT ÉTÉ TROUVÉES EN FRANCE.	HABITATION de CES PLANTES.
	GLYCERIA (Suite.)			le-Saunier, mont Dauphin (Franche-Comté) ; Clermont-Ferrand.	
4074	— conferta	♃	juin, juillet	Vannes, Sables-d'Olonne.	Littoral de l'Océan.
4075	— procumbens	☉	— —	De Dunkerque aux Sables-d'Olonne.	—
	POA — DC. SCHISMUS				
4076	— marginatus	☉	juin	Marseille ; remparts de Narbonne, Perpignan.	Lieux incultes.
	KOELERIA calycina DC. SCLEROCHLOA				
4077	— dura	☉	mai, juin	Colmar, Schelestadt, Neuf-Brissach ; Besange - la - Grande (Meurthe); Vire; Limagne-d'Auvergne ; Beaumont, Puy-de-Cœur, Maluitra, Aulnat, Marmillat (Puy-de-Dôme) ; Agen ; Toulouse ; Montpellier ; Avignon ; Toulon ; Gap ; Grenoble.	Bords des chemins, prairies.
	POA — DC.				
	POA				
4078	— annua	☉	avril-octob.	Partout.	Lieux fréquentés.
4079	— minor	♃	juillet, août	Alpes du Dauphiné : la Moucherolle, col de l'Arche.	Montagnes élevées.
4080	— laxa	♃	— —	Alpes du Dauphiné : mont Chaillol près de Gap, la Pra, glaciers de la Grave ; Pyrénées : val d'Eynes ; Corse : monte Rotundo.	—
4081	— cæsia	♃	— —	Alpes du Dauphiné : Lautaret, Mt Aurouse, Mt Viso.	—
4082	— nemoralis	♃	juin-août	Presque toute la France.	Bois.
	Var. alpina	♃	— —	Alpes : mont Aurouse, Gap, la Bérarde, Larche ; Pyrénées : vallée d'Eynes, Canigou, Béost.	Hautes montagnes.
4083	— feratiana	♃	juillet	Forêt d'Irati (Pyrénées-Occidentales).	Forêts.
4084	— serotina	♃	juin, juillet	Alsace ; Lorraine ; Besançon; Lyon ; Nevers ; Poitiers ; Angers ; Valogne.	Bords des eaux.
4085	— alpina	♃	juillet, août	Alpes ; Jura ; monts Dores ; Pyrénées.	Pâturages des montagnes.
	Var. brevifolia	♃	— —	Baume (Côte-d'Or) ; Lyon ; mont Ventoux ; montagnes de la Lozère, du Vigan, de l'Aveyron.	—
4086	— bulbosa	♃	mai, juin	Toute la France.	Lieux incultes.
4087	— compressa	♃	juin, juillet	Toute la France.	Lieux secs.
4088	— distichophylla	♃	juillet, août	Hautes-Alpes du Dauphiné ;	Roches des torrents

Nos des Espèces	NOMS de GENRE ET D'ESPÈCE	Durée des Plantes	ÉPOQUE de FLEURAISON	LOCALITÉS OÙ CES ESPÈCES ONT ÉTÉ TROUVÉES EN FRANCE.	HABITATION de CES PLANTES.
	POA (Suite.)			Chamechaude, Revel près de Grenoble, Grande-Chartreuse, Lautaret, sources du Guiervif, mont Aurouse, col de l'Echauda, mont Monnier, vallée de l'Arche, mont Ventoux ; Pyrénées : pic du Midi ; Corse : monte Rotundo.	
4089	— pratensis	♃	mai, juin	Toute la France.	Prairies, chemins, etc.
4090	— trivialis	♃	juin, juillet	Toute la France.	Lieux humides.
4091	— sudetica	♃	— —	Chaîne des Vosges ; Lorraine ; Côte-d'Or, Autun, Cluny ; Arbois ; chaîne du Jura ; mont Pilat ; Alpes du Dauphiné et de Savoie ; mont Mezenc ; montagnes du Cantal et du Forez ; Lozère ; Puy-de-Dôme ; monts Dores.	Forêts, montagnes, coteaux calcaires.
4092	— hybrida	♃	— —	Jura : la Dôle, le Suchet, le Mont-d'Or, le Reculet.	Montagnes.
	ERAGROSTIS				
4093	— megastachya	⊙	juin, juillet	Presque toute la France.	Lieux sablonneux.
4094	— poæoides	⊙	juillet, août	Cannes, Hyères, Toulon, Marseille, Carpentras, Avignon, Nîmes, Montpellier, Narbonne ; Mende, Florac ; Lyon ; Grenoble ; Angles (Tarn).	
4095	— pilosa	⊙	— —	Presque toute la France.	—
	BRIZA				
4096	— maxima	⊙	mai, juin	Cannes, Hyères, Toulon, Grasse, le Luc ; Marseille ; Nîmes, Alais, Anduze ; Montpellier ; le Vigan, St-Chinian, Lodève, Béziers ; Narbonne, Perpignan, Port-Vendres, Collioures, Donos ; Cancalières près de Castres ; Corse : Ajaccio.	Lieux incultes.
4097	— media	♃	juin, juillet	Toute la France.	Bois, lieux incultes
4098	— minor	⊙	mai, juin	Provence ; Languedoc ; Roussillon ; Pyrénées ; vallées de la Garonne et de ses affluents ; Landes ; Charente-Inférieure ; Dordogne ; Napoléon-Vendée ; Châtellerault, Loudun, Nantes,	Champs sablonneux.

Nos des Espèces	NOMS de GENRE ET D'ESPÈCE	Durée des Plantes	ÉPOQUE de FLEURAISON	LOCALITÉS OÙ CES ESPÈCES ONT ÉTÉ TROUVÉES EN FRANCE.	HABITATION de CES PLANTES.
				Saumur, Angers, Tours ; Laval ; Lunans, Vannes ; Rennes ; île de Groix, Cherbourg, Valognes ; Vire, St-Lô, Falaise ; Lisieux ; Pont-Audemer ; Corse : Vico, Ajaccio, Corté, Bastia, monte Grosso, Bonifacio.	
4099	MELICA — *Magnolii*	♃	avril, mai	Région des oliviers ; Mende, Lyon ; Castellane ; Montbrison ; Chinon ; Limagne-d'Auvergne ; Niort ; Bagnères-de-Luchon, Pierrefite, Cauteretz.	Murs, coteaux stériles.
4100	— *ciliata*	♃	août-juin	Alsace : Mutzig, château de Ramstein, Ingersheim, Turkeim, Rouffach, Soultzmalt.	Coteaux calcaires.
4101	— *nebrodensis*	♃	juin, juillet	Pyrénées : Mont-Louis, Ussat, Pierrefite, St-Sauveur, Béost, Luz ; Dordogne ; Puy-de-Crouel (Auvergne ; Lozère ; Dauphiné ; Bressuire (Deux-Sèvres ; Anjou ; Tours ; Paris ; Troyes ; Besançon ; Dijon ; Langres ; cascade du Nideck, Neufchâteau (Vosges) ; Westhalten (Alsace ; Pompey près de Nancy ; Metz ; Commercy, Verdun.	Lieux stériles.
4102	— *Bauhini*	♃	avril, mai	Région méditerranéenne.	—
4103	— *major*	♃	— —	Région méditerranéenne ; Cannes, Hyères, Toulon ; Corse : Porto-Vecchio, Bastia, Ajaccio.	—
4104	— *minuta*	♃	mai, juin	Grasse, Fréjus, Toulon, Marseille, Aix, Salon ; Avignon ; Nîmes ; Narbonne ; Perpignan ; Basses-Alpes : Digne, Castellane ; Corse : Bastia, monte Rotundo, Bonifacio, îles Sanguinaires.	—
4105	— *nutans*	♃	— —	Presque toute la France.	Bois.
4106	— *uniflora*	♃	juin, juillet	Presque toute la France.	—
4107	SPHENOPUS — *Gouani* POA *divaricata* DC.	☉	avril, mai	Cannes, Toulon, Hyères, Arles, Aigues-Mortes, Maguelonne, Cette, Narbonne.	Terrains maritimes inondés pendant l'hiver.

Nos des Espèces	NOMS de GENRE ET D'ESPÈCE	Durée des Plantes	ÉPOQUE de FLEURAISON	LOCALITÉS OÙ CES ESPÈCES ONT ÉTÉ TROUVÉES EN FRANCE.	HABITATION de CES PLANTES.
4108	SCLEROPOA — *maritima* FESTUCA *maritima*	☉	mai, juin	Côtes de la Méditerranée ; Corse : Bonifacio.	Sables maritimes.
4109	SCLEROP. *hemipoa* FESTUCA *hem.* Delile	☉	juin	Agde, Cette, Montpellier, Aigues-Mortes ; Marseille.	—
4110	SCLEROP. *rigida* POA *rigida* DC.	☉	mai, juin	Midi et Ouest de la France, rare dans l'Est ; Corse : Ajaccio.	Sables, murs.
4111	SCLEROP. *loliacea* TRITICUM *Rott-bolla* DC.	☉	— —	Côtes de l'Océan et de la Méditerranée ; Corse : Ajaccio, Bonifacio.	Sables maritimes.
4112	ÆLUROPUS — *littoralis* POA — DC.	♃	mai-août	Côtes de la Méditerranée ; Hyères, Toulon, Marseille ; Arles ; Aigues-Mortes, Vic et Maguelone près Montpellier, Balarue, Frontignan ; Narbonne.	Lieux humides.
4113	DACTYLIS — *glomerata*	♃	juin, juillet	Toute la France.	Pres, etc.
4114	— *hispanica*	♃	mai, juin	Côtes de la Méditerranée ; Toulon, Marseille, Montpellier, Narbonne ; Corse : Ajaccio, Bonifacio, îles Sanguinaires ; assez rare sur les côtes de l'Océan.	Littoral maritime.
4115	DIPLACHNE — *serotina* FESTUCA *serot.* DC.	♃	août, sept.	Grasse, Fréjus, Marseille, Avignon ; Grenoble, Belley, Vienne ; Manosque, Montpellier ; le Vigan : Narbonne, Donos, Perpignan ; Villefranche, le Vernet.	Coteaux arides.
4116	MOLINIA — *cœrulea* FESTUCA *cœrul.* DC.	♃	mai, juin	Toute la France.	Bois, prés.
4117	DANTHONIA — *decumbens*	♃	juin, juillet	Toute la France.	— —
4118	— *provincialis*	♃	mai, juin	Alpes de Provence et du Dauphiné : Castellane, Sisteron, Gap.	Montagnes.
4119	CYNOSURUS — *cristatus*	♃	juin, juillet	Toute la France.	Prés secs.
4120	— *echinatus*			Région des oliviers ; Grenoble, etc. ; vallées de la Garonne et de ses affluents ; Moissac, Bagnères-de-Luchon, Cazarilles, Saint-Sauveur, Cauterets, Béost, Saint-Sever ; Charente-In-	Champs, vignes.

Nos des Espèces	NOMS de GENRE ET D'ESPÈCE	Durée des Plantes	ÉPOQUE de FLEURAISON	LOCALITÉS OÙ CES ESPÈCES ONT ÉTÉ TROUVÉES EN FRANCE.	HABITATION de CES PLANTES.
	CYNOSURUS (Suite).			férieure ; Nanuras, Mont-lieu, Moéze ; côtes de l'O-céan ; Brest, Saint-Malo, île de Groix, Cherbourg ; falaise de la Hogue ; île aux Moines (Morbihan).	
4121	— polybracteatus — elegans Duby	⊙	mai, juin	Toulon, Marseille ; Corse : Ajaccio, Bastia, Bastelica, Monte-di-Cagna, monts d'Oro et Coscione.	Montagnes, côtes arides.
4122	— aureus LAMARKIA aurea DC.	⊙	avril, mai	Côtes de la Méditerranée : Port-Vendres, Banyuls-sur-Mer, Collioures ; Hyères, Fréjus, Bormes ; Nice ; Bar-celonnette ; Corse : Bastia, Ajaccio.	Littoral maritime.
4123	VULPIA — pseudomyuros FESTUC. myuros DC.	⊙	mai, juin	Toute la France.	Bords des champs, lieux sablonneux.
4124	VULP. sciuroides FEST. bromoides DC.	⊙	— —	Toute la France.	— —
4125	VULP. myuros FEST. ciliata DC.	⊙	— —	Midi et Ouest de la France.	Lieux incultes.
4126	VULP. setacea	♃	avril, mai	Cannes, Fréjus ; Corse : Ajac-cio, Bonifacio.	—
4127	— geniculata FEST. stipoides Duby	⊙	mai, juin	Ussat ; Collioures ; Marseille ; Corse : Bonifacio.	Lieux sablonneux.
4128	VULP. ligustica FEST. stipoides DC.	⊙	avril, mai	Cannes. Fréjus, Hyères, Toulon ; Marseille ; Corse : Calvi.	Champs.
4129	VULP. bromoides FEST. uniglumis DC.	⊙	mai, juin	Midi et Ouest de la France : sables de la Loire ; rare dans l'Est, Lyon, Nancy ; Trégny (Marne).	Champs, lieux sté-riles, littoral ma-ritime.
4130	VULP. incrassata	⊙	avril, mai	Corse.	— —
4131	— Michelii KOELERIA macilenta	⊙	— —	Côtes de la Méditerranée : Fréjus, Hyères, Toulon, Marseille ; St-Gilles (Gard) ; Montpellier ; Fontfroide près de Narbonne ; Corse : Ajaccio, Calvi, Bonifacio.	Littoral maritime.
4132	FESTUCA — tenuifolia	⊙	mai, juin	Presque toute la France.	Lieux sablonneux.
4133	— ovina	♃	— —	Haguenau, Sarrebourg, Nan-cy ; Paris, Sologne ; côtes de l'Ouest ; Auvergne.	—
	Var. alpina G. et G.	♃	— —	Lautaret (Hautes-Alpes) ; Mts Dores ; Cantal ; Pyrénées : Canigou, Cambredase, col de Noury, lacs de Carlite,	Hautes montagnes.

Nos des Espèces	NOMS de GENRE ET D'ESPÈCE	Durée des Plantes	ÉPOQUE de FLEURAISON	LOCALITÉS OÙ CES ESPÈCES ONT ÉTÉ TROUVÉES EN FRANCE.	HABITATION de CES PLANTES.
	FESTUCA (Suite.)			port de la Picade, lac de Staubé, Mont-de-Béost.	
4134	— *halleri*	♃	juillet, août	Hautes - Alpes : Galibier, Lautaret, Mont-de-Lans, Embrun, Briançon, Chaillot-le-Vieil ; Pyrénées : le Canigou ; Corse : monte Grosso.	Hautes montagnes.
4135	— *duriuscula*	♃	mai - juillet	Toute la France.	Prés secs, coteaux arides.
	Var. *glauca* DC.	♃	— —	Toute la France.	— —
	Var. *alpestris* G.	♃	— —	Pyrénées, Alpes, Jura, Vosges.	Montagnes élevées.
4136	— *indigesta*	♃	août	Pyrénées : Canigou, etc.	—
4137	— *violacea*	♃	juillet, août	Hautes-Alpes : lac de Cœurs et Chamechaude au-dessus de Grenoble, Lautaret, Rabou près de Gap, Villars-d'Arène, Guillestre, l'Echauda (Vallouise), mont Viso, mont Aurouse ; Pyrénées-Occidentales : Mont-de-Béost ; Alpes de Savoie près le Mont-Blanc.	—
4138	— *rubra*	♃	mai, juin	Toute la France.	Prés, bois.
4139	— *arenaria*	♃	juin-août	Côtes de l'Océan, de Bayonne à Dunkerque.	Sables maritimes.
4140	— *heterophylla*	♃	— —	Toute la France.	Bois montagneux.
	Var. *alpina*	♃	— —	La Dôle (Jura) ; vallée de Larche (Basses-Alpes) ; Mts Dores ; Cantal ; montagnes de la Margueride et de la Lozère.	Montagnes.
4141	— *pumila*	♃	juillet, août	Hautes-Alpes du Dauphiné : Revel, col de l'Arc, Lautaret, la Moucherolle, Gap, Mont-de-Lans, mont Aurouse, Mont-Blanc, Champsaur ; Jura : Reculet, Suchet.	Hautes montagnes.
4142	— *varia*	♃	— —	Hautes-Alpes du Dauphiné : Revel, la Pra près de Grenoble, Lautaret, col de la Croix près d'Abriès, mont Monnier, mont Viso ; Pyrénées : Mont-Louis, val d'Eynes.	—
	Var. *eskia*	♃	— —	Pyrénées : Canigou, Prats-de-Mollo, pic du Midi-de-Bigorre, pic d'Aguilous,	—

Nos des Espèces	NOMS de GENRE ET D'ESPÈCE	Durée des Plantes	ÉPOQUE de FLEURAISON	LOCALITÉS OÙ CES ESPÈCES ONT ÉTÉ TROUVÉES EN FRANCE.	HABITATION de CES PLANTES.
	FESTUCA (Suite.)			port de la Picade, Vénasque, sommet du Montespé, Maladetta, lac d'Astorbé, Mont-de-Béost.	
4143	— flavescens	♃	juillet	Alpes du Dauphiné : col de la Croix près d'Abriès.	Montagnes.
4144	— pilosa	♃	juin, juillet	Pyrénées : Canigou, Cambredasc ; montagnes du Vigan, de la Lozère, d'Aubrac, de la Margneride ; mont Mézin ; Cantal ; monts Dores ; Corse : monts d'Oro, Renoso, Rotundo, Coscione.	Hautes montagnes.
4145	— scheuchzeri	♃	juillet, août	Jura : Reculet, le Colombier.	—
4146	— sylvatica	♃	juin, juillet	Chaîne des Vosges ; Laxou, Liverdun près de Nancy ; Jura ; Mont-d'Or (Doubs) ; Alpes du Dauphiné : Grande-Chartreuse, col de l'Arc près de Grenoble ; Morvan ; mont Mézin ; Cantal ; monts Dores.	Bois montagneux.
4147	— spectabilis	♃	mai	Bois de Fondfroide près de Montpellier.	Bois.
4148	— spadicea	♃	juillet, août	Pyrénées : Mont-de-Béost, l'Hiéris, pic de Gère, col de Lurdé, Pont-d'Espagne, port de la Picade, Esquierry, Cagyre, val d'Eynes, Canigou, Port-Vendres, Banyuls-sur-Mer ; Alpes du Dauphiné : Lautaret, Gap, Briançon, mont Viso, col de la Madeleine, vallée de Larche ; Alpes de Provence : Esterel ; mont Mézin ; Pierre-sur-Haute (Loire) ; Cantal ; monts Dores ; Nice ; Frontignan.	Prairies des hautes montagnes.
4149	— interrupta	♃	mai	Narbonne ; Montpellier, St-Guilhem-le-Désert ; Corse : Bonifacio.	Prairies, lieux incultes.
4150	— arundinacea	♃	juin, juillet	Toute la France.	Bords des eaux.
4151	— pratensis	♃	— —	Toute la France.	Prairies.
4152	— gigantea	♃	— —	Toute la France.	Bois humides.
	BROMUS				
4153	— tectorum	☉	mai, juin	Toute la France.	Murs, toits, lieux arides.
4154	— sterilis	☉	mai-sept.	Toute la France.	Lieux incultes.
4155	— maximus	☉	avril, mai	Région des oliviers ; vallée	Lieux stériles.

Nos des Espèces	NOMS de GENRE ET D'ESPÈCE	Durée des Plantes	ÉPOQUE de FLEURAISON	LOCALITÉS OÙ CES ESPÈCES ONT ÉTÉ TROUVÉES EN FRANCE.	HABITATION de CES PLANTES.
	BROMUS (Suite.)			de la Garonne et de ses affluents ; côtes de l'Océan et de la Manche jusqu'au Havre ; vallée de la Loire et de ses affluents jusqu'à Blois.	
4156	— *madritensis*	☉	mai, juin	Région des oliviers : Manosque, Montpellier ; vallée du Rhône jusqu'à Lyon ; Grenoble ; vallées de la Garonne et de ses affluents; côtes de l'Océan et de la Manche jusqu'au Havre ; vallées de la Loire et de ses affluents jusqu'à Tours.	Lieux stériles.
4157	— *rubens*	☉	— —	Région méditerranéenne : Cannes, Hyères, Toulon, Marseille, Aix, Avignon, Nîmes, Manosque, Montpellier, Cette, Béziers, Narbonne, Perpignan, Prades; Nice ; Sisteron.	—
4158	— *fasciculatus*	☉	avril, mai	Corse : Corté.	—
4159	— *asper*	♃	juin, juillet	Toute la France.	Bois montagneux.
4160	— *erectus*	♃	mai, juin	Toute la France.	Prés secs, lieux incultes.
4161	— *inermis*	♃	juin, juillet	Huningue ; Colmar ; Metz; Pont-à-Mousson.	— —
4162	**SERRAFALCUS** — *secalinus* BROMUS *secalin.* DC.	☉	— —	Toute la France.	Moissons.
4163	SERRAF. *arvensis* BROM. *arvensis* DC.	☉	— —	Toute la France.	Lieux cultivés.
4164	SERR. *commutatus* BROM. *pratensis* DC.	♂	mai, juin	Toute la France.	Moissons, prairies.
4165	SERR. *hordeaceus* BROM. — DC.	☉	mai	Bretagne ; Normandie.	Sables maritimes.
4166	SERR. *mollis* BROM. — DC.	☉	mai, juin	Toute la France.	Chemins, prairies.
4167	SERR. *Lloydianus* BROMUS *divaricatus* Lloyd.	☉	— —	Cannes, Hyères ; Montpellier ; de Bayonne à Paimbœuf.	Sables maritimes.
4168	SERR. *intermedius* BROM. *requieni* Lois.	☉	— —	Région des oliviers : Saint-Raphaël, Grasse, Fréjus, Hyères, Toulon, Marseille, Montpellier, Ganges, Lodève.	Lieux secs.
4169	SERR. *patulus*	♂	juin	Hyères ; Avignon, Montpellier; Gap, Briançon ; Nancy; Alsace.	Lieux stériles.

Nos des Espèces	NOMS de GENRE ET D'ESPÈCE	Durée des Plantes	ÉPOQUE de FLEURAISON	LOCALITÉS OÙ CES ESPÈCES ONT ÉTÉ TROUVÉES EN FRANCE.	HABITATION de CES PLANTES.
	(Suite.) SERRAFALCUS				
4170	— *squarrosus*	♂	mai, juin	Région des oliviers ; Lodève, Mende, Florac ; Castres, Montauban, Moissac ; Agen ; Lissac (Lot) ; Limagne-d'Auvergne, Puy-de-Crouel ; Nevers ; Andabre (Rouergue) ; Castellane, la Grave, Sisteron, Gap, Grenoble ; Lyon ; Cluny ; Beaune ; Besançon.	Lieux incultes.
4171	— *macrostachys*	⊙	mai	Grasse, Cannes, Fréjus ; Marseille ; Toulon ; Montpellier, Agde, Béziers ; Narbonne.	Lieux stériles du Midi.
	HORDEUM				
4172	— *vulgare*	⊙ ♂	mai, juin	Cultivée.	Champs.
4173	— *hexastichon*	⊙	— —	Cultivée.	—
4174	— *distichum*	⊙	juin, juillet	Cultivée.	—
4175	— *murinum*	⊙	mai - juillet	Toute la France.	Murs, chemins, etc.
	Var. *major*	⊙	— —	Montpellier.	— —
4176	— *secalinum*	♂	juin, juillet	Toute la France.	Prairies.
4177	— *maritimum*	⊙	mai, juin	Côtes de l'Océan et de la Méditerranée.	Terres humides et sablonneuses.
4178	— *bulbosum*	♃	— —	Marseille ; Toulon.	Lieux stériles.
	ELYMUS				
4179	— *crinitus* HORDEUM *jubatum* DC.	♂	— —	Grasse, Fréjus ; Marseille, la Crau, Arles ; Avignon ; Montpellier, Agde ; Narbonne ; Perpignan.	Collines herbeuses de la région méditerranéenne.
4180	— *europæus*	♃	juin, juillet	Presque toute la France.	Bois montagneux.
4181	— *arenarius*	♃	juillet, août	Côtes de la Manche : Boulogne, Calais, Granville.	Sables maritimes.
	SECALE				
4182	— *Cereale*	⊙ ♂	mai	Cultivée.	Champs.
	TRITICUM				
4183	— *villosum* SECALE *villos.* DC.	♂	mai, juin	Toulon ; Marseille, Aix ; pied du mont Ventoux ; Montpellier, Béziers ; Perpignan, Collioures ; Corse : Bonifacio.	Lieux stériles du Midi.
4184	TRITIC. *vulgare*	⊙ ♂	juin	Cultivée.	Champs.
4185	— *turgidum*	⊙ ♂	—	Cultivée.	Champs.
4186	— *spelta*	♂	juin, juillet	Cultivée.	Id. montagneux.
4187	— *monococcum*	⊙ ♂	— —	Cultivée.	—

Nos des Espèces	NOMS de GENRE ET D'ESPÈCE	Durée des Plantes	ÉPOQUE de FLEURAISON	LOCALITÉS OÙ CES ESPÈCES ONT ÉTÉ TROUVÉES EN FRANCE.	HABITATION de CES PLANTES
	TRITICUM (Suite.)				
4188	— *vulgari-ovatum*	⊙	juin	Montpellier, Agde, Béziers, Aniane ; Nîmes ; Avignon, Carpentras.	Chemins, champs cultivés, etc.
4189	— *vulgari-triaristatum*	⊙	—	Agde ; Avignon ; Montpellier.	Champs.
4190	— *ovatum* ÆGILOPS *ovata* DC.	⊙	mai, juin	Région de oliviers ; Gap ; Lyon ; Cévennes ; vallées de la Garonne ; Charente-Inférieure ; Poitiers, Chantran-de-Beaumont (Vienne); Vendôme et rochers du Gué-du-Loir (Loir et Cher); Corse.	Lieux stériles.
4191	TRIT. *triaristatum*	⊙	juin	Région méditerranéenne : Grasse, Hyères, Fréjus, Toulon, Marseille, Arles, Avignon, Aigues-Mortes, Nîmes, Aniane, Montpellier, Narbonne, Port-Vendres ; Nice.	—
4192	— *triunciale* ÆGIL. — *lis* DC.	⊙	—	Région des oliviers ; vallées des Alpes et des Pyrénées-Orient. ; vallée du Rhône jusqu'à Vienne ; vallée de la Garonne ; Dordogne ; Charente-Inférieure ; Auvergne; Lencloitre (Vienne); Fontainebleau : côte de Champagne.	Lieux secs et stériles.
4193	— *caudatum*	⊙	—	La Sainte-Beaume près de Toulon.	—
	AGROPYRUM				
4194	— *junceum*	2̶	juin-août	Bords de la Méditerranée et de l'Océan.	Sables maritimes.
	Var. *megastachyum*			Aigues-Mortes, Cannes.	—
4195	AGROP. *scirpeum*	2̶	juin	Côtes de la Méditerranée ; Toulon ; île Sainte-Lucie (Narbonne) ; Agde, Cette ; Frontignan ; Mauguio près de Montpellier, Aigues-Mortes.	Marais salés.
4196	— *acutum* TRITICUM *acut.* DC.	2̶	juin, juillet	Côtes de l'Océan : Bayonne, la Teste, la Rochelle, Sables-d'Olonne ; Cherbourg, Lorient, Saint-Malo, Saint-Vaast-la-Hogue, falaise de Carteret ; côtes du Calvados; Boulogne; le Tréport; Calais ; côtes de la Médi-	Sables maritimes.

Nos des Espèces	NOMS de GENRE ET D'ESPÈCE	Durée des Plantes	ÉPOQUE de FLEURAISON	LOCALITÉS OÙ CES ESPÈCES ONT ÉTÉ TROUVÉES EN FRANCE.	HABITATION de CES PLANTES.
	(Suite.) AGROPYRUM			terranée : Cannes, Toulon, Marseille, Maguelone, Collioures, Port-Vendres.	
4197	— *pungens* TRITICUM *p.* DC.	♃	juin, juillet	Côtes de la Méditerranée et de l'Océan.	Sables maritimes.
	Var. *Megastachyum*	♃	— —	Cannes, Fréjus, Toulon; Montpellier; Saint-Vaast-la-Hogue près de Cherbourg.	—
4198	AGROP. *pycnanthum*	♃	mai, juin	Côtes de la Méditerranée et de l'Océan; Corse : Calvi, Bastia.	—
4199	AGROP. *campestre*	♃	— —	Midi de la France : Avignon, Carpentras, Nîmes, Montpellier, Barcelonnette; Lyon; Bordeaux.	Champs, lieux incultes.
4200	— *glaucum* TRITIC. — DC.	♃	août	Lozère; Gap; Castellane, Causson près de Digne.	Montagnes.
4201	AGROP. *pouzolzii*	♃	mai	Manduel (Gard); Aigues-Mortes.	Lieux stériles.
4202	— *repens* TRITIC. *repens* DC.	♃	juin, juillet	Partout.	Lieux cultivés.
4203	AGROP. *caninum* TRITIC. *sepium* DC.	♃	— —	Toute la France.	Bois, lieux ombragés.
	BRACHYPODIUM				
4204	— *sylvaticum* TRITIC. — DC.	♃	juillet, août	Toute la France.	Bois.
4205	BRACH. *pinnatum* TRIT. *maricoïdes* DC.	♃	juin, juillet	Toute la France.	Lieux incultes.
4206	BRACH. *ramosum* TRITICUM *cæspitosum* DC.	♃	mai, juin	Midi de la France : Fréjus, îles d'Hyères, Toulon, Marseille, Aix, Avignon, Carpentras; Montpellier, Cette; Narbonne, Port-Vendres; Corse : Ajaccio, Bastia, Bonifacio, bains de Guagno, Corté.	Lieux arides.
4207	BRACH. *distachyon* TRITICUM *ciliatum* DC.	☉	— —	Région des oliviers : pont Saint-Esprit; vallées de la Garonne et de ses affluents; Dordogne.	Lieux arides, sables maritimes.
	LOLIUM				
4208	— *perenne*	♃	juin-octob.	Toute la France.	Prés, chemins, etc.
4209	— *italicum*	♃	juin, juillet	Strasbourg, Haguenau; Sarguemines, Metz; Nancy, Toul; Mirecourt, Bruyères, Rambervillers; Montbéliard, Besançon; Lyon; Montbrison; Paris; Rheims; Angers; Cherbourg.	Prés, pâturages.

23

Nᵒˢ des Espèces	NOMS de GENRE ET D'ESPÈCE	Durée des Plantes	ÉPOQUE de FLEURAISON	LOCALITÉS OÙ CES ESPÈCES ONT ÉTÉ TROUVÉES EN FRANCE.	HABITATION de CES PLANTES.
	LOLIUM (Suite.)				
4210	— *multiflorum*	⊙	mai – juillet	Fréjus, Aigues-Mortes, Montpellier, Agde, Narbonne ; vallée d'Aspe ; Limoges ; Napoléon-Vendée ; Montmorillon, Civray ; Nantes, Angers; Bourges; Blois; Orléans ; Nevers ; Paris ; Besançon ; Beaune ; Lyon ; Corse : Ajaccio, Bastia.	Lieux cultivés.
4211	— *strictum*	⊙	mai, juin	Région des oliviers ; Grenoble ; Lyon ; Besançon ; Autun; Bordeaux; Angers; Montmorillon ; Toulouse ; Corse.	—
	Var. *maritimum*	⊙	— —	Cette ; Hyères.	Sables maritimes.
4212	— *linicola*	⊙	juin, juillet	Alsace ; Franche-Comté ; Lorraine ; Napoléon-Vendée ; Nantes ; Angers ; Toulouse; Moissac, Montauban, Castel-Sarrasin.	Champs de lin.
4213	— *temulentum*	⊙	— —	Toute la France.	Moissons.
4214	**GAUDINIA** — *fragilis* AVENA — DC.	⊙	mai	Région des oliviers ; vallées du Rhône et de ses affluents jusqu'à Grenoble ; Châlons-sur-Saône ; Arbois et Besançon ; vallée de la Garonne ; Ouest de la France de Bayonne à Quiberon; Falaise; Cherbourg; Alençon ; vallées de la Loire et de ses affluents ; centre de la France ; Paris.	Lieux arides et sablonneux.
4215	**NARDURUS** — *tenellus* TRITICUM *nardus* DC.	⊙	mai – juillet	Tout le Midi et l'Ouest ; moins commune dans le reste de la France.	Lieux arides.
4216	— *Lachenalii*	⊙	— —	Presque toute la France.	Lieux sablonneux.
4217	— *Salzmanni*	⊙	mai	Marseille.	
4218	**LEPTURUS** — *cylindricus*	⊙	mai, juin	Fréjus, Toulon ; Marseille ; Montpellier; Narbonne; Angoulême ; Corse : Ajaccio, Bonifacio.	Sables maritimes.
4219	— *incurvatus* ROTTBOLLA *incurvata* DC.	⊙	— —	Côtes de l'Océan et de la Méditerranée.	—
4220	LEPTUR. *filiformis*	⊙	— —	Côtes de la Méditerranée et de l'Océan.	Plages maritimes.

Nos des Espèces	NOMS de GENRE ET D'ESPÈCE	Durée des Plantes	ÉPOQUE de FLEURAISON	LOCALITÉS OÙ CES ESPÈCES ONT ÉTÉ TROUVÉES EN FRANCE.	HABITATION de CES PLANTES.
4221	PSILURUS — *nardoides*	☉	mai, juin	Cannes, Fréjus, Toulon; Marseille; Montpellier, St-Chinian; Florac; Anduze; vallée du Rhône de son embouchure à Lyon; vallée de la Durance jusqu'à Sisteron; Nice; Sorèze; Corse: Ajaccio, Bastia, Calvi.	Coteaux arides.
4222	NARDUS — *stricta*	♃	— —	Presque toute la France.	Pâturages montueux.

ENDOGÈNES CRYPTOGAMES.

Nos des Espèces	NOMS de GENRE ET D'ESPÈCE	Durée des Plantes	ÉPOQUE de FLEURAISON	LOCALITÉS OÙ CES ESPÈCES ONT ÉTÉ TROUVÉES EN FRANCE.	HABITATION de CES PLANTES.
4223	BOTRYCHIUM — *lunaria*	♃	mai-juillet	Presque toute la France.	Pâturages secs.
4224	— *matricariæfolium* — *matricarioides* DC.	♃	mai, juin	Le Grès (Vosges); Haute-Loire.	Pâturages stériles.
4225	OPHIOGLOSSUM — *vulgatum*	♃	juin	Toute la France.	Prés, bois humides
4226	— *lusitanicum*	♃	janvier	Bayonne; Bordeaux; Pau; côtes de l'Océan et de la Méditerranée; Brest; Antibes, Fréjus, Hyères; Corse: Ajaccio.	Coteaux maritimes
4227	OSMUNDA — *regalis*	♃	mai-sept.	Vosges; forêt de la Serre (Jura); Auvergne; Isère; Midi de la France; Corse.	Lieux humides.
4228	CETERACH — *officinarum*	♃	mai-octob.	Toute la France.	Vieux murs, rochers humides.
4229	NOTHOCLÆNA — *Marantœ*	♃	avril, mai	Thueyts et les Lobelles près les Vans (Ardèche); St-Vallier (Drôme); Aveyron; Corse: Bastia, cap Corse.	Roches volcaniques.
4230	— *vellea*	♃	nov.-mars	Corse: Ajaccio.	Roches.
4231	POLYPODIUM — *vulgare*	♃	été	Toute la France.	Bois, vieux murs.
4232	— *phegopteris*	♃	juin, juillet	Alpes du Dauphiné; Cévennes; Pyrénées; Vosges; Normandie?	Montagnes.
4233	— *rhœticum*	♃	été	Auvergne; Jura; Hautes-Vosges; Alpes; Pyrénées.	Hautes montagnes.
4234	— *dryopteris*	♃	juin-sept.	Presque toute la France.	Rochers calcaires, murs.
4235	GRAMMITIS — *leptophylla*	☉	mars-mai	Brest; Pyrénées-Orientales:	Côtes maritimes.

Nos des Espèces	NOMS de GENRE ET D'ESPÈCE	Durée des Plantes	ÉPOQUE de FLEURAISON	LOCALITÉS OÙ CES ESPÈCES ONT ÉTÉ TROUVÉES EN FRANCE.	HABITATION de CES PLANTES.
				Collioures, Banyuls-sur-Mer, Port-Vendres ; le Vigan ; Lozère ; Var : Grasse, Fréjus, Vellesme ; Corse : Ajaccio, Bastia, Sartène.	
4236	WOODSIA — *hyperborea* POLYPODIUM *hyperboreum* DC.	♃	juillet, août	Hautes-Alpes du Dauphiné : la Bérarde, Taillefer, Villars-d'Arène, sous les glaciers du Bec, forêt des Andrieux en Valgaudemar, Molines en Champsaur.	Hautes montagnes.
4237	ASPIDIUM — *Lonchitis*	♃	— —	Hautes-Vosges ; Haut-Jura ; le Vigan ; Alpes ; Pyrénées ; Corse.	—
4238	— *aculeatum*	♃	juin-sept.	Toute la France ; Corse.	Lieux ombragés, rochers humides.
4239	POLYSTICHUM — *Thelypteris*	♃	— —	Toute la France ; Corse.	Lieux marécageux.
4240	— *Oreopteris*	♃	juillet, août	Ouest de la France.	Bois humides.
4241	— *Filix-mas.*	♃	juin-sept.	Toute la France ; Corse.	Lieux ombragés.
4242	— *cristatum* — *collipteris* DC.	♃	juillet, août	Abbeville ; Paris ; Haguenau ; Dole (Jura).	Lieux ombragés et humides.
4243	— *spinulosum*	♃	juin-sept.	Toute la France.	— —
4244	— *rigidum*	♃	juillet-sept.	Haut-Jura : la Dole, le Reculet, le Suchet ; Alpes ; Pyrénées ; Var ; Corse.	Montagnes.
4245	CYSTOPTERIS — *fragilis* ASPIDIUM *fragile* DC.	♃	été	Toute la France ; Corse.	Murs, rochers humides et ombragés.
4246	— *alpina*	♃	—	Hautes-Alpes du Dauphiné ; Pyrénées.	Hautes montagnes.
4247	— *montana*	♃	juillet, août	Haut-Jura : la Faucille ; Alpes du Dauphiné, Grande-Chartreuse ; Pyrénées : Gavarnie.	—
4248	ASPLENIUM — *Filix-fœmina*	♃	juillet-sept.	Toute la France.	Lieux humides, ombragés.
4249	— *Halleri*	♃	— —	Jura ; Alpes ; Auvergne ; Pyrénées.	Montagnes humides.
	Var. *fontanum* DC.	♃	— —	Pyrénées-Orientales : Olette ; Creuse ; Lozère.	Rochers humides.
4250	— *lanceolatum*	♃	mai-sept.	De Cherbourg aux Eaux-Bonnes ; Paris ; Bitche ; Saint-Maixent (Deux-Sèvres) ; Mende.	—
	Var. *obovatum*	♃	— —	Toulon, Hyères ; Corse :	—

Nos des Espèces	NOMS de GENRE ET D'ESPÈCE	Durée des Plantes	ÉPOQUE de FLEURAISON	LOCALITÉS OÙ CES ESPÈCES ONT ÉTÉ TROUVÉES EN FRANCE.	HABITATION de CES PLANTES.
	ASPLENIUM *(Suite.)*			Ajaccio, Bonifacio, île Lavezzi ; Ouest : Cherbourg, etc.	
4251	— *Trichomanes*	♃	mai-sept.	Toute la France.	Murs, rochers.
	Var. *pubescens*	♃	— —	Source de Vaucluse ; Toulon.	— —
4252	— *viride*	♃	juin-sept.	Régions alpines et subalpines, d'où elle descend dans la région des vignes.	Rochers humides.
4253	— *marinum*	♃	— —	Côtes de l'Océan et de la Méditerranée ; Corse : île Lavezzi.	Rochers maritimes
4254	— *septentrionale*	♃	juillet-sept.	Alpes ; Pyrénées ; Vosges ; Corse.	Rochers des montagnes.
4255	— *Breynii*	♃	— —	Hautes-Vosges ; forêt de la Serre (Jura) ; Vendée ; Auvergne ; Lyon ; Pyrénées ; Cévennes.	Hautes montagnes.
4256	— *Ruta-muraria*	♃	mai-octob.	Toute la France.	Murs, rochers.
4257	— *adianthum-nigrum*	♃	mai-sept.	Presque toute la France et la Corse.	Montagnes, rochers
	Var. *serpentini* Koch.	♃	— —	Tout le Midi.	— —
	SCOLOPENDRIUM				
4258	— *officinale*	♃	juill.-octob.	Toute la France et la Corse.	Lieux ombragés, rochers.
4259	— *hemionitis*	♃	avril, mai	Toulon ; Corse.	Murs, rochers.
	— *sagittatum* DC.				
	BLECHNUM				
4260	— *spicant*	♃	juin-août	Toute la France ; Corse.	Bois humides et montueux.
	PTERIS				
4261	— *aquilina*	♃	juillet-sept.	Toute la France ; Corse.	Bois et champs sablonneux.
4262	— *cretica*	♃	avril, mai	Corse : Bastia, etc.	Rochers ombragés.
	ADIANTHUM				
4263	— *capillus-veneris*	♃	juin, juillet	Midi de la France ; bords escarpés de la Garonne ; Corse ; rare dans les autres régions.	Rochers ombragés, lieux humides.
	ALLOSURUS				
4264	— *crispus*	♃	juillet, août	Hautes-Vosges ; mont Pilat ; Cantal ; Haute-Loire ; Cévennes ; Alpes ; Pyrénées.	Hautes montagnes.
	PTERIS *crispa* DC.				
	CHEILANTHES				
4265	— *odora*	♃	avril-juin	Pyrénées-Orientales : Collioures, Consolation ; le Vigan ; Lozère ; Hyères, Toulon ; Corse : Ajaccio, Bastia.	Murs, rochers.
	ADIANTHUM *odorum* DC.				
	HYMENOPHYLLUM				
4266	— *Tunbridgence*	♃	juill.-octob.	Brest, Cherbourg, Gran-	Rochers humides,

Nos des Espèces	NOMS de GENRE ET D'ESPÈCE	Durée des Plantes	ÉPOQUE de FLEURAISON	LOCALITÉS OÙ CES ESPÈCES ONT ÉTÉ TROUVÉES EN FRANCE.	HABITATION de CES PLANTES.
				ville; Mortain, Landerneau; Corse.	au milieu des mousses.
	EQUISETUM				
4267	— *arvense*	♃	mars, avril	Toute la France.	Terrains humides.
4268	— *Telmateya*	♃	— —	Toute la France.	—
4269	— *sylvaticum*	♃	avril-juin	Région des sapins : Alpes; Pyrénées.	Bois humides.
4270	— *palustre*	♃	juillet-sept.	Toute la France.	Bois humides, marais.
4271	— *limosum*	♃	mai, juin	Toute la France.	Marais.
4272	— *hyemale*	♃	mars–mai	Toute la France.	Lieux humides; tourbières.
4273	— *ramosum*	♃	— —	Vallées du Rhin, du Rhône, de l'Isère, de la Durance; Perpignan; Narbonne; Marseille; Ouest.	Sables; bords des rivières et des fleuves.
4274	— *trachyodon*	♃	juillet-sept.	Ouest de la France.	— —
4275	— *variegatum*	♃	— —	Vallées de l'Isère, de la Durance, du Rhône, du Rhin; Ouest de la France.	— —
	MARSILEA				
4276	— *quadrifoliata* — *quadrifolia* DC.	♃	— —	Nord de la France : Strasbourg, etc.; Ouest : Nantes, etc.; centre de la France : vallées de l'Allier, de la Loire, etc.; Tours; Maine-et-Loire; Vendée; Lyon; Côte-d'Or : Cîteaux.	Mares.
4277	— *pubescens*	♃	mai, juin	Roque-Haute, entre Agde et Béziers.	—
	PILULARIA				
4278	— *globulifera*	♃	juin-août	Presque toute la France excepté l'Est et le Midi.	Marais, lieux humides.
	SALVINIA				
4279	— *natans*	♃	août, sept.	Bordeaux : allée Boutant.	Eaux stagnantes.
	ISOETES				
4280	— *lacustris*	♃	août-octob.	Vosges; Auvergne; lac Saint-Andéol sur l'Aubrac, lac Guery (monts Dores); Pyrénées; lac d'Aude à 8 kilomètres de Mont-Louis; lac de Grammont; Saint-Vincent près d'Ax.	Fonds des lacs.
4281	— *tenuissima*	♃	août	Ris-Chauvron, canton du Dorat, commune d'Azat (Haute-Vienne).	Étangs.
4282	— *adspersa*	♃	avril	Saint-Raphaël (Corse).	Étangs, marais, lieux inondés pendant l'hiver.
4283	— *setacea*	♃	juillet-sept.	Région méditerranéenne : lac	Lacs, mares, etc.

Nos des Espèces	NOMS de GENRE ET D'ESPÈCE	Durée des Plantes	ÉPOQUE de FLEURAISON	LOCALITÉS OÙ CES ESPÈCES ONT ÉTÉ TROUVÉES EN FRANCE.	HABITATION de CES PLANTES.
	ISOETES (Suite.)			de Grammont près Montpellier ; mares du plateau de Roque-Haute près d'Agde ; Porto-Vecchio (Corse).	
4284	— hystrix	♃	mars–juin	Cannes ; île d'Houat ; Bonifacio ; reste de la Corse.	Pâturages maritimes. Pâturages secs et montueux.
4285	— Duriæi	♃	mars–mai	Cannes ; Corse : Ajaccio, Corté.	Lieux stériles.
4286	LYCOPODIUM — selago	♃	juillet–sept.	Jura ; Vosges ; Auvergne ; Bourgogne ; Alpes ; Pyrénées ; Bretagne : sur le Menez-Om ; Cherbourg ; Mortain, Vire, Porsec, Planévay, Montendre, étang du grand Moulin, etc., etc.	Montagnes.
4287	— inundatum	♃	— —	Ouest : Domfront, Lisieux, Mortain, la Trappe ; centre et Nord de la France ; Alpes ; Pyrénées ; les Guinots (Jura).	Bruyères humides.
4288	— annotinum — juniperifo-lium DC.	♃	— —	Hautes-Vosges ; Jura ; Alpes : Grande-Chartreuse, Uriage ; mont Pilat ; Pyrénées.	Hautes montagnes.
4289	— alpinum	♃	— —	Hautes-Vosges : Rotabac ; Auvergne : Puy-de-Dôme ; Haute-Loire ; Alpes ; Pyrénées.	—
4290	— Chamæcyparissus	♃	— —	Chaîne des Vosges ; Haguenau ; Corrèze.	Montagnes.
4291	— clavatum	♃	— —	Chaîne des Vosges ; Paris ; Auvergne ; Côte-d'Or ; centre de la France ; Alpes ; Pyrénées ; bois de Chailluz et d'Aglan près de Besançon où elle est rare. Ouest : Domfront, Lisieux, Mortain, Cherbourg, la Trappe.	—
4292	SELAGINELLA — spinulosa	♃	— —	Région élevée des sapins.	Pâturages des montagnes.
4293	— helvetica	♃	— —	Au-dessus de Revel et d'Uriage près de Grenoble.	Montagnes.
4294	— denticulata	♃	mars, avril	Toulon, Hyères ; Perpignan ; Corse.	Collines.

TABLE

DES

FAMILLES ET DES GENRES.

23*

DIEPPE. — EMILE DELEVOYE, IMPRIMEUR.